高等职业教育计算机系列教材

信息技术
（基础模块）
（微课版）

赵　莉　谷晓蕾　主　编

付世凤　李　娟　杨　洁　副主编

李锡辉　主　审

电子工业出版社

Publishing House of Electronics Industry

北京·BEIJING

内 容 简 介

本书介绍与互联网相关的基本知识，包括 6 章内容，分别为信息检索、信息技术、信息素养与社会责任、Word 2019 处理电子文档、Excel 处理电子表格和 PowerPoint 制作演示文稿。通过对本书的学习，可使学生熟悉典型的计算机操作环境，掌握网络、信息安全的基本知识，以及信息化办公技术，了解大数据、人工智能、区块链等新兴信息技术；具备支撑专业学习的能力，能在日常生活、学习和工作中综合运用信息技术解决问题；拥有团队意识和职业精神，具备独立思考和主动探究的能力；增强信息意识，提升计算思维，促进数字化创新与发展能力，树立正确的信息社会价值观和责任感，为其职业发展、终身学习和服务社会奠定基础。

本书可作为大中专院校的计算机普及教材，也可作为各行业办公人员和管理人员的自学用书。

未经许可，不得以任何方式复制或抄袭本书之部分或全部内容。
版权所有，侵权必究。

图书在版编目（CIP）数据

信息技术. 基础模块：微课版 / 赵莉，谷晓蕾主编. —北京：电子工业出版社，2023.4
高等职业教育计算机系列教材
ISBN 978-7-121-45193-5

Ⅰ. ①信… Ⅱ. ①赵… ②谷… Ⅲ. ①电子计算机－高等职业教育－教材 Ⅳ. ①TP3

中国国家版本馆 CIP 数据核字（2023）第 043845 号

责任编辑：徐建军　　　文字编辑：徐云鹏
印　　刷：三河市鑫金马印装有限公司
装　　订：三河市鑫金马印装有限公司
出版发行：电子工业出版社
　　　　　北京市海淀区万寿路 173 信箱　邮编 100036
开　　本：787×1 092　1/16　印张：19.5　字数：499.2 千字
版　　次：2023 年 4 月第 1 版
印　　次：2023 年 7 月第 2 次印刷
印　　数：1 000 册　　定价：59.80 元

凡所购买电子工业出版社图书有缺损问题，请向购买书店调换。若书店售缺，请与本社发行部联系，联系及邮购电话：（010）88254888，88258888。
质量投诉请发邮件至 zlts@phei.com.cn，盗版侵权举报请发邮件至 dbqq@phei.com.cn。
本书咨询联系方式：（010）88254570，xujj@phei.com.cn。

前言 Preface

2021年4月1日，教育部办公厅在关于印发《高等职业教育专科信息技术课程标准（2021年版）》（以下简称《国标》）的通知中强调：信息技术已成为经济社会转型发展的主要驱动力，是建设创新型国家、制造强国、网络强国、数字中国、智慧社会的基础支撑。升级改造通识课程教学内容，推进数字化升级改造，构建未来技术技能，增强学生信息技术、数字技术应用基础能力，提升国民信息素养，对全面建设社会主义现代化国家具有重大意义。

"信息技术"作为高职院校的一门公共基础课，把立德树人作为基本要求，以培养在党的二十大报告中指出的"立志做有理想、敢担当、能吃苦、肯奋斗的新时代好青年"为目标。本书在内容编排上充分考虑了高等职业院校学生的学习特点，特点如下。

1. 紧密对接《国标》对信息技术课程的要求，增强信息意识，提升计算思维，促进数字化创新与发展能力。

2. 课程学习与计算机技能认证相结合。紧扣《全国计算机等级考试二级 MS Office 高级应用与设计考试大纲》（2022年版）的要求，注重提高学生在操作实践中对文档的调整能力和解决实际问题的能力，将知识讲解、同步训练、课后拓展有机结合，达到循序渐进的目的。

3. 以案例为核心，编排新颖，注重学习的连贯性和渐进性。基础知识重在基本原理和基础操作；同步训练案例结合近几年新增加的考试真题，将复杂问题简单化；课后拓展案例融入素质目标，培养学生爱国情操，帮助学生进一步自主学习，提升其能力和思维；知识体系完备，层次分明。

4. 本书配有微课学习视频、电子教案、同步训练、拓展案例等丰富的数字化学习资源，与本书配套的数字课程"信息技术"在超星 MOOC 网站上线，读者可以利用网络环境进行学习和交流。

本书由赵莉和谷晓蕾担任主编，由付世凤、李娟、杨洁担任副主编。其中，李娟编写了第1章，赵莉编写了第2、4、5、6章，付世凤编写了第3章，谷晓蕾编写了技能拓展，杨洁编写了课后训练。全书由赵莉总体设计和统稿，王南英、李雄英、张佳佳、柴静、黄春芳、贾红艳、常莎、周兰蓉、马江斌、郭华威、周淼和湖南安全技术职业学院的徐畅也参与了本书的编写、校对和整理工作，李锡辉教授审阅了全书，并提出了许多宝贵的意见和建议，在此对他们表示衷心的感谢。

为了方便教师教学，本书配有电子教学课件，请有此需要的教师登录华信教育资源网（www.hxedu.com.cn）注册后免费下载。如有问题，可在网站留言板留言或与电子工业出版社联系（E-mail：hxedu@phei.com.cn），也可直接与编者联系（zhaoli@mail.hniu.cn）。

教材建设是一项系统工程，需要在实践中不断加以完善与改进。由于编者水平有限，书中难免有疏漏和不足之处，恳请同行专家和广大读者给予批评与指正。

编　者

目 录
Contents

第 1 章 信息检索 ……………………………………………………………………………… (1)
  1.1 信息检索概述 …………………………………………………………………………… (1)
    1.1.1 信息检索的基本概念 …………………………………………………………… (1)
    1.1.2 信息检索的发展 ………………………………………………………………… (2)
    1.1.3 信息检索的基本流程 …………………………………………………………… (3)
    1.1.4 网络信息检索的基本方法 ……………………………………………………… (3)
  1.2 搜索引擎与社交媒体 …………………………………………………………………… (8)
    1.2.1 搜索引擎概述 …………………………………………………………………… (8)
    1.2.2 综合性搜索引擎检索 …………………………………………………………… (9)
    1.2.3 社交媒体信息检索 ……………………………………………………………… (10)
  1.3 国内重要的综合性信息检索系统 ……………………………………………………… (12)
    1.3.1 中国知网（CNKI） ……………………………………………………………… (12)
    1.3.2 维普网（VIP） …………………………………………………………………… (16)
    1.3.3 国家科技图书文献中心（NSTL） ……………………………………………… (18)
  1.4 特种文献检索 …………………………………………………………………………… (21)
    1.4.1 专利文献检索 …………………………………………………………………… (21)
    1.4.2 标准信息检索 …………………………………………………………………… (24)
    1.4.3 商标信息检索 …………………………………………………………………… (27)
  课后训练 ……………………………………………………………………………………… (28)

第 2 章 信息技术 ……………………………………………………………………………… (29)
  2.1 信息与信息技术 ………………………………………………………………………… (29)
    2.1.1 信息与信息处理 ………………………………………………………………… (29)
    2.1.2 信息技术的概念 ………………………………………………………………… (31)
    2.1.3 信息技术的发展 ………………………………………………………………… (31)
  2.2 信息的表示与存储 ……………………………………………………………………… (33)
    2.2.1 常用的数制 ……………………………………………………………………… (33)

	2.2.2 数制转换	(34)
	2.2.3 字符信息的表示	(35)
	2.2.4 信息存储单位	(37)
	2.2.5 信息存储常见格式	(38)
2.3	新一代信息技术概述	(40)
	2.3.1 新一代信息技术的定义和主要特征	(40)
	2.3.2 主要代表技术及相互关系	(41)
2.4	新一代信息技术	(42)
	2.4.1 云计算	(42)
	2.4.2 物联网	(45)
	2.4.3 大数据	(48)
	2.4.4 人工智能	(49)
	2.4.5 区块链	(54)
课后训练		(56)

第3章 信息素养与社会责任 (57)

3.1	信息素养概述	(57)
	3.1.1 信息素养的概念	(57)
	3.1.2 信息素养的内涵和表现	(58)
3.2	信息安全与职业素养	(59)
	3.2.1 信息安全的基本概念	(59)
	3.2.2 计算机病毒	(60)
	3.2.3 常用信息安全技术	(62)
	3.2.4 构建安全的网络环境	(64)
3.3	社会责任	(65)
	3.3.1 信息伦理概述	(65)
	3.3.2 与信息伦理相关的法律法规	(66)
	3.3.3 信息社会中人的社会责任	(67)
课后训练		(68)

第4章 Word 2019 处理电子文档 (70)

4.1	认识办公家族和 Office 2019	(70)
	4.1.1 认识办公家族	(70)
	4.1.2 Microsoft Office 2019 简介	(71)
	4.1.3 Office 2019 工作界面	(71)
	4.1.4 Office 2019 基本操作	(73)
	4.1.5 使用帮助文档	(77)
4.2	Word 文档的编辑	(77)
	4.2.1 文档内容的输入	(77)
	4.2.2 文本的选定、移动、复制、删除及撤销与重复操作	(80)
	4.2.3 文本的查找和替换	(82)

|||||4.2.4 中文简繁转换 ·· (84)
4.3 文档文本和段落格式的设置 ··· (84)
  4.3.1 设置字体格式 ·· (84)
  4.3.2 设置段落格式 ·· (86)
  4.3.3 边框和底纹 ·· (90)
  4.3.4 样式 ·· (92)
  4.3.5 项目符号和编号 ··· (96)
  4.3.6 设置多级列表 ·· (99)
  4.3.7 格式刷的使用 ·· (101)
4.4 Word 中的表格与图表 ·· (102)
  4.4.1 创建表格 ··· (102)
  4.4.2 编辑表格 ··· (103)
  4.4.3 设置表格格式 ·· (106)
  4.4.4 表格数据的排序与计算 ·· (109)
  4.4.5 图表 ·· (109)
4.5 图文混排 ··· (114)
  4.5.1 自选图形 ··· (114)
  4.5.2 文本框和艺术字 ··· (117)
  4.5.3 图片 ·· (119)
  4.5.4 SmartArt 图形 ·· (124)
  4.5.5 插入对象 ··· (125)
  4.5.6 插入封面页 ·· (126)
  4.5.7 使用文档部件和文档主题 ·· (127)
4.6 长文档排版 ·· (128)
  4.6.1 题注与交叉引用 ··· (128)
  4.6.2 脚注与尾注 ·· (130)
  4.6.3 分页与分节 ·· (131)
  4.6.4 书签和超链接 ·· (132)
  4.6.5 页眉、页脚和域 ··· (134)
  4.6.6 目录和索引 ·· (137)
  4.6.7 插入引文和书目 ··· (142)
  4.6.8 页面设置和打印 ··· (143)
4.7 邮件合并及制作标签 ··· (146)
  4.7.1 邮件合并 ··· (147)
  4.7.2 制作标签 ··· (149)
4.8 文档校对与审阅 ··· (152)
  4.8.1 检查拼写和统计字数 ··· (152)
  4.8.2 审阅与修订 ·· (153)
  4.8.3 文档属性 ··· (154)

4.9 技能拓展 ·· (155)
    4.9.1 为美丽校园摄影大赛设计海报 ··· (155)
    4.9.2 制作"走进雷锋"宣传文档 ··· (157)
课后训练 ·· (159)

第 5 章 Excel 处理电子表格 ·· (162)

5.1 Excel 的基本使用 ··· (162)
    5.1.1 认识 Excel ·· (162)
    5.1.2 工作簿的基本操作 ·· (163)
    5.1.3 工作表的基本操作 ·· (164)
    5.1.4 单元格的基本操作 ·· (167)
5.2 输入与编辑数据 ··· (170)
    5.2.1 输入数据 ·· (170)
    5.2.2 数据的自动填充 ··· (171)
    5.2.3 数据的有效性输入 ·· (172)
    5.2.4 数据的移动和复制 ·· (173)
    5.2.5 查找和替换 ··· (174)
5.3 格式化工作表 ·· (174)
    5.3.1 格式化数据 ··· (174)
    5.3.2 设置字体格式及对齐方式 ··· (177)
    5.3.3 边框和底纹 ··· (178)
    5.3.4 自动套用格式 ·· (179)
    5.3.5 选择性粘贴 ··· (180)
    5.3.6 条件格式 ·· (181)
    5.3.7 工作表背景和主题应用 ·· (182)
    5.3.8 工作表的打印 ·· (182)
5.4 Excel 的公式和函数 ·· (185)
    5.4.1 公式 ·· (185)
    5.4.2 函数 ·· (188)
    5.4.3 使用公式和函数设置工作表 ·· (198)
    5.4.4 公式和函数中的常见错误 ··· (200)
5.5 Excel 数据处理与统计分析 ··· (201)
    5.5.1 数据排序 ·· (201)
    5.5.2 数据筛选 ·· (202)
    5.5.3 分类汇总 ·· (205)
    5.5.4 数据透视表与数据透视图 ··· (206)
5.6 图表 ·· (211)
    5.6.1 图表概述 ·· (211)
    5.6.2 修改图表布局 ·· (213)
    5.6.3 编辑图表 ·· (214)

5.6.4　迷你图 ……………………………………………………………………（218）

5.7　Excel 协同共享 …………………………………………………………………………（220）

　　　5.7.1　文本数据的导入和导出 …………………………………………………………（220）

　　　5.7.2　在 Excel 中导入网页数据 ………………………………………………………（223）

　　　5.7.3　保护工作簿和工作表 ……………………………………………………………（225）

5.8　在线多人协作办公 ………………………………………………………………………（226）

　　　5.8.1　腾讯文档的创建 …………………………………………………………………（226）

　　　5.8.2　多人协同编辑操作 ………………………………………………………………（228）

　　　5.8.3　特色在线协作工具 ………………………………………………………………（231）

5.9　技能拓展 …………………………………………………………………………………（231）

　　　5.9.1　设计雷锋纪念馆预约登记表 ……………………………………………………（231）

　　　5.9.2　雷锋纪念馆参观登记表数据分析 ………………………………………………（232）

　　　5.9.3　设计雷锋纪念馆志愿者在线招募收集表 ………………………………………（234）

　　　5.9.4　制作志愿者人数数据看板 ………………………………………………………（236）

课后训练 …………………………………………………………………………………………（238）

第 6 章　PowerPoint 制作演示文稿 （240）

6.1　PowerPoint 幻灯片的创建与编辑 ……………………………………………………（240）

　　　6.1.1　认识 PowerPoint 和演示文稿 ……………………………………………………（240）

　　　6.1.2　演示文稿的创建 …………………………………………………………………（242）

　　　6.1.3　幻灯片的基本操作 ………………………………………………………………（244）

6.2　在幻灯片中插入对象 ……………………………………………………………………（245）

　　　6.2.1　文本 ………………………………………………………………………………（245）

　　　6.2.2　图像 ………………………………………………………………………………（249）

　　　6.2.3　SmartArt 图形 ……………………………………………………………………（255）

　　　6.2.4　表格和图表 ………………………………………………………………………（256）

　　　6.2.5　音频和视频 ………………………………………………………………………（258）

6.3　幻灯片的修饰与美化 ……………………………………………………………………（261）

　　　6.3.1　幻灯片的版式 ……………………………………………………………………（261）

　　　6.3.2　主题 ………………………………………………………………………………（262）

　　　6.3.3　幻灯片的背景 ……………………………………………………………………（264）

　　　6.3.4　使用母版 …………………………………………………………………………（266）

　　　6.3.5　幻灯片分节 ………………………………………………………………………（270）

6.4　设置动画效果和幻灯片切换方式 ………………………………………………………（271）

　　　6.4.1　为对象添加动画效果 ……………………………………………………………（271）

　　　6.4.2　动画的更多设置 …………………………………………………………………（272）

　　　6.4.3　超链接和动作 ……………………………………………………………………（277）

　　　6.4.4　幻灯片切换 ………………………………………………………………………（279）

6.5　幻灯片的放映及输出 ……………………………………………………………………（280）

　　　6.5.1　启动幻灯片放映 …………………………………………………………………（280）

6.5.2 设置放映效果………………………………………………………………………（281）
　　6.5.3 排练计时……………………………………………………………………………（283）
　　6.5.4 自定义幻灯片放映…………………………………………………………………（283）
　　6.5.5 录制幻灯片演示……………………………………………………………………（284）
　　6.5.6 打包演示文稿和输出视频…………………………………………………………（285）
　　6.5.7 页面设置与演示文稿打印…………………………………………………………（287）
　6.6 技能拓展……………………………………………………………………………………（288）
　　6.6.1 制作"'美丽校园'摄影大赛中优秀摄影作品展示"演示文稿……………………（288）
　　6.6.2 制作"雷锋精神 永放光芒"演示文稿……………………………………………（293）
课后训练………………………………………………………………………………………………（300）

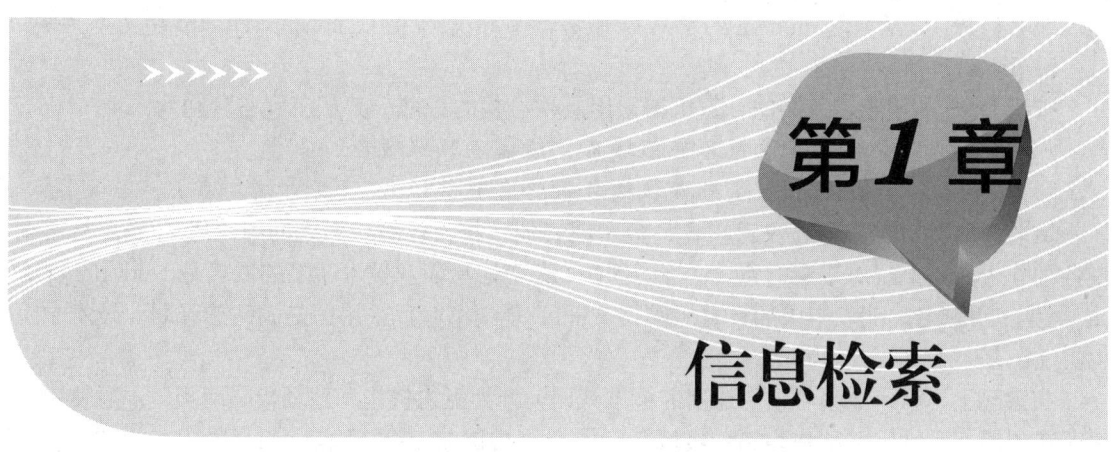

第 1 章 信息检索

1.1 信息检索概述

信息检索概述

1.1.1 信息检索的基本概念

信息检索（Information Retrieval）是用户查询和获取信息的主要方式，是查找信息的方法和手段。信息检索起源于图书馆的参考咨询和文摘索引工作，20 世纪 40 年代末，美国 Calvin Northrup Mooers 提出信息检索这一术语，之后信息检索逐渐发展成为一门学科。

广义的信息检索是将信息按一定的方式进行加工、整理、组织并存储，然后根据信息用户特定的需要将相关信息准确地查找出来的过程，故又称信息的存储与检索。狭义的信息检索仅指信息查询（Information Search）。一般情况下，信息检索指的是广义的信息检索。

在掌握信息检索方法之前，需要了解以下几个常用术语。

1. Web 站点

WWW（万维网）是由许多 Web 站点（网站）组成的，每个 Web 站点其实就是一组精心设计的 Web 页面，这些页面都围绕同一个主题，有机地连接在一起，形成一个整体。

2. Web 页或网页

网页是构成网站的基本元素，是承载各种网站应用的平台。如果将 WWW 看成 Internet 上的大型图书馆，则每个 Web 站点就是一本书，每个 Web 页面就是其中的一张书页，是网络文件的组成部分。

3. 主页或首页（Homepage）

主页是 Web 站点的起始页，可从主页开始对网站进行浏览。

4. URL

URL（Uniform Resource Locator，统一资源定位器）就是信息资源在网上的地址，用来定位和检索 WWW 上的文档。URL 包括所使用的传输协议、服务器名称和完整的文件路径名。

如在浏览器中输入 URL 为"https://www.hniu.cn/xygk/xyjj.htm",就是使用超文本传输协议服务器(即 HTTPS),从域名 hniu.cn 的 WWW 服务器中寻找 xygk 目录下的 xyjj.htm 超文本文件。

5. 域名

按照 DNS 的规定,入网的计算机都采用层次结构的域名,其从左到右分别为

主机名.三级域名.二级域名.顶级域名
主机名.机构名.网络名.顶级域名

域名一般为英文字母、汉语拼音、数字或其他字符。各级域名之间用"."分隔,从右到左各部分之间是上层对下层的包含关系。例如,湖南信息职业技术学院的域名是 www.hniu.cn,cn 是第一级域名,代表中国的计算机网络,hniu 是主机名,采用的是湖南信息职业技术学院的英文缩写。

在国际上,第一级域名采用通用的标准代码,分为组织机构和地址模式两类。一般使用主机所在的国家和地区名称作为第一级域名,如 cn(中国)、jp(日本)、kr(韩国)、uk(英国)等。我国的第一级域名是 cn,第二级域名分为类别域名和地区域名,其中地区域名有 bj(北京)、sh(上海)、cs(长沙)等。常见的类别域名如表 1.1 所示。

表 1.1 常见的类别域名

域 名 缩 写	组织/机构类型	域 名 缩 写	组织/机构类型
com	商业机构	edu	教育机构
gov	政府机构	mil	军事机构
net	网络服务提供组织	org	非营利性组织
int	国际性机构		

1.1.2 信息检索的发展

到目前为止,信息检索经历了三个发展时期,即手工检索、机械检索、计算机与网络检索,具体情况如表 1.2 所示。

表 1.2 信息检索的发展

信息检索	年 代	特 点
手工检索	19 世纪下半叶至 20 世纪 40 年代	通过人工查询在图书馆等提供文献的机构进行文献的查询和获取活动
机械检索	从 20 世纪 40 年代至 20 世纪 50 年代	借助机械装置开展检索工作,检索效果依赖于关键词的选取,可以结合手工检索来进行
计算机与网络检索	20 世纪 50 年代至今	通过网络信息检索工具检索存在于 Internet 信息空间中各种类型的网络信息资源

计算机与网络检索分为脱机批处理检索、联机检索、网络信息检索三个阶段。

脱机批处理检索:计算机问世后初期使用计算机检索的一种检索系统,是在独立的单台计算机上进行检索的。

联机检索:用户利用计算机终端设备,通过通信网络与大型计算机检索系统的主机连接,从而检索其数据库中存储的信息资料的过程。联机检索具有效率高、搜索内容全面等优点,但是价格昂贵。

网络信息检索：通过 Internet 对远程计算机上的内容进行检索，具有费用低廉、内容更新快等优点。

随着人类知识的不断累积及信息技术的迅速发展，我们正处于信息大爆炸时代，信息检索成了广大年轻人不断获取新知识的有效途径，更是科学研究和技术创新的重要环节，掌握信息检索技术的意义日益彰显。

【同步训练 1-1】下列（　　）不属于网络检索系统的特点。

A．资料丰富　　　　　B．检索方便　　　　　C．费用低廉　　　　　D．资源共享

1.1.3　信息检索的基本流程

要在庞大冗杂的数据中找出我们需要的信息，需要掌握一定的信息检索策略，先要了解信息检索的基本流程。信息检索的流程包括分析信息需求、选择检索工具、提炼检索词、构造检索式、调整检索策略、输出检索结果，如图 1.1 所示。

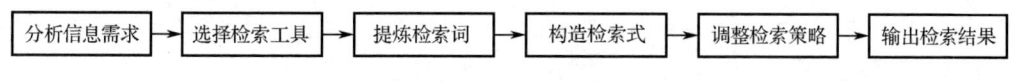

图 1.1　信息检索的流程

（1）分析信息需求。明确检索的目的及要求，罗列出确定的搜索关键词及其涉及的相关学科、语种及时间范围、查询方式及相关的资源性质等。

（2）选择检索工具。以检索问题的方向为依据选择正确的检索工具。如检索学术信息要优先选用相应的专门数据库，检索一般信息可选择搜索引擎。中文学术检索系统有中国知网、万方数据知识服务平台、维普网等。百科知识检索系统有百度百科、维基百科等。国内搜索常用引擎有百度、搜狗、360 搜索等。在选择检索工具时，要考虑检索工具的专业性、权威性及检索工具收录范围，要了解各种检索工具的系统功能及检索方法。

（3）提炼检索词。检索词是指在检索时输入的字、词或短语等，用于搜索出包含检索词的相关记录。提炼出最具有指向性和代表性的检索词，能够显著提升检索效率。确定检索词时要选择常用的专业术语，尽量少使用生僻词，也要避免选择影响检索效率的高频词，同时要尽可能全面列出同义词、近义词甚至上下位词，以提高检索的查全率。

（4）构造检索式。检索式即检索策略的逻辑表达方式，也称检索提问表达式，由检索词及关系算符构成，单个检索词也可构成检索式。为了提高检索效率及查全率，在构造检索式时要合理利用检索工具所支持的检索运算，将检索词连接成一个检索式。

（5）调整检索策略。构造出检索式后，在实施检索的过程中，可能因为检索式的构造问题导致检索结果达不到预期，或者检索出的结果太少不满足要求，或者检索出的结果太多且包含太多不相干的信息，查全率与查准率得不到保障，此时我们应该调整检索策略，通过扩大检索范围或缩小检索范围的方式达到检索的目的。

（6）输出检索结果。检索结果的输出方式以及输出形式等。输出方式包括显示、打印、复制及存盘等。输出形式包括全文、目录或自定义形式等，也可以选择性地输出检索结果。

1.1.4　网络信息检索的基本方法

网络信息检索是一个将信息需求与数据库中的信息进行比较、匹配的过程，常见的网络信

息检索方法有以下几种。

1. 布尔逻辑检索

布尔逻辑检索是指通过布尔逻辑运算来表达检索词与检索词之间逻辑关系的一种查询方法。布尔逻辑检索是由数学家乔治·布尔提出来的，因此，人们就以他的名字来命名这种检索方法。基本布尔逻辑运算符有以下几种。

1）逻辑与

逻辑与运算符通常用"AND"或"*"表示所连接的两个检索词必须同时出现在检索结果中。逻辑与增强了检索的专指性，起到缩小检索范围的作用。如检索"人工智能未来趋势"方面的信息，应包含"人工智能"（artificial intelligence）和"未来趋势"（future）两个独立概念。

检索式：artificial intelligence and future

artificial intelligence * future

2）逻辑或

逻辑或运算符通常用"OR"或"+"表示所连接的两个检索词在检索结果中出现任意一个即可，相当于增加检索主题的同义词，起到扩大检索范围的作用。如检索"人工智能"方面的信息，可以用"artificial intelligence"和"AI"这两个同义词来表达。

检索式：artificial intelligence or AI

artificial intelligence + AI

3）逻辑非

逻辑非运算符通常用"NOT"或"-"（减号）表示所连接的两个检索词应从第一个概念中排除第二个概念。逻辑非用于排除不需要的检索词，缩小检索范围，增加检索的准确性。如检索"不包括无线网络的通信"方面的信息，应从"communication"的检索结果中排除"wireless"部分。

检索式：communication not wireless

communication - wireless

一般布尔逻辑运算符的优先级为：NOT、AND、OR 依次递减，可以通过加括号来改变优先级，括号内的逻辑表达式优先级最高，因此优先执行，如查找研究有线或无线网络的文献。

检索式：（无线+有线）*网络

无线*网络+有线*网络

并不是所有搜索引擎都支持布尔逻辑检索，因此，使用前应了解布尔逻辑运算符在各搜索引擎中的运用情况。例如，在百度搜索引擎中，逻辑或运算符为"|"，搜索"人工智能|AI"的结果如图 1.2 所示。

图 1.2　百度搜索引擎中逻辑运算符的使用

【同步训练1-2】布尔逻辑检索技术属于（　　）。
A．文本检索技术　　　B．图像检索技术　　　C．音频检索技术　　　D．视频检索技术

2．截词检索

截词检索是指在检索词中保留相同的部分，用截词符号代替可变化的部分。截词检索在西文检索中运用广泛，如名词的单复数、动词与动名词形式、同一词的英美两种不同拼法等，这些词如果在检索时不加以考虑就会出现漏检的现象。截词检索是预防漏检及提高查全率的一种常用检索技术。一些检索系统如 Springer Link、WOS、EI、Proquest、EBSCO 等均可成功实现截词检索。

截词检索按截断的字符数量来分，可分为无限截断和有限截断两种类型。

1）无限截断

无限截断指不限制被截断的字符数量，一个截词符可代表多个字符，一般数据库的截断均为无限截断。如输入"tran*"，表示被截断的字符不限。

2）有限截断

有限截断指限制被截断的字符数量，一个截词符只代表一个字符。如输入"analy?e"，表示被截断的字符只有1个。

学习提示

不同的检索系统对截词符有不同的规定，常用的截词符有"?""*"和"$"等。当前大部分数据库用"*"替代单词的部分字母，"?"只代表一个字母，"$"可以替代一个字符或表示没有字符。

截词检索按截断的位置来分，可分为前截断、中截断和后截断三种类型。

1）前截断

截词符放在被截词的左边，如输入"*iology"能够检索出 biology、microbiology、paleobiology 等以"iology"结尾的单词及其组成的短语，如图1.3所示。

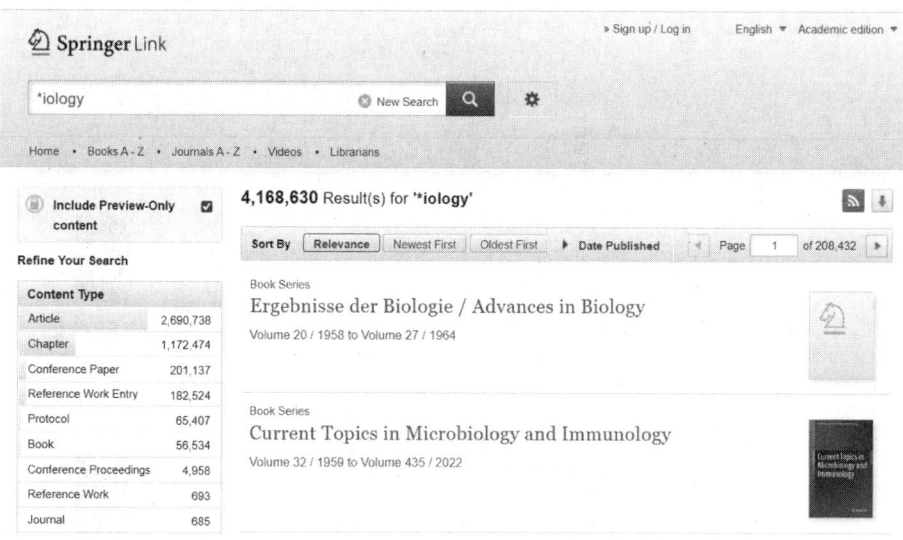

图1.3　使用前截断的检索结果

2）中截断

把截词符放在词的中间。如输入 micro*ics，可以检索 microelectronics、microeconomics、 microplastics 等词汇。用这种方式查找英美不同拼法的概念很有效，如在 Springer Link 中输入 analy?e 的检索结果如图 1.4 所示。

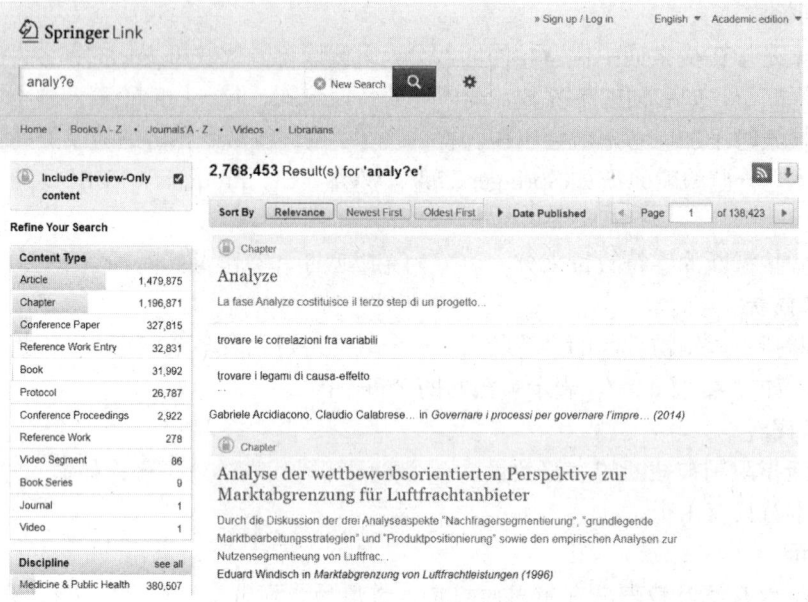

图 1.4　使用中截断的检索结果

3）后截断

截词符放在被截词的右边，是常用的截词检索方式。后截断主要用于词的单复数检索、年代检索、词根检索等，如输入 micro*，可以检索 microbiology、microsystems、microbial 等词汇，在 Springer Link 中输入 micro* 的检索结果如图 1.5 所示。

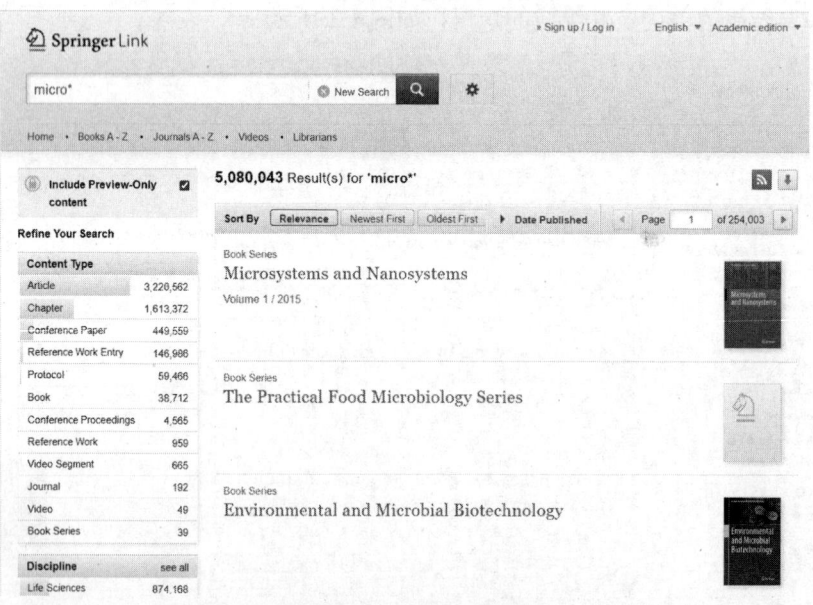

图 1.5　使用后截断的检索结果

【同步训练 1-3】在下列截词检索中，哪个检索符号代表的是有限检索？（　　）

A．?　　　　　　　　B．|　　　　　　　　C．*　　　　　　　　D．%

3. 位置算符检索

逻辑检索式只能判断数据库信息中是否包含检索词，而不能判断多个检索词之间的位置关系。如果检索词之间有特定位置关系，为了提高查准率可以使用位置检索。按照两个检索出现的顺序和距离，可以有多种位置算符。对同一位置算符，检索系统不同，规定的位置算符也不同。常用位置检索的位置算符和说明如表 1.3 所示。

表 1.3 常用位置检索的位置算符和说明

算 符	功 能	表 达 式	检 索 结 果
(W)	"W"的含义为"with"，表示在算符两侧的检索词之间不允许插入其他字母或词，且检索词顺序不能颠倒	Technology (w) College	Technology College；Technology Colleges
(nW)	"W"的含义为"word"，表示在算符两侧的检索词之间，允许插入 n 个实词或虚词，但检索词顺序不能颠倒	Technology (2w) College	Technology College；Technology Colleges；Technology College；Technology and Science College
(N)	"N"的含义是"near"，表示算符 N 两侧的检索词必须紧密相连，中间不允许插入其他字符，但两个检索词的顺序可以颠倒	Technology (N) College	Technology College；Technology Colleges；College of Technology
(nN)	表示算符两侧的检索词之间允许插入 0~n 个单词，且两侧的检索词顺序可以颠倒	Technology (2N)College	Technology College；College of Technology；Technology and Science College；College of Science and Technology
(F)	"F"的含义为"field"，表示算符两侧的检索词（或检索项）必须同时出现在同一个字段（如标题、摘要）中，但不限制它们之间的顺序，也不限制夹在其中的其他词的数量	Technology (F) College	要求两个词同时出现在同一字段中
(S)	"S"的含义为"Sub-field/sentence"，表示算符两侧的检索词（或检索项）必须同时出现在文献的同一段落中。不限制它们的相对顺序，也不限制中间插入词的数量	Technology SAME College	要求两个词出现在一个段落中

【同步训练 1-4】在以下位置算符检索中，哪项不属于 Education (w) school 的检索结果？（　　）

A．Education school　　　　　　B．Education schools
C．My Education school　　　　　D．Educationed schools

4. 字段限制检索

字段限制检索是指将检索词的匹配限定在某个或某些特定的字段范围内进行，是提高检索效率的措施之一。常用的检索字段有题名、关键词、作者、摘要及主题等，如表 1.4 所示。

表 1.4 常用的检索字段

中文字段名称	英文字段名称	字 段 代 码	中文字段名称	英文字段名称	字 段 代 码
题名	Title	TI	全文	Full Text	FT
关键词	Keyword	KW	机构（作者单位）	Affiliation	AF
作者	Author	AU	刊名	Journal Name	JN
摘要	Abstrtact	AB	ISSN	ISSN	SN
主题	Subject	SU	ISBN	ISBN	IB

例如，Technology (w) College/AB 表示限定在文摘字段检索；JN=Wall Street 表示限定在刊名字段检索。

一般情况下，如果在检索式中没有字段限制，则系统默认在常用检索字段中检索。在文献检索中，字段限定范围的大小为：全文>关键字>作者>标题。

【同步训练 1-5】检索式 SU='北京' and FT='环境保护'可以检索到（　　　）的信息。

A. 主题包括"北京"且摘要中包括"环境保护"

B. 关键词包括"北京"且全文中包括"环境保护"

C. 关键词包括"北京"且摘要中包括"环境保护"

D. 主题包括"北京"且全文中包括"环境保护"

1.2　搜索引擎与社交媒体

搜索引擎与社交媒体

1.2.1　搜索引擎概述

搜索引擎是指运行在 Internet 上，以信息资源为对象，以信息检索的方式为用户提供所需数据的服务系统，主要包括信息存取、信息管理和信息检索三大部分。从不同角度可以将搜索引擎分为多种类型，中文搜索引擎主要有三种类型，即全文搜索引擎（又称机器人搜索引擎）、目录式搜索引擎和元搜索引擎。

1. 全文搜索引擎

全文搜索引擎是一种目前运用较广泛的搜索引擎。它使用自动采集软件 Robot 搜集和发现信息，并下载到本地文档库，再对文档内容进行自动分析并建立索引。对于用户提出的检索要求，通过检索模块检索索引，找出匹配文档返回给用户。全文搜索引擎有庞大的全文索引数据库。其优点是信息量大、范围广，较适用于检索难以查找的信息或一些较模糊的主题。缺点是缺乏清晰的层次结构，检索结果重复较多，需要用户自己进行筛选。常用的全文搜索引擎如表 1.5 所示。

表 1.5　常用的全文搜索引擎

搜　索　引　擎	LOGO
百度	Baidu 百度
360	360搜索
有道	有道 youdao
搜搜	搜搜
搜狗	搜狗搜索
必应	Bing

2. 目录式搜索引擎

目录式搜索引擎以人工或半人工方式收集信息，建立数据库，由编辑员在访问某个 Web 站点后，对该站点进行描述，并根据站点的内容和性质将其置于事先确定的分类框架中形成主题目录。目录搜索引擎虽然有搜索功能，但严格意义上不能称为真正的搜索引擎，只是按目录分类的网站链接列表而已。用户可以按照分类目录找到所需要的信息。该类搜索引擎因为加入了人的智能，所以信息准确、导航质量高，但因人工介入，维护量大，信息量少，信息更新不及时，使得人们利用它的程度有限，国内著名的新浪、搜狐都属于这种类型。

3. 元搜索引擎

元搜索引擎是一种调用其他搜索引擎的引擎。它在接受用户查询请求后，会同时在多个搜索引擎上搜索，并将结果返回给用户，著名的元搜索引擎有 360 综合搜索等。

【同步训练 1-6】以下属于全文搜索引擎的是（　　）。

A．搜狐目录　　　　B．网易　　　　C．百度　　　　D．Vivisimo

1.2.2 综合性搜索引擎检索

通过搜索引擎，只需要给出查询条件，就能把符合查询条件的资料信息从数据库中搜索出来，并列出这些 Web 页的地址列表。只要链接这些地址，就可以找到所需要的信息。

在进行搜索之前要做好三项准备工作：选定搜索引擎、选定搜索功能、了解所选搜索引擎的搜索方法；确定搜索概念或意图，选择描述这些概念的关键字及其同义词或近义词；建立搜索表达式，使用符合该搜索引擎语法的正确表达式之后开始搜索。以下搜索结果均基于必应搜索引擎。

1. 双引号

说明：把搜索词放在双引号中，代表完全匹配搜索，也就是说，搜索结果返回的页面包含双引号中出现的所有词，连顺序也必须完全匹配。

搜索：搜索引擎技巧

结果：有 2 450 000 条包含"搜索引擎技巧"的查询结果。

2. 减号

说明：减号代表搜索不包含减号后面的词的页面。使用这个指令时减号前面必须是空格，减号后面没有空格，紧跟着需要排除的词。

搜索：搜索-引擎

结果：约有 96 400 000 条包含"搜索"却不包含"引擎"这个词的页面结果。

3. inurl

说明：用于搜索查询词出现在 URL 中的页面。inurl 指令支持中文和英文。

搜索：inurl:搜索引擎优化

结果：约有 14 900 条网址 URL 中包含"搜索引擎优化"的结果。

4. intitle

说明："intitle:"指令返回的是页面 title 中包含关键词的页面。

搜索：intitle:搜索引擎

结果：约有 10 400 000 条符合"搜索引擎"的查询结果。

5. filetype

说明：用于搜索特定文件格式。

搜索：filetype:pdf 搜索引擎

结果：约有 23 600 条包含"搜索引擎"这个关键词的 PDF 文件。

6. site

说明：用来搜索某个域名下的所有文件，即对搜索的网站进行限制。

搜索：搜索引擎技巧 site:www.edu.cn

结果：中文教育科研网站 www.edu.cn 上约有 7 200 000 条符合"搜索引擎技巧"的查询结果。

学习提示

如果返回的结果是"没有找到匹配的网页"或"返回 0 个页面"，这时一般要检查关键字中有没有错别字、语法错误或换用不同的关键词重新搜索；也可能是有的搜索表达式所设定的范围太窄，可以将原关键词拆成几个关键词进行搜索，词和词之间用空格隔开。

如果返回的结果很多，而且许多结果与需要的主题无关，这时一般需要排除含有某些词语的资料，以利于缩小查询范围；可以通过高级查询，使搜索功能更完善、信息检索更准确。

【同步训练 1-7】张三同学想自学"数据结构与算法"这门课程，据他了解北京大学张铭教授的课被评为国家精品课程，于是想搜索这门课程的 PPT 进行学习。如果使用搜索引擎查找，则最优的检索表达式为（　　）。

A．数据结构与算法　PPT　　　　　　B．数据结构与算法　北京大学

C．数据结构与算法　张铭　filetype:PPT　　D．北京大学　张铭

1.2.3　社交媒体信息检索

传统的社会大众媒体有报纸、广播、电视、电影等。新兴的社交媒体大多在网络上出现，用户能够自由选择或编辑内容，能够形成某种社群，如社交网站、微博、微信、博客、论坛、播客等。与传统的社会大众媒体比，新社交媒体具有更先进和多元的服务与功能，便宜甚至免费，已被当代年轻人广泛使用。

1. 网络百科

网络百科类似于传统的百科全书，其以词条的形式来收集并整理海量高质量的知识。普通互联网用户能够对网络百科中的词条内容进行编辑，也可以添加百科内容，极大提升了网络百科的规模。为了保障百科内容的权威性和高质量，网络百科采用专人维护机制，但是内容实时性得不到保障，常用的网络百科有百度百科、维基百科等。百度百科首页如图 1.6 所示。

图 1.6　百度百科首页

2. 网络问答社区

网络问答社区为普通互联网用户提供提问—回答的便捷平台。用户在网络问答社区上提出大部分问题,社区中的其他用户会提供一个或多个相应的答案。用户提问具有兴趣分布广泛性、实时性等特点,因此,网络问答社区覆盖许多领域的最新信息。网络问答社区中回答者的知识水平参差不齐,其中可能包含许多低质量的问题和答案。目前,国内较大的网络问答社区有百度知道、知乎等。百度知道首页如图1.7所示。

图 1.7　百度知道首页

3. 博客

博客又称网络日志,是一种在线日记形式的个人网站,通过张贴文章、图片或视频来记录生活、抒发情感或分享信息。博客上的文章通常以网页形式出现,并根据张贴时间,以倒序排列。典型的博客结合了文字、图像、其他博客或网站的超链接,以及其他与主题相关的媒体。能够让读者以互动的方式留下意见,是许多博客的重要要素。大部分博客的内容以文字为主,也有一些博客专注艺术、摄影、视频、音乐、播客等主题。博客内容虽好,但缺乏与用户之间的互动,不能满足人们交流的需求,随着微博、微信公众号等的出现,博客慢慢成为小众化的应用。

在学习编程的过程中,要想通过某种形式把学习的知识点以文字的方式记录下来,可使用技术博客,如 CSDN、博客园、简书、知乎专栏和 GithubPage 等。CSDN 技术博客页面如图 1.8 所示。

4. 微博

微博是一种允许用户即时更新简短文本(通常少于 140 字)并可以公开发布的微型博客形式,允许任何人阅读或者只能由用户选择的群组阅读。这些消息可以用短信、即时消息软件、移动应用程序、电子邮件或网页等方式发送。微博与传统博客不同,传统博客的文件(如文本、影音或录像)容量较小。微博的代表性网站有 Twitter、新浪微博等。新浪微博首页如图 1.9 所示。

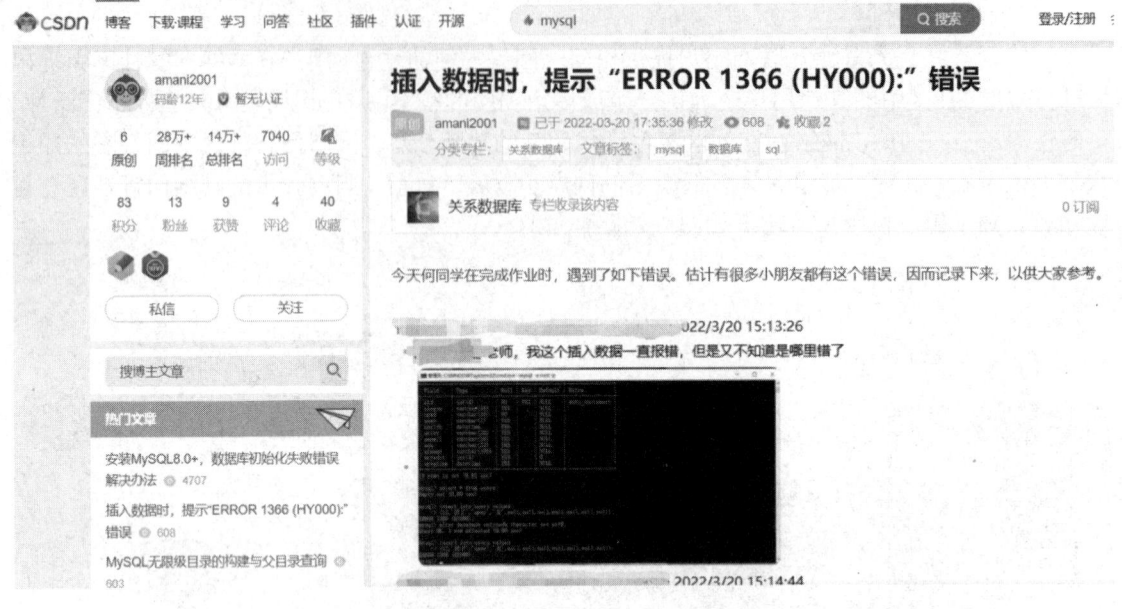

图 1.8　CSDN 技术博客页面

图 1.9　新浪微博首页

1.3　国内重要的综合性信息检索系统

国内重要的综合性信息检索系统

1.3.1　中国知网（CNKI）

中国知网（China National Knowledge Infrastructure，CNKI）是全球领先的数字图书馆，其首页如图 1.10 所示。中国知网提供全天开放的大众知识服务，面向海内外读者提供杂志（期刊）、图书、工具书、报纸、会议、学位论文、学术文献全文在线阅读和下载服务。如果有中国知网账号，则可以在中国知网首页的右上角单击"登录"按钮进行账号登录；如果没有中国知网账号，则可以在登录界面中单击"立即注册"按钮注册一个账号。2019 年，中国知网开通了作者服务平台，所有作者一经实名注册，即可无限期免费使用自己的作品。

图 1.10　中国知网首页

1. 初级检索

初级检索是数据库默认的检索方式。初级检索的基本步骤：在中国知网首页搜索框左侧的下拉列表中选择检索项（如主题、篇名、关键词、摘要等）；在搜索框中输入检索词进行检索。

2. 高级检索

与初级检索方式相比，高级检索支持多项逻辑组合检索，检索项之间可以使用逻辑运算符进行组配。检索项包括来源、基金、作者及作者单位等。高级检索的基本步骤：进入高级检索主界面；选择检索项；选择 10 个学科领域；限制词频，选择逻辑关系；输入检索词；选择精确或模糊匹配；输入时间范围；对结果排序；检索；显示检索结果（如题录、文摘、全文）。高级检索主界面如图 1.11 所示。

图 1.11　高级检索主界面

学习提示

在该界面左侧的"文献分类目录"下可选择要搜索的类目范围；
"+""–"可以自定义增加、减少检索字段；
"并含/或含/不含"表示检索词之间或检索字段之间的逻辑关系；
"词频"是指该关键词出现的频率（目前不能修改，默认为至少出现一次）；
"精确"是指输入的检索词在检索结果中字序、字间间隔是完全一样的；
"模糊"是输入的检索词，在检索结果中出现即可，字序、字间间隔可以变化。

3. 专业检索

专业检索是指利用检索关键字及逻辑运算符构造的逻辑表达式进行检索的方式。专业检索主界面如图 1.12 所示。该界面的上方分别是检索条件表达式的输入框、期刊发表时间和期刊来源；下方是基本语法的介绍和示例。专业检索的基本流程：进入专业检索主界面；选择 10 个学科领域；输入检索式；选择时间范围；对结果排序；显示检索结果。

图 1.12 专业检索主界面

【同步训练 1-8】写出检索主题为"自动驾驶"或者"无人驾驶"，关键词包括"无人驾驶控制"或"雷达"且包含"5G"的检索式。

检索式：SU=(自动驾驶 OR 无人驾驶)AND KY=(雷达+无人驾驶控制)*5G

4. 作者发文检索

作者发文检索用于检索某作者发表的文献及其被引用、下载等情况。作者发文检索主界面如图 1.13 所示。通过作者发文检索，不仅能找到某作者发表的文献，还可以通过对结果的分组筛选，全方位地了解作者的主要研究领域、研究成果等情况。作者发文检索基本步骤：进入作者发文检索主界面；选择 10 个学科领域；填写作者姓名和时间范围；对结果排序；显示检索结果。

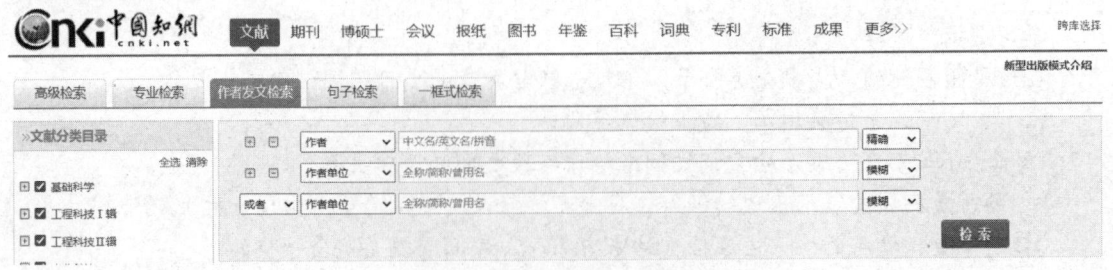

图 1.13 作者发文检索主界面

5．句子检索

句子检索是指在全文同一句、同一段中包含某句话或某词组的检索方式。句子检索的基本步骤：进入句子检索主界面；选择 10 个学科领域；选择同一句或同一段；输入在同一句或同一段中要共同出现的词；对结果排序；显示检索结果。通过输入两个检索词来查找同时包含这两个词的句子，从而找到相关论文，查找结果会直接显示论文中的句子，比其他检索方式更有针对性。检索词可以在全文同一句子中，同一句子包含 1 个断句标点（句号、问号、感叹号或省略号），也可以在同一段中，同一段的范围为 20 句之内。

【同步训练 1-9】使用中国知网句子检索功能检索在全文同一句话中包含"雷达"和"自动驾驶"，并在全文同一段话中含有"5G"和"自动驾驶控制"的文献。

步骤 1．进入句子检索主界面，如图 1.14 所示，在全文"同一句"话中的含有文本框中输入"雷达"和"自动驾驶"；

图 1.14　句子检索主界面

步骤 2．选择 AND，在全文"同一段"话中的含有文本框中输入"5G"和"自动驾驶控制"；

步骤 3．单击"检索"按钮，即可完成搜索。

6．处理检索结果

使用以上任意一种检索方式时，系统都会显示相应的检索结果列表。结果列表中的每条记录都包括文献题名、作者、来源等信息，用户可以根据检索需求按相关度、发表时间、被引、下载和综合等维度进行排序。选择一条搜索结果，即可看到文献相关信息，提供手机阅读、HTML 阅读、CAJ 下载以及 PDF 下载等阅读和浏览方式。如果选择"CAJ 下载"，则需安装 CAJ 阅读器（CAJviewer）来阅读所下载的文献；如果选择"PDF 下载"，则需安装 PDF 阅读器来阅读所下载的文献。检索结果列表界面如图 1.15 所示。

【同步训练 1-10】在中国期刊全文数据库 CNKI 中，不能进行（　　）检索。
A．逻辑与　　　　B．逻辑或　　　　C．逻辑非　　　　D．截词

图 1.15　检索结果列表界面

1.3.2　维普网（VIP）

维普网原名为维普资讯网，建立于 2000 年。维普网经过多年的商业运营，现已成为全球著名的中文专业信息服务网站，以及我国最大的综合性文献服务网站，并成为 Google 搜索的重量级合作伙伴，是 Google Scholar 最大的中文内容合作网站。其所依赖的"中文科技期刊数据库"是我国最大的数字期刊数据库，该数据库自推出就受到国内图书情报界的广泛关注和普遍赞誉，是我国网络数字图书馆建设的核心资源之一，被我国高等院校、公共图书馆、科研机构所采用，是高校图书馆文献保障系统的重要组成部分，也是科研工作者进行科技查证和科技查新的必备数据库。维普网现已拥有 5000 多家企事业集团用户单位，网站的注册用户数超过 300 万，累计为读者提供了超过 2 亿篇次的文章阅读服务，实现了"以信息化服务社会、推动中国科技创新"的建站目标。

1. 简单检索

打开维普网首页，默认使用简单检索，如图 1.16 所示。简单检索具有方便快捷的特点，在搜索框的左侧可以选择文献搜索、期刊搜索、学者搜索及机构搜索等不同搜索范围，在搜索框中输入检索词，然后单击搜索框右侧的"开始搜索"按钮，即可得到对应的搜索结果。

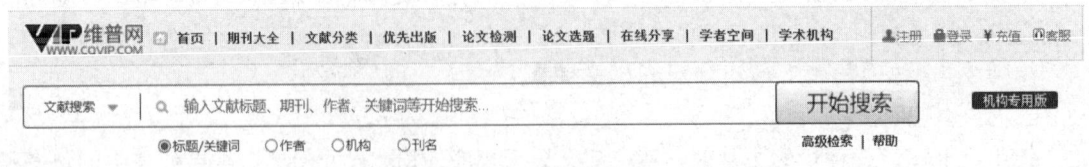

图 1.16　维普网首页

2. 高级检索

在维普网首页"开始检索"按钮的下方单击"高级检索"即可打开高级检索界面，高级检索支持多项逻辑组合检索，检索项之间可以使用逻辑运算符进行组合，还可以选择"时间限定""期刊范围""学科限定"等限制条件。维普网高级检索界面如图 1.17 所示。

图 1.17 维普网高级检索界面

3. 检索式检索

在维普网高级检索界面选择"检索式检索",即可打开维普网检索式检索界面,如图 1.18 所示。在检索框中输入由逻辑运算符、字段标识符及检索关键字构造的检索式,在检索框下方可选择"时间限定""期刊范围""学科限定"等限制条件。

逻辑运算符:AND(逻辑与)、OR(逻辑或)、NOT(逻辑非)。

字段标识符:U=任意字段、M=题名或关键词、K=关键词、A=作者、C=分类号、S=机构、J=刊名、F=第一作者、T=题名、R=摘要。

图 1.18 维普网检索式检索界面

【同步训练 1-11】写出题名含有"智能家居",作者为"张三"或"李四",关键词或摘要中含有"节能"或"省电"的检索式。

检索式：T=智能家居 AND(A=张三 OR 李四)AND(K=(节能 OR 省电)OR R=(节能 OR 省电))

4. 处理检索结果

维普网的检索结果以条目的形式呈现，包含文献标题、出处、作者及摘要等信息。维普网检索结果界面如图 1.19 所示。选择打开某篇文献的文献详细页面，提供在线阅读、下载全文及职称评审材料下载三种阅览及下载方式，其中职称评审材料下载可以一键下载该篇文章的 PDF 全文、封面、封底、目录。

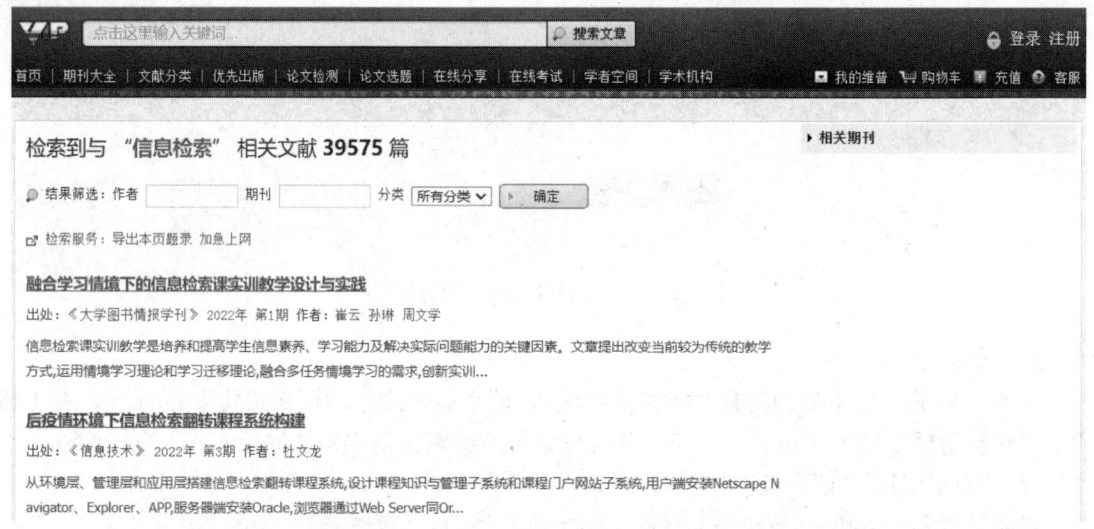

图 1.19　维普网检索结果界面

1.3.3　国家科技图书文献中心（NSTL）

国家科技图书文献中心（National Science and Technology Library，NSTL）首页如图 1.20 所示，是科技部联合财政部等六部门于 2000 年 6 月成立的一个基于网络环境的科技文献信息资源服务机构，向全国广大科技用户提供功能齐全的文献信息服务。目前，其提供的服务包括文献检索和全文提供、网络版全文文献浏览、期刊目次页浏览、馆藏目录查询、热点信息门户、网络信息导航、参考咨询、预印本服务、特色文献服务、我的 NSTL 和代查代借。任何一个 Internet 用户都可免费查询 NSTL 网络服务系统的各类文献信息资源，浏览 NSTL 向全国（大陆地区）开通的网络版期刊，合理下载所需论文，用户还可以根据需要在网上请求所需印本文献的全文。

1. 一框式检索

一框式检索提供文献检索（可选择期刊、会议、学位论文、报告、专利、文集、图书、标准和计量规程）、词表检索及扩展检索三种检索方式。一框式检索界面如图 1.21 所示。

【同步训练 1-12】在国家科技图书文献中心中查找有关计算机辅助设计的论文。

用中文词组"计算机辅助设计"或英文缩写"CAD"来表达，通过"或"的关系连接起来，构成检索式：计算机辅助设计 or CAD，搜索结果如图 1.21 所示。

第1章 信息检索

图1.20 国家科技图书文献中心首页

图1.21 一框式检索界面

19

2. 高级检索

高级检索界面如图 1.22 所示。高级检索提供更灵活的组合查询条件，使文献的检索定位更加准确。选择文献类型，并输入查询词后，选择逻辑运算符，单击添加按钮 +，可将所选条件添加到查询逻辑表达式中；设置筛选条件，如查询范围、出版年、获取方式等，单击"检索"按钮，可按照查询逻辑条件设置进行检索。

图 1.22 高级检索界面

（1）文献类型选择。在文献查询界面，"文献类型选择"列出了本系统中可提供用户查询的各类型文献数据库。可以单选也可以多选或全选，至少要选择一个数据库。系统具有跨库检索功能，可同时在多个数据库中检索文献。

（2）输入检索词。可以输入与查询主题密切相关的单个词进行检索，也可以通过"and"（与）、"or"（或）、"not"（非）进行组配，构成比较复杂的逻辑检索式。输入检索条件后，单击"检索"按钮，即可查询到相关文献的题录列表。

（3）查询范围选择。用来限定查询范围，可以在作者、标题、文摘、关键词、分类号或全文检索等项目中任选一项，确定系统对数据库中的相应字段进行检索，默认状态为"全文检索"。"全文检索"选项可对数据库中的所有字段进行查找。

（4）查询年限选择。用于选择要检索文献的出版年份。所选择的年份相当于当年的 1 月 1 日至 12 月 31 日，默认时间为全部年。

3. 二次检索

系统具有二次检索功能。如果用户因查询到的文献太多而对查询结果不满意，还可以在文献查询结果界面进行二次查询。查询方式与前面的查询完全相同。前一次检索的条件限制和输入的检索式都保留在检索框内，用户只需在检索框内加入新的限定条件，单击"二次检索"按钮即可，如图 1.23 所示。

第1章　信息检索

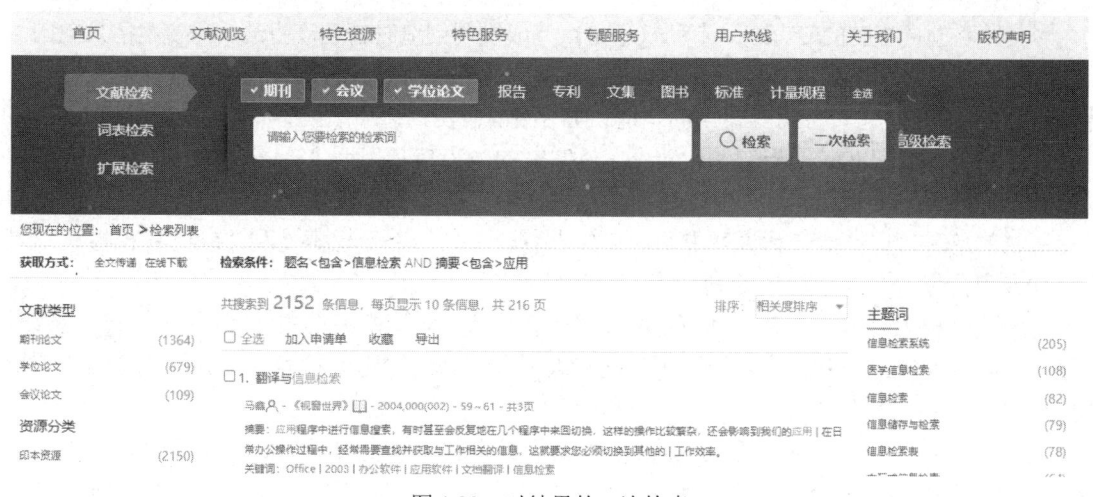

图1.23　对结果的二次检索

4. 浏览查询结果

在查询结果界面，每个浏览页面最多显示 10 条文献题录。如果查询结果多于 10 条，则系统将分页显示。查询结果的下方显示查询结果共多少页，可以输入欲浏览的页号，并单击"跳转"按钮转到相应页面，也可以单击查询"上一页"或"下一页"按钮转到要浏览的页面。如果认为当前查询的结果仍不理想，还可以再进一步查询，方法同上。在浏览页面，单击欲浏览文章的标题，可以获得该文章的详细书目信息和文摘，如图 1.24 所示。

图1.24　文章的详细书目信息和文摘

【同步训练 1-13】小张同学在检索关于机器人方面的文献时，将"机器人"作为检索词，这属于（　　）检索。

A. 作者　　　　　B. 基金　　　　　C. 关键词　　　　　D. 作者单位

1.4　特种文献检索

特种文献检索

1.4.1　专利文献检索

专利是专利权的简称，是由国家专利行政部门依法授予专利申请人或其权利继承人在一定期间内对其发明创造享有的专有权。专利权不是在完成发明创造时自动产生的，需要申请人向国务院专利行政部门提出申请，并经审查批准后方可获得。专利持有人自其发明被授予专利起，在法律规定的有效期内，可以独占其发明的制造、使用和销售权。专利一旦过期就可以被任何人使用。

狭义来讲，专利文献是指专利说明书。说明书的内容包括发明人对发明内容的详细说明和对要求保护的范围的详细描述。广义来讲，专利文献是指记载和说明专利内容的文件资料及相关出版物的总称。它包括专利说明书、专利分类表以及专门用于检索专利文献的各种检索工具书，如专利公报、专利索引、专利文摘、专利题录等。

专利文献检索是一项复杂工作，是由多种因素构成的，如检索目的、检索方式、检索系统、检索范围、检索入口，以及检索经验等，这些因素共同制约着专利检索的过程，并影响专利检索的效果。

通过以下两个网站上的"专利检索"，可以免费检索全部中国专利信息（包括文摘）：
（1）国家知识产权局网站。
（2）中国专利信息中心网站。

下面介绍通过国家知识产权局网站进行专利检索的方法。

在国家知识产权局首页的"政务服务"栏中选择"专利检索"，如图1.25所示，即可进入专利检索及分析系统。

图1.25 选择"专利检索"

专利检索及分析系统提供常规检索、高级检索、导航检索、药物检索、热门工具、命令行检索及专利分析7个栏目，常规检索界面如图1.26所示。其中，"热门工具"中包括同族查询、引证/被引证查询、法律状态查询等9种功能；"专利分析"中包括申请人分析、发明人分析及区域分析等6种分析功能。

图1.26 常规检索界面

1. 常规检索

常规检索位于专利检索及分析系统的常规检索界面，通过搜索框左侧的两个图标可以进行个性化设置，以满足不同检索需求，如图 1.26 所示。单击搜索框左侧的球星图标可以选择数据范围，单击下拉三角形图标可以选择检索字段。

【同步训练 1-14】已知某产品申请（专利）号为 202110287887.0，查找其专利说明书。

步骤 1．进入专利检索及分析系统。

步骤 2．单击搜索框左侧的下拉三角形图标，选择检索字段"申请号"。

步骤 3．单击"检索"按钮。

2. 高级检索

切换到高级检索，高级检索界面被划分为检索历史、范围筛选、高级检索及检索式编辑区 4 个区域，如图 1.27 所示。其中，检索历史中会显示当前登录账号的检索历史记录；范围筛选可以选择检索的专利类型及地域范围；高级检索中包含 14 个检索字段，各个检索字段都有详细的输入提示，将鼠标指针放到某个检索字段，即可看到该字段的输入格式要求及所支持的检索算符。

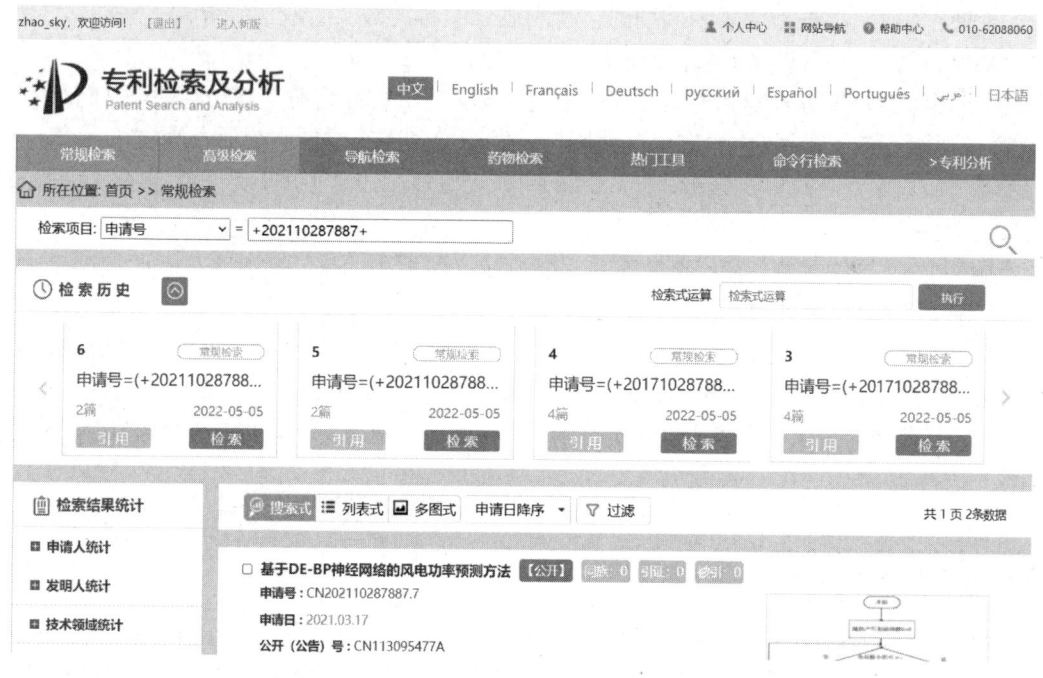

图 1.27　高级检索界面

（1）申请（专利）号。专利申请号格式：申请年号+专利申请种类号+申请流水号+校验位，如"202110287887.0"。

（2）摘要。为字符串检索，输入字符数不限。允许使用模糊字符"%"，当其位于开头或末尾时可省略。应尽量选择关键字，以免检出过多无关专利记录。

（3）分类号。专利分类号可通过《国际专利分类表》得到，也可单击主页左侧栏目中的"IPC 分类检索"进行查询。输入字符数不限，字母大小写通用，并可进行模糊检索。

（4）公开（告）日。由年、月、日三个部分组成，各部分之间用圆点隔开。其中，"年"为 4 位数字，"月"和"日"为 1 或 2 位数字。进行模糊检索时，直接省略模糊部分，而不用

"%",同时略去字符串末尾的圆点,如"5"表示某年某月 5 日。如果进行年度范围检索,则在中间插入"to",如"2020 to 2022"。

(5)申请(专利权)人。可为个人或团体,输入字符数不限。可进行模糊检索,也可使用两种逻辑运算符"AND(与)"和"OR(或)"。

(6)地址。其规定与(5)相同。当有邮政编码时,应将其放在最前面。

(7)颁证日。其规定与(4)相同。

(8)代理人。其规定与(5)相同。

(9)名称。其规定与(2)相同。

(10)主分类号。其规定与(3)相同。

(11)公开(告)号。其由 7 位数字组成,允许使用模糊字符"%",代表任意 0～6 位数字,当其位于末尾时可省略。

(12)发明(设计)人。其规定与(5)相同。

(13)申请日。其规定与(4)相同。

(14)专利代理机构。其规定与(6)相同。

(15)优先权。该选项由表示国别的字母和表示编号的数字组成,字母大小写通用。允许使用模糊字符"%",当其位于起首或末尾时可省略。

【同步训练1-15】进入专利检索及分析系统网站,查询标题含有"自动驾驶",摘要中含有"雷达"或"测距",说明书中含有"车联网"的发明专利并查看专利说明书全文。

步骤1.进入专利检索及分析系统,切换到高级检索,在"范围筛选"中选择"中国发明申请"。

步骤2.在"发明名称"文本框中输入"自动驾驶",在"摘要"文本框中输入"雷达 or 测距",在"说明书"文本框中输入"车联网"。

步骤3.单击检索式编辑区下的"生成检索式"按钮,生成"发明名称=(自动驾驶) AND 摘要=(雷达 or 测距) AND 说明书=(车联网)",单击"检索"按钮。

步骤4.在搜索结果界面单击"详览"按钮,转到文献浏览页面,选择"全文文本"或"全文图像"进行查看。

1.4.2 标准信息检索

标准是在工程施工、产品制造等方面对质量、规格及其检验方法所做的技术规定,是从事生产建设和进行科研的一种共同的技术依据。标准信息是指在标准化活动中所产生、记录标准化科研成果和实践经验的标准文献,以及与标准化相关的情报信息。标准化的过程在深度上是一个永无止境的循环上升过程,即制定标准,实施标准,在实施中随着科学技术进步对原标准先适时进行总结、修订,再实施。每循环一周,标准就上升到一个新的水平,充实新的内容,产生新的效果。

在国际经济形势深刻变化的今天,技术贸易壁垒、绿色壁垒等重重障碍,使我国的产业模式受到严峻挑战,产业转型升级刻不容缓。实施技术标准战略正是引领产业成功转型升级的必由之路。而在技术标准战略的实施过程中,则要标准先行,引导产品技术发展,提升产品质量档次,带领产品参与高水平竞争;在先进技术标准的拉动下,促使企业以技术标准驱动工艺改进、带动技术进步、拉动管理提升,从而提高企业的自主创新能力;并且要将行业龙头企业拥有的自主知识产权和核心技术专利，实现专利共享，推动技术标准体系的动态发展，才能保障产业实现持续发展。

1. 标准分类

按照标准化的对象划分为技术标准、管理标准和工作标准（生产组织标准）。

按照适用范围划分为国际标准（如国际标准化组织标准"ISO"）、区域标准（如全欧标准"EN"）、国家标准（如我国国家标准"GB"）、专业标准（如机械部标准"JB"）和企业标准（我国各省市的地方标准）。

《中华人民共和国标准法》规定我国标准分为国家标准、行业标准、地方标准和企业标准。

按照标准内容分为基础标准、产品标准、辅助产品标准、原材料标准和方法标准。

基础标准：一般包括名词、术语符号、代号、机械制图等。

产品标准：规定产品的品种、系列、分类、参数、形式尺寸、技术要求、实验等。

辅助产品标准：包括工具、模具、量具、专用设备及零部件标准。

原材料标准：包括材料分类、品种、规格、牌号、化学成分、物理性能、试验方法、保管验收规则等。

方法标准：包括工艺要求、过程、要素、工艺说明、实用规程等。

2. 标准编号

代号"GB"（国家标准）或"HB"（行业标准）为强制性标准，有"T"的为推荐性标准，有"Z"的为指导性技术文件。

国际标准化组织标准号：ISO+顺序号+制定（修订）年份。

国际电工委员会标准号：IEC+顺序号+制定（修订）年份。

中国国家标准号：GB+顺序号+批准年号。

中国部颁标准号：部或企业名称的汉语拼音字母+顺序号+批准年号。

中国部颁标准号有 37 个，包括机械部 JB、冶金部 YB、化工部 HG1～HG7、石油部 SY、轻工部 QB、煤炭部 MT、交通部 JT、铁道部 TB、邮电部 YD、水电部 SD、商业部 SB、建材局 JC、计量局 JJG、地矿部 DZ、海洋局 HY、测绘总局 CH、中科院 KY 等。

国家标准号：ANSI+字母类号+数字类号+序号+年份。

【同步训练 1-16】请分析标准号为 GB/T 40373—2021 的含义。

这是国家推荐性标准，顺序号为 40373，标准发布年份为 2021 年。

3. 标准信息的数据库检索

全国标准信息公共服务平台（见图 1.28），于 2017 年 12 月 28 日正式上线，是国家标准委标准信息中心具体承担建设的公益类标准信息公共服务平台。其服务对象是政府机构、国内企事业单位和社会公众，目标是成为国家标准、国际标准、国外标准、行业标准、地方标准、企业标准和团体标准等标准化信息资源统一入口，为用户提供"一站式"服务。

在网站可以查询国家标准相关信息，如已经发布的国家标准的全文信息；制定、修订中的国家标准过程信息；国家标准意见反馈信息；技术委员会及委员信息；还可以查询国内、国外、行业、地方、企业、团体标准的目录信息和详细信息链接。

【同步训练 1-17】查找关于口罩的国家标准。

步骤 1. 打开全国标准信息公共服务平台。

步骤 2. 在"标准"选项卡的检索文本框中输入"口罩"，并在左侧的下拉列表中选择"国家标准"。

步骤3. 单击"检索"按钮。

图1.28 全国标准信息公共服务平台

万方数据资源系统的"中外标准类数据库"（China Standards Database）如图1.29所示，收录了所有中国国家标准（GB）、中国行业标准（HB），以及中外标准题录摘要数据，共计200多万条记录，其中，中国国家标准全文数据内容来源于中国质检出版社，中国行业标准全文数据收录了机械、建材、地震、通信标准，以及由中国质检出版社授权的部分行业标准。

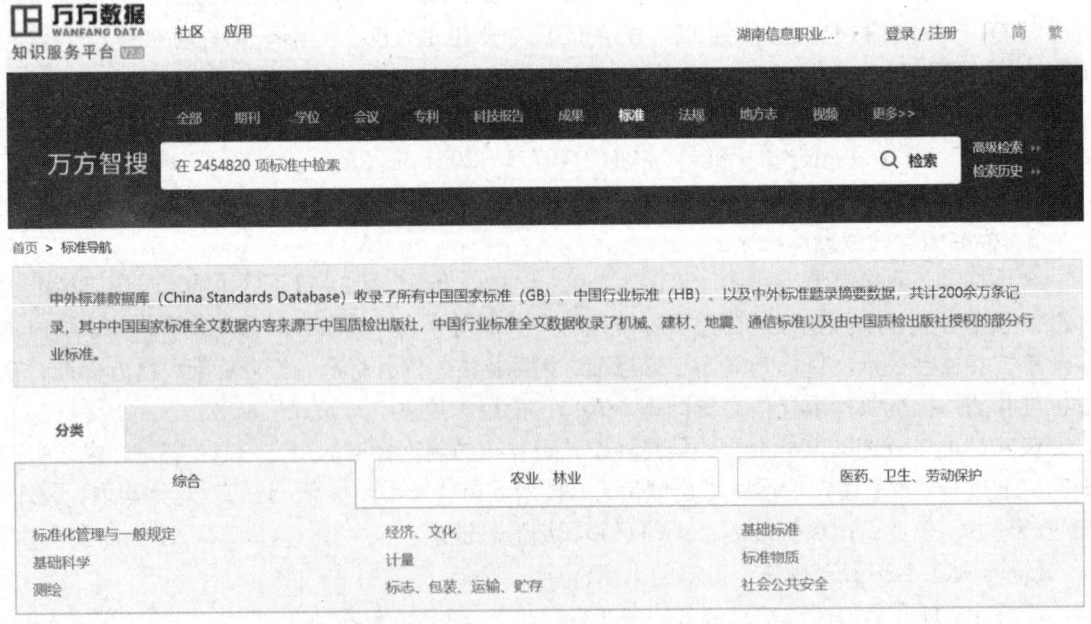

图1.29 万方数据资源系统的"中外标准类数据库"

1.4.3 商标信息检索

商标是用以识别和区分商品或者服务来源的标志。任何能够将自然人、法人或者其他组织的商品与他人的商品区别开的标志，包括文字、图形、字母、数字、三维标志、颜色组合和声音等，以及上述要素的组合。按照商标组成元素的不同可以分为文字商标、图形商标、字母商标、数字商标、声音商标、气味商标、三维标志商标、颜色组合商标及总体组合商标9类。

我国《商标法》规定，申请注册的商标，如果其与他人在同类或者类似商品已经注册或者初步审定并公告申请在先的商标相同或者近似，由商标局驳回申请，不予公告。所以商标检索是商标注册前的必备程序，也是提高商标注册成功率的有效途径。一个注册商标从商标局受理到公告，一般需要近一年时间，商标查询只能查询到已录入数据库的商标资料，故存在空白期，或者叫盲区。一般在商标申请6~8个月后再做一次商标近似查询，可以增强商标注册的成功率。如果注册的商标没有经过查询就被驳回，那么不仅浪费金钱，更重要的是浪费时间，耽误商标的使用。

1. 检索方式

申请商标注册前，申请人应先进行商标查询，查询主要为检索在先是否存在冲突的商标注册权。查询分以下3种。

（1）在国家商标局网站办理商标查询服务。

（2）委托专业商标注册代理公司查询。

（3）递交商标查询至商标局，委托商标局查询员进行查询。

2. 国家商标网

中国商标网首页如图1.30所示。中国商标网是国家知识产权局商标局官方网站，能够为社会公众提供商标网上申请、商标网上查询、政策文件查询、商标数据查询，以及常见问题解答等商标申请查询服务。

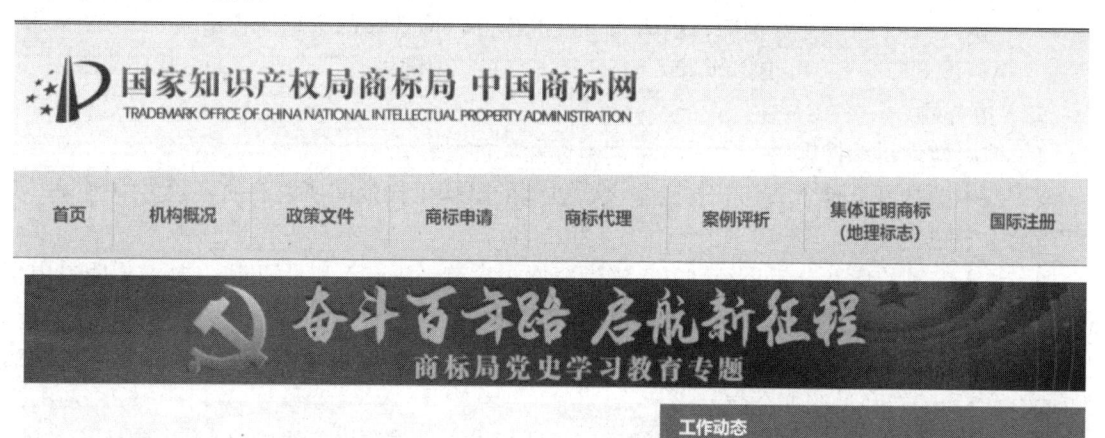

图1.30 中国商标网首页

【同步训练 1-18】商标信息检索的途径与工具主要包括（　　）、中华商标协会网站及中国商标专利事务所等。

A．中文期刊论文全文数据库　　　　B．中外标准数据库
C．中国商标网　　　　　　　　　　D．中国专利查询系统

课后训练

一、选择题

1．在计算机信息检索系统中，不属于常用检索技术的有（　　）。
  A．布尔检索　　B．截词检索　　C．位置检索　　D．关键词检索
2．信息检索效果评价的指标有（　　）。
  A．误检率　　B．漏检率　　C．查准率　　D．以上都是
3．布尔逻辑检索中检索符号"OR"的主要作用是（　　）。
  A．提高查准率　　　　　　　　B．提高查全率
  C．排除不必要信息　　　　　　D．减少文献输出量
4．在截词检索中，哪个检索符号代表的是无限检索？（　　）
  A．+　　B．|　　C．*　　D．？
5．在使用搜索引擎搜索时，如果返回结果过少，或者根本没有返回结果，那么可能的原因为（　　）。
  A．主题词太多　　　　　　　　B．主题词不规范、不准确
  C．限制过多　　　　　　　　　D．以上都是
6．在搜索引擎中的高级检索语法中，（　　）体现了精确匹配。
  A．加号　　B．减号　　C．双引号　　D．空格
7．利用 CNKI 的全文数据库，检索张维迎的作品，应选择的检索途径是（　　）。
  A．题名　　B．作者　　C．关键词　　D．单位

二、操作题

1．使用搜索引擎搜索关于"大学生创新创业"的资料。
2．在中国知网上检索钱伟长在清华大学以外的机构工作期间所发表的、题名中包含"流体""力学"的文章。
3．进入专利检索及分析系统网站，查询摘要中含有"语音"和"智能家居"，说明书中含有"物联网"，申请时间为 2018—2020 年的发明专利。
4．查询公告日在 2021 年以后计算机实用新型方面的专利，并下载其中你认为最有创意的一项发明专利的专利说明书全文。
5．查找一项完整的关于风力发电的现行行业标准，并查看该标准全文。

第 2 章 信息技术

2.1 信息与信息技术

信息与信息技术

2.1.1 信息与信息处理

1. 信息的定义及特征

信息作为科学概念和范畴的定义有数百种，百度百科关于信息的定义如下。

信息指音讯、消息、通信系统传输和处理的对象，泛指人类社会传播的一切内容。人通过获得、识别自然界和社会的不同信息来区别不同事物，得以认识和改造世界。在一切通信和控制系统中，信息是一种普遍联系的形式。1948 年，数学家香农在题为《通信的数学理论》的论文中指出"信息是用来消除随机不定性的东西"。创建一切宇宙万物的最基本单位是信息。

从信息的定义可以看出，信息是一个深刻且非常丰富的概念。如何有效获取、识别、存储、传递与处理信息已成为人们关注和研究的重要课题。可识别、可存储、可压缩、可转换、可传递、在特定的范围有效构成了信息的主要特征。

（1）信息可识别。人们可以通过感觉器官来识别信息，也可以通过仪器来识别。不同的信息有不同的识别方式。例如，人们可以利用视觉识别物体的颜色，可以利用听觉来识别各种声音，可以通过血压计测量血压，通过导航系统获取地理位置等。

（2）信息可存储。人们可以将信息存储在大脑中或记录在纸上，可以存储在计算机的存储器中或云端。

（3）信息可压缩。人们采用各种方法对信息数据进行加工、整理、概括，使其更为精练、浓缩，从而减少信息占用的存储空间。

（4）信息可转换。信息可以从一种形态转换成另一种形态，这是信息的动态特征。人们可以将看到的文字内容用图片来记录，可以将声音、图像和视频转换成计算机代码。

（5）信息可传递。信息可以通过一定的技术手段从一个地方传递到另一个地方，即信息从信息源发出，经过一定的运动和传播，被接收者接收，如烽火狼烟、飞鸽传书，或通过报纸、电话、电视及计算机网络进行信息传递等。信息的传递不是事物在位置上的变化，而是反映事物或属性的信息在传递。信息的转换和传递是信息的本质特征。

（6）信息只有在特定的范围内才有效，即信息具有时效性和空间效应。信息的时效性指信息反映的只是事物在某个特定时刻的状态，例如，当天的天气预报只对当天有效，今天的新闻总比昨天更容易引起人们的关注，股票指数只在某个时间点有效。信息的空间效应反映了事物在某个空间的状态，例如，人的体重在地球上是 60kg，到了太空，该信息为无效信息。正因为信息只有在特定范围内有效，作为生活在信息社会中的我们，要随时随地关注信息，掌握信息的动态，才能做出最佳的判断，实现信息的价值。

【同步训练2-1】学习内容不仅可以印刷在教材上，还可以存储在磁盘中，主要体现了信息的（　　）。

A．可存储　　　　B．可识别　　　　C．可转换　　　　D．可传递

【同步训练2-2】"优惠券将在1天后过期"，这体现了信息的（　　）。

A．共享性　　　　B．时效性　　　　C．依附性　　　　D．价值性

2. 信息、数据和消息

在现实生活中，人们常听到信息、数据和消息这些词汇，它们是很容易混淆的概念，它们既有联系又有区别。

信息不等同于数据，数据是信息的载体，信息是数据的含义。数据本身是没有任何意义和价值的，只是一个客观的存在，更确切地说是信息的原始资料。如数据 89，可以是某个学生"信息技术课程"的学习成绩，可以是一个小孩的身高，也可以是人的年龄，只有对数据进行加工处理，并赋予一定的语义后，数据才能成为信息。然而，在信息世界，信息需要经过数字化转变成数据后，才能进行存储和传输。

信息不等同于消息，信息是消息的内核，消息是信息的外壳。人们总是可以从多个渠道获取消息，并从消息中提炼出相关信息，消息更具体，而信息更抽象；消息是表达信息的工具，信息包含在消息中，同一信息可以包含在不同的消息中。消息中可以包含丰富的信息，也可以包含少量的信息。

【同步训练2-3】下列有关消息和信息的关系描述中，正确的说法是（　　）。

A．消息就是信息　　　　　　　　B．信息中包含消息

C．消息中包含信息　　　　　　　D．二者没有关系

【同步训练2-4】下列不属于信息的载体是（　　）。

A．文字　　　　B．声音　　　　C．图像　　　　D．思想

3. 信息处理

信息处理就是对信息的收集、存储、转化、传递和发布等。其主要过程可以归纳为信息输入、信息加工和信息输出。

（1）信息输入是从外界获取所需的信息。

（2）信息加工是对输入的信息去伪存真、去粗取精、由表及里、由此及彼的加工过程。它是在原始信息的基础上，生产出价值含量高、方便人们利用的二次信息的活动过程。

（3）信息输出就是将处理好的信息发布到各种介质上。

在信息社会中，信息处理的最常用、最基本的工具是计算机。随着计算机技术的飞速发展，信息处理已经渗透到社会的各个领域，人们的工作、学习和生活都与信息处理息息相关。用计

算机进行信息处理的过程实际上与人类信息处理的过程一致，人们对信息处理是先通过感觉器官获得信息，通过大脑和神经系统对信息进行传递与存储，最后通过语言、行为或其他形式发布。

【同步训练2-5】李明同学在做调研报告时，对网上找到的图片和文字资料进行整理及归纳，这体现了（　　）。

A．信息的获取　　　　B．信息的传递　　　　C．信息的处理　　　　D．信息的存储

2.1.2　信息技术的概念

信息技术简称IT（Information Technology），信息的采集、识别、提取、变换、存储、检索、检测、分析、传输和处理过程中的每种技术都是信息技术，简单来说，凡是用科学的方法解决信息处理和加工中的一切技术都可以归属于信息技术，信息技术体现了一个时代的技术特征，不同时代其采用的信息技术不同。

在信息社会中，信息技术一般是指与计算机相关的技术，如微电子技术、光电技术、通信技术、网络技术、感测技术、控制技术等。通常包含四个层次的内容，即信息基础技术、信息支撑技术、信息主体技术和信息应用技术。

（1）信息基础技术。信息基础技术主要是指新材料和新能源技术。信息技术的发展水平依赖于这两类技术的进步。例如，电子元件从电子管向晶代管、集成电路、超大规模集成电路发展的过程中，得意于锗、硅、金属氧化物及砷化镓等半导体材料的开发和利用。而激光技术的出现和发展依赖于各种激发材料的开发和激光能量的利用。

（2）信息支撑技术。信息支撑技术是指信息的获取、传递、处理和利用所包括的技术。主要有机械技术、电子技术、微电子技术、激光技术和生物技术等。例如，用电子技术和微电子技术手段实现的传感器、计算机；用激光技术手段实现的激光控制、光导纤维通信等。

（3）信息主体技术。信息主体技术包括感测技术、通信技术、计算机技术和控制技术。计算机技术和通信技术是信息技术的核心，感测技术和控制技术是与外部世界的信源和信宿相联系的接口。

（4）信息应用技术。信息应用技术是以各种实用为目的且由主体技术衍生的各种技术，是信息技术开发的根本目的。信息技术应用于人类生活的各个领域，如工业、农业、国防、文化教育、交通运输、商业贸易、医疗卫生、社会服务和组织管理等。

【同步训练2-6】信息技术是指（　　）、存储、处理、传递和应用信息的技术。

A．收集　　　　　　B．识别　　　　　　C．分析　　　　　　D．获取

【同步训练2-7】声音传感器可以将识别到的模拟信号转换为（　　）信号，并存储在计算机中。

A．信息　　　　　　B．数字　　　　　　C．声音　　　　　　D．代码

2.1.3　信息技术的发展

信息作为一种社会资源，自古以来一直被人类使用。在人类认知和实践活动的推动下，人类对信息的存储、传输技术不断革新，其发展可按人类通信方式的不同分为以下3个阶段。

1）语言和文字阶段

远古时期，人们通过简单的语言、烟火、钟鼓、壁画等方式交换信息，如烽为狼烟、击鼓鸣金等；随着文字的出现，人类存储和传播信息的方式突破了时空的限制，出现了像飞鸽传书、驿马邮差等信息传播方式；印刷术和造纸术的发明，加速了人类信息存储和传播的能力，书籍、报刊成了信息存储和传输的重要媒介，初步实现了信息的共享。

2）近代信息通信阶段

19世纪中叶后，随着电报、电话的发展及电磁波的发现，人类进行信息通信的方式发生了根本性的改变，实现了利用金属导线和光纤来传递信息，通过电磁波进行无线通信，使人类对信息的存储和传递脱离了常规的视、听方式，使用电信号作为信息的载体，带来了一系列的技术变革，开启了人类信息通信的新时代。

1837年，美国人塞缪乐·莫乐斯（Samuel Morse）成功地研制出世界上第一台电磁式电报机，为人类使用电报通信奠定了基础；1864年，英国物理学家麦克斯韦（J.C.Maxwell）建立了一套电磁理论；1875年，苏格兰人亚历山大·贝尔（A. G. Bell）发明了世界上第一台电话机；1888年，德国物理学家海因里斯·赫兹（H. R. Hertz）用电波环进行了一系列实验，发现了电磁波的存在，他用实验证明了麦克斯韦的电磁理论，该发现成为近代科学技术史上的一个重要里程碑，无线电技术和电子技术迅速发展起来；20世纪初，英国电气工程师弗莱明发明了二极管，美国物理学家德福雷斯特发明了真空三极管，推动了广播通信的迅速发展。

随着电子技术的快速发展，军事、科学研究迫切需要的计算工具得到极大的改进。1946年，美国宾夕法尼亚大学的埃克特（Eckert）和莫希里（Moche）研制出世界上第一台电子计算机。1959年，美国的基尔比和诺伊斯发明了集成电路，从此诞生了微电子技术。1977年，美国、日本科学家联合制成了超大规模集成电路，在 30mm^2 的硅晶片上集成了 13 万个晶体管。微电子技术极大地推动了电子计算机向微型化、高精度、高可靠性方向发展，使之具有前所未有的信息处理能力，人类的信息活动能力得到空前发展。

为了解决资源共享问题，1969年，世界上第一个计算机网络 ARPAnet 在美国诞生，实现了电子计算机之间的数据通信、数据共享，并迅速在全世界发展起来。

3）现代通信技术阶段

20世纪80年代后，以电子计算机、光纤通信、移动通信为标志的现代通信技术的发展和应用，特别是互联网、4G和5G技术的出现，加速了信息技术的发展和变革。人工智能、云计算、大数据、物联网、区块链、虚拟现实等新一代信息技术层出不穷，掀起了新一轮信息革命的浪潮。智能家居、智慧城市、远程医疗、远程教育、智能控制、绿色农业等的应用，完全改变了人类生产和生活方式，人类进入了一个全新的"全连接时代"。

未来，信息技术将朝着网络互联的移动化和泛在化、信息处理的集中化和大数据化、信息服务的智能化和个性化的方向发展。

【同步训练2-8】信息技术的核心技术主要包括（　　）。
①微电子技术、②机械技术、③通信技术、④计算机技术
A. ①②③　　　　　　B. ①②④　　　　　　C. ①③④　　　　　　D. ②③④

2.2 信息的表示与存储

计算机是信息处理的工具，人们获取信息之后需要将信息输入计算机进行处理，任何信息必须先转换成二进制形式的数据，然后才能由计算机进行处理、存储和传输。

2.2.1 常用的数制

数制也称计数制，是指用一组固定的符号和统一的规则来表示数值的方法。在日常生活中，最常用的是十进制数，也有十二进制数如"一打"表示 12 个，六十进制数如一分钟等于 60 秒等。在计算机中存储和处理的都是二进制数，为了方便处理这些二进制数，还引入了八进制和十六进制。不管是哪种进制，都包含数位、基数和位权 3 个要素。

（1）数位。指数码在一个数中所处的位置。

（2）基数。指在某种进位计数制中，每个数位上所能使用的数码的个数。例如，二进制数基数是 2，每个数位上所能使用的数码为 0 和 1。

（3）位权。对于多位数，处在某一位上的"1"所表示的数值的大小，称为该位的位权。例如，十进制数第 2 位的位权为 10，第 3 位的位权为 100。

计算机中常用的进制数是二进制数、八进制数、十进制数、十六进制数。为区分不同进制的数，在书写时可以使用两种不同的方法，一种是将数字用括号括起来，在括号的右下角写上基数表示不同的进制，如$(1001)_2$ 表示二进制数，$(45)_8$ 表示八进制数；另一种是在数的后面加上不同的字母表示进制，B（二进制）、D（十进制）、O（八进制）、H（十六进制），如 1001B、45O、3AH 分别表示二进制数、八进制数和十六进制数。

1．十进制

十进制计数制有 10 个不同的数码符号 0、1、2、3、4、5、6、7、8、9，其基数为 10；遵循"逢十进一"的原则。例如：

$$(1011.1)_{10}=1\times10^3+0\times10^2+1\times10^1+1\times10^0+1\times10^{-1}$$

2．二进制

二进制计数制有两个不同的数码符号 0、1，其基数为 2；遵循"逢二进一"的原则。例如：

$$(1011.1)_2=1\times2^3+0\times2^2+1\times2^1+1\times2^0+1\times2^{-1}$$

3．八进制

八进制计数制有 8 个不同的数码符号 0、1、2、3、4、5、6、7，其基数为 8；遵循"逢八进一"的原则。例如：

$$(1011.1)_8=1\times8^3+0\times8^2+1\times8^1+1\times8^0+1\times8^{-1}$$

4．十六进制

十六进制计数制有 16 个不同的数码符号 0、1、2、3、4、5、6、7、8、9、A、B、C、D、E、F，其基数为 16；遵循"逢十六进一"的原则，其中，A、B、C、D、E、F 分别表示 10、11、12、13、14、15。例如：

$$(1011.1)_{16}=1\times16^3+0\times16^2+1\times16^1+1\times16^0+1\times16^{-1}$$

【同步训练 2-9】下列各进制的整数中，值最小的是（　　）。

A．十进制数 11　　　B．八进制数 11　　　C．十六进制数 11　　　D．二进制数 11

【同步训练 2-10】计算机中所有信息的存储都采用（　　）。

A．二进制　　　　　B．八进制　　　　　C．十进制　　　　　D．十六进制

2.2.2 数制转换

用计算机处理十进制数，必须先转换成二进制数才能被计算机接受，同样，计算出结果之后需要将二进制数转换成人们习惯的十进制数。这就产生了不同进制数之间的转换问题。

1. 十进制数转换为 N 进制数（N=2、8、16）

将十进制整数转换为其他进制整数的方法如图 2.1 所示。

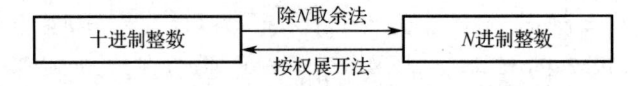

图 2.1　十进制整数与 N 进制整数的转换

十进制整数转换成非十进制整数的方法是"除 N 取余，从下向上读数"（N=2、8、16）。

如将十进制整数 $(123)_{10}$ 转换成其他进制整数：

$(123)_{10}=(1111011)_2$　　　　$(123)_{10}=(173)_8$　　　　$(123)_{10}=(7B)_{16}$

十进制小数转换成其他进制小数的方法是"乘 N 取整"（N=2、8、16）：将十进制小数连续乘以 N，选取进位整数，直到满足精度要求为止。

如将十进制小数 $(0.6875)_{10}$ 转换为其他进制小数：

$(0.6875)_{10}=(0.1011)_2$　　　　$(0.6875)_{10}=(0.54)_8$　　　　$(0.6875)_{10}=(0.B)_{16}$

【同步训练 2-11】将十进制数 357 转换成二进制数、八进制数和十六进制数。

2. 将 N 进制数转换为十进制数（N=2、8、16）

将其他进制数转换成十进制数，把各位数按位权展开求和即可。

如$(11011101.1101)_2$转换成十进制数：

$(11011101.1101)_2=1\times2^7+1\times2^6+0\times2^5+1\times2^4+1\times2^3+1\times2^2+0\times2^1+1\times2^0+1\times2^{-1}+1\times2^{-2}+0\times2^{-3}+1\times2^{-4}$
$=(221.8125)_2$

将八进制数$(123.123)_8$转换成十进制数：

$(123.123)_8=1\times8^2+2\times8^1+3\times8^0+1\times8^{-1}+2\times8^{-2}+3\times8^{-3}\approx(83.162)_{10}$

将十六进制数$(12CF.12)_{16}$转换成十进制数：

$(12CF.12)_{16}=1\times16^3+2\times16^2+12\times16^1+15\times16^0+1\times16^{-1}+2\times16^{-2}\approx(4815.07)_{10}$

【同步训练 2-12】将二进制数 1010.01、八进制数 2567、十六进制数 2EAF 转换成十进制数。

3. 二进制数和 N 进制数（N=8、16）的相互转换

二进制数和 N 进制数（N=8、16）的转换关系如图 2.2 所示。

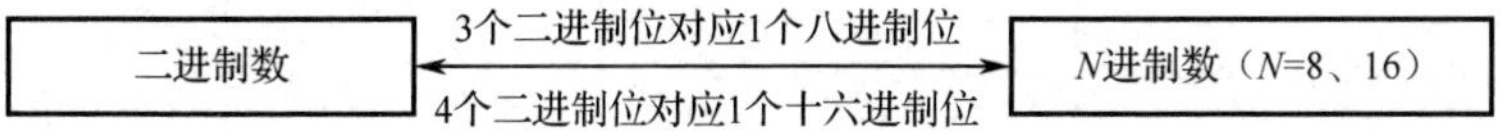

图 2.2　二进制数和 N 进制数的转换关系

将二进制数转换成八进制数（或十六进制数）的方法是，从小数点开始，整数部分从右向左 3 位（4 位）一组，小数部分从左向右 3 位（4 位）一组，不足 3 位（4 位）用 0 补足即可。

将二进制数$(11101010111.1101)_2$转换成八进制数和十六进制数：

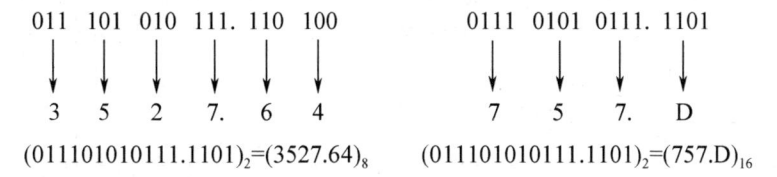

```
011  101  010  111. 110  100        0111  0101  0111. 1101
 ↓    ↓    ↓    ↓    ↓    ↓           ↓     ↓     ↓     ↓
 3    5    2    7.   6    4           7     5     7.    D
```

$(011101010111.1101)_2=(3527.64)_8$　　$(011101010111.1101)_2=(757.D)_{16}$

将八进制数$(3547.65)_8$和十六进制数$(7A3.D)_{16}$转换成二进制数：

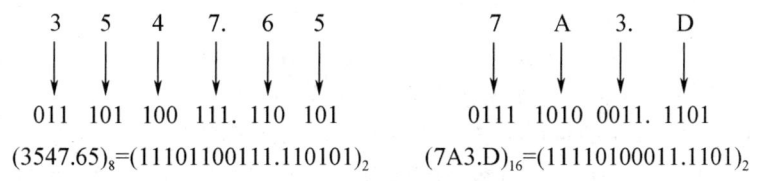

```
 3    5    4    7.   6    5           7     A     3.    D
 ↓    ↓    ↓    ↓    ↓    ↓           ↓     ↓     ↓     ↓
011  101  100  111. 110  101        0111  1010  0011. 1101
```

$(3547.65)_8=(11101100111.110101)_2$　　$(7A3.D)_{16}=(11110100011.1101)_2$

【同步训练 2-13】将八进制数 738、十六进制数 521B 转换成二进制数。

【同步训练 2-14】将 10110101011 转换成八进制数和十六进制数。

2.2.3　字符信息的表示

字符包括西文字符和中文字符。在计算机系统中，对非数值的文字和其他符号是以数值方式处理的，即用二进制编码表示文字和符号。对于西文和中文字符，由于形式不同，故采用不同的编码。

1. 西文字符

目前，计算机中普遍采用的西文字符编码是 ASCII 码（American Standard Code for

Information Interchange，美国信息交换标准代码）。ASCII 码用于在不同计算机硬件和软件系统中实现数据传输标准化，在大多数的小型机和微型计算机都使用该码。ASCII 码有 7 位和 8 位编码两种版本，国际上通用的 ASCII 码是 7 位编码，即使用 7 位二进制数表示一个字符的编码，共有 2^7=128 个不同的字符，如表 2.1 所示为 ASCII 码字符与编码对照表。

表 2.1　ASCII 码字符与编码对照表

$d_3d_2d_1d_0$ \ $d_6d_5d_4$	000	001	010	011	100	101	110	111
0000	NUL	DEL	SP	0	@	P	、	p
0001	SOH	DC1	!	1	A	Q	a	q
0010	STX	DC2	"	2	B	R	b	r
0011	EXT	DC3	#	3	C	S	c	s
0100	EOT	DC4	$	4	D	T	d	t
0101	ENQ	NAK	%	5	E	U	e	u
0110	ACK	SYN	&	6	F	V	f	v
0111	BEL	ETB	'	7	G	W	g	w
1000	BS	CAN	(	8	H	X	h	x
1001	HT	EM	)	9	I	Y	i	y
1010	LF	SUB	*	:	J	Z	j	z
1011	VT	ESC	+	;	K	[	k	{
1100	FF	FS	,	<	L	\	l	|
1101	CR	GS	-	=	M	]	m	}
1110	SO	RS	.	>	N	↑	n	~
1111	SI	US	/	?	O	↓	o	DEL

在 ASCII 字符集中，ASCII 码的大小关系为：控制字符（DEL 除外）< 空格 < 数字字符 < 大写字母 < 小写字母，数字字符的 ASCII 码是按照 0～9 逐一递增的，字母的 ASCII 码是按照 A（a）～Z（z）逐一递增的，大写字母 A 的 ASCII 码是 65，可以计算出大写字母 C 的 ASCII 码是 67；小写字母比相应的大写字母的 ASCII 码大 32，可以计算出 a 的 ASCII 码是 97（65+32=97）。

虽然标准 ASCII 码是 7 位编码，但由于计算机基本处理单位为字节（Byte），所以一般以一字节来存放 ASCII 字符，每字节中多余出来的一位（最高位）在计算机内部通常为 0。

【同步训练 2-15】下列关于 ASCII 码的叙述中，正确的是（　　）。

A．标准的 ASCII 码表有 256 个不同的字符编码

B．一个字符的标准 ASCII 码占一个字符，其最高二进制位总是 1

C．所有大写的英文字母的 ASCII 码值都大于小写英文字母 a 的 ASCII 码值

D．所有大写的英文字母的 ASCII 码值都小于小写英文字母 a 的 ASCII 码值

2. 汉字字符

ASCII 码只对英文字母、数字、标点符号进行了编码，汉字也需要被编码才能存入计算机。这些编码主要包括汉字输入码、国标码、机内码、字形码、地址码等。

1）输入码

汉字输入码是人们通过键盘输入汉字时所输入的内容，也称外码。根据输入法的不同，一

个汉字其输入码也不同，如"中"字的全拼输入码是"zhong"，五笔输入码是"kh"。

2）国标码

我国于 1980 年发布的国家汉字编码标准 GB2312—1980《信息交换用汉字编码字符集——基本集》，简称 GB 码或国标码，国标码的字符集中收录了 6763 个常用汉字和 682 个非汉字字符，其中，一级汉字 3755 个，以汉语拼音为序进行排列；二级汉字 3008 个，按照偏旁部首进行排列。

国家标准 GB2312—1980 规定，所有国标汉字与符号组成一个 94×94 的矩阵，在此方阵中，每行称为一个"区"，区号为 01～94，每列称为一个"位"，位号为 01～94，该方阵组成一个 94 区，每个区有 94 位的汉字字符集，每个汉字或符号在码表中都有一个唯一的位置编码，称为该字符的区位码。区位码也可以作为汉字输入方法，特点是无重码（一码一字），缺点是难以记忆。

3）机内码

汉字的机内码是计算机系统内部对汉字进行存储、处理、传输的汉字代码，也称汉字内码。目前，对于国标码，一个汉字的内码用 2 字节存储，并把每字节的二进制最高位 1 作为汉字内码的标识，以免与单字节的 ASCII 码混淆。如果用十六进制来表示，则把汉字国标码的每字节加上 80H(1000 0000)$_2$，所以 2 字节的汉字国标码和内码存在以下关系：

$$汉字的内码=汉字的国标码+8080H$$

4）字形码

字形码是存放汉字字形信息的编码，通过字形码将汉字在计算机屏幕上显示出来或通过打印机打印出来，分为点阵字形和矢量表示方式两种，字形码和内码一一对应。

5）地址码

汉字地址码是每个汉字字形码在汉字字库中的相对位移地址，需要向输出设备输出汉字时必须通过地址码才能在汉字字库中找到所需要的字形码，在输出设备上形成可见的汉字字形。

【同步训练 2-16】汉字的国标码与其内码的关系是：汉字的内码=汉字的国标码+（　　）。
A．1010H　　　　　B．8081H　　　　　C．8080H　　　　　D．8180H

【同步训练 2-17】计算机对汉字信息的处理过程实际上是各种汉字编码间的转换过程，这些编码不包括（　　）。
A．汉字输入码　　　B．汉字内码　　　C．汉字字形码　　　D．汉字状态码

2.2.4　信息存储单位

信息存储单位用于表示各种信息所占用的存储容量的大小，计算机中常用的信息存储单位有位、字节和字。

计算机中数据的最小单位是二进制的一个数位（bit），简称位，也称比特，1 位上的数据只能表示 0 或 1。

字节（B，Byte）是计算机中表示存储空间大小的基本单位，1B=8bit。计算机内存、磁盘的存储容量等都是以字节为单位来表示的。除了用字节来表示存储容量，还可以用千字节（KB）、兆字节（MB）、吉字节（GB）、太字节（TB）来表示存储容量，它们之间存在以下换算关系：

$$1KB = 1024B = 2^{10}B \qquad 1MB = 1024KB = 2^{20}B$$
$$1GB = 1024MB = 2^{30}B \qquad 1TB = 1024GB = 2^{40}B$$

计算机一次能够并行处理的二进制数位数称该机器的字长,也称计算机的一个"字",计算机的字长通常是字节的整数倍,是计算机进行数据存储和处理的运算单位。将计算机按照字长进行分类,可以分为 8 位机、16 位机、32 位机和 64 位机等,字长越长,计算机所表示数的范围越大,处理能力就越强,运算精度也就越高。

【同步训练 2-18】计算机中数据存储容量的基本单位是（　　）。

A．位　　　　　　B．字　　　　　　C．字节　　　　　　D．字符

【同步训练 2-19】1GB 的准确值是（　　）。

A．1024×1024 Bytes　　B．1024KB　　C．1024MB　　D．1000×1000KB

随着互联网的盛行,大数据时代的到来,人们存储数据量日渐扩大,云存储应运而生。云存储将数据存入云端服务器,可以随时上传下载,用时只需找到一个可以连入互联网的设备,即可从云端下载所需要的数据,非常方便,也不容易丢失。在大数据时代,TB 之后还用拍字节（PB）、艾字节（EB）、泽字节（YB）、尧字节（ZB）来表示存储容量,它们之间存在以下换算关系：

$$1PB = 1024TB = 2^{50}B \qquad 1EB = 1024PB = 2^{60}B$$
$$1ZB = 1024EB = 2^{70}B \qquad 1YB = 1024ZB = 2^{80}B$$
$$1BB = 1024YB = 2^{90}B$$

2.2.5　信息存储常见格式

为方便信息存储和利用,每类信息都有相应的技术标准,这样就有了不同信息的不同存储格式。计算机常用的信息存储格式有文本格式、音频格式、图形图像格式、动画格式、视频格式等。

1．文本

文本是以文字和各种专用符号表达的信息形式,它是现实生活中使用得最多的一种信息存储和传递方式,常用的文本文件格式有纯文本文件格式（*.txt）、写字板文件格式（*.wri）、Word 文件格式（*.doc 或*.docx）、WPS 文件格式（*.wps）、Rich Text Format 文件格式（*.rtf）等。

2．音频

声音是人们用来传递信息、交流情感的非常方便的方式之一,我们把人耳所能听见的声音称为音频。声音是一种模拟信号,计算机需要将声音转换成数字编码的形式才能进行处理。常见的音频格式如表 2.2 所示。

表 2.2　常见的音频格式

音频格式	扩展名	特点
MP3	.mp3	该格式对声音采取有损压缩方式,音质不如 CD 格式或 WAV 格式的声音文件
CD 音频	.cda	目前音质最好的音频格式,该格式的文件只是一个索引信息,不包含声音信息,在计算机上播放时,需要转换成 WAV 格式才能播放
WAV	.wav	微软公司开发的音频格式,支持多种音频位数、采样频率和声道,文件占用空间较大
WMA	.wma	在压缩比和音质方面超过 MP3,即使在较低的采样频率下也能产生较好的音质,因为出现较晚,不是所有音频软件都支持 WMA
MID	.mid	后缀为 mid 的文件是记录声音的信息然后由声卡再现音乐的一组指令,在计算机作曲领域应用广泛,音质的好坏与声卡有关

3. 图形图像

图形是从点、线、面到三维空间的黑白或彩色的几何图形,也称矢量图。图形文件格式就是一组描述点、线、面等几何元素特征的指令集合。矢量图占用系统空间小,图形显示质量与分辨率无关,适用于标志设计、图案设计、版式设计等场合。

图像是人对视觉感知到的物质的再现,是由称为像素的点构成的矩阵,也称位图。位图是用二进制数来记录图中每个像素点的颜色和亮度的。常见的图形图像格式如表 2.3 所示。

表 2.3 常见的图形图像格式

图形图像格式	扩展名	特点
JPEG	.jpeg	常见的格式之一,与平台无关,支持最高级别的压缩,但有损压缩会使原始图片数据质量下降
BMP	.bmp	Windows 位图文件格式,不支持压缩,文件非常大,不支持 Web 浏览器
PNG	.png	支持高级别无损压缩,支持最新的 Web 浏览器,不支持一些图像文件或动画文件
GIF	.gif	广泛支持 Internet 标准,支持无损压缩和透明度,只支持 256 色调色板,详细的图片和写实摄影图像会丢失颜色信息,GIF 动画很流行
PSD	.psd	Photoshop 专用的图像格式,可以保存图片的完整信息,图像文件一般较大

4. 动画

动画就是利用人的视觉暂留特性,快速播放一系列连续运动变化的图形图像。常见的动画格式如表 2.4 所示。

表 2.4 常见的动画格式

动画格式	扩展名	特点
SWF	.swf	Flash 软件的专用格式,是一种支持适量和点阵图形的动画文件格式。它采用流媒体技术,可以一边下载一边播放,广泛应用于网页设计、动画制作等领域
GIF	.gif	常见的二维动画格式,GIF 是将多幅图像保存为一个图像文件形成的动画
MAX	.max	3D MAX 软件的文件格式
FLA	.fla	Flash 源文件存放格式,所有原始素材都保存在 FLA 文件中,可以在 Flash 中打开、编辑

5. 视频

视频就是一组静态图像的连续播放,在多媒体中充当重要角色,常见的视频格式如表 2.5 所示。

表 2.5 常见的视频格式

视频格式	扩展名	特点
3GP	.3gp	手机中常见的视频格式,是 3G 流媒体的视频编码格式,清晰度较差
ASF	.asf	可以直接在网上观看视频节目的文件压缩格式,图像质量比 VCD 稍差
AVI	.avi	由微软公司发布的视频格式,图像质量好,占内存空间较大
FLV	.flv	流媒体格式,文件小,加载速度快,只能播放对视频质量要求不高的视频
MOV	.mov	美国苹果公司开发的视频格式,跨平台,存储空间小,效果比 AVI 好,文件较大,普通播放器不支持该格式
MP4	.mp4	能适合大部分手机和多媒体工具,图像清晰度一般,画质较差

续表

视频格式	扩展名	特　点
MPEG	.mpeg	MPEG 不是简单的一种文件格式，而是编码方案，目前主流的为 MPEG-4，有损压缩会出现轻微的马赛克和色彩斑驳等在 VCD 中常见的问题
RMVB	.rmvb	是由 RM 视频格式升级而延伸出的新型视频格式，可以最大限度地压缩影片的大小，有近乎完美的接近于 DVD 品质的视听效果，不支持多音轨
WMV	.wmv	是微软推出的一种采用独立编码方式且可以直接在网上实时观看视频节目的文件压缩格式，尺寸大，网上这类视频资源不太多

【同步训练 2-20】在声音的数字化过程中，采样时间、采样频率、量化位数和声道数都相同的情况下，所占存储空间最大的声音文件格式是（　　）。

A．WAV 波形文件　　　　　　　　　　B．MPEG 音频文件

C．RealAudio 音频文件　　　　　　　D．MIDI 电子乐器数字接口文件

【同步训练 2-21】数字媒体已经广泛使用，属于视频文件格式的是（　　）。

A．MP3 格式　　　B．WAV 格式　　　C．RM 格式　　　D．PNG 格式

2.3　新一代信息技术概述

新一代信息技术概述

2.3.1　新一代信息技术的定义和主要特征

1. 新一代信息技术的定义

信息技术具有明显时代特征，新一代信息技术不仅指信息领域的各分支技术的纵深发展，更主要的是指信息技术的整体平台和产业的代际变迁。百度百科对新一代信息技术的描述为：新一代信息技术分为六个方面，分别是下一代通信网络、物联网、三网融合、新型平板显示、高性能集成电路和以云计算为代表的高端软件。

2010 年，国务院颁布的《国务院关于加快培育和发展战略性新兴产业的决定》中明确指出，新一代信息技术产业是七大国家战略性新兴产业体系之一，确定了新一代信息技术产业的主要内容是，加快建设宽带、泛在、融合、安全的信息网络基础设施，推动新一代移动通信、下一代互联网核心设备和智能终端的研发及产业化，加快推进三网融合，促进物联网、云计算的研发和示范应用；着力发展集成电路、新型显示、高端软件、高端服务器等核心基础产业；提升软件服务、网络增值服务等信息服务能力，加快重要基础设施智能化改造；大力发展数字虚拟等技术，促进文化创意产业发展。

2. 新一代信息技术的主要特征

从国家新兴产业看新一代信息技术，其涵盖的内容多、应用范围广，其主要特征可以归纳为融合和创新。

新一代信息技术的发展热点将信息技术横向渗透、融合到工业、农业、金融、医疗、服务、文教等行业中，拓展出无穷无尽的新空间、新产品、新应用和新模式，迸发出源源不断的新动能，创造出不可估量的新价值。主要体现在以下 3 个方面。

（1）群体创新。计算、网络、感知及算法等快速代际跃迁，与制造、能源、材料等技术交叉整合，推动群体性技术突破，数字制造、先进材料、智能机器人、自动驾驶汽车等创新应用不断涌现。

（2）开放创新。新的网络互联打破了传统企业创新的禁锢，推动创新从封闭转向开放，通过大范围、多维度、深层次合作，催生了海量市场主体，催生了众包研发、在线协同研发等新模式，集众智、汇众力、促众创的新格局已经形成。

（3）引领创新。以云计算、大数据、物联网、人工智能、区块链为代表的新一代信息技术的加速创新、发展和应用，引领新一轮的信息技术革命，是科技革命和产业变革的中坚力量。

2.3.2 主要代表技术及相互关系

1. 主要代表技术

1）云计算

云计算（Cloud Computing）是指将计算任务分布在由大规模的数据中心或大量的计算机集群构成的资源池上，使各种应用系统能够根据需要获取计算能力、存储空间和各种软件服务，并通过互联网将计算资源免费或按需租用方式提供给使用者。云计算的"云"中的资源在使用者看来是可以无限扩展的，并且可以随时获取，按需使用，随时扩展，按使用付费。云计算的服务形式包括软件即服务、平台即服务、基础设施即服务。

2）物联网

物联网（Internet of Things，IoT），即"万物相连的互联网"，是在互联网的基础上，通过射频识别技术（Radio Frequency Identification，RFID）、红外感应器、全球定位系统、激光扫描器等信息传感设备，按约定的协议将任何物体与网络连接，进行信息交换和通信，以实现智能化识别、定位、跟踪、监控和管理的一种网络。

3）大数据

大数据（Big Data）是指一类海量的、高增长率的、多样化的信息资产。大数据也称巨量资料，其规模庞大到无法通过主流软件工具在合理时间内处理，需要特殊技术来完成。大数据具有 5V 特性，即巨量性（Volume）、多样性（Variety）、高速性（Velocity）、真实性（Veracity）和低价值密度（Value）。

大数据的意义不是掌握庞大的数据信息，而是对海量数据进行专业化的挖掘，从中提取有价值的信息并加以运用。维克托·迈尔-舍恩伯格在《大数据时代》一书中指出，大数据带来的信息风暴正在改变我们的生活、工作和思维，大数据开启了一次重大的时代转型，将为人类的生活创造前所未有的可量化的维度。

4）人工智能

人工智能（Artificial Intelligence，AI）是研究、开发用于模拟、延伸和扩展人的智能的理论、方法、技术及应用系统的一门新的技术科学，是计算机科学的重要分支。

人工智能主要研究使用计算机来模拟人的某些思维过程和智能行为（如学习、推理、思考、规划等），包括计算机实现智能的原理及制造类似于人脑智能的计算机，从而使计算机能实现更高层次的应用。

5）区块链

区块链（Blockchain）最初是虚拟数字货币的底层技术，它由一串使用密码学方法产生的数据块组成，每个数据块包含的信息用于验证其信息的有效性，并按时间顺序生成下一个区块。区块链本质上是一个去中心化的分布式共享总账，具有不可伪造、不可篡改、全程留痕、可追溯、集体维护、公开透明等特点。

区块链自动执行智能合约，就像一台创造信任的机器，可以让互不信任的人在没有权威机构的统筹下，放心地进行信息和价值互换。在多方参与、对等合作的场景中，区块链技术可以增加多方互信，现已应用在医疗、数字版权、产品溯源、供应链管理、公正征信、金融等领域。

2. 相互关系

云计算、大数据、物联网、人工智能、区块链技术虽然都可以是独立的研究领域，但随着新一代信息技术的飞速发展，各个领域的技术充分融合，相互协作，相互促进，更快地推动了技术的变革。

1）物联网、大数据和云计算

物联网为大数据提供了数据来源，而云计算为大数据提供了支撑平台。物联网通过成千上万的信息传感设备，将大量的各种类型的数据收集起来。要存储和处理海量数据，必须依托云计算的分布式处理、分布式数据库、云存储和虚拟化技术。如果说数据是财富，那么大数据就是宝藏，而云计算就是挖掘和运用宝藏的利器，它为大数据提供存储、访问和强大的计算服务。

2）大数据和人工智能

大数据是人工智能的重要基础。人工智能的本质是大量的样本数据经过规则引导，使机器可以自动识别类似的目标样本。如果没有大数据的支持，那么人工智能算法就无法完成计算，机器也就无法拥有相应的智能。例如，2016 年 3 月，人工智能程序 AlphaGo 战胜世界围棋冠军李世石，使人工智能成了公众的焦点，然而 AlphaGo 之所以这么强大，主要依赖于海量的数据训练，据不完全统计，AlphaGo 学习了至少三千万种棋局，自我博弈超过一百万次，在与李世石对弈前，AlphaGo 预测对手的准确率达到 57%，也就是说，在超过半数的情况下，AlphaGo 知道对手下一步会怎么走。

3）区块链和大数据

区块链的本质是一种数据存储技术，巨大的区块数据集合包含每笔交易的全部历史，随着区块链的应用迅速发展，数据规模会越来越大。区块链不等于海量数据，而一个完备的账本必然会累积海量数据。区块链保证了数据的完备性，支持了信息流和资金流合并，而其本身不具备数据分析功能。区块链对于大数据的意义在于提高大数据的安全性。

2.4 新一代信息技术

新一代信息技术

2.4.1 云计算

1. 云计算的基本概念

云计算（Cloud Computing）是一种无处不在、便捷且按需对一个共享的可配置计算机资源进行网络访问的模式，它将分布式计算、并行计算、网络存储、虚拟化、负载均衡等技术融合，将互联网上的资源整合成一个具有强大计算能力的系统，并借助商业模式把强大的计算能力分布到用户手中。简单来说，云计算就是通过互联网提供计算服务的（包括服务器、存储、数据库、网络、软件、分析和智能）。

云计算的"云"是服务模式和技术的形象说法，其实就是互联网上成千上万资源汇聚的资源池，并以动态按需或可度量的方式向用户提供服务，用户只需通过网络发送服务请求，云端资源就会通过高速计算将结果返回给用户，客户端只需少量的管理即可享受高效的服务。比尔·盖茨曾说过"把你的计算机当作接入口，一切都交给互联网吧"，就是说在未来，个人计算机可以没有硬盘、无须安装诸如 Office、Photoshop 等软件，数据的处理都由云端计算机完成，当用户需要完成工作时，只需向云服务提供商购买相应的服务即可，这就好比用电不需要每家都有发电机，由国家电网供电，用户向电力公司购买。

云计算的主要目标就是资源最大化地集约化利用、个性化按需提供特色服务、网络化可扩展的运营模式。

2．云计算的基本特征

（1）按需自助服务。云计算以服务的形式为用户提供基础设施、数据存储、应用程序等资源，并可根据用户需求自动分配资源，而不需要系统管理员干预。

（2）泛在接入。云无处不在，用户可以利用各种终端设备（如 PC、平板电脑、智能手机、可穿戴智能设备等）随时随地地使用云计算提供的服务。

（3）弹性服务。云可以快速实现资源弹性分布，服务的规模可快速伸缩，以自动适应业务负载的动态变化。

（4）资源池化。云上资源以共享资源池方式统一管理，并能将资源分配给不同的用户。

（5）可度量的服务：即计费服务，根据用户使用的云资源量，进行相应的收费。

3．云计算的服务模式

云计算的服务模式通常分为 3 类，即基础设施即服务（Infrastructure as a Service，IaaS）、平台即服务（Platform as a Service，PaaS）和软件即服务（Software as a Service，SaaS）。

（1）基础设施即服务。云计算中最基本的类别，它向云计算提供商的个人或组织提供虚拟化计算资源，如虚拟机、存储、网络和操作系统。在使用此服务时，用户无须购买运行应用所需的硬件，IaaS 服务提供商会提供场外服务器、存储和网络硬件。

（2）平台即服务。与 IaaS 相似，PaaS 的服务提供商会根据用户需求提供各类开发和分发应用的解决方案，如虚拟服务器与操作系统及应用设计等工具，PaaS 服务会将一个完整应用的开发环境提供给用户，用户可以利用该服务创建、测试和部署自己的应用程序。

（3）软件即服务。SaaS 是用户日常中最常用的服务类型。SaaS 多数通过浏览器接入，任何一个远程服务器上的应用都可通过网络来运行。如百度云盘、网易云音乐等。

4．云计算的部署类型

云计算有 4 种部署类型，每种类型都具有独特的功能，可以满足用户的不同需求。

（1）公有云。一种对公众开放的云服务，由第三方云服务提供商所拥有和运营，为用户提供其计算资源，可以支持大量的并发请求，可以按流量或服务时长计费。

（2）私有云。专供一个企业或组织使用的云计算资源。它由云所属的机构管理，也可以由第三方服务提供商付费托管。

（3）社区云。指一个特定范围的群体共享的一套基础设施，它既不是一个机构内部的服务，也不是一个完全公开的服务，社区云具有较强的区域性和行业性。

（4）混合云。指组合了两种或以上的云计算的混合体，如公有云和私有云的混合。混合云允许数据和应用程序在私有云和公有云之间转换，可以更灵活地处理业务并提供更多部署选项，有助于优化现有基础结构。

5．云计算的典型应用

云计算的出现极大地改变了人们的生产和生活方式，被视为计算机网络领域的一次革命，它的应用早已融入当今社会生活。最为常见的应用，如搜索引擎和电子邮箱，任何时候，用户通过终端都可以在搜索引擎上搜索自己想要的资源，通过电子邮箱进行信件的收发。

（1）存储云。又称云存储，存储云是一个以数据存储和管理为核心的云计算系统，向用户提供存储容器服务、备份服务、归档服务和记录管理服务等。用户可以将本地的资源上传至云端，可以在任何地方连入互联网来获取云上的资源。大型互联网公司基本都提供存储云服务，如谷歌、微软等。国内有百度云、网易云、腾讯微云、阿里云等。

（2）医疗云。指在云计算、移动技术、多媒体、5G通信、大数据及物联网等新技术基础上，结合医疗技术，使用"云计算"来创建医疗健康服务云平台，实现医疗资源的共享和医疗范围的扩大，有效提高医疗机构的效率，方便人们就医，如预约挂号、在线问诊、电子病历、云端手术室等。

（3）教育云。教育云实质上是指教育信息化，它包括教育信息化的一切软件和硬件计算资源，这些资源经过虚拟化后，向教育机构提供云端教学服务，支持教师的有效教学和学生的主动学习。例如，教师可以将教学资源上传到网络教学平台，学习者可以从平台上获取资源，慕课MOOC就是教育云的典型应用。

2019年7月，中国信息通信研究院发布的《云计算发展白皮书（2019）》中，还提到了政务云、金融云、交通云、能源云、电信云等应用，随着云计算的快速发展，新的应用将会不断涌现。

【同步训练2-22】云计算是对（　　）技术的发展和应用。

A．并行计算　　　　B．负载均衡　　　　C．分布式计算　　　　D．以上三项都是

【同步训练2-23】将平台作为服务的云计算服务类型是（　　）。

A．IaaS　　　　B．PaaS　　　　C．SaaS　　　　D．以上三项都是

【同步训练2-24】使用腾讯微云。

微云是腾讯公司为用户精心打造的一个集合文件同步、备份和分享功能的云存储应用，用户通过微云可以方便地在各设备之间同步文件、推送照片和传输数据等。微云有网页版和App版，方便用户在PC端和移动端使用，普通用户享有免费10G的存储空间。使用腾讯微云的操作步骤如下。

（1）打开浏览器，输入腾讯微云的网址，即可打开腾讯微云的主页，如图2.3所示。

图2.3　腾讯微云的主页

(2）使用 QQ 账号或微信账号登录，勾选图 2.3 中的"同意《微云服务协议》"复选框，即可登录微云。登录后，腾讯微云的云盘界面如图 2.4 所示。

图 2.4　腾讯微云的云盘界面

（3）在图 2.4 中，单击"资源类别"中的类别名称即可在资源列表中显示相应类别的资源；单击"上传"按钮可以将本地计算机上的资源上传到微云中；单击资源列表中的文件或文件夹，可以对资源进行下载、分享或删除操作。

2.4.2　物联网

1. 物联网的基本概念

物联网即"万物相连的互联网"，是在互联网的基础上，通过 RFID、传感器、全球定位系统、激光扫描器等信息传感设备，按约定的协议将任何物体与网络连接，进行信息交换和通信，以实现智能化识别、定位、跟踪、监控和管理的一种网络。

物联网中的"物"要满足以下 4 个条件才能成为"物联网"中的一部分。

（1）在网络中有可被识别的唯一编号。

（2）有 CPU、存储器、系统软件和应用软件等硬件和软件，以满足"物"的数据存储、数据处理能力。

（3）有信息接收器和数据发送器。

（4）有数据传输链路，并遵循物联网的通信协议。

从以上对"物"的要求可知，物联网是以互联网为基础的网络，是对互联网的延伸和扩展。

2. 物联网的基本特征

物联网具有全面感知、可靠传输和智能处理三大特征。

（1）全面感知。指利用 RFID、传感器、定位器等工具，随时随地地获取和采集物体的信息。物体感知是物联网识别、采集信息的主要来源，它将现实世界的各类信息通过技术转化为可处理的数据和数据信息。不同种类的采集设备获取的数据内容和数据格式不同，例如，摄像头获取视频数据，温度传感器感应温度，GPS获取物体的地理位置。

（2）可靠传输。指通过无线网络和有线网络的融合，对获取的感知数据进行实时远程传递，实现信息的交互和共享。由于采集到的数据是海量的，因此，传输过程中要保证数据的准确性和实时性。

（3）智能处理。指利用云计算、数据挖掘、模糊识别等人工智能技术，对接收的海量信息进行分析和处理，实现对物体的智能化管理、应用和服务。

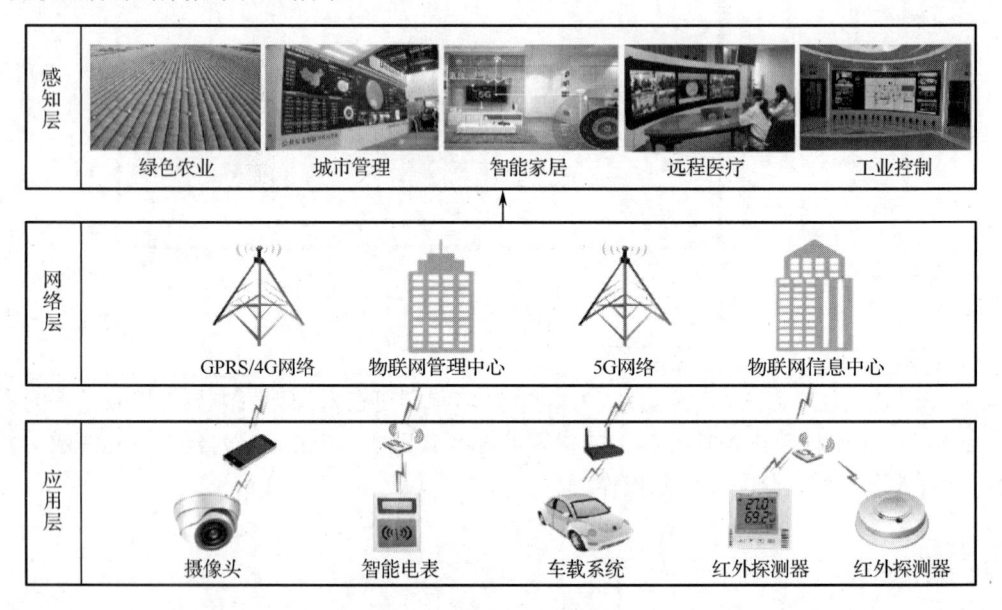

3. 物联网的体系结构

物联网的体系结构主要有感知层、网络层和应用层3个层次，体现了物联网的3个基本特征。物联网体系结构如图2.5所示。

图2.5 物联网的体系结构

（1）感知层。物联网的感知层是实现物联网全面感知的基础。以RFID技术、摄像头、传感器等为主，通过传感器收集设备信息，利用RFID技术对电子标签或射频卡进行读写，实现对现实世界的智能识别和信息采集。例如，汽车能够显示剩余的汽油量，主要是有检测汽油液面高度的传感器。

（2）网络层。物联网的网络层负责将收集的信息安全无误地传输给应用层。网络层由互联网、移动通信网、有线通信网、云计算、专用网络和网络管理系统组成。

（3）应用层。物联网的应用层是物联网的智能层，将传输来的数据进行分析和处理，实现对物体的智能化控制。应用层为用户提供丰富的特定服务，用户也可以通过终端在应用层定制自己需要的服务，如查询信息、监测数据及操控设备等。

【同步训练2-25】RFID技术属于物联网的（　　）。
A．应用层　　　　B．网络层　　　　C．业务层　　　　D．感知层

【同步训练2-26】物联网是（　　）基础上的延伸和扩展的网络。
A．互联网　　　　B．信息的传递　　C．信息的处理　　D．信息的存储

4. 物联网的典型应用

物联网的应用现已渗透到各个领域，在工业、农业、环境、交通、物流、安保等基础设施领域的应用，有效地推动了基础设施领域的智能化发展，使有限的资源得到了合理的分配和使用，极大地提高了各行业的生产效率和效益；在教育、家居、医疗、金融、服务业、旅游业等与人们学习和生活息息相关的领域的应用，有效地改进了人们的学习和生活方式，大大提高了生活品质；物联网在国防、军事领域的应用，有效地提升了军事智能化、信息化，极大地提升了军队的战斗力，是未来军事装备变革的关键要素。

1）智能家居

智能家居是指以住宅为平台，通过物联网技术将与家居生活有关的设施（电视、空调、洗衣机、电冰箱、窗帘、照明、安防设备）集成，构建高效的住宅设施与家庭日程事务的管理系统，提升家居安全性、便利性、舒适性、艺术性，并实现环保节能的居住环境。当你离开家后，智能物联网管家会自动切断家用电器电源，节能减排，并及时开启安防监控系统，时刻监视住宅安全；当你工作一天回到家中时，智能物联网管家会提前为你开启供暖设备，播放你喜欢的音乐，让你在温暖舒适的家中享受智能物联生活带来的惬意。

2）数字图书馆

将 RFID 技术与图书馆数据化系统相结合，可以实现智能采编、图书架位标识、文献定位导航、智能分拣等业务。在数字图书馆中，借书和还书都是自助的，借书时只要将身份证或借书卡及待借书籍放到感应台，即可完成借书操作；还书过程更为简单，读者只要把书籍投入还书口，传送设备就会自动把书送到书库并完成分拣。这样在节省人工的同时，大大提高了图书馆的服务效率。

3）智慧医疗

物联网在医疗领域的应用，一方面体现在医疗的可穿戴设备方面，可穿戴设备通过传感器可以监测人的心跳频率、体力消耗、血压高低，使人们及时了解自身的健康状况；另一方面利用 RFID 技术可以监控医疗设备、医疗用品，实现医院的可视化、数字化、智能化。

4）公共安全

物联网在预防、预警各类自然灾害和应对公共安全事故方面应用广泛。将相应的感知装置置于海中，可以监测海洋状况，对海洋污染、海底资源的探测及预防海啸提供可靠信息；使用物联网技术还能监测空气、森林、土壤等各方面的指标，如利用 PM2.5 感应器监测当 PM2.5 值大于 50 时，自动开启空气净化处理；物联网技术的使用可以有效地降低公共安全事故的发生，如交通事故中，物联网智能交通功能能缩短警务人员、医务人员的响应时间，提高应急处理的能力，保障人民的生命和财产安全。

【同步训练 2-27】物联网是新一代信息技术的高度集成和综合运用。目前，我国已将物联网作为战略性新兴产业的一项重要组成内容。下列关于物联网的表述中，错误的是（　　　）。

A．具有渗透性强、带动作用大、综合效益好的特点

B．推进物联网的应用和发展，有利于促进生产生活和社会管理方式向智能化、精细化、网络化方向转变

C．目前，我国在物联网关键核心技术、网络信息安全方面已不存在潜在隐患

D．物联网技术的核心和基础是互联网技术，是在互联网基础上的延伸和扩展的网络

2.4.3 大数据

1. 大数据的基本概念

大数据或称巨量资料,指所涉及的资料量规模巨大到无法通过主流软件工具,在合理时间内达到撷取、管理、处理、分析的数据集合。

大数据的意义不在于掌握庞大的数据信息,而是对海量数据进行专业化的挖掘,从中提取有价值的信息并加以运用。面向大数据挖掘主要包括两个方面,一方面是实时性,对海量数据需要实时分析并快速反馈结果;另一方面是准确性,要从海量的数据中精准提取出隐含在其中的有价值信息,再将信息转化为有组织的知识加以分析,并应用到现实生活中。

2. 大数据的基本特征

大数据具有 5V 特征,即巨量性(Volume)、多样性(Variety)、高速性(Velocity)、真实性(Veracity)和低价值密度(Value),5V 中的每项都代表大数据与传统数据之间的区别。

(1)巨量性。指大数据拥有巨大的数据量,数据采集、存储和计算规划都非常巨大。日常生活中计算机和手机的存储容量通常为 GB 级,而大数据的起始单位至少为 PB(100 万 GB)、EB(1024PB)或 ZB(1024EB)级。

(2)多样性。大数据的种类与来源十分多样化,包括结构化、半结构化和非结构化数据,类型的多样性。在当前信息网络中,数据类型从单一的数据扩展到网页、社交媒体、感知数据、图片、音频和视频等。

(3)高速性。主要表现为数据的快速增长和时效性,互联网上每天都会产生海量数据,并要对数据进行实时分析和处理,以保证数据的价值。例如,人们利用百度导航及时掌握交通实时状况,规划出行路线;通过股票交易软件查看股指的实时数据等。

(4)真实性。真实性是大数据信息的准确性的保障,大数据中的信息来自现实生活,因此,对大数据处理后得到的解释或预测是可信赖的。

(5)低价值密度。由于数据信息庞大,且存在大量不相关的信息,因此,大数据价值密度相对较低,如何从浩瀚的大数据海洋中挖掘出有价值的信息,是大数据时代需要解决的主要问题。

3. 大数据的典型应用

大数据创造价值的关键在于大数据的应用,随着大数据技术的飞速发展,大数据的应用已融入金融、能源、餐饮、交通、医疗等行业中,并且还在不断发展中。

1)电子商务

电子商务是最早将大数据用于精准营销的行业。在消费者的购买活动中,会记录消费者浏览过的每件商品、每个页面停留的时长、购买记录及习惯,大数据技术对消费者在消费过程中留下的海量数据进行分析,并进行商品精准推荐。人们有时会感叹,大数据比任何人都了解自己。

2)政务大数据

基于大数据运用开发的城市政务服务系统,真正实现了让市民足不出户办理各项政府管理事务。如政务服务"指尖办理、秒批服务"就是利用大数据、人工智能等先进技术,实现网上申请、无人干预自动审批服务、审批结果主动及时送达的政务服务新模式。让政府在需要的时间、需要的地方出现,做实服务内容,优化服务资源,给市民带来获得感与幸福感。

3)教育信息化

随着信息技术与教育的深度融合,大数据推动教育变革已成为趋势。通过对学习者的学习背景，以及与学习过程相关的数据进行测量、收集和分析，从学生相关的海量数据中归纳其学习风格和学习行为，针对学习行为建模，分析不同学习行为范式和学习结果之间的关系，帮助教师有针对性地安排教学进度和内容，推荐合适的学习资源和学业指导，进而提供个性化的学习支持。

【同步训练 2-28】下列关于大数据的说法中，不正确的是（　　）。
　　A．大数据具有巨量、多样、高速、真实和低价值密度的特征
　　B．大数据带来的思维变革中，是指更多的随机样本
　　C．大数据是需要新处理模式才能具有更强的决策力、洞察发现力和流程优化能力的海量、高增长率和多样化的信息资产
　　D．大数据在政府公共服务、医疗服务、零售业、制造业，以及涉及个人服务等领域都将带来可观的价值

【同步训练 2-29】提取隐含在数据中的潜在的信息和知识，属于（　　）技术。
　　A．数据收集　　　　B．数据清洗　　　　C．数据展示　　　　D．数据挖掘

【同步训练 2-30】大数据存储技术首先需要解决的是数据海量化和快速增长需求，其次处理格式多样化的数据，谷歌文件系统（GFS）和 Hadoop 的（　　）奠定了大数据存储技术的基础。
　　A．分布式文件系统　　　　　　　　B．分布式数据库系统
　　C．关系型数据库系统　　　　　　　D．非结构化数据分析系统

2.4.4 人工智能

1．人工智能的基本概念

人工智能是一个很大的概念，像科幻片里的智能机器人，智能手机的指纹识别功能，都要用到人工智能技术。不同领域的研究者从不同角度给出了不同定义。1978 年，Bellman 提出人工智能是那些与人的思维、决策、问题求解和学习等有关活动的自动化；1985 年，Haugeland 提出人工智能是一种使计算机能够思维，使机器具有智力的激动人心的新尝试；1990 年后，Charniak 等提出人工智能是用计算模型研究智力行为的；Patrick Winston 指出人工智能是研究那些使理解、推理和行为成为可能的计算；Kurzwell 指出人工智能是一种能够执行需要人的智能的创造性机器的技术；Rick 和 Knight 指出人工智能研究如何使计算机做事让人过得更好；Schalkoff 指出人工智能是一门通过计算过程力图理解和模仿智能行为的学科；Luger 和 Stubblefield 指出人工智能是计算机科学中与智能行为的自动化有关的一个分支。其中，Bellman 和 Haugeland 的定义涉及拟人思维；Charniak 等和 Patrick Winston 的定义与理性思维有关；Kurzwell 和 Rick 的定义涉及拟人行为；Schalkoff 和 Luger 的定义与拟人的理性行为有关。

中国《人工智能标准化白皮书（2018 版）》认为，人工智能是利用数字计算机或数字计算机控制的机器模拟、延伸和扩展人的智能、感知环境、获取知识并使用知识获得最佳结果的理论、方法、技术及应用系统。人工智能的核心能力是根据给定的输入做出判断或预测。

2．人工智能的典型应用

1）智能服务

根据自然语言处理、语音识别等技术生产的 AI 机器人现已应用在众多领域。AI 机器人可以对用户的文字、语音进行分析，理解用户意图，并给出相应的反馈。如百度的小度、微软的 Cortana，互联网中的智能客服等都是 AI 机器人的典型应用。每年"双十一"，电商平台要承

担 500 万人次以上的客户服务，若完全采用人工服务，需要 3 万多名服务人员才能应对，现如今，各公司的在线智能客户 90%以上都由 AI 智能客服处理各类咨询，能大大降低人工使用率，提高服务效率，并能对用户的需求和问题进行统计分析，为企业的决策提供数据。

2）自动驾驶

自动驾驶汽车通过多种传感器，包括视频摄像头、激光雷达、卫星定位系统对驾驶环境进行实时感知，先进的智能驾驶控制系统将感测的数据转换成适当的导航道路、障碍与相关标志，并对感知信号进行综合分析，实时规划驾驶路线，控制汽车的运行。

3）智能医疗

近年来，智能医疗在辅助诊疗、疾病预测、医疗影像辅助诊断等方面发挥重要的作用。在辅助诊疗方面，利用智能语音技术可以实现电子病历的录入；利用智能影像识别技术，对医学图像自动读片，对影像进行特征提取和分析，为患者预前和预后的诊断和治疗提供评估方法和精准诊疗决策。

4）智能安防

随着物联网的普及，监控领域的数据量呈指数级增长。利用机器视觉、人脸识别的智能视频分析技术可以实时从视频中检测人、车辆、建筑物等对象，自动发现视频中的异常行为，并及时发出带有具体地点方位信息的警报；能自动判断人群的密度和人流的方向，提前发现过密人群带来的潜在危险，帮助工作人员引导和管理人流。

3. AI 开放平台

人工智能其核心技术包括机器学习、人工神经网络等知识，需要对待解决的问题建立相应的模型，并进行海量数据训练、验证和应用，行业技术门槛和应用成本高。

2017 年开始，国内近百家互联网企业相继开放了自己的 AI 开放平台，主要有百度 AI 开放平台、腾讯 AI 开放平台、科大讯飞 AI 开放平台、阿里 AI 开放平台等，这些开放平台对外开放面向不同行业用户的基础 AI 能力，如语音技术、图像技术、文字识别 OCR、人脸识别、自然语言处理 NPL、知识图谱等。

AI 开放平台通过开放的 API（Application Programming Interface，应用程序编程接口）和 SDK（Software Development Kit，软件开发工具包），方便开发者或用户以最简单的方式即可接入或调用相关的 AI 能力。对一些开发者和企事业用户而言，开放平台更像一个 AI 商城，它提供算法、产品、数据、解决方案甚至商业项目等多元化的资源，也让用户获取这些 AI 产品和服务变得更为简单和方便。AI 开放平台加持行业应用，加快了传统行业智能化应用的发展进程。

【同步训练 2-31】AI 的英文全称为（　　）。

　　A．Automatic Intelligence　　　　B．Artificial Intelligence
　　C．Automatic Information　　　　D．Artificial Information

【同步训练 2-32】下列人工智能的应用领域中，与其他三个不同的是（　　）。

　　A．语音识别　　　　　　　　　　B．医学影像分析
　　C．人脸识别　　　　　　　　　　D．图像识别与分类

【同步训练 2-33】使用百度 AI 开放平台。

操作步骤如下。

（1）打开浏览器，输入百度 AI 开放平台网址，进入百度 AI 开放平台的主页，如图 2.6 所示。

图 2.6　百度 AI 开放平台的主页

（2）单击主页导航栏中的"控制台"超链接，打开登录或注册界面，如图 2.7 所示。

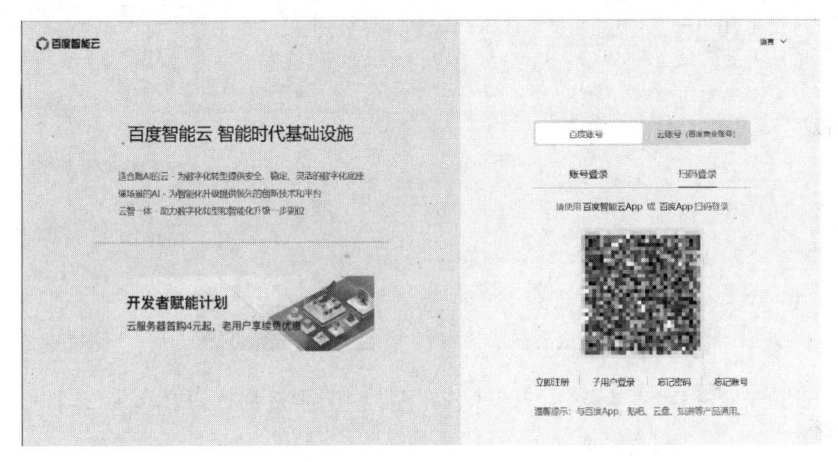

图 2.7　登录或注册界面

（3）注册或登录成功后，进入欢迎界面，填写相关信息，如图 2.8 所示。

图 2.8　填写相关信息

（4）单击图2.8中的"提交"按钮，按步骤完成实名认证，认证完成后显示的内容如图2.9所示。

（5）单击"百度智能云管理中心"左侧的导航栏，弹出应用导航栏，如图2.10所示。可以看到，百度AI开放平台提供了语音识别、人脸识别等10多项AI技术，用户使用时，需要先创建相应的应用，并获取API Key及Secret Key，才能进行API接口的调用，享受平台提供的AI服务。

图2.9　认证完成后显示的内容　　　　图2.10　应用导航栏

（6）本例以"语音技术"为例进行阐述。在图2.10中选择"语音技术"，打开"语音技术-概览"操作界面，如图2.11所示。

（7）单击图2.11中的"创建应用"按钮，打开"创建新应用"界面，如图2.12所示。

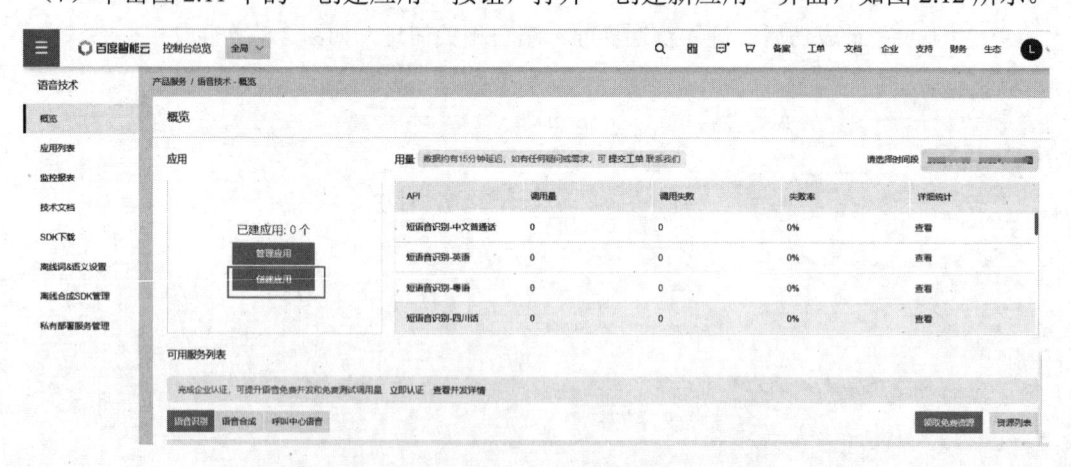

图2.11　"语音技术-概览"操作界面

（8）在图2.12中填写应用名称、接口选项、应用归属、应用描述等后，单击"立即创建"按钮，创建应用并打开"应用列表"界面，如图2.13所示，其中显示了应用的相关数据，包括AppID、API Key、Secret Key等，这些都是使用该应用的凭据。若想查看应用的详情，单击应用名称即可。

图 2.12 "创建新应用"界面

图 2.13 "应用列表"界面

（9）选择图 2.13 左侧导航栏中的"SDK 下载"，打开"语音识别"的 SDK 资源展示界面，如图 2.14 所示。开发者可根据项目需求，选择合适的 SDK 资源进行下载，完成后即可通过相应的编程语言使用百度 AI 开放平台提供的语音服务。

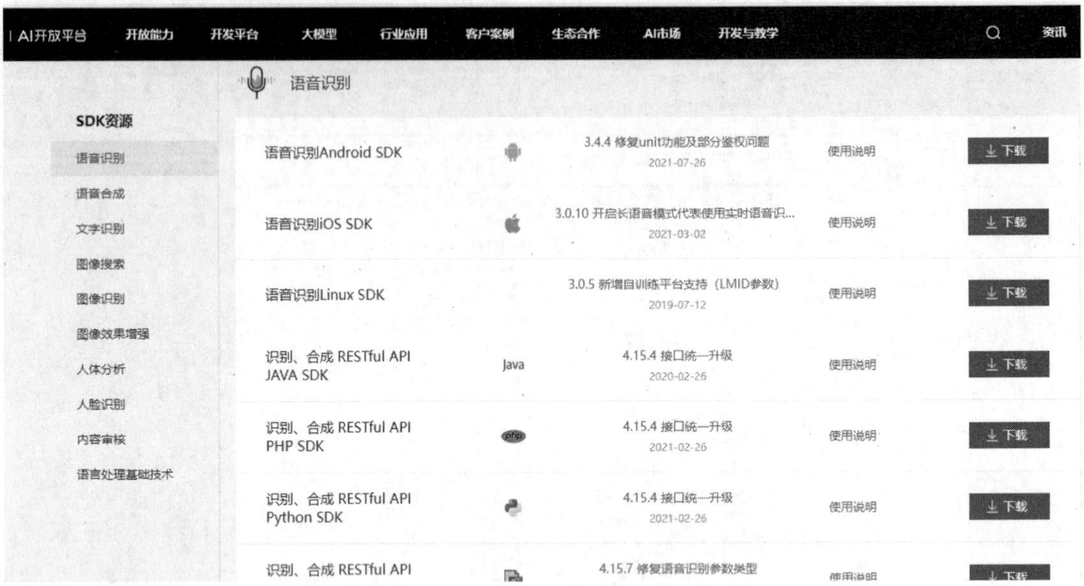

图 2.14 "语音识别"的 SDK 资源展示界面

2.4.5 区块链

1. 区块链的基本概念

区块链是数字经济的重要组成部分，自出现以来受到广泛关注。工业和信息化部在 2016 年发布的《中国区块链技术和应用白皮书（2016）》中给出的定义是，区块链是按照时间顺序将数据区块以顺序相连的方式组合成的一种链式数据结构，它以密码学方式保证不可篡改和不可伪造的分布式账本，该账本由区块链网络中的所有节点共同维护，实现数据的一致存储。

区块链主要实现交易和区块两类内容的记录。交易是存储在区块链上的实际数据，而区块则是记录确认某些交易是在何时，以及以何种顺序成为区块链数据库的一部分。交易是由参与者在正常使用系统时创建的，区块则是由区块链网络中的矿工（miners）创建的，同时矿工还负责将新交易添加到新区块中，并将新区块添加到区块链网络。

2. 区块链的基本特性

区块链的特性主要包括去中心化、可溯源性和不可篡改性。

（1）去中心化。指区块链中并不是由某一特定中心处理数据的记录、存储和更新，在链上的每个节点都是对等的，网络中的数据维护由所有节点共同参与。也就是说，网络中产生的业务操作需要网络中各个节点形成共识后才会被记录，以保证区块链网络的平等性，形成一个更加自由、透明、公平的高可信的网络环境。

（2）可溯源性。在区块链中所有交易都是公开的，任何节点都能得到区块所有的交易记录，除了交易双方的私有信息被加密，区块链上的数据都可通过公开接口查询，区块链以链的形式保存从第一个区块开始的所有数据记录，链上的任意一条记录都可以通过链式结构追溯本源。

（3）不可篡改性。由于区块链技术的网络是一个全民参与记账（数据记录）、共同维护账本的系统，所有信息一旦通过验证、共识并写入区块，就很难被修改，若想篡改数据就必须修改链上 51%以上节点的数据，篡改的代价和成本极高。在区块链网络中数据记录采用密码学相关的技术，通过哈希函数、数字签名等防伪认证技术确保数据的安全，增加了网络中恶意攻击篡改、伪造和否认数据的难度与成本。

3. 区块链的分类

根据去中心化的数据开放程度和范围，目前，区块链主要分成公有链、私有链和联盟链。

1）公有链

公有链，顾名思义是公有的，人人均可参与。任何人都能参与数据的维护和读取，也可以部署应用程序，完全去中心化不受任何机构控制，像水和空气一样，属于全人类共有。在公有链上进行的交易也是公开的，任何人都可以查询每一笔交易。在公有链上通常会采取发币措施，激励矿工进行交易记账。典型的案例有比特币（BTC）、以太坊（ETH）、商用分布式区块链操作系统（EOS）、币安智能链（BSC）等。

2）私有链

私有链一般只在企业内部或者单独个体使用，写入权限完全在一个机构手里，所有参与到这个区块链中的节点都会被严格控制，而且只向满足特定条件的个人开放，与传统中心化的管理模式基本没有区别。使用私有链的目的是借助区块链的不可篡改、加密存储等特有功能实现企业内部关键业务，如企业票据管理、财务审计或政务管理等，以保证业务数据的安全性。

3）联盟链

联盟链是介于公有链和私有链间的一种区块链技术，它更像是一个行业或者协会联合使用的区块链，基本上对会员单位开放，其开放程度小于公有链，需要注册许可才能访问。联盟链采用指定节点计算的方式，虽然在一定程度上也能抵御数据损毁的风险，但是与公有链相比没有完全去中心化。

4. 区块链的典型应用

1）食品溯源

区块链最核心的价值在于去中心化自治，公开透明。在食品溯源应用中，由政府监管部门参与区块链节点的数据记录并实时监管链条上的数据，消费者可以通过查询产品的数字 ID 知悉产品从原材料采购、生产加工环节、物流运输配送到销售情况的具体信息，提高了消费者对于国家质量的认可度，也提高了食品安全和产品质量问题的精准环节及相关责任人的定位，相当于通过提高系统的可追责性来降低系统的信任风险。当发生食品安全事故时，基于区块链的溯源体系可以在短时间内追踪到每一环节，精准召回不合格的批次产品，避免下架所有同类产品，提升企业业务效率，提升消费者的满意度。

2）供应链管理

供应链是指跨企业的物流活动和商业活动的集成，是一个多主体交易网络，涉及企业、供应商、物流运输、仓储、客户等方面。供应链缺乏第三方信任机制，区块链正好提供了第三方的共识机制；供应链上的信息一旦写入区块链，就会实时分享给所有人，可以提高跨企业商业活动的同步效率；利用区块链技术可以精准溯源，不仅可以知道每批货物从哪里来，还可以知道货物经过了哪些港口、批发和零售等每个环节，在每个环节上经手人都会在区块链上盖上时间戳并进行电子签名，能有效保障数据的安全性。

【同步训练 2-34】下列不属于区块链核心价值的是（　　）。

A．创造信任　　　　B．分布关系　　　　C．共识机制　　　　D．加密算法

【同步训练 2-35】下列（　　）是公有链的主要代表。

A．比特币　　　　　B．R2 联盟　　　　　C．Fabric　　　　　D．超级账本

课后训练

选择题

1. 信息技术包括计算机技术、传感技术和（　　）。
   A．编码技术　　　　B．电子技术　　　　C．通信技术　　　　D．显示技术
2. 下列关于 ASCII 码的叙述中，正确的是（　　）。
   A．一个字符的标准 ASCII 码占 1 字节，其最高二进制位总为 1
   B．所有大写英文字母的 ASCII 码值都小于小写英文字母 a 的 ASCII 码值
   C．所有大写英文字母的 ASCII 码值都大于小写英文字母 a 的 ASCII 码值
   D．标准 ASCII 码表有 256 个不同的字符编码
3. 十进制数 18 转换成二进制数是（　　）。
   A．10101　　　　　B．101000　　　　　C．10010　　　　　D．1010
4. 下列不能用作存储容量单位的是（　　）。
   A．Byte　　　　　　B．GB　　　　　　　C．MIPS　　　　　　D．KB
5. 在标准 ASCII 码表中，已知英文字母 K 的十六进制码值是 4B，则二进制 ASCII 码 1001000 对应的字符是（　　）。
   A．G　　　　　　　B．H　　　　　　　　C．I　　　　　　　　D．J
6. 根据汉字国标 GB2312—1980 的规定，存储一个汉字的机内码需用的字节数是（　　）。
   A．4　　　　　　　B．3　　　　　　　　C．2　　　　　　　　D．1
7. 设已知一汉字的国标码是 5E48H，则其机内码应该是（　　）。
   A．DE48H　　　　　B．DEC8H　　　　　　C．5EC8H　　　　　　D．7E68H
8. 以下关于物联网体系结构特点的描述中，错误的是（　　）。
   A．物联网的特点是网络的异构性、规模的差异性、接入的多样性
   B．物联网传输网不可以采用互联网中的虚拟专网（VPN）结构
   C．物联网可采用移动通信网、无线局域网、无线自组网或多种异构网络互联的结构
   D．物联网网络结构可以分为感觉层、传输层与应用层
9. 在云计算体系结构中，最关键的两层是资源池层和（　　）。
   A．物理资源层　　　B．资源池层　　　　C．管理中间件　　　D．泛在接入
10. 关于区块链，下列说法中正确的是（　　）。
    A．单一的新技术　　　　　　　　　　　B．新型加密货币
    C．智能合约　　　　　　　　　　　　　D．绝对安全的存储模式

第3章 信息素养与社会责任

3.1 信息素养概述

3.1.1 信息素养的概念

信息素养的概念是美国信息产业学会主席保罗·泽考斯基（Paul Zurkowski）在1974年最早提出的，他认为有信息素养的人必须能够确定何时需要信息，并且具有检索、评价和有效使用所需信息的能力。

1987年，信息学家帕特里夏·布雷维克（Patrieia Breivik）将信息素养概括为：了解提供信息的系统并能鉴别信息价值，选择获取信息的最佳渠道，掌握获取和存储信息的基本技能。

1989年，美国图书馆协会（ALA）下设的信息素养总统委员会在其年度报告中对信息素养的含义重新概括为：要成为一个有信息素养的人，就必须能够确定何时需要信息，并能有效地查寻、评价和使用所需要的信息。

1992年，Doyle在《信息素养全美论坛的终结报告》中将信息素养定义为：一个具有信息素养的人，他能够认识到精确的和完整的信息是做出合理决策的基础，确定对信息的需求，形成基于信息需求的问题，确定潜在的信息源，制定成功的检索方案，从包括基于计算机和其他信息源获取信息、评价信息、组织信息于实际的应用，将新信息与原有的知识体系进行融合，以及在批判性思考和解决问题的过程中使用信息。

1998年，全美图书馆协会与美国教育传播与技术协会在其出版物《信息能力：创建学习的伙伴》中制定了学生学习的九大信息素养标准，从信息素养、独立学习、社会责任三个方面表述，进一步丰富了信息素养在技能、修养、品德等方面的要求。

随着时间的推移，人们对信息素养的认识越来越丰富。现在基本的共识是信息素养主要表现为信息意识、信息能力、信息道德三个方面。

（1）信息意识。指对信息的洞察力和敏感程度，体现的是捕捉、分析、判断信息的能力。

判断一个人有没有信息素养、有多高的信息素养，首先就要看他具备多高的信息意识。

（2）信息能力。指人们有效利用信息知识、技术和工具来获取信息、分析与处理信息，以及创新和交流信息的能力。它是信息素养最核心的组成部分，主要包括信息知识的获取能力、信息处理与利用能力、信息资源的评价能力、信息处理创新能力。

信息能力尤其是信息处理创新能力是信息素养的核心。信息处理创新能力就是能够有效地、高效地获取信息，精确地、创造性地使用信息，熟练地、批判地评价信息，进行研究性的学习和创新实践活动。

（3）信息道德。信息技术在为我们的生活、学习和工作带来改变的同时，个人信息隐私、软件知识产权、网络黑客等问题也层出不穷，这就涉及信息道德。一个人的信息素养的高低，与其信息伦理、道德水平的高低密不可分。

我们能不能在利用信息解决实际问题的过程中遵守伦理道德，最终决定了我们是否能成为一位高素养的信息化人才。

信息素养首先是一个人的基本素质，它是传统个体基本素养的延续和拓展，它要求个体必须拥有各种信息技能，能够达到独立自学及终身学习的水平，能够对检索到的信息进行评估及处理并以此做出决策。

【同步训练3-1】信息素养的三个层面是（　　）。
　　A．文化素养　信息意识　信息技能　　　　B．信息意识　信息技能　网络道德
　　C．文化素养　网络道德　信息技能　　　　D．信息技能　网络安全　文化水平

3.1.2 信息素养的内涵和表现

从信息素养基本概念和大学生教育的主要特点分析，大学生信息素养的内涵应包括以下几个方面。

（1）信息素养是指把被动信息获取式教育观念转变为主动信息探究式教育观念的一种个人能力，信息素养的提升有利于整合教育方式，从而全方位地促进受教育者能力的发展。

（2）信息素养既是个体查找、检索、分析信息的信息认识能力，也是个体整合、利用、处理、创造信息的信息使用能力。

（3）信息认识能力体现为信息意识，信息使用能力体现为信息能力。所以信息意识和信息能力是信息素养的两个方面。大学生信息素养的内涵中信息意识是在信息使用过程中逐渐形成的习惯性技能，属于底层技能；信息能力是在信息处理过程中形成的个体解决问题的能力，属于高层技能。

信息素养主要表现为以下8个方面的能力。

（1）运用信息工具。能熟练使用各种信息工具，特别是网络传播工具，如网络媒体、聊天软件、电子邮件、微信、博客等；

（2）获取信息。能根据自己的学习目标有效地收集各种学习资料与信息，能熟练地运用阅读、访问、讨论、参观、实验、检索等获取信息的方法；

（3）处理信息。能对收集的信息进行归纳、分类、存储、鉴别、遴选、分析综合、抽象概括和表达等；

（4）生成信息。在信息收集的基础上，能准确地概述、综合、履行和表达所需要的信息，使之简洁明了，通俗流畅并且富有个性特色；

（5）创造信息。在多种收集信息的交互作用的基础上，迸发创造思维的火花，产生新信息的生长点，从而创造新信息，达到收集信息的终极目的；

（6）发挥信息的效益。善于运用接收的信息解决问题，让信息发挥最大的社会和经济效益；

（7）信息协作。使信息和信息工具作为跨越时空的、"零距离"的交往和合作中介，使之成为延伸自己的高效手段，同外界建立多种和谐的合作关系；

（8）信息免疫。能自觉抵御和消除垃圾信息及有害信息的干扰和侵蚀，保持正确的人生观、价值观、甄别能力，以及自控、自律和自我调节能力。

【同步训练 3-2】下列说法正确的是（　　）。

A．现在的盗版软件很好用，还可以省很多钱

B．网上的信息很丰富，我们要仔细辨别，不去浏览不健康和有害的网站

C．在网上聊天，因为对方不知道自己的真实姓名，可以和他（她）乱,聊，如果他（她）骂我，那么我要把他（她）骂得更利害

D．我要是能制作几个病毒该多好，说明我很棒

3.2 信息安全与职业素养

信息安全与职业素养

3.2.1 信息安全的基本概念

信息安全是指信息网络的软件、硬件及其系统中的数据受到保护，不因偶然的或者恶意的原因而遭到破坏、更改、泄露，系统连续、可靠、正常地运行，信息服务不中断。其包含以下5个方面的内容。

（1）完整性（Integrality）。信息未经授权不能进行更改的特性，即信息在存储或传输的过程中保持不被偶然或蓄意地删除、修改、伪造、乱序、重放、插入等破坏和丢失的特性。主要的保护方法有协议、纠错编码方法、密码校验和方法、数字签名、公证等。

（2）保密性（Confidentiality）。信息不被泄露给非授权的用户、实体或进程，或者被其利用的特性。包括信息内容的保密和信息状态的保密。常用的技术有防侦收、防辐射、信息加密、物理保密、信息隐形。

（3）可用性（Availability）。是指信息能够被获得授权的用户正确地访问及有效地利用。

（4）不可否认性（Non-repudiation）。也称抗抵赖性，是指在网络活动中，任意用户发起的动作或事件均可以被证明，其发起的任何行为无法被否认。

（5）可控性（Controllability）。可控性是对网络信息的传播及内容具有控制能力的特性。如对于电子政务系统而言，所有需要公开发布的信息必须通过审核后才能发布。

在当前网络化、数字化日益普及的时代，信息、计算机和网络已经成为不可分割的整体。信息安全的内容包含计算机安全和网络安全的内容。信息的采集、加工、存储是以计算机为载体进行的，计算机安全侧重于静态信息保护；而信息的共享、传输、发布则依赖于网络，网络安全侧重于动态信息保护。

1. 计算机安全（Computer Security）

计算机安全是指为数据处理系统的建立而采取的技术上和管理上的安全保护，保护计算机硬件、软件和数据不因偶然的或恶意的原因而遭到破坏、更改、暴露。此定义包含物理安全和

逻辑安全两个方面。其中物理安全是整个计算机网络系统安全的前提，是保护计算机网络设备、设施以及其他媒体免遭地震、水灾、火灾等环境事故、人为操作失误或各种计算机犯罪行为导致的破坏的过程。逻辑安全包括信息的完整性、保密性和可用性。

2. 网络安全（Cyber Security）

网络安全是指防止网络环境中的数据、信息被泄露和篡改，以及确保网络资源可由授权方按需使用的方法和技术。网络安全从其本质上来讲就是网络上的信息安全，因此，凡是涉及网络上信息的保密性、完整性、可用性、真实性和可控性的相关技术和理论都是网络安全的研究领域。

网络安全受到的威胁包括以下两部分。其一是对网络和系统安全的威胁，包括物理侵犯（如机房侵入、设备偷窃、电子干扰等）、系统漏洞（如旁路控制、程序缺陷等）、网络入侵（如窃听、截获、堵塞等）、恶意软件（如病毒、蠕虫、特洛伊木马、信息炸弹等）、存储损坏（如老化、破损等）等；其二是对信息安全的威胁，包括身份假冒、非法访问、信息泄露、数据受损等。

【同步训练3-3】在构成信息安全威胁的其他因素中，不包括（　　）。
A．黑客攻击　　　　B．病毒传播　　　　C．网络犯罪　　　D．宣传自己的图书

3.2.2　计算机病毒

广义上讲，凡能够引起计算机故障、破坏计算机数据的程序都应称为计算机病毒。1994年我国正式颁布实施的《中华人民共和国计算机信息系统安全保护条例》第二十八条中明确指出：计算机病毒是指编制或者在计算机程序中插入的破坏计算机功能或者毁坏数据，影响计算机使用，并能自我复制的一组计算机指令或者程序代码。

计算机病毒这一名词是由生物医学上的病毒概念引申和借鉴而来的。与医学上的病毒不同，它不是天然存在的，是某些人利用计算机软件、硬件所固有的脆弱性，编制的具有特殊功能的程序。

1. 计算机病毒的特点

计算机病毒通常具有以下特点。

（1）寄生性。计算机病毒寄生在其他程序中，当执行这个程序时，病毒就起破坏作用，而在未启动这个程序之前，它不易被人发觉。

（2）传染性。传染性是计算机病毒的最重要特征。计算机病毒可从一个文件传染到另一个文件，从一台计算机传染到另一台计算机，可在计算机网络中寄生并广泛传播。

（3）潜伏性。计算机病毒在传染给一台计算机后，只有满足一定条件才能执行（发作），在条件未满足前，一直潜伏着。

（4）隐蔽性。计算机病毒程序编制得都比较"巧妙"，并常以分散、多处隐蔽的方式隐藏在可执行文件或数据中，未发起攻击，不易被人发觉。

（5）激发性。计算机病毒感染了一台计算机系统后，就时刻监视系统的运行，一旦满足一定条件，便立刻被激活并发起攻击，这称为激发性。如黑色星期五病毒只在13日正好是星期五时发作。

2. 计算机病毒的分类

计算机病毒的数量现仍在不断增加，但世界上究竟有多少种病毒，说法不一，分类也不统

一．按传染方式可分为引导型病毒、文件型病毒和混合型病毒。

（1）引导型病毒。指寄生在磁盘引导区或主引导区的计算机病毒。这种病毒利用系统引导时，不对主引导区的内容正确与否进行判别的缺点，在引导系统的过程中侵入系统，驻留内存，监视系统运行，伺机传染和破坏。

（2）文件型病毒。主要感染计算机中的可执行文件（.exe）和命令文件（.com）。文件型病毒对计算机的源文件进行修改，使其成为新的带毒文件。一旦计算机运行该文件就会被感染，从而达到传播的目的。

（3）混合型病毒。指的是具有引导型病毒和文件型病毒寄生方式的计算机病毒。

3. 计算机病毒的症状

不同的计算机病毒有不同的破坏行为和症状，例如：

（1）攻击系统数据区；

（2）攻击文件，即删除文件、修改文件名称、替换文件内容、删除部分程序代码等；

（3）攻击内存，攻击方式主要有占用大量内存、改变内存总量、禁止分配内存等；

（4）干扰系统运行，即不执行用户指令、干扰指令的运行、内部栈溢出、占用特殊数据区、时钟倒转、自动重新启动计算机、死机等；

（5）速度下降，不少病毒在时钟中纳入时间的循环计数，迫使计算机空转，计算机速度明显下降；

（6）攻击磁盘，即攻击磁盘数据、不写盘、写盘时丢字节、提示一些不相干的话等；

（7）扰乱屏幕，即显示字符错乱、跌落、环绕、倒置，光标下跌、滚屏、抖动、吃字符等；

（8）攻击键盘，即响铃、封锁键盘、换字、抹掉缓存区字符、重复输入；

（9）攻击喇叭，即发出各种不同的声音，如演奏曲子、警笛声、炸弹噪声、鸣叫、咔咔声、嘀嗒声等；

（10）干扰打印机，即间断性打印、更换字符等。

4. 感染病毒之后的操作

如果计算机感染了病毒，则可以采用以下办法：

（1）在解毒之前，要先备份重要的数据文件。

（2）启动反病毒软件，并对整个硬盘进行扫描。

（3）发现病毒后，一般应利用反病毒软件清除文件中的病毒。

（4）某些病毒无法完全清除，应采用事先准备的干净的系统引导盘引导系统，运行相关杀毒软件进行清除。

5. 计算机病毒的防范

无论防病毒措施多么理想，系统仍存在被新病毒入侵并中断业务的可能。因此，切实可行的方法是对系统本身、单机以及邮件服务器进行全方位保护，这样才能将病毒带来的危险降至最低。对计算机病毒的防范措施主要有：

（1）安装最新版本的防毒软件；

（2）下载时要当心，要到专业的网站下载；

（3）备份有用的文件；

（4）小心使用磁盘和光盘等。

【同步训练3-4】从本质上讲，计算机病毒是一种（　　）。

A．细菌　　　　　　B．文本　　　　　　C．程序　　　　　　D．微生物

【同步训练 3-5】下列关于计算机病毒的叙述中，正确的是（   ）。

A．计算机病毒只感染.exe 或者.com 文件

B．计算机病毒可以通过读写软件、光盘或 Internet 进行传播

C．计算机病毒是通过电力网进行传播的

D．计算机病毒是由于软件片表面不清洁造成的

3.2.3　常用信息安全技术

人们在网上进行电子商务活动涉及资金流、信息流，这需要安全、可靠的网络安全防护，计算机网络安全也成为需要高度重视的问题。网络安全主要是指网络系统的硬件、软件及其系统中的数据受到保护，不因偶然的或恶意的原因而遭到破坏、更改、泄露，系统连续可靠正常地运行，网络服务不中断。常用的信息安全技术有以下 4 种。

1．访问控制技术

访问控制技术是保护计算机信息系统免受非授权用户访问的技术，它是信息安全技术中最基本的安全防范技术，该技术是通过用户登录和对用户授权的方式实现的。

系统用户一般通过用户标识和口令登录系统，因此，系统的安全性取决于口令的秘密性和破译口令的难度。通常采用对系统数据库中存放的口令进行加密的方法，为了增加口令的破译难度，应尽可能增加字符串的长度和复杂度。另外，为了防止口令被破译后给系统带来的威胁，一般要求在系统中设置用户权限。

2．加密技术

加密技术是保护数据在网络传输的过程中不被窃听、篡改或伪造的技术，它是信息安全的核心技术，也是关键技术。

一个密码系统由算法（加密的规则）和密钥（控制明文与密文转换的参数，一般是一个字符串）两部分组成。根据密钥类型的不同，现代加密技术一般采用两种类型：一类是"对称式"加密法；另一类是"非对称式"加密法。"对称式"加密法是指加密和解密使用同一密钥，这种加密技术目前被广泛采用。"非对称式"加密法的加密密钥（公钥）和解密密钥（私钥）是两个不同的密钥，两个密钥必须配对使用才有效，否则不能打开加密的文件。公钥是公开的，可向外界公布；私钥是保密的，只属于合法持有者本人所有。

3．数字签名

数字签名（Digital Signature）是指对网上传输的电子报文进行签名确认的一种方式，它是防止通信双方欺骗和抵赖行为的一种技术，即数据接收方能够鉴别发送方所宣称的身份，而发送方在数据发送完成后不能否认发送过数据。

数字签名已经大量应用于网上安全支付系统、电子银行系统、电子证券系统、安全邮件系统、电子订票系统、网上购物系统、网上报税系统等电子商务应用的签名认证服务。

数字签名不同于传统的手写签名方式，它是在数据单元上附加数据，或者对数据单元进行密码变换，验证过程是利用公之于众的规程和信息，其实质还是密码技术。常用的签名算法是 RSA 算法和 ECC 算法。

4．防火墙技术

防火墙是用于防止网络外部的恶意攻击对网络内部造成不良影响而设置的一种安全防护措施，它是网络中使用非常广泛的安全技术之一。它是设置在不同网络或网络安全域之间的一

系列部件的组合,它是不同网络或网络安全域之间信息的唯一出入口,能根据企业的安全政策控制(允许、拒绝、检测)出入网络的信息流,且本身具有较强的抗攻击能力。在逻辑上,防火墙是一个分离器、一个限制器,也是一个分析器,能有效监控内部网和 Internet 之间的任何活动,保证内部网络的安全。

【同步训练 3-6】在 Windows 中进行防火墙设置。

操作步骤如下。

(1) 在控制面板中单击"Windows Defender 防火墙",打开如图 3.1 所示的"Windows Defender 防火墙"窗口。

图 3.1 "Windows Defender 防火墙"窗口

(2) 单击该窗口左侧的"启用或关闭 Windows Defender 防火墙",弹出如图 3.2 所示的"自定义设置"对话框,即可启用 Windows Defender 防火墙。

图 3.2 "自定义设置"对话框

(3) 如果要把防火墙恢复到默认设置,则可以单击"Windows Defender 防火墙"窗口左侧的"还原默认值"。

(4) 如果单击"Windows Defender 防火墙"窗口左侧的"允许应用或功能通过 Windows

Defender 防火墙",则可以针对不同网络设置是否允许某程序通过 Windows Defender 防火墙,如图 3.3 所示。

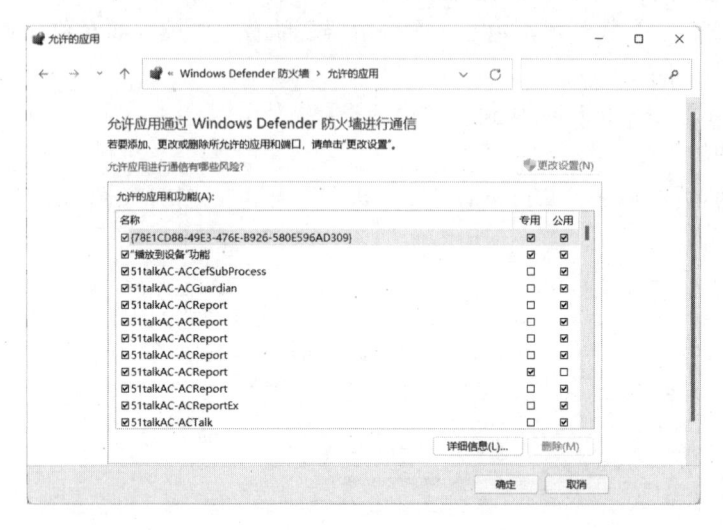

图 3.3　允许某程序通过 Windows Defender 防火墙

如果图 3.3 的列表中没有某程序,则可以单击"允许运行另一程序"按钮,增加需要的程序运行规则。

3.2.4　构建安全的网络环境

个人计算机信息安全策略如下。

(1)安装杀毒软件,并及时更新。

检查和清除计算机病毒的一种有效方法是使用各种防治计算机病毒的软件,在我国市场上比较流行的杀毒软件有瑞星、金山毒霸、诺顿、卡巴斯基等。

(2)分类设置密码并使密码尽可能复杂。

在不同场合使用不同的密码,如网上银行、电子邮件等设置不同的密码,设置密码时要尽量避免使用有意义的英文单词、姓名缩写、生日、电话号码等容易泄露的字符作为密码,最好采用字符与数字混合的密码,并定期更换密码。

(3)不打开来源不明的邮件及附件。

对于电子邮件中的文档附件,可以先保存到本地磁盘,用杀毒软件检查无毒之后再打开。对于扩展名为.com、.exe 等的文件,不认识的文件,或者带有脚本的文件,如扩展名为.vbs、.shs 等的文件,一定不要直接打开,可以删除包含这些附件的电子邮件,以保证计算机系统不受计算机病毒的侵害。

(4)不下载来源不明的程序及软件。

下载软件到正规的软件下载网站,避免遭到计算机病毒的侵扰。将下载的软件及程序集中放在非引导分区的某个目录,在使用前最好用杀毒软件查杀病毒。有一些软件中可能携带"流氓"插件,在安装过程中一定要仔细查看安装选项,了解软件发布者是否捆绑了其他软件。

(5)防范间谍软件。

间谍软件是一种能够在用户不知情的情况下偷偷安装,并悄悄把截获的信息发送给第三者的软件。间谍软件的主要用途是跟踪用户的上网习惯，或者记录用户的键盘操作，捕捉并传送屏幕图像，一般与其他程序捆绑在一起安装，且用户很难发现，一旦间谍软件进入计算机系统，将很难彻底清除。

（6）关闭文件共享。

在不需要共享文件时，不要设置文件夹共享，如果确实需要共享文件夹，则要将文件夹设置为只读，而且共享设定"访问类型"时不要选择"完全"选项，因为完全共享会导致共享该文件夹的人员都可以对所有内容进行修改或者删除。

（7）定期备份重要数据。

为了避免由于计算机病毒破坏、黑客入侵、人为误操作、人为恶意破坏、系统不稳定、存储介质损坏等原因，造成重要数据丢失，可以将数据保存在存储设备上进行备份。通常要备份的数据包括文档、电子邮件、收藏夹、聊天记录、驱动程序等。

（8）修改计算机安全的相关设置。

还可以修改计算机安全的相关设置，如管理系统账户、创建密码、权限管理、禁用 Guest 账户、禁用远程功能、关闭不需要的服务、修改 IE 浏览器的相关设置等。

【同步训练 3-7】下列属于"计算机安全设置"的是（　　）。

A．定期备份重要数据　　　　　　B．不下载来路不明的软件及程序
C．禁用 Guest 账号　　　　　　　D．安装杀（防）毒软件

3.3 社会责任

3.3.1 信息伦理概述

信息伦理是指涉及信息开发、信息传播、信息管理和利用等方面的伦理要求、伦理准则、伦理规约，以及在此基础上形成的新型的伦理关系。信息伦理又称信息道德，它是调整人们之间以及个人和社会之间信息关系的行为规范的总和。

信息伦理对每个社会成员的道德规范要求是相似的，在信息交往自由的同时，每个人都必须承担同等的伦理道德责任，共同维护信息伦理秩序，这也对我们今后形成良好的职业行为规范有积极的影响。

1986 年，美国管理信息科学专家梅森提出信息时代有 4 个主要伦理议题，即信息隐私权、信息准确性权利、信息产权、信息资源存取权，通常被称为 PAPA 议题。

（1）信息隐私权即依法享有的自主决定的权利及不被干扰的权利。

（2）信息准确性权利即享有拥有准确信息的权利，要求信息提供者提供准确的信息。

（3）信息产权即信息生产者享有自己所生产和开发的信息产品的所有权。

（4）信息资源存取权即享有获取所应该获取的信息的权利。

20 世纪 90 年代，信息伦理学这一概念在国外出现，信息社会的伦理问题，特别是网络环境下的信息伦理问题受到全球的关注。信息伦理问题主要有以下几类。

（1）信息真伪难以辨别问题：是指信息经过加工处理后其内容的真伪性难以辨别。信息加工过程中，在保持一定信息量的基础上，将信息从某种形式变换为其他形式。为了满足用户需求，信息加工过程改变了信息量的多少，信息内容会有所变化。信息流一般是杂乱无章的，为

了使信息流变得有序通常进行信息加工。当前网络中仍然存在许多虚假错误信息、不良网站引导信息以及谣言等，这都是信息真伪难辨的体现形式。

（2）信息传播延迟问题：是指信息管理者对信息进行加工后向用户传递不及时的问题。信息一般是具有时效性的，如果信息传递不及时导致信息时效性丧失，信息将失去传递的价值和意义，也就是说，信息的价值量与其时效性之间是正相关的关系。用户掌握最新、最全面的信息，有利于提升其所做决策的科学性，能够保证社会稳定及保障个人生命、财产安全。在 2021 年 5 月 21 日，云南大理市荡漾濞县连续发生 5.6 级和 6.4 级地震，中国地震网通过地震预警提前 74～83s 向昆明居民发出地震预警。诸如此类自然灾害预警信息的时效性极其重要，只有保障其时效性才能更好地避免悲剧发生，将人员及财产损失降到最低。

（3）信息存储安全问题：是指为了后续再利用信息将信息以合适的手段进行留存，在此过程中可能遭遇病毒侵害、黑客攻击等破坏信息的事件。从 2016 年至今，勒索病毒一直是对计算机安全不可忽视的威胁，它是一种新型计算机病毒，主要以邮件、程序木马、网页挂马的形式进行传播。企业计算机如果有一台中了勒索病毒程序，将造成该计算机被勒索病毒控制，文件被破坏，企业局域网中的计算机迅速被传播而感染，公司网络瘫痪，部分大型企业的应用系统和数据库文件被加密后无法正常工作，影响巨大。

【同步训练 3-8】信息伦理指人们在从事信息活动时所展现的（　　）。
A．伦理道德　　　　　B．专业素养　　　　　C．综合素质　　　　　D．认识水平

3.3.2　与信息伦理相关的法律法规

在信息领域，仅仅依靠信息伦理并不能完全解决问题，还需要强有力的法律做支撑。因此，与信息伦理相关的法律法规就显得十分重要。有关的法律法规与国家强制力的威慑，在信息领域不仅可以有效地打击造成严重后果的行为者，还可以为信息伦理的顺利实施构建一个较好的外部环境。

当前从整个世界范围来看，网络安全威胁不断增加，信息安全问题日益突出。网络黑客、互联网诈骗、侵犯个人隐私等让很多人"中招"。互联网上的不道德信息可以归纳为以下 5 种类型：

（1）色情信息。色情信息对普通人特别是未成年人的身心健康有毒害作用。

（2）诈骗信息。常见的诈骗信息包括购物诈骗、中奖诈骗、冒充他人诈骗、商业投资诈骗及网上交友诈骗等。

（3）恐怖信息。恐怖信息是指利用互联网编造的爆炸威胁、生物威胁、放射威胁等恐怖信息。

（4）垃圾信息。垃圾信息是指那些为数众多而又没有什么价值的信息。

（5）隐私信息。隐私信息是指未经他人允许而披露的有关他人隐私的信息。

信息化的深入发展使包括人们身份信息和行为信息在内的各类信息变得更透明、更对称、更完整，大大提升了对悖德行为乃至违法犯罪行为的防控、识别、监督、追究与惩处能力。例如，居民身份证存储着居民个人信息并实现全国联网，入住酒店、乘坐交通工具、购置房产以及其他一些有必要知晓行为人身份的行为或业务往来，都要求提供身份证明；政府部门借助发达的网络和信息传递技术，广泛而及时地向人们公布、推送失信人或其他违法犯罪分子的相关信息；重要公共场所安装高清摄像头，有的场所则配置更为先进的人脸识别设备。这使得悖德

行为者及违法犯罪分子处于无所不在的监控之下而无处遁形,促使人们更审慎地权衡利弊并尽可能地减少、规避失信行为或其他违法犯罪行为,有效维护、巩固和增进以诚信为基础的主流伦理道德。

我国惩治信息安全犯罪的现行主要法律有《中华人民共和国刑法》《全国人民代表大会常务委员会关于维护互联网安全的决定》《中华人民共和国网络安全法》等。2021年11月1日起,《中华人民共和国信息保护法》正式实施,其中明确:①通过自动化决策方式向个人进行信息推送、商业营销应提供不针对其个人特征的选项或提供便捷的拒绝方式;②处理生物识别、医疗健康、金融账户、行踪轨迹等敏感个人信息,应取得个人的单独同意;③对违法处理个人信息的应用程序,责令暂停或者终止提供服务。《中华人民共和国信息保护法》连同已经实施的《数据安全法》《网络安全法》,三者共同构成了我国在网络安全和数据保护方面的法律"三驾马车"。

2019年1月1日起,《中华人民共和国电子商务法》正式施行。电子商务法是调整我国境内通过互联网等信息网络销售商品或提供服务等经营活动的专门法,为电子商务发展提供了法治保障。到目前为止,《中华人民共和国民法典》《计算机信息网络国际联网管理暂行规定实施办法》《传染病防治法》等都对个人信息保护进行了规定,这对于个人信息的保护发挥了重要作用。

作为新一代大学生,应该做到自觉遵守以上法律法规,工作和生活中能够用法律保护自己,同时为维护信息社会的和谐秩序出一份力。

3.3.3 信息社会中人的社会责任

信息社会是指随着信息科技的发展和应用,人类迈入的新型技术社会形态。在信息社会中,虚拟空间与现实空间并存,人们在虚拟实践、交往的基础上,发展出了新型的社会经济形态、生活方式以及行为关系。信息社会责任是指信息社会中的个体在文化修养、道德规范和行为自律等方面应尽的责任。每个信息社会成员都需要明确其身上的信息社会责任。

1. 遵守信息相关法律,维持信息社会秩序

法律是最重要的行为规范系统,信息相关法律凭借国家强制力,对信息行为起强制性调控作用,进而维持信息社会秩序,具体包括规范信息行为、保护信息权利、调整信息关系、稳定信息秩序。

2017年6月,我国开始实施的《中华人民共和国网络安全法》是为了保障网络安全,维护网络空间主权和国家安全、社会公共利益,保护公民、法人和其他组织的合法权益,促进经济社会信息化健康发展而制定的法律。其中的第十二条明文规定:任何个人和组织使用网络应当遵守宪法法律,遵守公共秩序,尊重社会公德,不得危害网络安全,不得利用网络从事危害国家安全、荣誉和利益,煽动颠覆国家政权、推翻社会主义制度,煽动分裂国家、破坏国家统一,宣扬恐怖主义、极端主义,宣扬民族仇恨、民族歧视,传播暴力、淫秽色情信息,编造、传播虚假信息扰乱经济秩序和社会秩序,以及侵害他人名誉、隐私、知识产权和其他合法权益等活动。

2. 尊重信息相关道德伦理,恪守信息社会行为规范

法律是社会发展不可缺少的强制手段,但是信息相关法律能够规范的信息活动范围有限,对于高速发展的信息社会环境而言,每个人提高自身素质,进行自我约束必不可少,只有每个人都约束好自己,网络环境才能清明。

3. 杜绝对国家、社会和他人的直接或间接危害

在互联网上每个网民都可以到不同的站点用匿名的方式发表自己的思想、主张，其中不文明用语屡见不鲜，各种无视事实的"网络喷子"层出不穷，导致网络空间"乌烟瘴气"。此外，一则信息可能在短短几分钟内传播至数千乃至上万人。如果信息不实，可能会误导网民；即使信息本身是真实的，网上批评和非议也很可能形成网络暴力，造成对当事人的过度审判。

当面对未知、疑惑或者两难局面时，扬善避恶是最基本的出发点，其中的"避恶"更为重要。每个网民都要从自身做起，如同在真实世界中一样，做事前要审慎思考，杜绝对国家、社会和他人的直接或间接危害。

4. 关注信息科技革命带来的环境变化与人文挑战

随着现代科学技术的发展，人们所关注的道德对象逐渐演化为人与自然、人与操作对象、人与他人、人与社会及人与自我五个方面。还可进一步细分为人与信息、人与信息技术（媒体、计算机、网络等）等复杂的关系。

信息科技革命所带来的环境变化与人文挑战已在我们身边悄然发生，也已受到越来越多的关注。信息科技的发展是以推动社会进步为目的的。如何在变革中保留文化传承，并持续发扬光大，进而维护人、信息、社会和自然的和谐，是每个信息社会成员需要思考的问题。

【同步训练3-9】在信息化社会，下列（　　）不能保护我们自己的个人隐私。
A．自己的任何证件绝不外借　　　B．参与用微信或支付宝扫码就领取相关礼品的活动
C．不随意留个人电话和真实姓名　D．及时涂抹快递的签名

课后训练

选择题

1．"Information Literacy"一般翻译为（　　）。
　A．信息检索　　　B．信息素养　　　C．信息安全　　　D．信息评价

2．在Internet中实现信息浏览查询服务的是（　　）。
　A．DNS　　　　　B．FTP　　　　　C．WWW　　　　D．ADSL

3．下列（　　）不是计算机病毒预防的方法。
　A．及时更新系统补丁　　　　　　B．定期升级杀毒软件
　C．开启Windows 7防火墙　　　　D．清理磁盘碎片

4．为了保证公司网络的安全运行，预防计算机病毒的破坏，可以在计算机上采用以下哪种方法？（　　）
　A．磁盘扫描　　　　　　　　　　B．安装浏览器加载项
　C．开启防病毒软件　　　　　　　D．修改注册表

5．计算机病毒是指"能够侵入计算机系统并在计算机系统中潜伏、传播、破坏系统正常工作的一种具有繁殖能力的（　　）"。
　A．特殊程序　　　B．源程序　　　　C．特殊微生物　　D．流行性感冒病毒

6．计算机染上病毒后可能出现的现象为（　　）。
　A．系统出现异常启动或者经常死机

B．程序或数据突然丢失

C．磁盘空间突然变小

D．以上都是

7．（　　）是指在信息的生产、存储、获取、传播和利用等信息活动各个环节中，用来规范相关主体之间相互关系的法律关系和道德规范的总称。

  A．信息知识 B．信息能力 C．信息意识 D．信息伦理

8．（　　）是指人类对信息需求的自我意识，是人类在信息活动中产生的认识、观念和需求的总和。

  A．信息知识 B．信息能力 C．信息意识 D．信息伦理

9．大学的舍友在微信上给你发了一条消息，告诉你他最近在玩一个App，在上面直接充值，然后有专业的人员帮忙管理，一个月赚了10000元，找你一起赚钱，（　　）。

  A．我会联系App的客服，问他们如何操作，如果合理的话我才会做

  B．我会上网查查这个App的情况，看看是否正规，正规的话我才会投资

  C．我会看和他的关系，如果关系比较好，那么我会相信

  D．我会先用小额的钱进行尝试，有回报的话，我才会继续充值

10．保障信息安全最基本、最核心的技术是（　　）。

  A．信息加密技术   B．信息确认技术

  C．网络控制技术   D．反病毒技术

第 4 章

Word 2019 处理电子文档

4.1 认识办公家族和 Office 2019

认识办公家族和 Office 2019

4.1.1 认识办公家族

办公软件的应用范围非常广泛，大到社会统计，小到会议记录，都离不开办公软件，随着版本不断升级，办公软件向着操作简单化、功能细致化方向发展。办公软件我们以 Office 为主。Microsoft Office、WPS 等都是我们日常工作、生活中所接触的办公软件。

1. Microsoft Office 系列

Microsoft Office 系列办公软件由 Word、Excel、PowerPoint、Access、Outlook、OneNote、Publisher、OneDrive 等组件构成。Office 自 1993 年 8 月诞生以来经历了多个版本的发展，在程序功能、界面观感和用户体验上都有非常大的提高。在最新版本 Office 2019 中，亮眼细节增多，例如，切换工具栏标签页时出现过渡动画，Word 迎来全新阅读模式，Excel 新增多组函数及 PPT 支持涂鸦等。

2. 金山 WPS 系列

WPS（Word Processing System），是金山软件股份有限公司自主研发的一款办公套装软件，可以实现办公软件常用的文字、表格、演示等多种功能。最新版本是 WPS Office 2019，它具有内存占用低、运行速度快、体积小巧、强大插件平台支持、免费提供海量在线存储空间及文档模板、支持阅读和输出 PDF 文件、全面兼容 Microsoft Office 格式（doc/docx/xls/xlsx/ppt/pptx等）特点。WPS Office 支持桌面和移动办公，可以运行在 Windows、Linux、Android、iOS 等平台上。

3. 永中集成 Office 系列

永中集成 Office 是由永中科技有限公司出品的一款办公套装软件，永中集成 Office 开创性地在一套标准的用户界面下集成了文字处理、电子表格和简报制作三大应用，各应用具有统一的标准用户界面,并且产生的数据都保存在一个相同格式的文件中,可以在 Windows、Linux 和 Mac OS 等多个不同操作系统上运行。在使用过程中,用户可以轻松切换应用,统一管理数据,比传统的 Office 各办公软件更为方便、高效。

4.1.2　Microsoft Office 2019 简介

Microsoft Office 2019 是由 Microsoft 公司针对 Windows 10 环境推出的新一代办公软件,Office 2019 包含多个应用组件,下面对常见的组件进行介绍。

1. Word 2019

Word 2019 是文档编辑工具,使用 Word 2019 可以完成学术论文、项目报告、工作总结的撰写和图书封面设计等工作,Word 2019 强大的文档编辑功能极大地方便了我们的工作和生活。

2. Excel 2019

Excel 2019 是数据处理应用程序,主要用于执行计算、分析信息以及可视化电子表格中的数据等。使用 Excel 2019 进行数据管理和分析已经成为人们当前学习和工作的必备技能。

3. PowerPoint 2019

PowerPoint 2019 是幻灯片制作程序,主要用于制作和放映演示文稿,广泛应用于教学、演讲、报告、产品演示等工作场合,在展示所要讲解的内容方面,应用演示文稿可以更有效地进行表达和交流。

4. Access 2019

Access 2019 是数据库管理系统,主要用于创建数据库和程序来跟踪与管理信息。使用 Access 2019 可以迅速开始跟踪信息,轻松创建有意义的报告,更安全地使用 Web 共享信息。

5. Outlook 2019

Outlook 2019 是电子邮件客户端,主要用于发送和接收电子邮件,记录活动、管理日程、联系人和任务等,使用 Outlook 2019 可以提高用户的工作效率并与个人和商业网络保持联系。

6. OneNote

OneNote 是一套用于自由形式的信息获取以及多用户协作工具。OneNote 常用于笔记本电脑或台式计算机,适合使用触笔、声音或视频在平板电脑上创建笔记。

7. Visio 2019

Visio 2019 是 Office 软件系列中负责绘制流程图和示意图的软件,是一款便于 IT 和商务人员对复杂信息、系统和流程进行可视化处理、分析和交流的软件,通过该软件创建具有专业外观的图表,便于理解、记录和分析信息、数据、系统和过程。

4.1.3　Office 2019 工作界面

在 Office 2019 的工作界面,通过功能区、快速访问工具栏和 Backstage 视图可以轻松查找和使用相关选项和功能。Office 2019 的工作界面如图 4.1 所示。

1. 标题栏

标题栏在该界面的顶端,可显示当前文件的文件名和应用程序名,如"文档 1-Microsoft Word"。在标题栏的右侧有 3 个窗口控制按钮,分别为"最小化"按钮━、"最大化"按钮▫或"还原"按钮▫和"关闭"按钮×。用户还可以在标题栏上右击,打开窗口控制菜单。

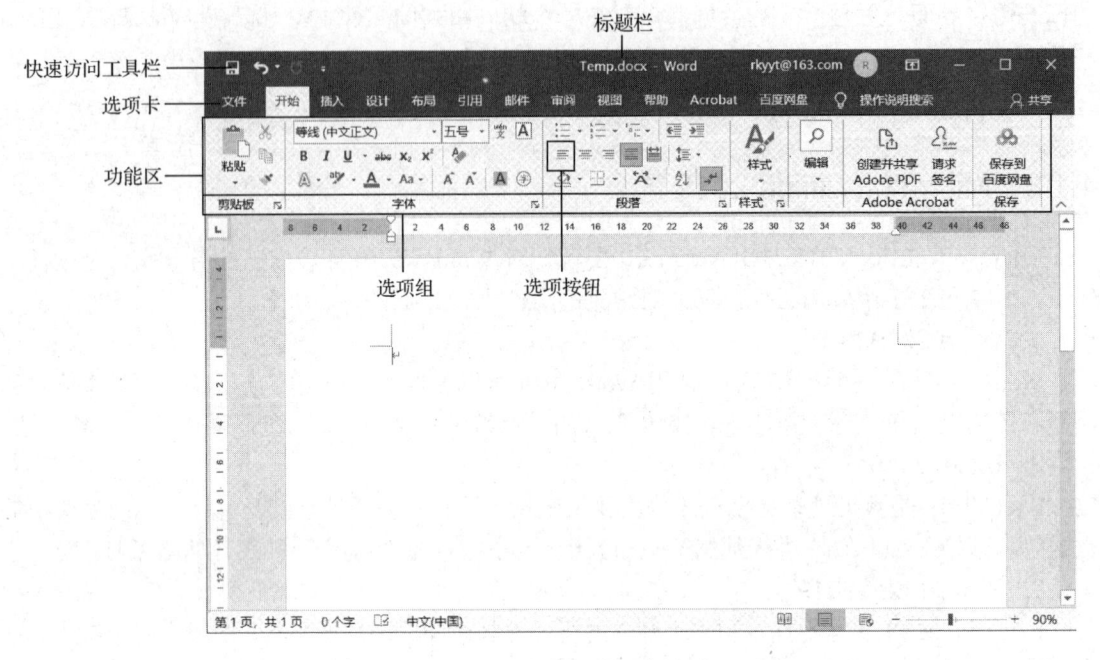

图 4.1　Office 2019 的工作界面

2. 快速访问工具栏

Office 快速访问工具栏位于标题栏左侧，包含一些常用的操作命令按钮，如保存、撤销、恢复等。单击该工具栏右侧的下拉按钮，在弹出的菜单中选中命令项就可以将对应的命令按钮加入快速访问工具栏，取消命令项前的对勾就可以从快速访问工具栏中删除该按钮。Word、Excel 和 PowerPoint 组件的快速访问工具栏如图 4.2 所示。

3. "文件"选项卡与 Backstage 视图

快速访问工具栏的下方就是功能区，单击功能区最左侧的"文件"选项卡可打开 Backstage 视图，Backstage 视图主要用于管理文件和文档信息，如文件的创建、保存、打印、共享和发送、检查文档附带的元数据或个人信息、设置选项等。再次单击"文件"选项卡或按 Esc 键可关闭 Backstage 视图。

4. 选项卡与功能区命令按钮

功能区由各种选项卡和包含在选项卡中的各种命令按钮组成，包含各种操作需要用到的命令。使用时，可以通过单击选项卡名称来选择需要的选项卡。每个选项卡中都包含多个组，例如，"开始"选项卡中包含"剪贴板""字体"组等，每个组中又都包含若干相关命令按钮，如"剪贴板"组中的命令按钮。

如果组的右下角有"对话框启动器"按钮，则单击该按钮可以弹出相关对话框，例如，单击"字体"组右下角的"对话框启动器"按钮，可以弹出"字体"对话框，如图 4.3 所示。

某些选项卡只在需要使用时才显示出来。例如，在文档中插入图片并选择图片后，会出现图片工具"格式"选项卡，如图 4.4 所示。"格式"选项卡包含"调整""图片样式""排列""大小" 4 个组，这些组为插入图片后的操作提供相关命令。

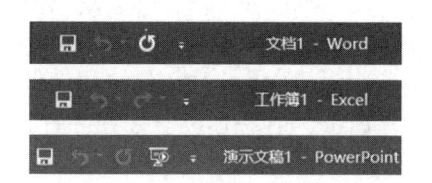

图 4.2　Word、Excel 和 PowerPoint 组件的快速访问工具栏　　　图 4.3　"字体"对话框

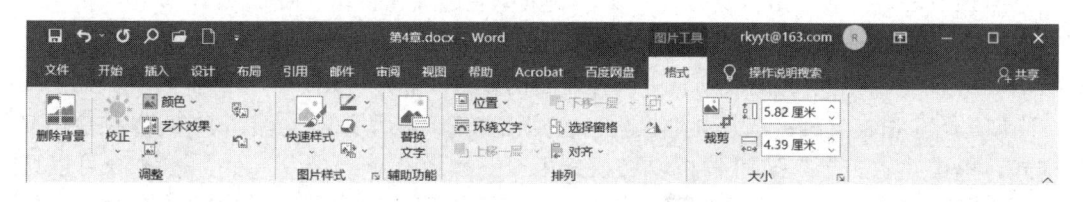

图 4.4　图片工具"格式"选项卡

4.1.4　Office 2019 基本操作

1. Office 2019 的启动和退出

Office 2019 软件的组件很多，它们在启动与退出的操作上基本一致。启动 Office 2019 应用组件时，常用的操作方法有以下 4 种。

方法 1：通过"开始"按钮。单击"开始"按钮，在打开的"开始"菜单中找到对应的 Office 程序，如 Word 程序快捷方式图标并单击。

方法 2：创建桌面快捷方式。需要启动 Microsoft Office 软件时，双击各个组件相对应的桌面快捷方式图标，即可快速启动该软件。如果安装时没有创建桌面快捷方式图标，可以通过单击"开始"按钮，在"开始"菜单中找到相应程序，如 Word 程序，将程序快捷方式图标拖曳到桌面上，即可完成桌面快捷方式图标的设置。

方法 3：通过"运行"命令。在搜索框中输入"Word"或"Excel"或"ppt"，可以启动相应程序。

方法 4：打开已经存在的 Office 文档。双击要打开的 Office 文档的图标。

处理完 Office 文档可以退出 Office 2019，常见的退出方法有以下 4 种。

方法 1：通过"关闭"按钮退出。单击界面右上角的"关闭"按钮。

方法 2：通过"文件"菜单退出。选择"文件"菜单中的"关闭"命令。

方法 3：通过任务栏退出。右击任务栏中 Office 应用程序图标，在弹出的快捷菜单中选择"关闭窗口"命令。

方法 4：使用快捷键"Alt+F4"。

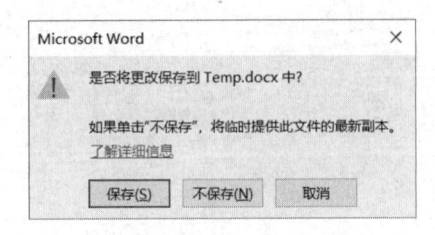

图 4.5　提示保存对话框

关闭 Office 2019 软件时，如果对文档进行了修改，系统会提醒是否保存该文档，在打开的如图 4.5 所示的对话框中单击"保存"按钮，保存当前文档后退出；单击"不保存"按钮，不保存当前文档后退出；单击"取消"按钮，取消要退出的操作。

2．Office 文件的创建、打开、保存和关闭

使用任何一个 Office 组件都要从 Office 的基本操作开始，如新建、打开、保存、关闭等。下面以 Word 组件为例，介绍 Office 2019 的基本操作。

（1）文档的创建。

启动 Word 后，系统自动创建一个名为"文档 1"的空白 Word 文档。如果要再创建一个或多个文档，方法如下。

方法 1：在打开的 Word 中选择"文件"菜单中的"新建"命令。

方法 2：按"Alt+F"组合键打开"文件"菜单，选择"新建"命令。

方法 3：使用快捷键"Ctrl+N"。

可以在如图 4.6 所示的模板列表中选择合适的模板，新建文档，如果选择"空白文档"选项，则创建一个空白文档；选择其他模板，会弹出如图 4.7 所示的预览窗口，可以预览当前模板样式，单击"上一个"按钮←可以切换到上一个模板，单击"下一个"按钮→可以切换到下一个模板，单击"创建"按钮即可下载该模板，下载完成后，将创建一个应用该模板的文档。

创建"文档 1"后，对新建的文档 Word 将依次命名为"文档 2""文档 3"……每个新建文档都对应一个独立的文档窗口。

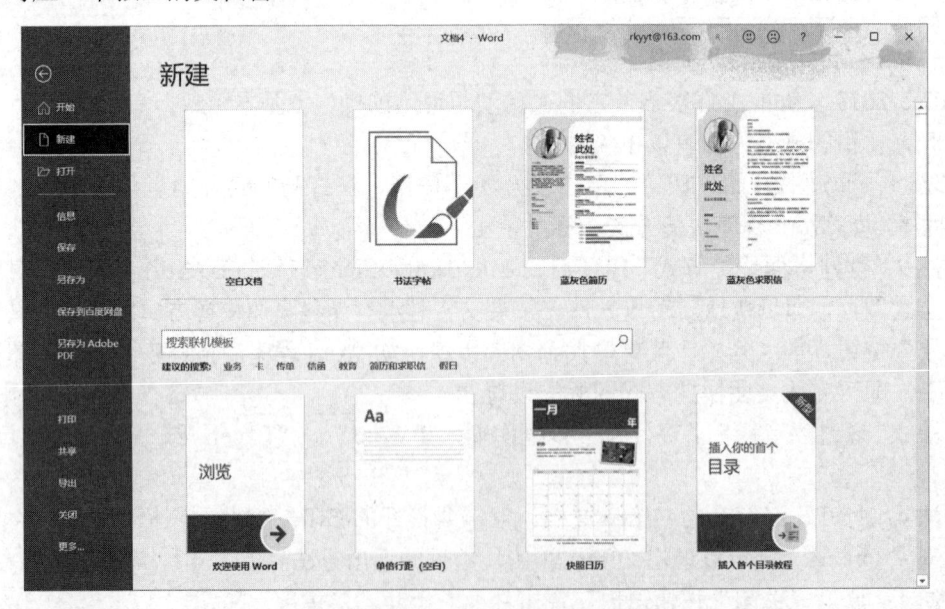

图 4.6　模板列表

（2）文档的打开。

要编辑以前保存过的文档，需要先在 Word 中打开文档，方法如下。

方法 1：选择"文件"选项卡，在 Backstage 视图中选择"打开"命令。

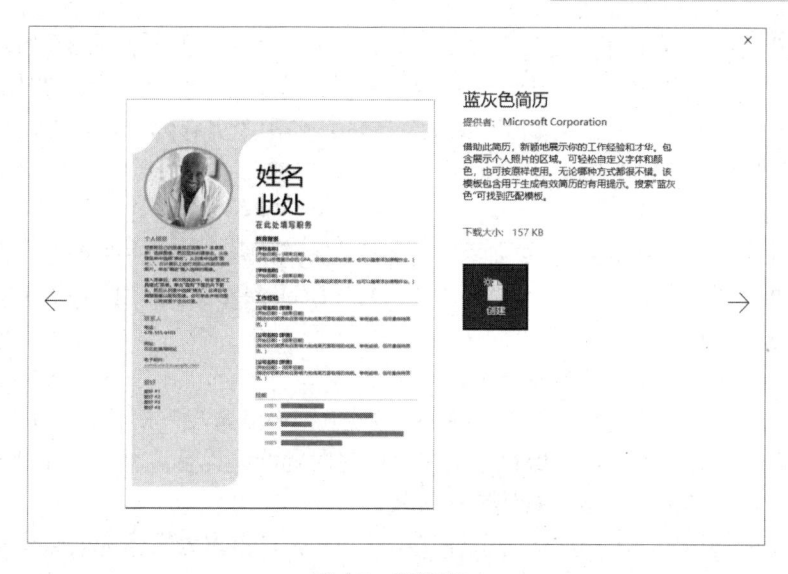

图 4.7　预览窗口

方法 2：在快速访问工具栏中单击"打开"按钮。

方法 3：使用快捷键"Ctrl+O"。

使用以上方法都可以出现"打开"的 Backstage 视图，如图 4.8 所示，在右侧的列表中选择最近使用的文档即可打开最近使用的文档。也可在右侧的列表中选择"浏览"选项，在弹出的"打开"对话框中定位要打开的文档路径，双击需要打开的文档或者选择需要打开的文档后单击"打开"按钮。

图 4.8　"打开"的 Backstage 视图

（3）文档的保存。

在退出 Word 之前，要将已经输入或修改的文档进行保存。保存文档的方法如下。

方法 1：单击快速访问工具栏中的"保存"按钮。

方法 2：在"文件"菜单中选择"保存"或"另存为"命令。

方法 3：使用快捷键"Ctrl+S"。

对于一个新建的文件，第一次保存时，以上 3 种方法都可以打开如图 4.9 所示的"保存此文件"对话框，在"选择位置"列表框中选择文档要保存的位置，或选择"其他位置"，在打开的"另存为"Backstage 视图中选择"浏览"选项，弹出"另存为"对话框，选择文件保存的路径，在"文件名"文本框中输入文档名，在"保存类型"下拉列表中选择文档的保存类型，单击"保存"按钮。

对于一个保存过的文件需要再次保存时，选择"保存"命令，会直接保存文件并覆盖原来保存的文件；选择"另存为"命令，出现"另存为"Backstage 视图，此时需要对其进行重命名，或者重新选择保存路径。

设置文档自动保存的操作步骤如下。

（1）在"文件"菜单中选择"选项"命令，弹出"Word 选项"对话框，如图 4.10 所示。

（2）在"保存"选项中勾选"保存自动恢复信息时间间隔"复选框，并在"分钟"框中设置具体的时间间隔，单击"确定"按钮完成设置。

在文档编辑的过程中，应养成随时保存文档的习惯，以免因为操作失误或计算机故障等造成数据丢失。

图 4.9 "保存此文件"对话框　　　　图 4.10 "Word 选项"对话框

Word 文件一般保存类型为 Word 文档，也可以选择其他要保存的文件类型，如 Word97-2003 文档（扩展名为.doc）、PDF 文件（扩展名为.pdf）、Word 模板（扩展名为.dotx、.dotm 或.dot）、网页（扩展名为.htm 或.html）等。

PDF 格式是 Adobe 公司定义的电子印刷品文件格式，在 Internet 上的很多电子印刷品都采用 PDF 格式。PDF 格式的最大优点是能保存任何源文档的所有字体、格式、颜色和图形，而不管创建该文档所使用的应用程序和平台，但是不能编辑修改。

（4）文档的关闭。

对于暂时不进行编辑的文档，可以将其关闭。常用的关闭文档的方法如下。

方法 1：在"文件"菜单中选择"关闭"命令。

方法 2：单击 Word 应用程序标题栏右上角的 ✖ 按钮。

方法 3：在控制菜单中选择"关闭"命令。
方法 4：双击标题栏左上角的控制图标。
方法 5：使用快捷键"Alt+F4"或"Ctrl+W"。

4.1.5 使用帮助文档

帮助文档可以帮助用户实现对文档的各种编辑操作。打开 Office 2019 中各组件的帮助文档的方法如下。

方法 1：在操作说明搜索窗口的 [操作说明搜索] 中输入内容，然后按 Enter 键即可获得帮助内容，如图 4.11 所示。

方法 2：选择"文件"选项卡，在打开的 Backstage 视图中单击右上角的"Microsoft Word/Excel/Power Point 帮助"按钮 [?]。

方法 3：使用快捷键 F1，可以打开"帮助"窗格。

打开"帮助"窗格（见图 4.12）后，通过在搜索框中输入关键字来搜索相关帮助信息。

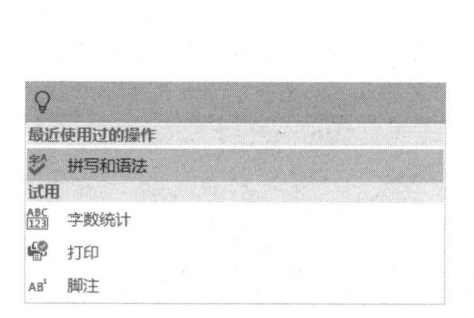

图 4.11　帮助内容　　　　　图 4.12　"帮助"窗格

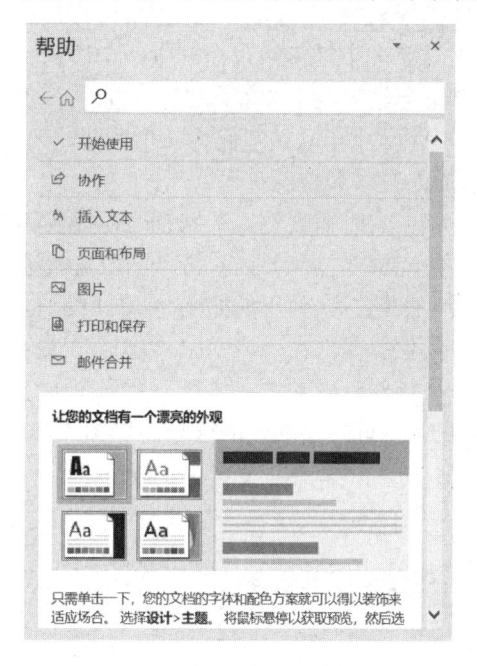

4.2 Word 文档的编辑

Word 文档的编辑

4.2.1 文档内容的输入

创建 Word 文档后，可以输入文字、日期、时间和符号等内容。

1. 输入文本

在 Word 的编辑区中有一条闪动的竖线，称为插入点，用来指出输入的文本在文档中的位

文档内容的输入

置及正在进行编辑的位置。输入文字时，文字会显示在闪烁光标所在的位置。要将插入点移动到理想的位置，可先通过移动光标、水平滚动条和垂直滚动条将所编辑的位置移入编辑窗口内，再在编辑位置上单击鼠标即可。常用的插入点移动快捷键及功能如表 4.1 所示。在输入文字时要注意切换输入法。

表 4.1 常用的插入点移动快捷键及功能

快 捷 键	功 能	快 捷 键	功 能
←	光标左移一个字符	End	光标移至行尾
→	光标右移一个字符	Page Up	光标上移一屏
↑	光标上移一行	Page Down	光标下移一屏
↓	光标下移一行	Ctrl+Home	光标移至文档首
Home	光标移至行首	Ctrl+End	光标移至文档尾

当输入的文字到达一行的最右端时，输入的文本会自动跳转到下一行。如果在未输入完一行时就要换行输入，则可按 Enter 键来进行换行，这样会产生一个段落标记"↵"。按"Shift+Enter"组合键来结束一个段落，也会产生一个段落标记"↓"，虽然此时也能达到换行输入的目的，但这样并不会结束这个段落，实际上前一个段落与后一个段落仍为一个整体，只是换行输入而已，即在 Word 中仍默认它们为一个段落。

2. 插入符号和特殊符号

在文档中有时需要输入特殊符号，如汉语拼音、国际音标、希腊字母等。操作步骤如下。

（1）将光标定位在要插入符号的位置，选择功能区的"插入"选项卡，单击"符号"组中的"符号"按钮，在弹出的如图 4.13 所示的下拉列表中选择符号，如果没有所需要的符号，则选择"其他符号"命令，弹出"符号"对话框。

（2）在该对话框的"字体"下拉列表中选择"Wingdings2"选项（不同字体存放不同的字符集），在下方选择要插入的符号，如图 4.14 所示。

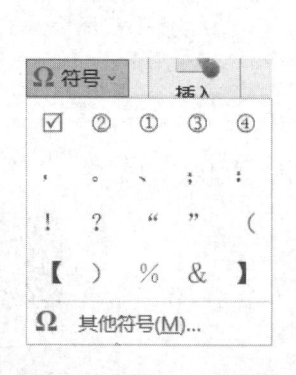

图 4.13 "符号"下拉列表   图 4.14 "符号"对话框

（3）单击"插入"按钮，即可在插入点处插入该符号。

【同步训练 4-1】小许在 Word 中整理了介绍德国主要城市的文档，请在"慕尼黑"后面的括号内添加德文"München"。

步骤 1. 输入"München"中的普通西文字符。

步骤 2．将光标定位在字符"M"之后，打开"符号"对话框。

步骤 3．在"字体"下拉列表中选择"普通文本"，在"子集"下拉列表中选择"拉丁语-1 增补"，找到字母"ü"，单击"插入"按钮即可完成插入。

3．插入日期和时间

日期和时间在文档中经常用到。在文档中插入日期的操作步骤如下。

（1）将光标定位在要插入日期和时间的位置，单击"插入"选项卡的"文本"组中的"日期和时间"按钮，弹出"日期和时间"对话框，如图 4.15 所示。

（2）在该对话框的"可用格式"列表框中根据需要选择相应的格式，单击"确定"按钮，即可在文档编辑区中插入日期和时间。

【同步训练 4-2】小王在制作创新产品展示说明会的邀请函时，需要将文档末尾处的"销售市场部"的下一行插入可以根据邀请函生成时间而自动更新的格式的日期，日期格式显示为"××××年×月×日"。

步骤 1．将光标定位在"销售市场部"的下一行要插入日期的位置，打开"日期和时间"对话框；

步骤 2．在该对话框中将"语言(国家/地区)"设置为"中文(中国)"，在"可用格式"列表框中选择与"××××年×月×日"同样的格式，勾选"自动更新"复选框，单击"确定"按钮。

4．插入公式

通过 Word 2019 提供的公式编辑器可以在文档中插入数学公式。操作步骤如下。

（1）将光标定位在要插入公式的位置，单击"插入"选项卡的"符号"组中的"公式"按钮 π 公式，在弹出的"公式"下拉列表中选择要插入的公式，如图 4.16 所示。

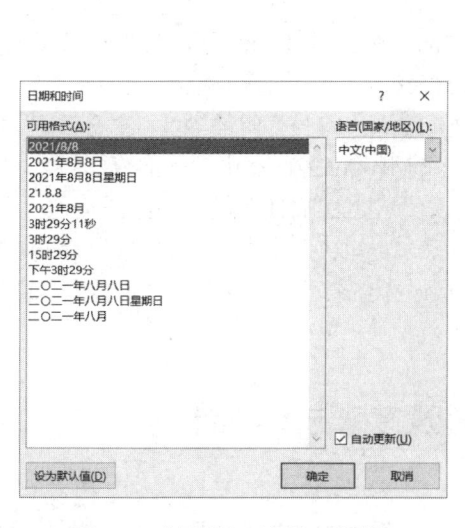

图 4.15 "日期和时间"对话框　　　　图 4.16 "公式"下拉列表

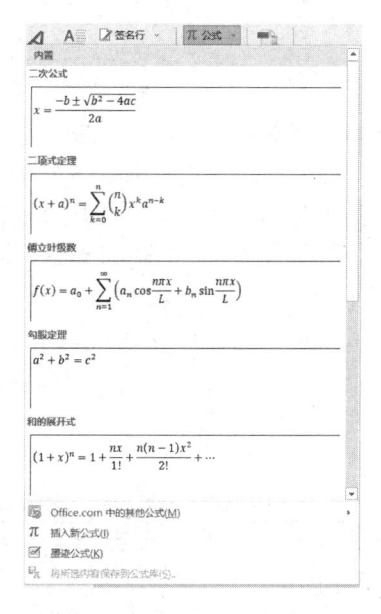

（2）插入公式后，会出现如图 4.17 所示的"公式工具-设计"选项卡，通过该选项卡可对公式进行编辑，如在公式中插入符号，或者利用"结构"组中的模板直接插入公式的模板。

(3)单击公式外的空白位置退出公式编辑状态。

可以在打开的"公式"下拉列表中选择"Office.com 中的其他公式"选项,然后从子列表中选择合适的公式选项。

也可以在打开的"公式"下拉列表中选择"插入新公式"选项,插入一个"在此处键入公式"窗格,在"公式工具-设计"选项卡中单击"结构"组中的按钮,如"分式"按钮,在下拉列表中选择合适的分式样式,然后将光标定位到虚线框中,输入公式。

图 4.17 "公式工具-设计"选项卡

【同步训练 4-3】老马正在处理一篇稿件,需要在"4.3.1 理论计算公式"下方"给出了类似的理论计算公式:"的下一行以内嵌方式插入公式 $T = \dfrac{F}{2}\left[\dfrac{p}{\pi} + \dfrac{u_1 d_2}{\cos\beta} + D_e\mu_n\right]$。

步骤 1. 将光标定位在需要插入公式的位置,插入新公式,在公式文本框中输入"T="。

步骤 2. 单击"公式工具-公式"选项卡的"结构"组中的"分式"按钮,在下拉列表中选择分式(竖式)模板"▫/▫",选择分母虚线框,输入"2",选择分子虚线框,输入"F"。

步骤 3. 将光标定位在公式水平位置,单击"结构"组的"括号"下拉列表中的方括号"[▫]";选择方括号中的虚线框,按照步骤 2 输入"$\dfrac{p}{\pi}$"。

步骤 4. 将光标定位在 $\dfrac{p}{\pi}$ 后面,输入"+";准备输入"$\dfrac{u_1 d_2}{\cos\beta}$",选择分式(竖式)模板,在分母中输入"结构"组的"函数"下拉列表中的余弦函数"cos▫",在"cos"后面的虚线框中输入"符号"组的"基础数学"列表框中的"β",分子选择"结构"组的"上下标"下拉列表中的下标模板"▫▫",选中左上角虚线框,输入"符号"组的"基础数学"列表框中的"μ",在下标位置输入"1",将光标定位在"μ"的水平位置,使用同样的方法输入"d_2"。

步骤 5. 将光标定位在分式的水平位置,输入"+",然后使用同样的方法输入"$D_e\mu_n$"。

步骤 6. 插入公式后,单击公式控件右侧的"公式选项"下拉按钮,如果下拉列表中有"更改为'显示'"命令,则表示公式为内嵌方式,否则应选择下拉列表中的"更改为'内嵌'"命令,将其改为内嵌方式。

4.2.2 文本的选定、移动、复制、删除及撤销与重复操作

1. 文本的选定

在文档编辑过程中遵循"要对谁进行操作,首先得选中谁"的原则,即要对文档中文本的内容进行设置,首先应选定要处理的内容。可以使用鼠标也可以使用键盘对文本进行选定。利用鼠标选择文本的方法如表 4.2 所示。

文本的选定、移动、复制、删除及撤销与重复操作

表4.2　利用鼠标选择文本的方法

选择内容	方法
任意多的文字	单击要选取的文本起点，拖曳到文本的终点为止
一个词语	双击该词语的任意位置
一个句子	按住 Ctrl 键的同时单击句子中的任意位置
一行文字	单击该行左侧的空白区域（文本选定区）
多行文字	在文本选定区中拖曳
一个段落	双击段落的文本选定区，或者三击该段落的任意位置
整个文档	按住 Ctrl 键的同时单击选择条中的任意位置，或者三击选择条中的任意位置

通过键盘上的 Shift 键或 Ctrl 键与方向键也可以选定相应的文本内容。通过键盘选择文本的方法如表4.3所示。

表4.3　利用键盘选择文本的方法

组合键	选定范围	组合键	选定范围
Shift + ↑	选中上一行同一位置之间的所有字符	Ctrl + Shift + ↑	选定到所在段落的开始处
Shift + ↓	选中下一行同一位置之间的所有字符	Ctrl + Shift + ↓	选定到所在段落的结束处
Shift + →	选定插入点右边的一个字符	Ctrl + Shift + Home	选定到文档的开始处
Shift + ←	选定插入点左边的一个字符	Ctrl + Shift + End	选定到文档的结尾处
Shift + Home	选定到所在行的行首	Ctrl + A	选定整个文档
Shift + End	选定到所在行的行尾		

2. 文本的移动

移动文本就是将文本从原来的位置删除并增加到新位置。常用的移动文本的方法有以下3种。

方法1：使用鼠标左键移动。在文档中选定要移动的文本，当鼠标指针变成箭头时，按住鼠标左键，拖曳鼠标到目的位置后松开鼠标。

方法2：使用鼠标右键移动。

（1）在文档中选定要移动的文本，按住鼠标右键，此时鼠标指针变成形状。

（2）拖曳文本到目的位置后松开鼠标右键，在弹出的快捷菜单中选择"移动到此位置"命令，如图4.18所示。

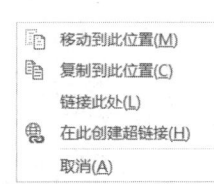

图4.18　快捷菜单

方法3：使用"剪贴板"移动内容。

（1）选定要移动的文本。

（2）单击"开始"选项卡的"剪贴板"组中的"剪切"按钮；或按"Ctrl+X"组合键；或右击，在弹出的快捷菜单中选择"剪切"命令。

（3）将光标移动到目的位置后单击工具栏上的"粘贴"按钮；或按"Ctrl+V"组合键，都可以将"剪贴板"中的内容粘贴到插入点处。

3. 文本的复制

复制文本是将选定内容的备份插入到新位置，其方法和在 Windows 中复制文件（文件夹）的方法相同。具体方法如表4.4所示。

表 4.4 复制文本的方法

右键菜单命令	复　　制	粘　　贴
"开始"选项卡中的按钮	复制	剪切
快捷键	Ctrl+C	Ctrl+V

4. 文本的删除

常用的删除文字的方法有以下 3 种。

方法 1：将光标移动到要删除的文字后面，然后按 Backspace 键。

方法 2：将光标移动到要删除的文字前面，然后按 Delete 键。

方法 3：选中要删除的文字，然后按 Backspace 键或 Delete 键。

5. 撤销与重复操作

在对文档进行编辑时，如果操作有误，则可以选择撤销操作或者重复上一步操作。常用快速访问工具栏中的按钮和快捷键两种方法来实现，如表 4.5 所示。

表 4.5 撤销与重复操作的方法

功　　能	撤销最近的一次操作	重复操作
快速访问工具栏中的按钮	↶	↻
快捷键	Ctrl+Z	Ctrl+Y

4.2.3 文本的查找和替换

在文档中快速找到某特定内容的文本要用到查找的功能，单击"开始"选项卡的"编辑"组中的"查找"按钮，在弹出的如图 4.19 所示的"导航"窗格的文本框中输入要查找的内容，在文档中会自动用高亮颜色显示所有该内容出现的位置，如果单击搜索文本框后面的"搜索更多内容"按钮，则可以在弹出的下拉列表中选择查找的相关命令，如图 4.20 所示，如选择"图形"命令可查看在文档中的图形，也可以通过单击下一个搜索结果和上一个搜索结果来浏览所有结果。

文本的查找和替换

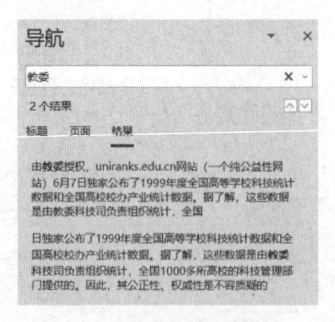

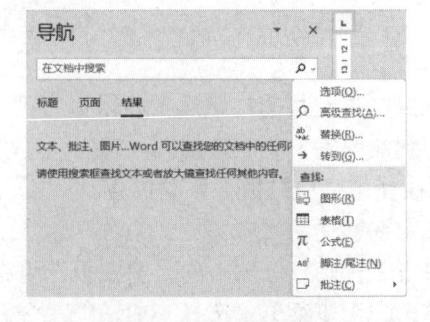

图 4.19 "导航"窗格　　　图 4.20 查找其他选项

Word 的替换功能可以对文档中某些特定内容进行自动查找和替换。操作步骤如下。

（1）单击"开始"选项卡的"编辑"组中的"替换"按钮，弹出"查找和替换"对话框，如图 4.21 所示。

（2）在该对话框的"替换"选项卡的"查找内容"文本框中输入原文档中的文字，在"替换为"文本框中输入替换为的文字。

（3）单击"替换"按钮，将搜索到的第一条记录进行替换，可配合"查找下一处"按钮进行部分文字的替换，也可单击"全部替换"按钮，将文档中所有查找到的内容进行替换。

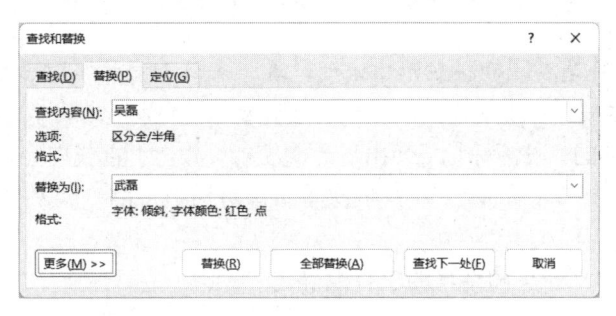

图 4.21 "查找和替换"对话框（1）

【同步训练 4-4】将"因热爱而坚持　为梦想去奋斗"文档中所有"吴磊"替换为"武磊"，并设置为红色、斜体、加着重号。

步骤 1．打开"查找和替换"对话框，并设置查找内容为"吴磊"，替换为"武磊"，单击"更多"按钮，在"替换"下单击"格式"按钮，在下拉列表中选择"字体"命令，弹出如图 4.22 所示的"替换字体"对话框。

步骤 2．在"替换字体"对话框中设置字体颜色、字形、着重号，单击"确定"按钮返回"查找和替换"对话框，如图 4.23 所示。

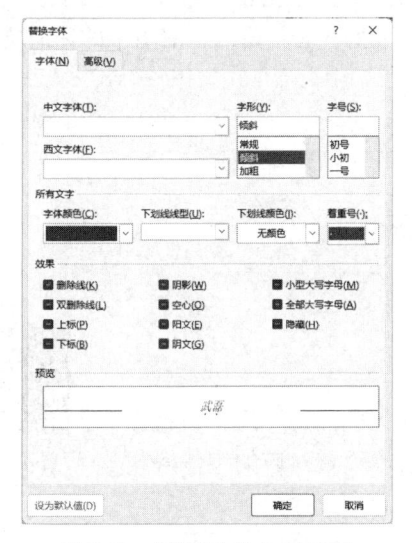

图 4.22 "替换字体"对话框　　　图 4.23 "查找和替换"对话框（2）

步骤 3．单击"全部替换"按钮完成替换。

想一想，如果在"查找和替换"对话框的"替换为"文本框中不输入任何内容，单击"全部替换"按钮，会出现什么结果？

【同步训练 4-5】付老师要制作一份关于 Access 数据库应用基础课程的介绍，需要将文档中的所有手动换行符替换为普通的段落标记，并删除所有空行。

步骤 1．打开"查找和替换"对话框，单击"更多"按钮。

步骤 2．将光标定位在"查找内容"文本框中，单击可打开"特殊格式"下拉列表，选择

"手动换行符"；将光标定位在"替换为"文本框中，单击可打开"特殊格式"下拉列表，选择"段落标记"。

步骤 3．单击"全部替换"按钮完成替换。

操作提示

因为很多特殊字符是不能直接显示出来的，在"查找和替换"对话框的文本框中以"^字母"的形式表示特殊字符，例如，手动换行符表示为^l，段落标记表示为^P。

步骤 4．两个连续的"段落标记"会出现一个空行，设置"查找内容"为两个"段落标记"，设置"替换为"为 1 个"段落标记"，并多次单击该对话框中的"全部替换"按钮，关闭"查找和替换"对话框。

步骤 5．手动将文档开头和结尾的空行删除。

4.2.4 中文简繁转换

如果希望在文档中录入繁体中文，则可以使用 Word 的简繁转换功能。操作步骤如下。

（1）选择需要转换的文本。

（2）切换到"审阅"选项卡，单击"中文简繁转换"组中的"简转繁"按钮即可将简体中文转换为繁体中文。

如果单击"繁转简"按钮，则可以将繁体中文转换为简体中文。

【同步训练 4-6】在创新产品展示说明会中，市场部助理小王需要将邀请函中的所有文字设置为繁体中文格式，以便相关客户阅读。

按照 Word 的简繁转换的操作步骤，同学们可以试一试。

4.3 文档文本和段落格式的设置

4.3.1 设置字体格式

字体格式可以通过"开始"选项卡的"字体"组（见图 4.24）进行设置。先选中要设置的文本，再单击对应的按钮即可为选定文本设置对应的字体格式。

图 4.24 "开始"选项卡的"字体"组

也可以在选中要设置的文本后，单击"字体"组右下角的"对话框启动器"按钮，弹出

"字体"对话框。该对话框有"字体"和"高级"两个选项卡,在"字体"选项卡(见图4.25)中,可对字体进行设置;在"高级"选项卡(见图4.26),可对文本字符间距、字符缩放、字符位置等进行设置。

(1)字符缩放:对文字进行横向拉伸或压缩,可选择或自行输入缩放百分比,如果百分比高于100%则拉伸文本,如果低于100%则压缩文本。

(2)字符间距:调整字符之间的距离,有标准、加宽、紧缩3个选项,然后在右边设置加宽或紧缩的磅值。

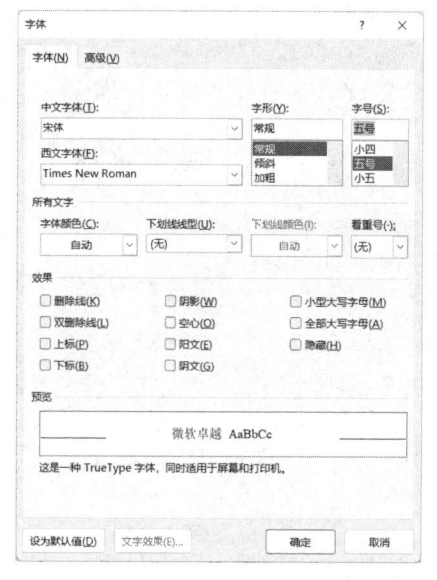

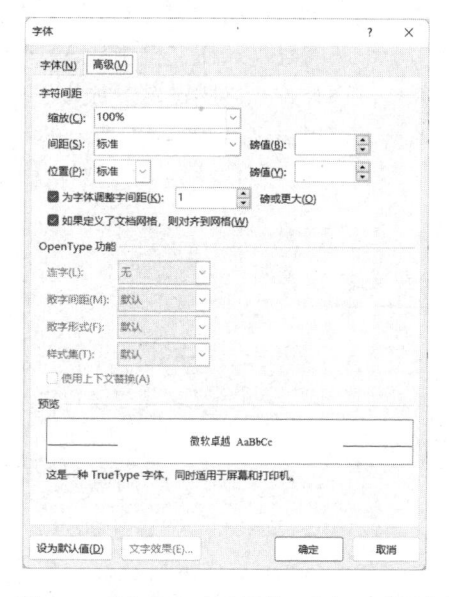

图4.25 "字体"对话框的"字体"选项卡　　图4.26 "字体"对话框的"高级"选项卡

(3)位置:调整文本相对于基准线的位置,有标准、提升、降低3个选项,然后在右边设置提升或降低的磅值。

(4)为字体调整字间距:用于调整两个特定字符或特定字母组合间的距离,以使文字看上去更加美观、匀称。

(5)如果定义了文档网格,则对齐到网格:将字符自动对齐为适应网格设置中所指定的每行字符数(文档网格的设置位于"页面设置"对话框的"文档网格"选项卡)。

【同步训练4-7】企业人力资源部的晓云在整理"员工绩效考核管理办法"时,需要将文中的标题文字"MicroMacro 公司人力资源部文件"的颜色设置为标准红色,字号为32,中文字体为微软雅黑,英文字体为TimesNewRoman,并应用加粗效果。

步骤1.选中标题文字"MicroMacro 公司人力资源部文件",打开"字体"对话框。

步骤2.中文字体选择"微软雅黑",西文字体选择"TimesNewRoman",字体颜色选择"红色",字号选择"32",将字形设置为"加粗",单击"确定"按钮。

【同步训练4-8】书娟要为公司的春节联谊会准备一份请柬,要求将标题"请柬"二字应用任一文本效果,加大字号,改变字体和颜色,字符间距加宽4磅,居中显示;在标题"请柬"二字上方添加带声调的拼音,拼音与汉字在一行中显示。

步骤1.选中"请柬"两个字,在"开始"选项卡的"字体"组的"文本效果"下拉列表中选择任一内置文本效果,修改字体和字体颜色,加大字号,打开"字体"对话框,在"高级"

85

选项卡的"间距"中选择"加宽",在"磅值"中输入"4 磅",单击"确定"按钮。

步骤 2. 保持选中"请柬"二字,单击"段落"组中的"居中"按钮 ≡。

步骤 3. 保持选中"请柬"二字,单击"开始"选项卡的"字体"组中的"拼音指南"按钮,弹出"拼音指南"对话框,保持默认设置,单击"确定"按钮,完成带声调的拼音的添加。

4.3.2 设置段落格式

段落就是以 Enter 键结束的一段文字。在输入文字时,每按一次 Enter 键就会产生一个新的段落,在文档中插入一个硬回车标记↵。设置段落格式就是以一段为单位进行统一格式设置,如设置段落对齐方式、缩进、行间距和段间距等。

段落格式可以通过如图 4.27 所示的"开始"选项卡的"段落"组进行设置。也可以单击"段落"组右下角的"对话框启动器"按钮,在弹出的如图 4.28 所示的"段落"对话框中进行设置。

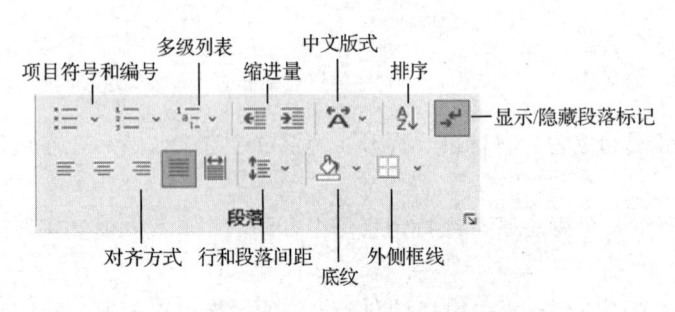

图 4.27 "开始"选项卡的"段落"组

图 4.28 "段落"对话框

1. 设置段落对齐方式

Word 中的段落对齐方式包括左对齐、居中对齐、右对齐、两端对齐(默认对齐方式)和分散对齐,要设置某个段落为某种对齐方式,可以将插入点定位到段落中的任意位置,也可以选中整个段落,然后在"段落"组中单击相应的对齐按钮,如果设置多个段落为一种对齐方式,则先选中所有要设置的段落,再单击相应的按钮进行设置。

2. 设置段落缩进

段落缩进是指段落左右两边文字与页边距之间的距离,包括左缩进、右缩进、首行缩进和悬挂缩进。

【同步训练4-9】将文档中正文第二段(北京时间 4 月 10 日……收获了自己职业生涯的第十个西甲进球。),左右各缩进 2 字符,悬挂缩进 2 字符。

步骤 1. 选中正文第二段,打开"段落"对话框。

步骤 2. 在该对话框的"缩进和间距"选项卡中,在"缩进"组中设置"左侧"和"右侧"都为"2 字符",在"特殊"中选择"悬挂",将"缩进值"设置为"2 字符",如图 4.29 所示。

步骤 3. 单击"确定"按钮完成设置。

3. 设置行间距和段间距

行间距是段内行与行之间的距离,段间距是相邻两段之间的距离。

【同步训练 4-10】在"因热爱而坚持 为梦想去奋斗"文档中设置全文行距为 18 磅,段前为 0.5 行,段后为 0.5 行。

步骤 1. 选中全文,打开"段落"对话框。

步骤 2. 选择"缩进和间距"选项卡,在"间距"组中设置"段前"和"段后"都为"0.5 行",在"行距"中选择"固定值",将"设置值"设置为"18 磅"。

步骤 3. 单击"确定"按钮完成设置。

4. 首字下沉

首字下沉包括下沉和悬挂两种效果。下沉是将某段的第一个字放大并下沉,字符在页边距内,悬挂是字符下沉后在页边距之外。设置首字下沉的操作步骤如下。

(1)将插入点定位在要设置首字下沉的段落中。

(2)单击"插入"选项卡的"文本"组中的"首字下沉"按钮,在下拉列表中选择"下沉"或"悬挂"。

选择"首字下沉选项"命令,可以在弹出的如图 4.30 所示的"首字下沉"对话框中进行更多设置。

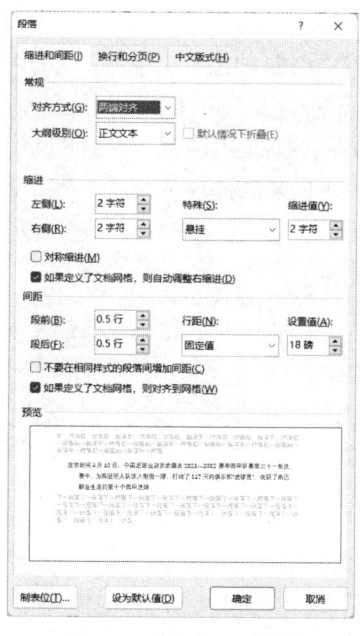

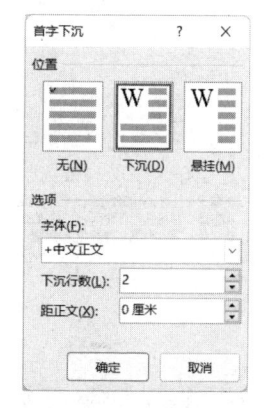

图 4.29 "段落"对话框　　图 4.30 "首字下沉"对话框

【同步训练 4-11】将"因热爱而坚持 为梦想去奋斗"文档中正文第三段的首字"赛"下沉 2 行。

步骤 1. 将插入点定位到正文第三段,打开"首字下沉"对话框。

步骤 2. 选择"插入"选项卡的"文本"组中的"首字下沉"下拉列表中的"首字下沉选项"命令。

步骤 3. 在弹出的"首字下沉"对话框的"位置"组中选择"下沉",设置"下沉行数"为"2",单击"确定"按钮完成设置。

5. 分栏

在默认情况下,Word 文档只有一栏,有时为了缩短过长的字行方便阅读,可将文档分成两栏或多栏。选中要进行分栏的段落,单击"布局"选项卡的"页面设置"组中的"分栏"按钮,在弹出的如图 4.31 所示的"栏"下拉列表中选择分栏效果,如果选择"更多栏"命令,则可在弹出的如图 4.32 所示的"栏"对话框中进行详细设置。

图 4.31 "栏"下拉列表　　　　图 4.32 "栏"对话框

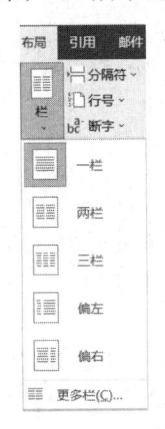

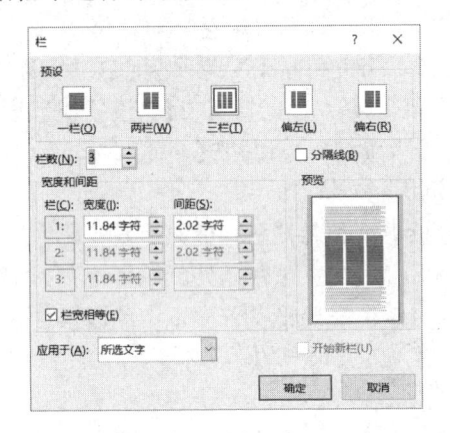

如果希望强制从某段文字处开始新的一栏,而不等一栏排满后再换栏,则需要在这段文字前插入分栏符,操作步骤为单击"布局"选项卡的"页面设置"组中的"分隔符"按钮,在下拉列表中选择"分栏符",如果要取消分栏排版,则在"栏"下拉列表中选择"一栏"即可。

【同步训练 4-12】付老师在制作关于"Access 数据库应用基础"课程的介绍时,需要将标题"课程大纲"下方的段落分为三栏,并在每相邻两栏之间添加分隔线,使得左中右 3 栏分别从标题"Access 概述""查询""报表设计初步"开始。完成效果如图 4.33 所示。

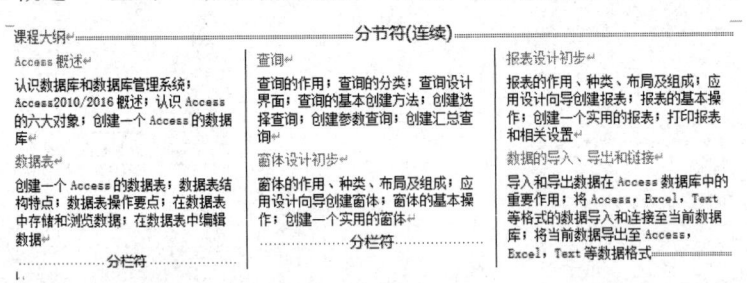

图 4.33 完成效果

步骤 1. 选中"课程大纲"下方的所有内容,打开"栏"对话框,在"预设"组中选择"三栏",勾选"分隔线"复选框,单击"确定"按钮。

步骤 2. 将光标定位在标题文本"查询"之前,单击"布局"选项卡的"页面设置"组中的"分隔符"按钮,在下拉列表中选择"分页符/分栏符",按照同样的方法,在标题"报表设计初步"段落前插入"分栏符"。

6. 段落排序

文档中的各个段落一般是按照输入的先后顺序编排的,Word 还可以通过单击"开始"选项卡的"段落"组中的"排序"按钮,弹出如图 4.34 所示的"排序文字"对话框,按照一定的规则来排列段落的先后顺序。

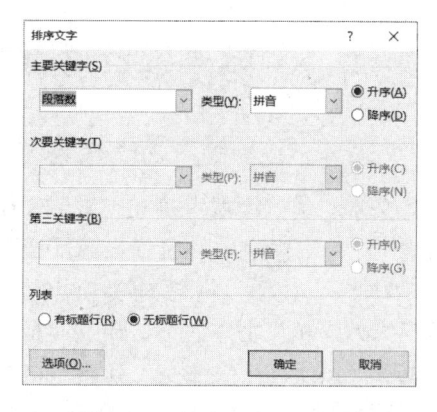

图 4.34 "排序文字"对话框

【同步训练 4-13】小李正在整理一份有关高新技术企业的政策文件,需要将文档后面的附件按 1、2、3 的顺序进行排列。操作前和操作后分别如图 4.35、图 4.36 所示。

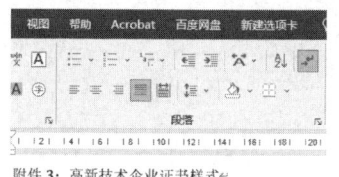

图 4.35 操作前  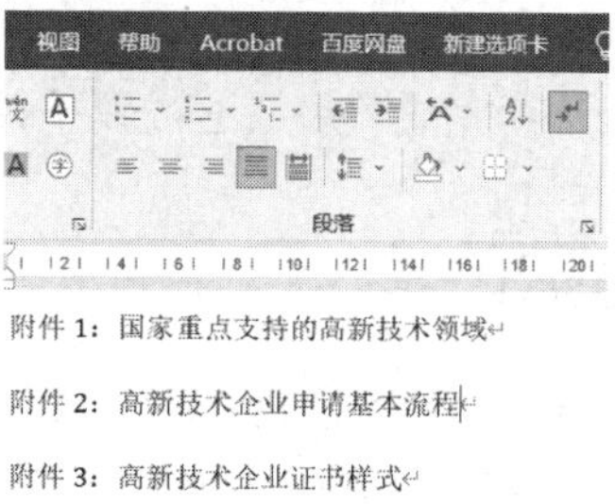　　　　　　　　　　图 4.36 操作后

步骤 1. 选中所有附件内容,打开"排序文字"对话框。

步骤 2. 将"主要关键字"设置为"段落数",将"类型"设置为"拼音",选中"升序"单选按钮,设置完成后,单击"确定"按钮。

7. 中文版式

为了满足特殊的排版要求,Word 提供了双行合一、合并字符和纵横混排的中文版式,方便制作特殊格式的文本。在"开始"选项卡的"段落"组的"中文版式"下拉列表中选择相应的命令即可,如图 4.37 所示。

【同步训练 4-14】晓云要对"员工绩效考核成绩报告 2015 年度"按照以下要求设置标题格式:

(1) 将文字"员工绩效考核成绩报告 2015 年度"的字体修改为微软雅黑,并应用加粗效果,将文字颜色修改为"主红色,个性色 2"。

(2) 在文字"员工绩效考核"后面插入一个竖线符号。

(3) 对文字"成绩报告 2015 年度"应用双行合一的排版格式,将"2015 年度"显示在第 2 行。

(4) 调整上述所有文字的大小,使其合理显示。

完成效果如图 4.38 所示。

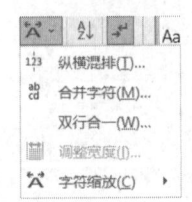

图 4.37 "中文版式"下拉列表 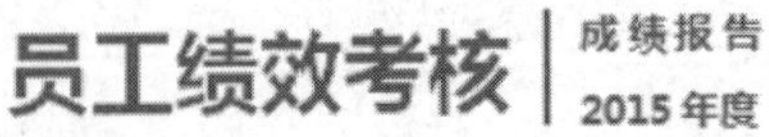　　　　　图 4.38 完成效果

步骤 1．选中文档中的标题文本"员工绩效考核成绩报告 2015 年度",在"开始"选项卡的"字体"组中选择"微软雅黑",单击"字体颜色"按钮,在下拉列表的"主题颜色"中选择"主红色,个性色 2",单击"加粗"按钮,将文本内容设置为加粗效果。

步骤 2．将光标置于"员工绩效考核"文本之后,单击"插入"选项卡的"符号"组中的"符号"按钮,在下拉列表中选择"其他符号"命令,弹出"符号"对话框,在"字体"中选择"普通文本",在"子集"中选择"制表符",在下方的符号集中选中"竖线",单击"插入"按钮,即可在文档中插入一个"竖线"符号。

步骤 3．选中竖线对象右侧的文本"成绩报告 2015 年度",单击"开始"选项卡的"段落"组中的"中文版式"按钮,在下拉列表中选择"双行合一"命令,弹出"双行合一"对话框,直接单击"确定"按钮。

步骤 4．参考完成效果,适当调整标题文字的大小。

4.3.3　边框和底纹

在 Word 中,对边框和底纹进行设置时,首先得搞清楚是为文字还是为段落而设置。"开始"选项卡的"字体"组中的"字符边框"按钮 A 或"字符底纹"按钮 A 可以为文字设置相应的边框和底纹效果。

边框和底纹

1．为文字和段落添加边框

为文字或段落添加边框的操作步骤如下。

(1)选中要设置边框的文字或段落。

(2)单击"开始"选项卡的"段落"组中边框右侧的下拉按钮,在下拉列表中选择"边框和底纹"命令,弹出"边框和底纹"对话框,如图 4.39 所示。

(3)在"边框"选项卡的"样式"列表中选择边框样式,在"颜色"下拉列表中选择边框颜色,在"宽度"下拉列表中选择边框的宽度,然后在右侧的"预览"中单击所需设置的边框(上边框、下边框、左边框、右边框)按钮,最后(很重要)在"应用于"下拉列表中选择"文字"或"段落"。

(4)单击"确定"按钮。

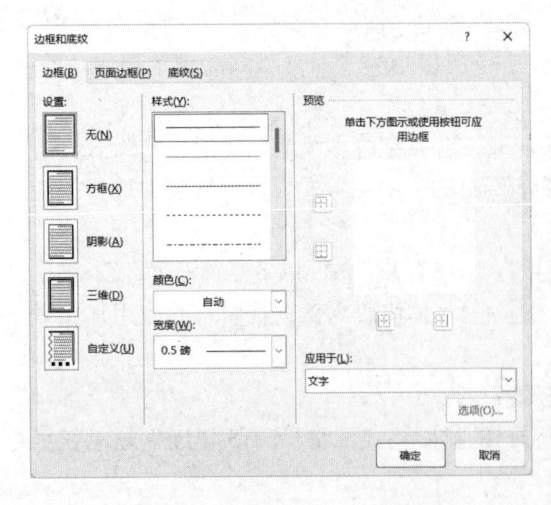

图 4.39 "边框和底纹"对话框

2．为文字和段落添加底纹

为文字或段落添加底纹的操作步骤如下。

（1）选中要添加底纹的文字或段落后，打开"边框和底纹"对话框，选择"底纹"选项卡，如图 4.40 所示。

（2）在"填充"下拉列表中选择一种底纹颜色，如果需要花纹，则在"图案"中选择花纹的样式和颜色，然后（很重要）在"应用于"下拉列表中选择"文字"或"段落"。

（3）单击"确定"按钮。

3．为页面设置边框

在"边框和底纹"对话框的"页面边框"选项卡（见图 4.41）中可以为整个文档添加边框，也可以通过单击"页面布局"选项卡的"页面背景"组中的"页面边框"按钮，弹出"边框和底纹"对话框，在"应用于"下拉列表中选择相关选项。

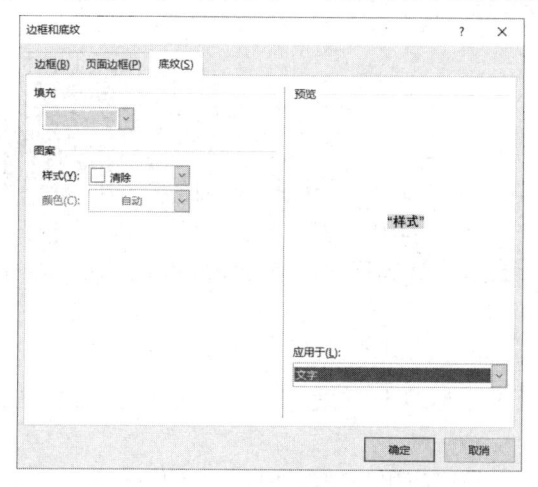

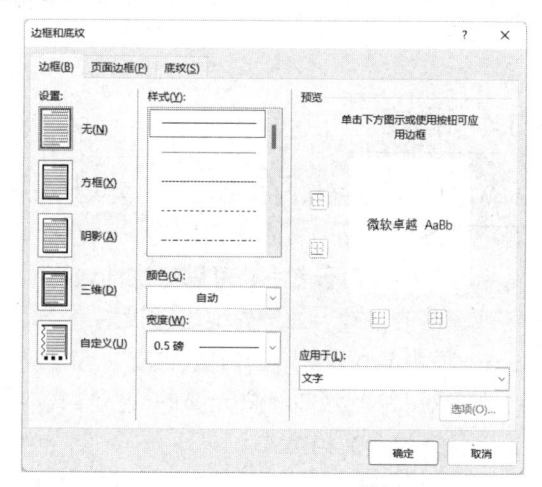

图 4.40 "边框和底纹"对话框的"底纹"选项卡　　图 4.41 "边框和底纹"对话框的"页面边框"选项卡

【同步训练 4-15】为"因热爱而坚持 为梦想去奋斗"文档增加红色★的页面边框。

步骤 1．打开"边框和底纹"对话框。

步骤 2．选择"页面边框"选项卡，在"艺术型"下拉列表中选择"★★★★★"，在"颜色"下拉列表中选择"红色"，在"应用于"下拉列表中选择"整篇文档"。

步骤 3．单击"确定"按钮。

4．插入横线

单击"开始"选项卡的"段落"组中的"边框"下拉按钮，在下拉列表中选择"横线"命令，可以插入一条横线。双击插入的横线，在弹出的如图 4.42 所示的"设置横线格式"对话框中，可以对横线的宽度、高度、颜色、对齐方式进行设置。

【同步训练 4-16】晓云在完成上一年度的员工考核成绩单时，准备在文中的标题文字"MicroMacro 公司人力资源部文件"的下方插入水平横线，将横线的颜色设置为标准红色，将文字和下方水平横线都居中对齐，并设置左侧和右侧各缩进-1.5 字符。完成效果如图 4.43 所示。

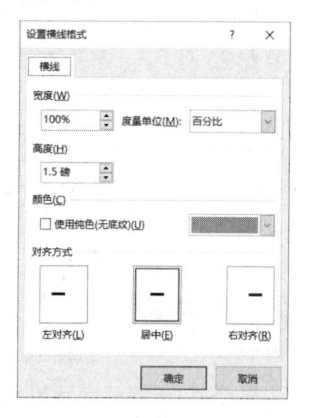

图 4.42 "设置横线格式"对话框

MicroMacro 公司人力资源部文件

图 4.43　完成效果

步骤 1．插入点位在要插入横线的位置，打开"设置横线格式"对话框。

步骤 2．勾选"颜色"组中的"使用纯色(无底纹)"复选框，在其右侧的颜色下拉列表中选择"标准色-红色"。

步骤 3．选中标题文字和横线对象，在"段落"对话框的"缩进和间距"选项卡的"缩进"组中设置"左侧"和"右侧"均为"–1.5 字符"，在"常规"组中将"对齐方式"设置为"居中"，单击"确定"按钮。

4.3.4　样式

Word 提供了强大的样式功能，极大地方便了对 Word 文档的排版操作。样式是一套预先定义的文本或段落格式，包括字体、字号、颜色、对齐方式、缩进等，每种样式都有名字，可以一次性地将文字或段落设置为样式中所预定的格式，而不必对文字或段落的格式一处一处地进行设置。

样式

1．使用 Word 自带的内置样式

在 Word 中已经有预先定义的一些样式，如正文、标题 1、标题 2 等，可以直接使用这些样式来快速设置文档格式。

【同步训练 4-17】付老师在制作关于"Access 数据库应用基础"课程的介绍时，要为"课程编号""课程介绍""适用对象""课时""课程大纲"5 个颜色为红色的段落应用"标题 1"样式；为"Access 概述""数据表""查询""窗体设计初步""报表设计初步""数据的导入、导出和链接"6 个颜色为绿色的段落应用"标题 2"样式。

步骤 1．选中文档中的"课程编号"，单击"开始"选项卡的"编辑"组中的"选择"下拉按钮，在下拉列表中选择"选择格式相似的文本"，以选中文档中所有颜色为红色的段落，单击"开始"选项卡的"样式"组中的"标题 1"。

步骤 2．使用同样的方法选中文档中的"Access 概述"等所有颜色为绿色的段落，应用"标题 2"样式。

如果需要取消样式，则可以使用以下 3 种方法。

方法 1．选择"快速样式"下拉列表中的"清除格式"命令。

方法 2．单击"开始"选项卡的"字体"组中的"清除格式"按钮。

方法 3．使用快捷键"Ctrl+Shift+Z"。

2．新建样式

可以自己创建新的样式，创建之后就可以像使用 Word 自带的内置样式一样使用新样式来设置文档格式。新建样式的操作步骤如下。

（1）单击"开始"选项卡的"样式"组右下角的"对话框启动器"按钮，或按"Ctrl+Shift+Alt+S"组合键，在文档编辑区右侧会出现"样式"窗格，如图 4.44 所示。

（2）单击该窗格左下方的"新建样式"按钮，弹出如图 4.45 所示的"根据格式化创建新样式"对话框。

（3）在该对话框中设置新样式的名称，然后选择样式类型，样式类型有字符、段落等。字符类型的样式用于设置文字格式，段落类型的样式用于设置整个段落的格式。

（4）如果要创建的新样式和文档中某个现有的样式比较接近，可以从"样式基准"下拉列表中选择该样式，只需在该样式基础上稍加修改就可以创建新样式。"后续段落样式"中列出了当前文档中的所有样式，用于设置编辑套用了新样式的一个段落后，按 Enter 键转到下一段落时，下一段落自动套用的样式。

（5）在"格式"组中设置新样式的格式，也可以单击"格式"按钮，从弹出的如图 4.46 所示的"格式"下拉列表中选择要设置的格式类型，然后在打开的对话框中对格式进行相关设置。

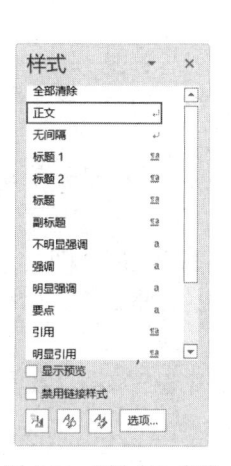

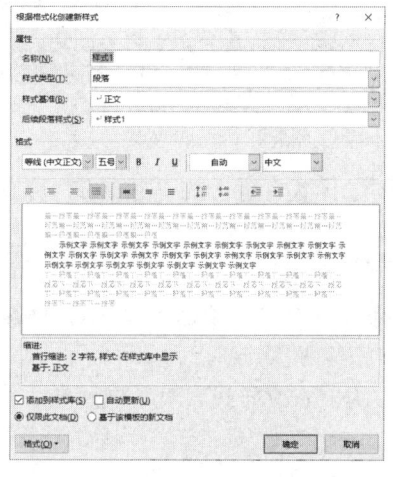

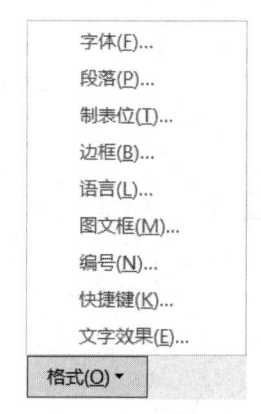

图 4.44 "样式"窗格　　图 4.45 "根据格式化创建新样式"对话框　　图 4.46 "格式"下拉列表

（6）设置完成后，单击"确定"按钮即可在"样式"窗格和"样式"组中看到新建的样式，然后就可以使用了。

3. 修改及删除样式

在"样式"窗格中右击要修改的样式，弹出如图 4.47 所示的快捷菜单，选择"修改"命令，在弹出的如图 4.48 的"修改样式"对话框中可对样式进行修改。在快捷菜单中选择"从样式库中删除"命令可将样式删除，Word 内置样式不能删除但可以修改。

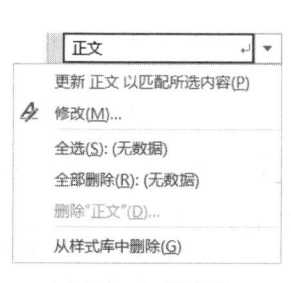

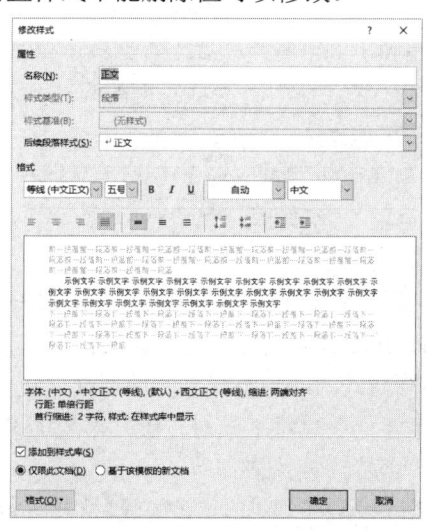

图 4.47　快捷菜单　　图 4.48　"修改样式"对话框

【同步训练4-18】付老师在制作关于"Access数据库应用基础"课程的介绍时,在应用了标题1和标题2样式后,要修改标题1样式,使其字号为小四加粗,设置字体颜色为蓝色,并添加下画线;修改标题2样式,使其字号为小四并加粗。完成效果如图4.49所示。

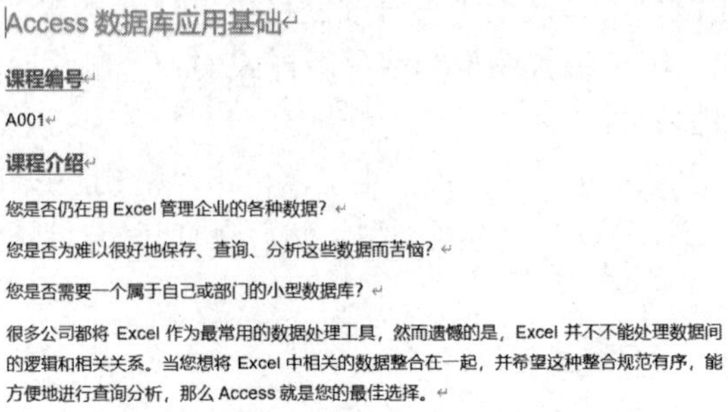

Access 数据库应用基础

课程编号
A001

课程介绍
您是否仍在用 Excel 管理企业的各种数据?
您是否为难以很好地保存、查询、分析这些数据而苦恼?
您是否需要一个属于自己或部门的小型数据库?
很多公司都将 Excel 作为最常用的数据处理工具,然而遗憾的是,Excel 并不不能处理数据间的逻辑和相关关系。当您想将 Excel 中相关的数据整合在一起,并希望这种整合规范有序,能方便地进行查询分析,那么 Access 就是您的最佳选择。

图 4.49 完成效果

步骤1. 在"开始"选项卡的"样式"组中的"标题1"样式上右击,在弹出的快捷菜单中选择"修改"命令。

步骤2. 在弹出的"修改样式"对话框的"格式"区域,将"字号"设置为"小四",在默认情况下已经设置"加粗"效果,将"字体颜色"设置为"标准色-蓝色",单击"下画线"按钮,设置完成后单击"确定"按钮,关闭该对话框。

步骤3. 打开"标题2"样式的"修改样式"对话框,在"格式"区域将"字号"设置为"小四",在默认情况下已经设置"加粗"效果,单击"确定"按钮。

操作技巧

如果"样式"组中没有标题2的样式,则单击"样式"组右下角的"对话框启动器"按钮,在打开的"样式"窗格中选择"选项",弹出"样式窗格选项"对话框,在"选择内置样式名的显示方式"组中勾选"在使用了上一级别时显示下一标题"复选框。

【同步训练4-19】徐雅雯正在对关于艺术史的Word格式的文档进行编辑和排版,请帮助她删除文档中所有以字母a和b开头的样式。

步骤1. 单击"开始"选项卡的"样式"组右下角的"对话框启动器"按钮,在打开的"样式"窗格中单击"管理样式"按钮。

步骤2. 在弹出的"管理样式"对话框中单击"导入/导出"按钮,弹出"管理器"对话框。

步骤3. 在"管理器"对话框左侧的样式列表中选择所有以字母a和字母b开头的样式,然后单击"删除"按钮。

步骤4. 在弹出的"Microsoft Word"对话框中单击"全是"按钮,删除所有以字母a和b开头的样式,返回"管理器"对话框,单击"关闭"按钮,如图4.50所示。

4. 样式集

Word 中内置了许多专业设计的样式集,如图4.51所示,每个样式集都包含一整套样式,应用样式集的方法是在"设计"选项卡的"文档格式"组中单击"更改样式"按钮,整个文档中被应用了不同样式的部分将变为所应用样式集中的样式。

【同步训练4-20】徐雅雯要对关于艺术史的Word格式的文档应用名为"线条-时尚"的样式集,并阻止快速样式集切换。

步骤1. 在"设计"选项卡的"文档格式"组的"其他"下拉列表中选择内置样式为"线条(时尚)"。

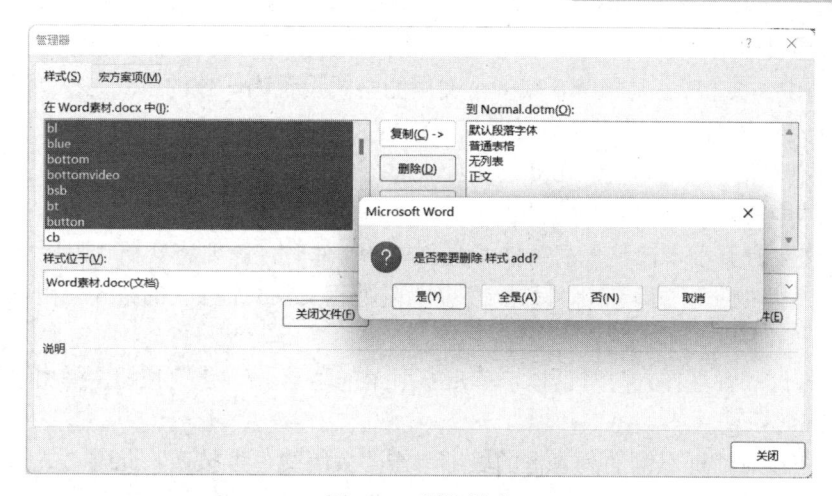

图 4.50　删除样式

图 4.51　样式集

步骤 2. 打开"管理样式"对话框，选择"限制"选项卡，勾选下方的"阻止切换到其他样式集"复选框，如图 4.52 所示，单击"确定"按钮。

设置后在"设计"选项卡的"文档格式"组中内置样式显示为灰色不可选状态，如图 4.53 所示。

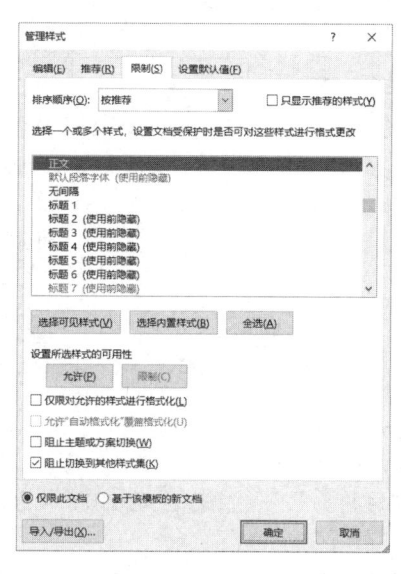

图 4.52　"管理样式"对话框　　　　　图 4.53　内置样式为不可选状态

5. 导入/导出样式

在实际应用中，通常还要将两个或多个文档的格式设置为一致的格式。在"样式"窗格中单击"管理样式"按钮，弹出"管理样式"对话框，单击左下角的"导入/导出"按钮，通过弹出"管理器"对话框可将一个 Word 文档中设置好的样式导入到另一个 Word 文档中，在另一个 Word 文档中就可以使用导入的样式。

【同步训练 4-21】小李在整理高新技术企业政策文件时，需要将文档"附件 4 新旧政策对比.docx"中的"标题 1""标题 2""标题 3"及"附件正文"4 个样式的格式应用到"同步训练 4-21.docx"文档中的同名样式中。

步骤 1．打开"管理样式"对话框，单击左下角的"导入/导出"按钮，弹出"管理器"对话框，如图 4.54 所示。

步骤 2．在该对话框右侧的列表框的底部单击"关闭文件"按钮，此时"关闭文件"按钮变成"打开文件"按钮。

步骤 3．单击"打开文件"按钮，弹出"打开"对话框，选择"附件 4 新旧政策对比.docx"文件所在路径，并将文件过滤选项改成"所有文件"，选中"附件 4 新旧政策对比.docx"。

步骤 4．单击"打开"按钮，返回"管理器"对话框，右侧的列表框中列出了"附件 4 新旧政策对比.docx"文件中的所有样式名称。

步骤 5．在"管理器"对话框右侧的列表框中按住 Ctrl 键选中"标题 1""标题 2""标题 3""附件正文"样式，单击中间的"复制"按钮，在弹出的改写样式对话框中单击"全是"按钮，如图 4.55 所示，返回"管理器"对话框，单击"关闭"按钮。

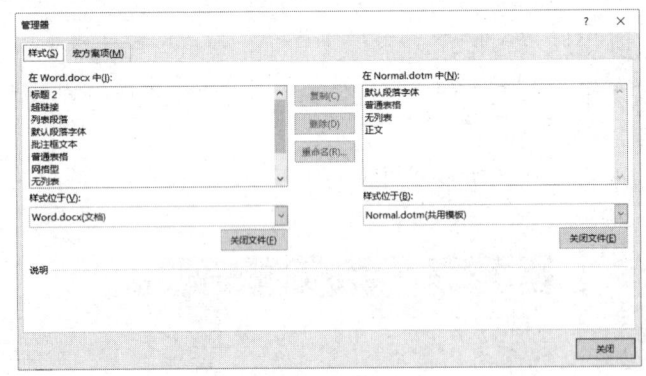

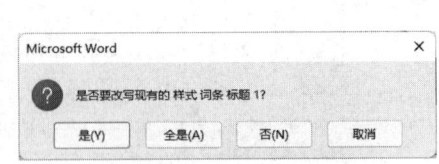

图 4.54 "管理器"对话框　　　　图 4.55 改写样式对话框

4.3.5 项目符号和编号

Word 可以自动为段落添加项目符号和项目编号，无须手动添加。

1. 添加项目符号

设置项目符号的操作步骤如下。

（1）选中要添加项目符号的段落。

（2）在"开始"选项卡的"段落"组中单击"项目符号"下拉按钮，在如图 4.56 所示的"项目符号库"下拉列表中选择一种项目符号。

（3）在"项目符号库"下拉列表中如果没有合适的项目符号，则选择"定义新项目符号"命令，弹出"定义新项目符号"对话框，如图 4.57 所示。

项目符号和编号

(4)在该对话框中单击"符号"按钮,选择"字体"类别如"wingdings",然后寻找项目符号,单击"确定"按钮,完成项目符号的设置。

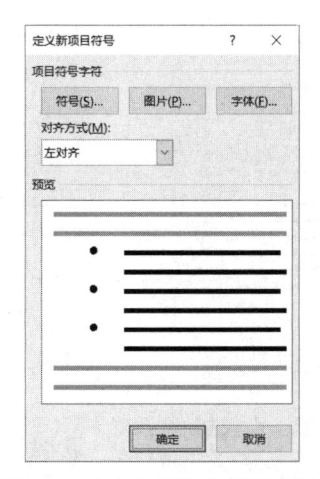

图 4.56 "项目符号库"下拉列表　　图 4.57 "定义新项目符号"对话框

使用同样的方法可以将某图片设置为新的项目符号。

【同步训练 4-22】付老师在制作"Access 数据库应用基础"课程介绍时,需要将标题"课程大纲"下的所有样式为正文的文本中的分号";"转换为独立的段落并为其添加项目符号"√"。完成效果如图 4.58 所示。

图 4.58　完成效果

步骤 1. 选择"课程大纲"下的所有内容,使用查找替换功能将";"替换成特殊格式"段落标记"。

步骤 2. 选中"课程大纲"下的所有样式为正文的文本,在"项目符号库"下拉列表中选择"√"。

2. 添加项目编号

编号主要用于设置一些按一定顺序排列的项目。添加项目编号的操作步骤如下。

(1)选中要添加项目编号的段落。

(2)单击"段落"组中的"项目编号"下拉按钮,在"编号库"下拉列表中选择所需的编号样式。

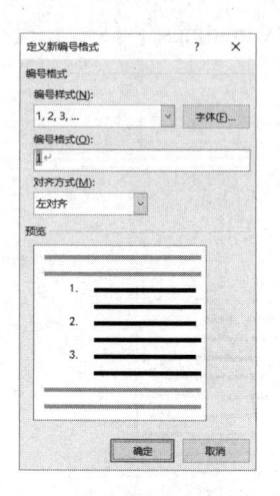

（3）如果没有所需的编号样式，则单击"定义新编号格式"按钮，在弹出的如图4.59所示的"定义新编号格式"对话框的"编号样式"下拉列表中可以选择更多的编号样式。

【同步训练4-23】小李在整理一份有关高新技术企业的政策文件时，需要将所有应用"正文1"样式的文本段落以"第一条、第二条、第三条……"的格式连续编号，并替换原文中的纯文本编号，字号为五号，首行缩进2字符。

步骤1. 打开"样式"窗格，修改"正文1"样式。

步骤2. 在"修改样式"对话框中单击"格式"按钮，在下拉列表中选择"编号"命令，弹出"编号和项目符号"对话框。

步骤3. 单击"定义新编号格式"按钮，在弹出的"定义新编号格式"对话框中选择"一,二,三(简)…"，在"编号格式"文本框中"一"字前后加上"第"和"条"字，删除"."，使文本框中的内容为"第一条"，如图4.60所示，单击"确定"按钮，返回"编号和项目符号"对话框，需要说明的是，这里的一必须为原来文本框中带阴影的一，带阴影表示"一"是变化的。

图4.59 "定义新编号格式"对话框

步骤4. 单击"格式"按钮，在下拉列表中分别选择"字体"和"段落"命令，在弹出的"字体"对话框中设置字号为"五号"；在"段落"对话框中将"特殊格式"设置为"首行"，将"磅值"设置为"2字符"，单击"确定"按钮；返回"修改样式"对话框，单击"确定"按钮。

步骤5. 使用查找和替换的方法删除文档中原来的纯文本编号，打开"查找和替换"对话框，如图4.61所示，在"查找内容"中输入"第*条"，勾选"使用通配符"复选框，单击"格式"按钮，在下拉列表中选择"样式"命令，在弹出的"查找样式"对话框中选择"正文1"，保持"替换为"为空，单击"全部替换"按钮完成全部替换。

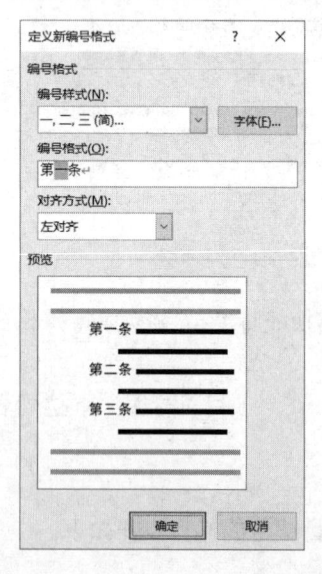

图4.60 "定义新编号格式"对话框　　　图4.61 "查找和替换"对话框

3. 删除已添加的项目符号和编号

删除已添加的项目符号和编号的操作步骤如下。

（1）选定要删除项目符号和编号的段落。

（2）单击"开始"选项卡的"段落"组中的"项目符号"按钮或"编号"按钮，使其处于未选中状态。

4.3.6 设置多级列表

当文档内容比较多时，常常会使用多级列表，将文档分为章、节、小节等不同级别，并为每一级别进行编号。例如：

第一级：将"第1章"编号为1，"第2章"编号为2；

第二级：将"第1章第1节"编号为1.1，"第1章第2节"编号为1.2，"第2章第一节"编号为2.1；

第三级：将"第1章第1节的第1小节"编号为1.1.1，"第1章第1节的第2小节"编号为1.1.2，"第2章第1节的第3小节"编号为2.1.3；

……

使用 Word 多级列表功能，可以给各级标题自动编号，既避免麻烦又不会出错，更方便的是，当章节顺序、级别调整时，编号能自动更新。

【同步训练 4-24】小李在对一份调查报告进行美化和排版时，需要对该调查报告的标题添加可以自动更新的多级编号，请帮助小李按表 4.6 中的要求设置多级列表。

表 4.6 标题编号格式要求

标题级别	编号格式要求
标题 1	编号格式：第一章，第二章，第三章，… 编号与标题内容之间用空格分隔 编号对齐左侧页边距
标题 2	编号格式：1.1，1.2，1.3，… 根据标题 1 重新开始编号 编号与标题内容之间用空格分隔 编号对齐左侧页边距
标题 3	编号格式：1.1.1，1.1.2，1.1.3，… 根据标题 2 重新开始编号 编号与标题内容之间用空格分隔 编号对齐左侧页边距

步骤 1. 将光标定位在文档第一个标题前面，单击"开始"选项卡的"段落"组中的"多级列表"按钮，在下拉列表中选择"定义新的多级列表"命令，弹出"定义新多级列表"对话框。

操作提示

在未完成所有级别的编号设置前，不要单击"确定"按钮。

步骤 2. 单击该对话框左下角的"更多"按钮展开所有选项，选择左上角的"单击要修改的级别"列表中的"1"；在右侧的"将级别链接到样式"下拉列表中选择"标题 1"；在"输入编号的格式"文本框中，在带阴影的"一"前、后分别输入"第"和"章"，如图 4.62 所示。在"编号之后"下拉列表框中选择"空格"；单击"设置所有级别"按钮，在弹出的"设置所有级别"对话框中将所有项全部设置为"0",如图4.63所示。

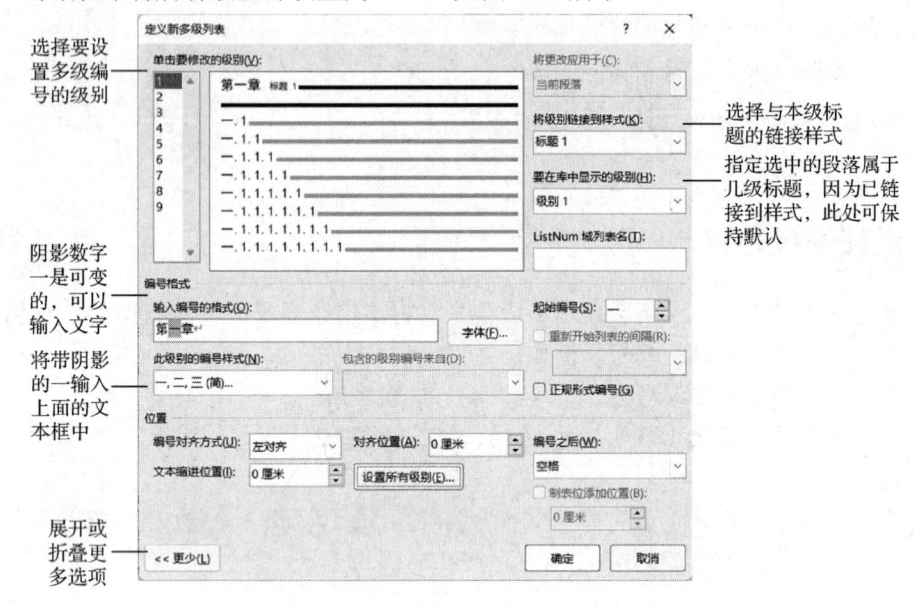

图4.62 "定义新多级列表"对话框(1)

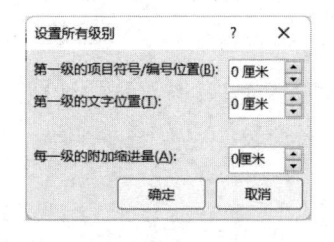

图4.63 "设置所有级别"对话框

操作提示

在"输入编号的格式"文本框中,带阴影的"一"是变化的,对第一章是一,第二章自动变为二,手动输入的文字是不会变化的。如果带阴影的一被误删除,在"此级别的编号样式"下拉框中选择"一,二,三(简)…",即可将带阴影的一重新输入。

步骤3. 选择左上角的"单击要修改的级别"列表中的"2",进行第二级标题编号的设置,在"将级别链接到样式"下拉列表中选择"标题2",勾选"正规形式编号"复选框,在"编号之后"下拉列表中选择"空格",如图4.64所示。

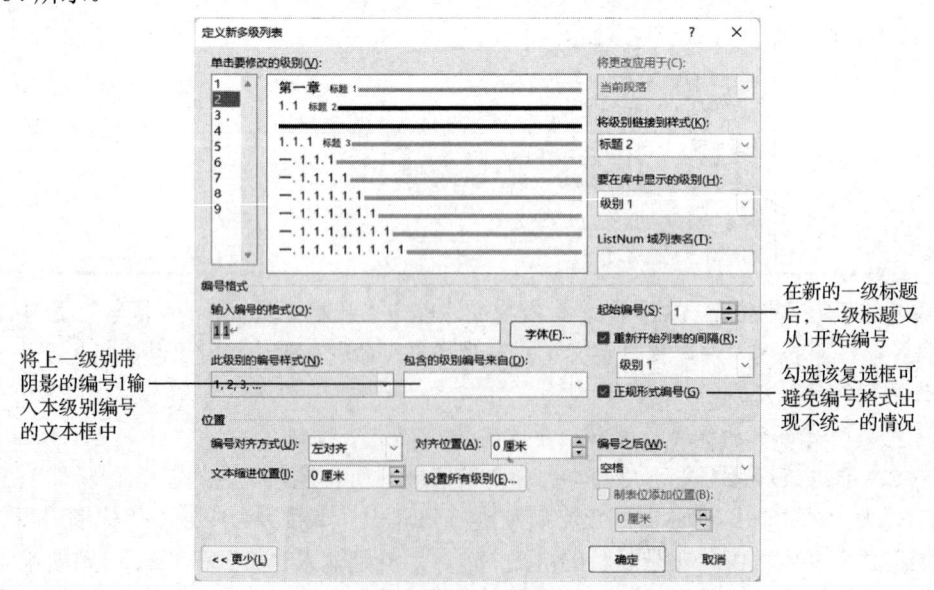

图4.64 "定义新多级列表"对话框(2)

操作提示

在"输入编号的格式"文本框中,带阴影的1.1中的两个1都是变化的,对不同章节编号不同,如果带阴影的两个1被误删除,则先在"包含的级别编号来自"下拉列表中选择"级别1",输入".",再在"此级别的编号样式"下拉列表中选择"1,2,3,…"即可将带阴影的"1.1"重新输入。

步骤4. 选择左上角的"单击要修改的级别"列表中的"3",进行第三级标题编号的设置,在"将级别链接到样式"下拉列表中选择"标题 3";勾选"正规形式编号"复选框,在"编号之后"下拉列表中选择"空格"。

步骤5. 单击"确定"按钮完成设置。

学习提示

可以在大纲视图中查看多级列表设置后的效果,如图 4.65 所示。方法是,单击"视图"选项卡的"视图"组中的"大纲",切换到大纲视图。在"大纲显示"选项卡的"大纲工具"组中"显示级别"后的下拉框中选择"3级",设置为显示前的3级标题。

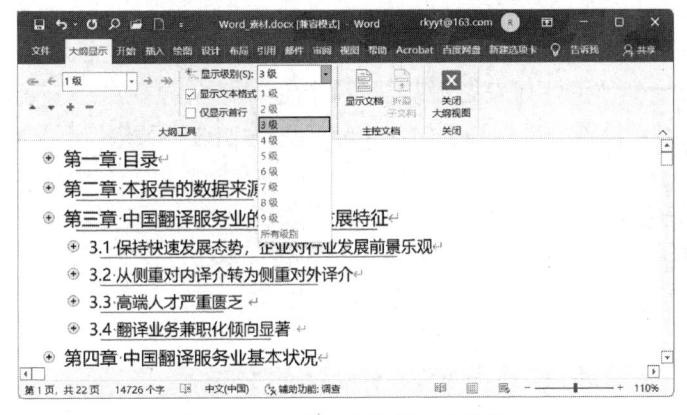

图 4.65 多级列表设置后的效果

操作提示

在"输入编号的格式"文本框中,带阴影的1.1.1被误删除,第一个1在"包含的级别编号来自"下拉列表中选择"级别1"进行输入;第二个1在"包含的级别编号来自"下拉列表中选择"级别2"进行输入;第三个1在"此级别的编号样式"下拉列表中选择"1,2,3,…"进行输入。

4.3.7 格式刷的使用

格式刷能够将光标所在位置的所有格式复制到所选文字上,不影响文字内容,可大大减少排版的重复劳动。当要让多处的文字或段落都套用相同的格式时,只需设置一处文字的格式,然后使用格式刷将格式复制到其他文字或段落,快速完成格式设置。

使用格式刷的方法:先选定某处已设置格式的文字或段落,然后单击"开始"选项卡的"剪贴板"组中的"格式刷"按钮,此时鼠标光标变为刷子形状,再用鼠标拖动选择其他需要被复制格式的文本或段落,这些文本或段落都将立即被设置为相同的格式。复制一处后,鼠标光标就恢复正常形状,复制结束。

如果要连续复制到多处,则双击"格式刷"按钮,这样复制一处后,鼠标光标不会自动恢复正常,还可继续将格式复制到多处;直到按 Esc 键或再次单击"格式刷"按钮,鼠标光标才会恢复正常,复制结束。

4.4 Word 中的表格与图表

4.4.1 创建表格

在制作费用清单、成绩单、月计划、任务分配等文档时，会用到 Word 的表格功能，在 Word 中创建表格的方法有多种，用户可以通过命令插入固定行/列的表格、绘制表格、插入 Excel 表格或插入包含样式的表格等方法来完成表格的创建。

1. 自动创建表格

创建表格的操作步骤如下。

（1）将插入点定位到需要插入表格的位置。

（2）单击"插入"选项卡的"表格"组中的"插入表格"按钮，在弹出的"插入表格"对话框中设置行数和列数，如图 4.66 所示为通过"插入表格"对话框插入一个 2 行 5 列的表格。

也可以直接在"表格"下拉列表的预设方格中按住鼠标左键不放并拖动到所需要的行列数，松开鼠标即可在插入点位置插入表格。如图 4.67 所示为通过"表格"下拉列表插入一个 5 行 3 列的表格。

2. 手动绘制表格

创建不规则表格时可以用手动绘制表格线的方式。操作步骤如下。

（1）单击"插入"选项卡的"表格"组中的"表格"按钮，在下拉列表中选择"绘制表格"命令。

（2）当鼠标指针变成铅笔形状时将鼠标移动到文档编辑区，按住鼠标左键拖动会出现虚线显示的表格框，拖动鼠标调整虚线框到适当大小后松开鼠标左键，可绘制出表格的外边框。

（3）在表格外边框内按住鼠标左键从表格内框线的起点拖至终点，松开鼠标左键即可在表格内绘制横线、竖线和斜线。在表格中通常用这个方法制作斜线表头。

3. 将文本转换为表格

要将文档中的文本转换为表格，文本中要包含一定的分隔符，如不同列的文本之间添加空格、制表符、逗号等。添加分隔符后的文本转换为表格的操作步骤如下。

（1）选中要转换为表格的文本。

（2）在"插入"选项卡的"表格"组中的"表格"下拉列表中选择"文本转换成表格"命令，弹出"将文字转换成表格"对话框，如图 4.68 所示。

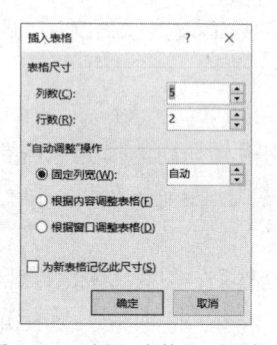

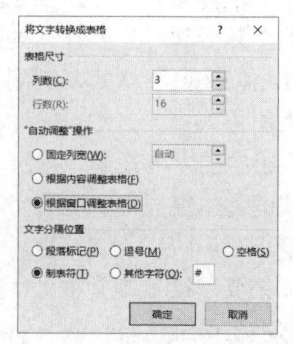

图 4.66 "插入表格"对话框   图 4.67 "表格"下拉列表   图 4.68 "将文字转换成表格"对话框

(3)在该对话框中设置列数和文字分隔的位置。

(4)单击"确定"按钮。

【同步训练 4-25】小李正在整理一份有关高新技术企业的政策文件,请帮助他将标题段落"附件 4 高新技术企业认定管理办法新旧政策对比"下的以连续符号"###"分隔的蓝色文本转换成一个表格。操作前和操作后分别如图 4.69、图 4.70 所示。

图 4.69 操作前

图 4.70 操作后

步骤 1. 选中文中以"###"分隔的蓝色文本段落,使用查找和替换的方法将段落中的"###"替换为"#"。

步骤 2. 在蓝色文本选中的状态下,将文本转换成表格,在"将文本转换成表格"对话框中,"文字分隔位置"下选中"其他字符"单选按钮,在其后面的文本框中输入字符"#",单击"确定"按钮完成操作。

4.4.2 编辑表格

表格建立后就可以对它进行编辑了。在对表格进行编辑的过程中,要遵循"要对谁进行操作首先得选中谁"的原则。选中表格对象或将插入点定位到表格中,选项卡区域会增加"表格工具-设计"和"表格工具-布局"两个选项卡,这是我们在选中表格对象时所出现的表格对象特有的选项卡。

1. 在表格中输入文本

将插入点定位到表格的单元格中就可以在该单元格中输入文本,拖动鼠标可以改变并定位新的插入点位置,也可以按 Tab 键将插入点移到下一个单元格中,按"Shift+Tab"组合键将插入点移到上一个单元格中,按上、下、左、右键将插入点移到上、下、左、右的单元格中。

2. 选择表格及表格中的行、列或单元格

选择表格及表格中的行、列或单元格的方法如表 4.7 所示。

表 4.7 选择表格及表格中的行、列或单元格的方法

选择要素	方 法
整个表格	将鼠标指针停留在表格上,直到表格的左上角出现十字标记✥,单击即可选中整个表格
行	将鼠标指针移到要选择行的左边,指针变成一个斜向上的空心箭头时单击即可选中该行,单击并拖动鼠标可选择连续多行
列	将鼠标指针移到要选择列的顶部的上边框上,指针变成一个竖直朝下的实心箭头↓时单击可选中该列,单击并拖动鼠标可选择连续多列
单元格	将鼠标指针移到要选择单元格的左下角,指针变成斜向上的实心箭头时单击可选中该单元格,单击并拖动鼠标可选择连续多个单元格。要选择不连续的多个单元格先选中第一个单元格,按住 Ctrl 键再选择其他单元格,选择不连续的多个单元格的方法对选择不连续的行(列)同样适用

3. 添加和删除行、列或单元格

如果要插入行或列，则在如图 4.71 所示的"表格工具-布局"选项卡的"行和列"组中，单击"在上方插入""在下方插入""在左侧插入""在右侧插入"按钮，即可在当前行或列插入相应的行或列。

图 4.71 "表格工具-布局"选项卡

将插入点定位到表格中要插入行或列的位置后，也可以单击"表格工具-布局"选项卡的"行和列"组右下角的"对话框启动器"按钮，在弹出的如图 4.72 所示的"插入单元格"对话框中进行相应的选择。还可以右击，在弹出的如图 4.73 所示的快捷菜单中选择"插入"命令，然后在子菜单中选择相应的命令。

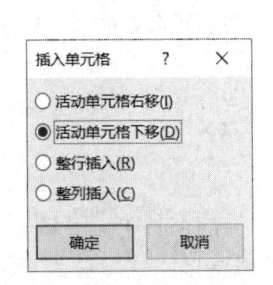

图 4.72 "插入单元格"对话框　　图 4.73 快捷菜单

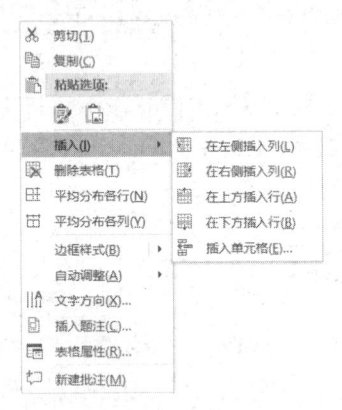

选中表格，将鼠标移动到表格中两行的行头之间，在两行之间会出现带加号的横线，如图 4.74 所示，单击⊕即可在两行之间新增一行，此方法对插入列同样有效。

| 美术欣赏 | 64 | 73 | 65 |
| 西方经济学 | 25 | 65 | 46 |

图 4.74 出现带加号的横线

在表格中删除行、列或单元格的操作步骤如下。

（1）选中要删除的行、列或单元格。

（2）在"表格工具-布局"选项卡的"行和列"组中单击"删除"按钮，在弹出的如图 4.75 所示的"删除"下拉列表中选择相应的命令。

如果要删除单元格，在弹出的如图 4.76 所示的"删除单元格"对话框中选择需要的删除方式，单击"确定"按钮。也可以右击，在弹出的快捷菜单中选择"删除行"或"删除列"命令删除行或列，选择"删除单元格"命令，弹出"删除单元格"对话框。

4. 合并或拆分单元格、表格

合并单元格是将表格中的相邻几个单元格合并成一个较大的单元格，拆分单元格是将一个单元格分解为多个单元格。在编辑不规则表格中，经常会用到单元格的合并与拆分，操作步骤如下。

（1）选中要合并或拆分的单元格。

（2）单击"表格工具-布局"选项卡的"合并"组中的"合并单元格""拆分单元格"或"拆分表格"按钮。

如果单击"拆分单元格"按钮，则弹出"拆分单元格"对话框，如图 4.77 所示，输入需要拆分成的行数和列数，如将所选单元格拆分成 1 行 2 列，单击"确定"按钮即可。

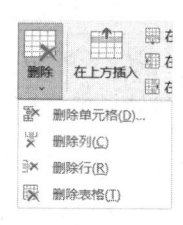

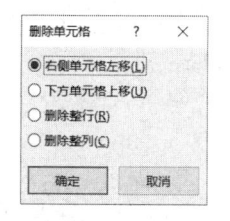

图 4.75 "删除"下拉列表　　图 4.76 "删除单元格"对话框　　图 4.77 "拆分单元格"对话框

5. 调整行高和列宽

将鼠标指针置于表格右下角的缩放标记□上，当鼠标指针变成↘形状时按下鼠标左键并拖动可以缩放整个表格的大小。

调整某行的行高或某列的列宽时，将鼠标指针置于表格的框线上，当鼠标指针变成⇳或者↔形状时，按下鼠标左键并拖动即可调整行高和列宽。

操作技巧

如果先选中某个单元格，再拖动单元格的边框线，则只能调整选中单元格的大小。拖动时按住 Alt 键不放，可以对表格进行精确调整。

还可以通过表格属性改变行高和列宽。操作步骤如下。

（1）选中要调整大小的单元格（多个单元格、整行、整列）。

（2）单击"表格工具-布局"选项卡的"表"组中的"属性"按钮，弹出"表格属性"对话框，单击"表格工具-布局"选项卡的"单元格大小"组右下角的"对话框启动器"按钮，也可以弹出"表格属性"对话框，如图 4.78 所示。

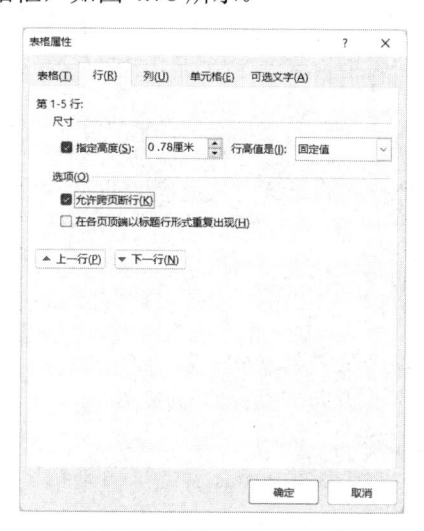

图 4.78 "表格属性"对话框

（3）在"行"或"列"选项卡中设置相应的行高和列宽即可。

可以根据表格的大小自动调整其行高和列宽。操作方法：选中表格后，单击"表格工具-布局"选项卡的"单元格大小"组中的"自动调整"按钮，可以选择"根据内容自动调整表格""根据窗口自动调整表格""固定列宽"3 种方式。

设置等行高或等列宽的操作步骤如下。

（1）选中表格的某些连续行或列。

（2）在"表格工具-布局"选项卡的"单元格大小"组中，选择"平均分布各行"或"平均分布各列"命令，使所选的各行或各列变为相等的行高或列宽。

【同步训练 4-26】小李在对一份调查报告进行美化和排版时，需要根据以下要求创建表格：将标题 3.1 下方的绿色文本转换为 3 列 16 行的表格，并根据窗口自动调整表格的宽度，调整各列为等宽。

步骤 1．选中标题 3.1 下方的绿色文本，打开"将文字转换成表格"对话框，选中"根据窗口调整表格"单选按钮，如图 4.68 所示，单击"确定"按钮。

操作提示

因为转换成表格的文字是以制表符 Tab 键分隔的，Word 会自动选择文字分隔位置为"制表符(T)"。

步骤 2．保持表格选中状态，单击"表格工具-布局"选项卡的"单元格大小"组中的"分布列"按钮，使所有列等宽。

4.4.3　设置表格格式

表格制作完还要对表格进行各种修饰，从而做出更具专业性的表格，对表格进行修饰与对文字、段落进行修饰的方式基本相同，只是选择的操作对象不同而已。

设置表格格式

1．表格样式

Word 预设了一些表格样式，可以直接应用这些样式快速设置表格格式。操作步骤如下。

（1）选中整个表格，或将插入点定位到表格中的任意单元格内。

（2）单击"表格工具-设计"选项卡的"表格样式"组中的"其他"按钮，在如图 4.79 所示的表格样式中选择一种内置的表格样式。

2．单元格中的文本格式

单元格中文本格式的设置方法与文字和段落格式的设置方法基本一样，区别在对齐方式上，单元格中的文本不仅有水平方向的对齐方式还有垂直方向的对齐方式。设置表格中文本对齐方式的操作步骤如下。

（1）将插入点定位到表格的单元格内。

（2）在"表格工具-布局"选项卡的"对齐方式"组中单击相应的对齐方式按钮，即可设置单元格中的文本对齐方式（包括水平对齐和垂直对齐）。

在单元格内还可以设置文字的方向。操作步骤如下。

（1）选中要设置文字的单元格。

（2）在"表格工具-布局"选项卡的"对齐方式"组中单击"文字方向"按钮，可切换单元格内文字的水平、垂直方向。

请你为"同步训练 4-26"中小李的调查报告中标题 3.1 下方的 3 列 16 行表格应用一种恰当的样式,取消表格第 1 列的特殊格式。将表格中的文字颜色修改为黑色并水平居中对齐。

3. 表格在文档中的位置

如果选中的是整个表格,则单击"开始"选项卡的"段落"组中的相应对齐按钮,即可设置整个表格在文档中的对齐方式。

4. 表格的边框和底纹

为表格或单元格添加边框和底纹的操作步骤如下。

(1)选中要设置的单元格或表格。

(2)在"表格工具-设计"选项卡的"表格样式"组中单击"边框"按钮,在弹出的下拉菜单中选择"边框和底纹"命令,弹出如图 4.80 所示的"边框和底纹"对话框。

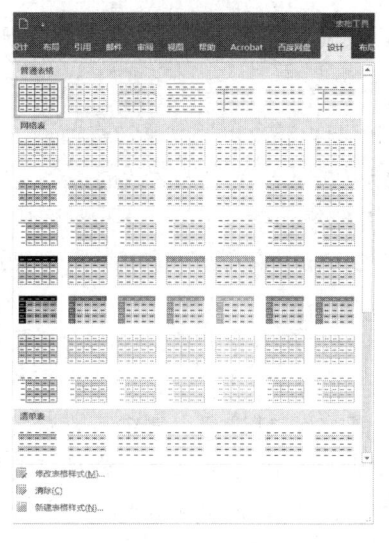

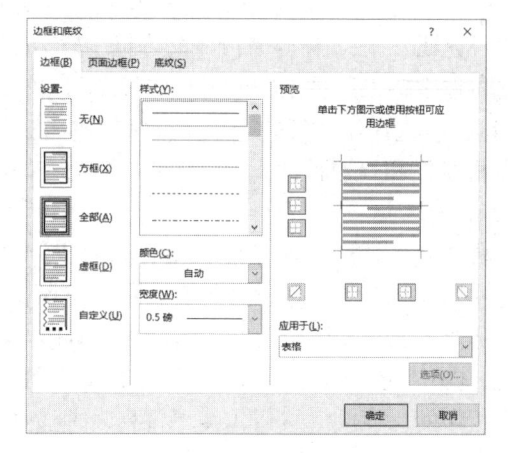

图 4.79　表格样式　　　　图 4.80　"边框和底纹"对话框

(3)在该对话框的"边框"选项卡中,在"样式"列表中选择边框线样式,在"颜色"中设置边框线的颜色,在"宽度"中设置边框线的宽度,然后在"预览"组中单击边框线位置的对应按钮,设置不同位置的边框线,在"应用于"列表中选择设置是针对单元格还是表格。

(4)切换到"底纹"选项卡,可以设置底纹,在"应用于"列表中选择设置是针对单元格还是表格。

请你继续为小李的调查报告中的表格设置表格外框线为 3 磅、蓝色(标准色)、单实线,内框线为 1 磅、蓝色(标准色)、单实线;设置该表格为黄色(标准色)底纹。

【同步训练 4-27】晓云在完成上一年度的员工考核成绩单后,需要按照以下要求修改表格样式:

(1)设置表格宽度为页面宽度的 100%,表格选文字属性的标题——员工绩效考核成绩单。

(2)合并第 3 行和第 7 行的单元格,设置其垂直边框线为无;合并第 4~6 行、第 3 列的单元格及第 4~6 行、第 4 列的单元格。

(3)将表格中第 1 列和第 3 列包含文字的单元格底纹设置为"蓝色,个性色 1,淡色 80%"。

(4)将表格中所有单元格中的内容都设置为水平居中对齐。

(5)适当调整表格中文字的大小、段落格式及表格的行高,使其能够在一个页面中显示。完成效果如图 4.81 所示。

员工姓名		出生日期	
员工编号		员工性别	
业绩考核		综合成绩	
能力考核			
态度考核			
是否达标		关于具体的考核指标说明，请参考右侧附件文档！	

图 4.81　完成效果

步骤 1．选中表格，打开"表格属性"对话框，在"表格"选项卡中，将"度量单位"设置为"百分比"，在"指定宽度"文本框中输入"100%"，切换到"可选文字"选项卡，在"标题"文本框中输入"员工绩效考核成绩单"，单击"确定"按钮，关闭该对话框。

步骤 2．选中第 3 行的全部单元格，将第 3 行单元格合并；在"边框"下拉列表中分别单击"左框线"和"右框线"，取消左右框线，按照同样的方法合并第 7 行单元格并取消左右框线。

步骤 3．分别选中 4～6 行、第 3 列和 4～6 行、第 4 列的所有单元格，进行合并单元格操作；选中第 4 列的单元格，进行合并单元格操作。

步骤 4．选中表格中第 1 个单元格中的文本"员工姓名"，并选择"选定所有格式类似的文本"，选中表格中第 1 列和第 3 列包含文字的文本，单击"表格工具-设计"选项卡的"表格样式"组中的"底纹"按钮，在下拉列表中选择"蓝色，个性色 1，淡色 80%"。

步骤 5．选中整个表格，设置单元格中的内容为水平居中对齐。

步骤 6．参考完成效果，适当调整表格中的文字大小、段落格式。如选中第 3 行，将"表格工具-布局"选项卡的"单元格大小"组中的"高度"改为"0.6"；按照同样的方法将第 7 行的高度改为"0.6"。

5．设置标题行跨页重复

有时，表格中数据比较多可能会占据多页，在分页处表格会被 Word 自动分割，在默认情况下，分页后的表格从第 2 页开始就没有标题行了，这样不方便查看表格中的数据。要使分页后的每页表格都有相同的表格标题，需要设置标题行跨页重复。其方法：选中表格中要重复的标题行，单击"表格工具-布局"选项卡的"数据"组中的"重复标题行"按钮。

【同步训练 4-28】请帮助小李根据如下要求修改调查报告中的表格：

（1）在标题 3.4.1 的下方，调整表格各列宽度，使标题行中的内容可以在一行中显示。

（2）对表格进行设置，以便在表格跨页时，标题行可以自动重复显示，将表格中的内容水平居中对齐。

步骤 1．选中标题 3.4.1 下方的表格，设置"根据内容自动调整表格"。

步骤 2．选中表格中的第 1 行（标题行），设置"重复标题行"。

步骤 3．选中整个表格，设置表格中的内容为水平居中对齐。

4.4.4 表格数据的排序与计算

在 Word 的表格中可以进行排序和简单的计算。

1. 表格数据的排序

将插入点定位到要排序的表格中，在"表格工具-布局"选项卡的"数据"组中单击"排序"按钮，在弹出的如图 4.82 所示的"排序"对话框中进行相应的设置。

2. 表格中数据的简单计算

在 Word 的表格中，简单计算包括求和、求平均值、计算加减乘除等。操作步骤如下。

（1）在"表格工具-布局"选项卡的"数据"组中单击"公式"按钮，弹出"公式"对话框，如图 4.83 所示。

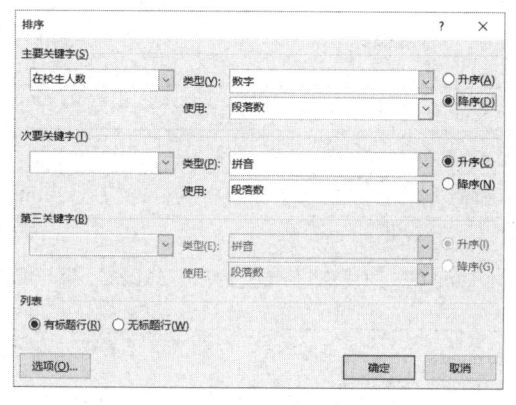

图 4.82 "排序"对话框

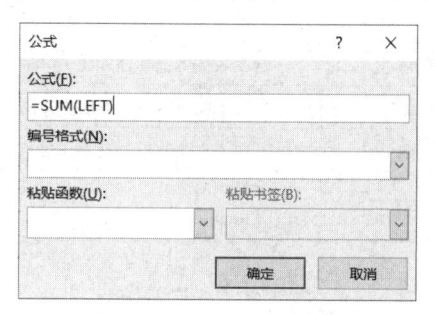

图 4.83 "公式"对话框

（2）在该对话框的"公式"中输入公式。

【同步训练 4-29】请帮助小李对调查报告中标题 3.4.1 下方的表格中的最后一行的两个空单元格，自左至右使用公式分别计算企业的数量之和及累计的百分比之和，结果都保留整数。

步骤 1．将光标定位在最后一行的第一个空白单元格内，打开"公式"对话框。

步骤 2．在该对话框的"公式"中自动显示"=SUM(ABOVE)"，其中 SUM 是求和函数，ABOVE 表示要求和的单元格为存放结果单元格的"上边"所有单元格，单击"编号格式"下拉按钮，在下拉列表中选择"0"，表示结果以整数显示，如图 4.84 所示，单击"确定"按钮。

步骤 3．按照同样的方法，计算累计的百分比之和。

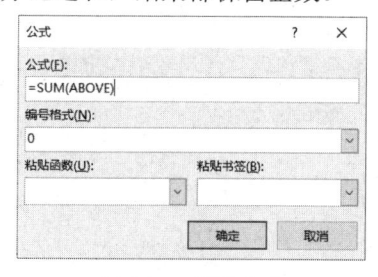

图 4.84 设置公式

操作技巧

如果不是求和，则可从"粘贴函数"下拉列表中选择其他函数，也可修改公式括号中的内容为 RIGHT、LEFT 或 BELOW，分别对"右边""左边""下边"单元格求和。

4.4.5 图表

Word 2019 中提供了柱形图、折线图、饼图、条形图、面积图、XY 散点图、地图、股价图、曲面图、雷达图、树状图、旭日图、直方图、箱形图、瀑布图、漏斗图等16种图表类型及组合图表类型，可以根据需要创建图表。创建图表的方法：将光标定位到要插入图表的位置，单击"插入"选项卡的"插图"组中的"图表"按钮，在弹出的"插入图表"对话框中选择一种图表类型，单击"确定"按钮即可插入一张图表；同时Word自动启动Excel软件，其中包含一些示例数据，根据需要修改Excel窗口中的数据，Word中的图表就制作完成了。

操作技巧

将鼠标指针移到Excel表格数据区的右下角，当指针变成形状时，拖动鼠标可调整数据区的大小，然后将所需数据输入数据区内。

选中图表后，功能区出现两个选项卡，分别是"图表工具-设计"选项卡和"图表工具-格式"选项卡，通过这两个选项卡中的按钮可以对图表进行编辑和修改。如表4.8所示为图表的组成及其说明。

表4.8　图表的组成及其说明

图表组成	说明
图表区	包含图表图形及标题、图例等所有图表元素的最外围矩形区域
绘图区	图表区的绘图区包含图表主体图形的矩形区域
图表标题	说明图表内容的标题文字
数据系列	同类数据的集合，在图表中表示为描绘数值的柱状图、直线或其他元素。例如，在图表中可用一组红色的矩形条表示一个数据系列
坐标轴	在一个二维图表中，有一个X轴（水平方向）和一个Y轴（垂直方向），分别用于对数据进行分类和度量。X轴包括分类和数据系列，也称分类轴或水平轴；Y轴表示值，也称数值轴或垂直轴
坐标轴标题	说明坐标轴的分类及内容
数据标签	标记在图表上的文本说明，可在图表上标记数据值的大小、分类名称或系列名称
图例	表示图表中不同元素的含义。例如，柱形图的图例说明每个颜色的图形所表示的数据系列
网格线	网格线强调X轴或Y轴的刻度，可以进行设置

1. 设置图表标题

单击图表上的空白位置，图表四周出现浅灰色边框，表示选中了图表。选中图表后，单击"图表工具-设计"选项卡的"图表布局"组中的"添加图表元素"下拉按钮，在下拉列表中选择"图表标题"命令，在子菜单中选择一种显示方式，如图4.85所示，在图表标题文本框中输入标题内容。

选中图表标题，可以通过"开始"选项卡中的"字体"组对标题文字的字体进行设置，单击"图表工具-格式"选项卡的"当前所选内容"组中的"设置所选内容格式"按钮，在打开的"设置图表标题格式"窗格中对标题的填充、边框、阴影、发光、柔化边缘、三维格式等进行设置。

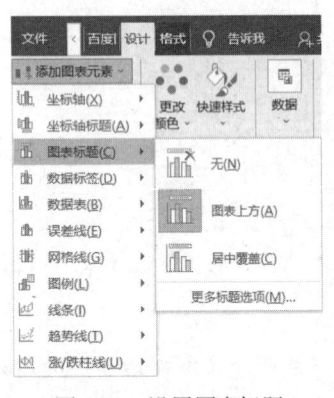

图4.85　设置图表标题

2. 设置坐标轴和坐标轴标题

设置坐标轴的方法：选中图表，单击"图表工具-设计"选项卡的"图表布局"组中的"添加图表元素"下拉按钮，在下拉列表中选择"坐标轴"命令，在子菜单中选择"主要横坐标轴"或"主要纵坐标轴"命令，如图4.86所示，如果选择"更多轴选项"命令，则可以在出现的

"设置坐标轴格式"窗格中对坐标轴进行设置。

在"添加图表元素"下拉列表中选择"坐标轴标题"命令，在子菜单中选择"主要横坐标轴"或"主要纵坐标轴"可为坐标轴添加标题，如图 4.87 所示。

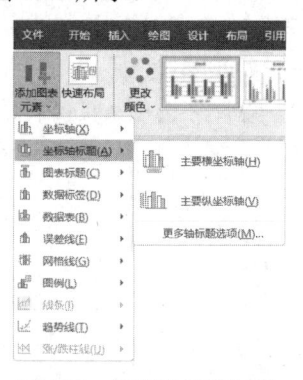

图 4.86 设置坐标轴　　图 4.87 设置坐标轴标题

3. 设置网格线

从横坐标轴或纵坐标轴都可以延伸出纵向或横向的网格线，要设置网格线的位置，需设置坐标轴的主要刻度单位或次要刻度单位；设置网格线有无线条或线条的线型等格式，需单击"图表工具-设计"选项卡的"图表布局"组中的"添加图表元素"下拉按钮，在下拉列表中选择"网格线"命令，在子菜单中选择所需命令，如图 4.88 所示。

4. 设置图例

单击"图表工具-设计"选项卡的"图表布局"组中的"添加图表元素"下拉按钮，在下拉列表中选择"图例"命令，在子菜单中选择所需命令。右击图例，在弹出的快捷菜单中选择"设置图例格式"命令，可在弹出的"设置图例格式"对话框中设置图例填充、边框、阴影等格式效果。若要删除图例，在"图例"下拉列表中选择"无"命令即可。

5. 添加数据标签

选中要应用数据标签的图表元素，单击"图表工具-设计"选项卡的"图表布局"组中的"添加图表元素"下拉按钮，在下拉列表中选择"数据标签"命令，在子菜单中选择位置命令即可在相应位置添加数据标签，如图 4.89 所示；如果选择"其他数据标签选项"命令，则在弹出的"设置数据标签格式"窗格中可对数据标签进行相关设置。

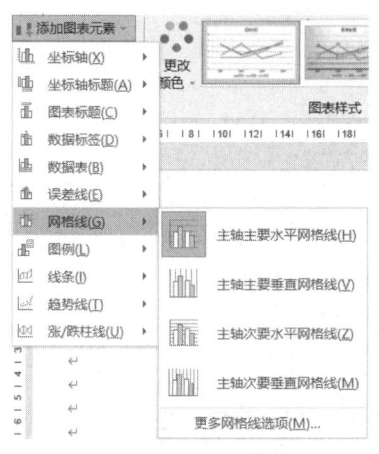

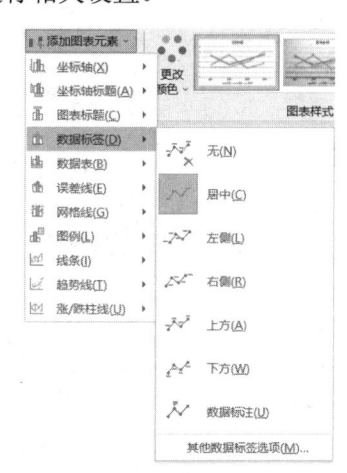

图 4.88 设置网格线　　图 4.89 设置数据标签

操作技巧

应用数据标签时，所选的图表元素不同，数据标签被应用到的范围就不同。如果选中整个图表，则数据标签被应用到图表的所有数据系列；如果只选中某个数据系列，则数据标签只被应用到所选的数据系列；如果只选中数据系列中的某个数据点，则数据标签只被应用到该数据点。

6. 设置图表布局和样式

在"图表工具-设计"选项卡的"图表布局"组中的"快速布局"下拉列表中可以快速设置图表中的各元素及位置，如图 4.90 所示；使用"图表样式"组中预设的图表样式可以快速美化图表，如图 4.91 所示。

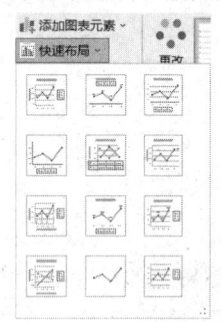

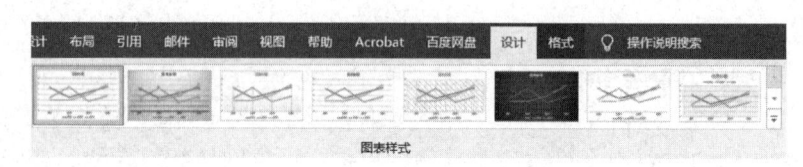

图 4.90 "快速布局"下拉列表　　　　图 4.91 "图表样式"组

7. 设置图表区和绘图区

在"图表工具-格式"选项卡的"当前所选内容"组中的"图表元素"下拉列表中选择"图表区"，然后单击"设置所选内容格式"按钮，在打开的"设置图表区格式"窗格中可以设置图表区的填充、边框颜色、边框样式等。

设置绘图区格式的方法与此类似：在"当前所选内容"组中的"图表元素"下拉列表中选择"绘图区"，然后单击"设置所选内容格式"按钮。

8. 更改系列图表类型

创建图表后，如果需要改变图表类型，则选中图表，单击"图表工具-设计"选项卡的"类型"组中的"更改图表类型"按钮，在弹出的"更改图表类型"对话框中对图表类型进行更改，如图 4.92 所示。

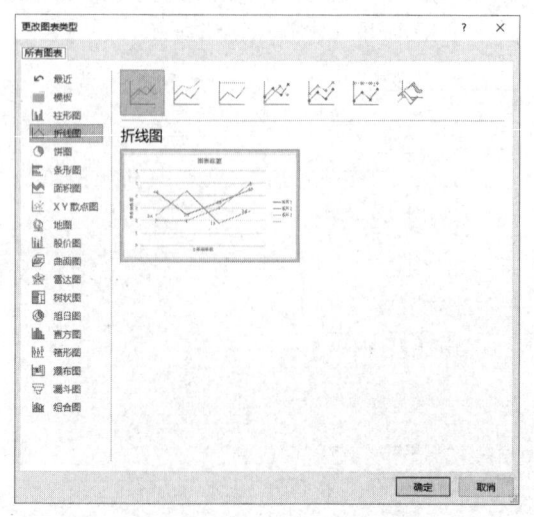

图 4.92 "更改图表类型"对话框

【同步训练 4-30】请帮助小李根据标题 4.5 下方的表格中的数据创建图表，参考如图 4.93 所示的完成效果图，设置图表类型、取消图表边框、第二绘图区所包含的项目、数据标签、图表标题和图例。

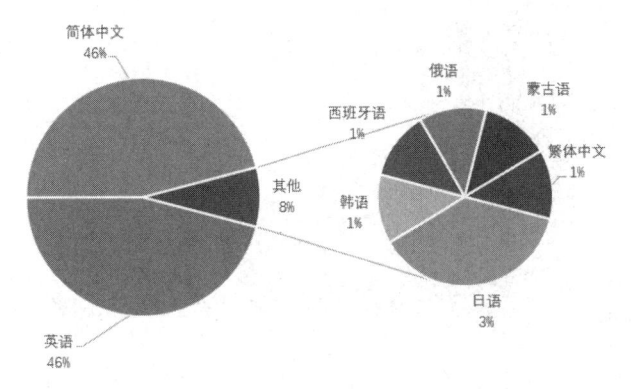

图 4.93　完成效果图

步骤 1．在标题 4.5 下方的表格前另起一段，插入"饼图/子母饼图"。

步骤 2．复制表格中的数据，在弹出的 Excel 工作表中选择 A1 单元格的位置进行粘贴，关闭 Excel 工作簿。

步骤 3．选中图表，在"图表工具-格式"选项卡的"形状样式"组中的"形状轮廓"下拉列表中选择"无轮廓"；单击图表右侧的"图表元素"，取消勾选"图表标题"和"图例"复选框。

步骤 4．选中图表，在"添加图表元素"下拉列表中选择"数据标签"→"其他数据标签选项"命令，打开"设置数据标签格式"窗格，单击"标签选项"按钮，展开"标签选项"组，勾选"类别名称""百分比""显示引导线"三个复选框，在"分隔符"下拉列表中选择"（新文本行）"，将"标签位置"设置为"数据标签外"。调整"简体中文""英语""繁体中文""蒙古语"四个标签位置，使其出现引导线。

步骤 5．选中图表，在"设置数据标签格式"窗格中单击"标签选项"右侧的下拉按钮，在如图 4.94 所示的"标签选项"下拉列表中选择"系列'比例'数据标签"，打开"设置数据系列格式"窗格，如图 4.95 所示，选择"系列选项"中的，在"系列分割依据"下拉列表中选择"位置"，将"第二绘图区中的值"设置为"6"。

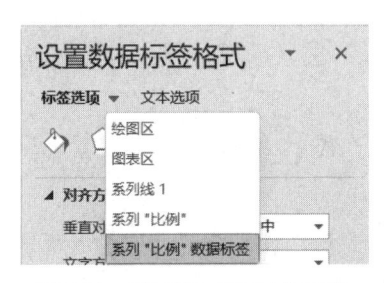

图 4.94　"标签选项"下拉列表　　　图 4.95　"设置数据系列格式"窗格

【同步训练4-31】请帮助小李根据标题5.1.7下方的表格中的数据创建图表，设置图表类型、图表边框、网格线、分类间距、图表标题和图例，完成效果图如图4.96所示。

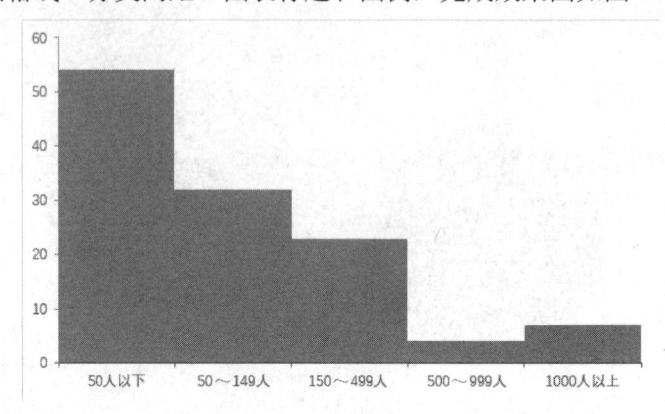

图4.96 完成效果图

步骤1．在标题5.1.7下方的表格前另起一段，插入"柱形图/簇状柱形图"，然后将表格中的数据复制到打开的Excel工作表的A1单元格中，删除多余的数据列，然后关闭Excel工作簿。

步骤2．选中图表，将其设置为无"图表标题"、无"图例"，在"添加图表元素"下拉列表中选择"网格线"→"更多网格线选项"命令；在打开的"设置主要网格线格式"窗格中，单击"填充与线条"图标，设置"线条"为"无线条"。

步骤3．在"设置主要网格线格式"窗格中，单击"主要网格线选项"右侧的下拉按钮，在下拉列表中选择"系列'企业数量'"，切换到"设置数据系列格式"窗格。单击"系列选项"图标，在"系列选项"区域中设置"间隙宽度"为最小值即"0%"，也可以拖动旁边的数值轴进行设置。

步骤4．选中图表中的垂直坐标轴，切换到"设置坐标轴格式"窗格，单击"坐标轴选项"图标，在"刻度线"区域设置"主刻度线类型"为"外部"，设置"次刻度线类型"为"无"；在"坐标轴选项"区域设置"最大值"为"10.0"。

步骤5．选中图表中的水平坐标轴，切换到"坐标轴选项"的"水平（类别）轴"，单击"坐标轴选项"图标，在"刻度线"区域设置"主刻度线类型"为"外部"。

操作提示

在设置坐标轴刻度线时，如果觉得刻度线不明显，则单击"填充与线条"图标，在"线条"区域设置颜色，如蓝色。

4.5 图文混排

4.5.1 自选图形

Word提供了许多预设的形状，如线条、矩形、箭头、流程图等，这些形状称为自选图形。在Word中可以直接绘制这些形状。操作步骤如下。

自选图形

（1）将光标定位到要插入自选图形的位置。

（2）单击"插入"选项卡的"插图"组中的"形状"按钮，在如图 4.97 的"形状"下拉列表中选择需要的形状。

（3）在文档的编辑区按住鼠标左键拖动鼠标绘制所选的形状。

操作技巧

要绘制正方形或正圆形等规则图形，在选择矩形或椭圆之后，按住 Shift 的同时拖动鼠标。

选中绘制的自选图形，选项卡区域会增加"图片工具-格式"选项卡，在该选项卡的"形状样式"组的样式中选择一种样式，通过该选项组中的"形状填充"和"形状轮廓"按钮可以设置自选图形的线型、线条颜色、填充颜色等，在"形状效果"下拉列表中可以设置图形的阴影效果或三维效果。

在自选图形中添加文字的操作步骤如下。

（1）选中图形后右击，在弹出的快捷菜单中选择"添加文字"命令。

（2）在自选图形内部出现一个文本框，可以向其中输入文字。

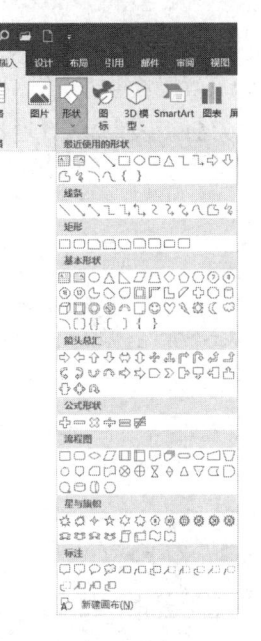

图 4.97 "形状"下拉列表

（3）选中文字后，通过"开始"选项卡中的"字体"组设置文字格式。

Word 提供的"对齐"功能可以让多个图形对齐。操作步骤如下。

（1）按住 Ctrl 键或 Shift 键不放，依次选中各个形状。

（2）单击"绘图工具-格式"选项卡的"排列"组中的"对齐"按钮。

（3）在"对齐"下拉列表中选择一种对齐方式即可。

多个图形组合成一个图形后，无论对该图形进行什么操作，它们都会同时进行且始终保持相对位置关系，组合多个图形的操作步骤如下。

（1）选中多个图形。

（2）单击"绘图工具-格式"选项卡的"排列"组中的"组合"按钮。

（3）在"组合"下拉列表中选择"组合"命令即可。

如果要取消组合，则选中图形，右击，在弹出的快捷菜单中选择"组合"→"取消组合"命令即可。

【同步训练 4-32】张静是一名大学本科三年级的学生，她正在制作个人简历，请帮助她根据页面布局的需要，在适当的位置插入标准色为橙色与白色的两个矩形，其中橙色矩形占满 A4 幅面，将文字环绕方式设置为"浮于文字上方"，作为简历的背景。完成效果如图 4.98 所示。

步骤 1．在页面上绘制一个矩形。

步骤 2．选中绘制的矩形，在"绘图工具-格式"选项卡的"形状样式"组中将"形状填充"和"形状轮廓"都设置为"标准色"中的"橙色"。

步骤 3．在"大小"组中将矩形的高度设置为 29.7 厘米，宽度设置为 21 厘米（在页面设置中可查得 A4 纸的高度为 29.7 厘米、宽度为 21 厘米）。

步骤 4．单击"排列"组中的"自动换行"下拉按钮，在下拉列表中选择"浮于文字上方"命令；单击"排列"组中的"对齐"按钮，在"对齐"下拉列表（见图 4.99）中先选择"对齐页面"命令，再选择"左对齐"和"顶端对齐"命令。

步骤 5. 在橙色矩形的上方按照同样的方法创建一个白色矩形，并将其"自动换行"设置为"浮于文字上方"，"形状填充"和"形状轮廓"都设置为"主题颜色"中的"白色"。

【同步训练 4-33】张静需要在页面中插入标准色为橙色的圆角矩形，并添加文字"实习经验"，插入 1 个短划线的虚线圆角矩形框。完成效果如图 4.100 所示。

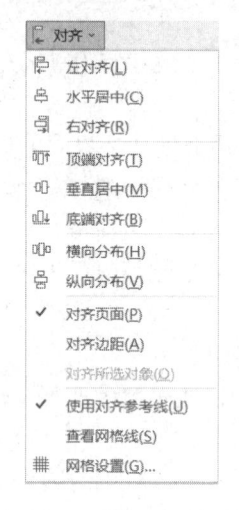

图 4.98　完成效果　　　　图 4.99　"对齐"下拉列表　　　　图 4.100　完成效果

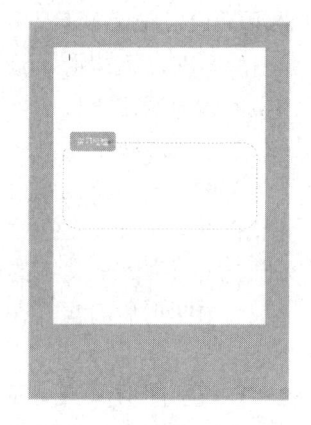

步骤 1. 在合适的位置绘制一个圆角矩形。

步骤 2. 将"圆角矩形"的"形状填充"和"形状轮廓"都设置为"标准色"中的"橙色"。

步骤 3. 选中所绘制的圆角矩形，在其中输入文字"实习经验"，并选中"实习经验"，设置"字体"为"宋体"，"字号"为"小二"。

步骤 4. 再绘制一个圆角矩形，并调整该圆角矩形的大小。

步骤 5. 选中该圆角矩形，选择"绘图工具-格式"选项卡，在"形状样式"组中将"形状填充"设置为"无填充颜色"，在"形状轮廓"下拉列表中选择"虚线"中的"短划线"，将"粗细"设置为"1.5 磅"，"颜色"设置为"标准色"中的"橙色"。

步骤 6. 此时，虚框圆角矩形在"实习经验"上方遮住了文字，所以选中虚线圆角矩形，右击，在弹出的快捷菜单中选择"置于底层"→"下移一层"命令。

【同步训练 4-34】请帮助张静在页面中的适当位置使用形状中的标准色中的橙色箭头。完成效果如图 4.101 所示（其中横向箭头使用水平线条型的箭头）。

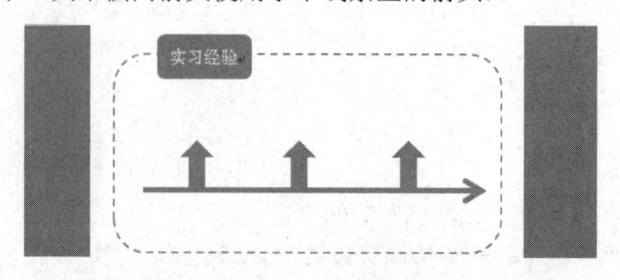

图 4.101　完成效果

步骤 1. 在"形状"下拉列表中选择"线条"组中的"箭头"，按住 Shift 键不放，在相应位置绘制水平线条型的箭头。

步骤 2．选中箭头，在"绘图工具-格式"选项卡的"形状样式"组中设置"形状填充"和"形状轮廓"都为橙色，形状轮廓"粗细"为"6 磅"。

步骤 3．插入"箭头总汇"中的"上箭头"，设置"形状填充"和"形状轮廓"都为橙色。

步骤 4．将上箭头水平复制 2 个，将其放在水平箭头的上方。

4.5.2 文本框和艺术字

利用文本框可以排出特殊的文档版式，在文本框中可以输入文字和段落并设置其格式，文本框连同其中的文字可以作为一个整体来独立排版，并且可以将其拖到文档中的任意位置。

Word 中有许多内置的文本框模板，使用这些模板可以快速创建特定样式的文本。在文档中插入文本框的操作步骤如下。

（1）将插入点定位到文档中要插入文本框的位置。

（2）单击"插入"选项卡的"文本"组中的"文本框"按钮，弹出如图 4.102 所示的"文本框"下拉列表。

（3）在下拉列表中的"内置"组中选择一种样式，在文档中可插入该样式的文本框。

（4）删除文本框中的示例文字，然后输入所需的文字。

图 4.102 "文本框"下拉列表

操作技巧

可以在"文本框"下拉列表中选择"绘制横排文本框"或"绘制竖排文本框"命令，然后在文档的编辑区中按住鼠标左键拖动绘制文本框，最后在文本框中输入文字。

文本框被选中后，在文本框的四周会出现 8 个控制点，与图片编辑的方法相似，按住鼠标左键拖动控制点可以改变文本框的大小，选项卡区域会增加如图 4.103 所示的"绘图工具-格式"选项卡，通过该选项卡可以对文本框的环绕方式、位置、大小、形状样式、文本等进行设置。

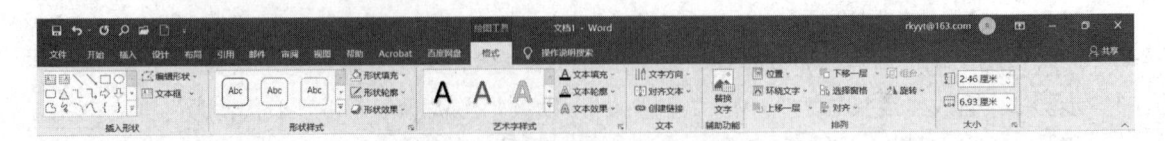

图 4.103 "绘图工具-格式"选项卡

在默认情况下,文本框的形状为矩形。修改文本框形状的操作步骤如下。

(1)选中要修改形状的文本框。

(2)单击"绘图工具-格式"选项卡的"插入形状"组中的"编辑形状"按钮,在下拉列表中选择"更改形状"命令。

(3)从列表中选择一种形状,将文本框更改为所选的形状。

对文本框进行其他设置的操作步骤如下。

(1)单击"绘图工具-格式"选项卡的"形状样式"组右下角的"对话框启动器"按钮,打开如图 4.104 所示的"设置形状格式"窗格。

(2)在该窗格中可对"形状选项"或"文本选项"设置对应的文本框形状格式效果或文本框中的文字的效果,如在"文本选项"的"文本框"组中的"垂直对齐方式"右侧的下拉列表中可以选择文字在文本中的垂直对齐方式,包括"顶端对齐""中部对齐""底端对齐"三个选项,也可以设置文本框中的文字与文本框四周边框之间的距离等。

【同步训练 4-35】请帮助张静在"同步训练 4-33"的基础上,插入文本框和文字,并调整文字的字体、字号、位置和颜色。完成效果如图 4.105 所示。

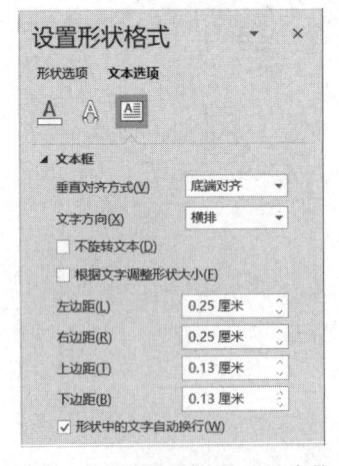

图 4.104 "设置形状格式"窗格 图 4.105 完成效果

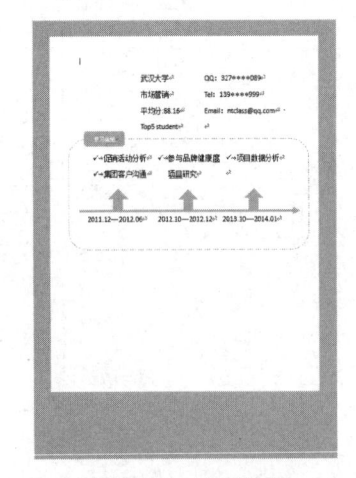

步骤 1. 单击"插入"选项卡的"文本"组中的"文本框"下拉按钮,在下拉列表中选择"绘制文本框"命令,绘制一个文本框并调整其位置。

步骤 2. 在文本框上右击,在弹出的快捷菜单中选择"设置形状格式"命令,打开"设置形状格式"窗格,将"线条"设置为"无线条"。

步骤 3. 在文本框中输入相应的文字,并调整其字体、字号和位置。

操作提示

在"实习经验"下方的带项目符号"✓"的文字,需要放在文本框中,选中文本框,单击"开始"选项卡的"段落"组中的"项目编号"按钮。

艺术字是一种具有特殊效果的文字，它们是作为图形来编辑的。插入艺术字的操作步骤如下。

（1）单击"插入"选项卡的"文本"组中的"艺术字"按钮，在下拉列表中选择一种艺术字格式。

（2）在文档中出现的"请在此放置您的文字"提示框中输入文字。

选中艺术字，可以在"开始"选项卡的"字体"组中对艺术字的字体、字号、颜色进行更改。可以在"绘图工具-格式"选项卡中对它的轮廓、填充、效果等艺术字样式进行设置。

【同步训练 4-36】张静需要在页面中插入艺术字并调整文字的字体、字号、位置和颜色。其中"张静"应为标准色中的橙色的艺术字，"寻求能够……"文本效果应为跟随路径的"拱形"。完成效果如图 4.106 所示。

步骤 1．单击"插入"选项卡的"文本"组中的"艺术字"按钮，在下拉列表中选择一种艺术字，输入文字"张静"，在"绘图工具-格式"选项卡的"排列"组中选择"环绕文字"为"浮于文字上方"，调整其位置。

步骤 2．选中艺术字，设置"字号"为"一号"，"字体"为"楷体"，在"绘图工具-格式"选项卡的"艺术字样式"组中设置艺术字的"文本填充"为标准色中的橙色，设置"文本轮廓"为标准色中的红色。

步骤 3．使用同样的方法在页面下方插入艺术字并输入文字"寻求能够不断学习进步，有一定挑战性的工作！"，并设置文字大小为"小一"。

步骤 4．单击"绘图工具-格式"选项卡的"艺术字样式"组中的"文本效果"下拉按钮，在下拉列表中选择"转换"命令，在"转换"列表（见图 4.107）的"跟随路径"组中选择"拱形"。

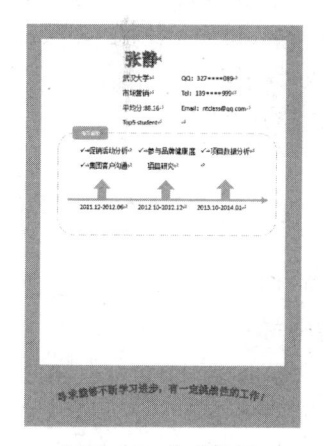

图 4.106　完成效果　　　　图 4.107　"转换"列表

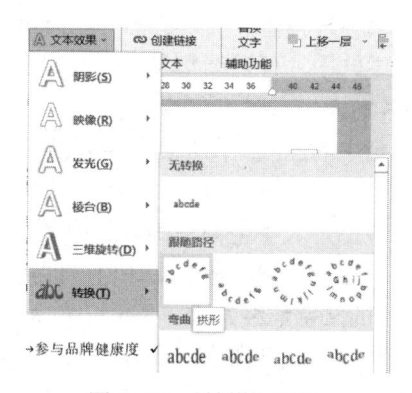

4.5.3　图片

在制作文档时，要使文档图文并茂，具有说服力，常常在文档中插入图片。插入图片分为插入计算机中的图片和插入联机图片两种。

将计算机中的图片插入 Word 文档中的操作步骤如下。

（1）将插入点定位到文档中要插入图片的位置。

（2）在"插入"选项卡的"插图"组中单击"图片"按钮，选择"此设备"，弹出如图 4.108

所示的"插入图片"对话框。

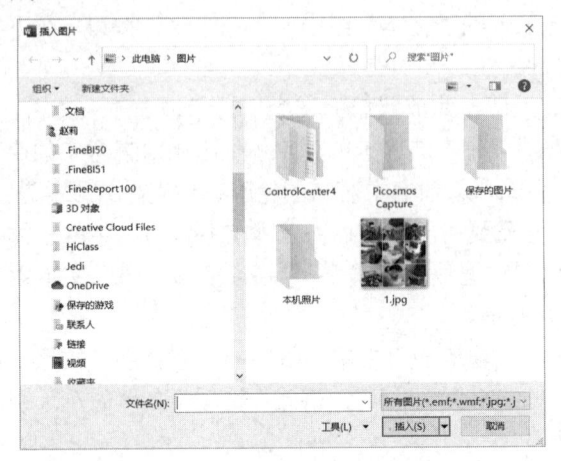

图 4.108 "插入图片"对话框

（3）在该对话框中选择需要的图片，按住 Ctrl 键不放可以依次选择需要插入的多张图片，单击"插入"按钮。

操作技巧

还可以用复制粘贴的方法在文档中插入图片，在文件夹中选择要插入的图片，按"Ctrl+C"组合键复制图片，然后在 Word 文档中需要插入图片的位置按"Ctrl+V"组合键粘贴，即可将图片插入文档中。

如果插入联机图片，则在"插入"选项卡的"插图"组的"图片"下拉列表中选择"联机图片"命令，打开"在线图片"面板，在搜索文本框中输入需要检索的关键词，单击"搜索"按钮。在搜索结果中选择需要插入的图片，单击"插入"按钮。

对插入文档中的图片可以调整大小，设置图片的文字环绕方式等。

1. 调整图片的大小

选中插入文档中的图片，图片四周会出现 8 个空心小圆点，将光标移到控制点上会变成形状，拖动鼠标可以改变图片的大小。

用数值框调整图片大小会更精确，选中图片后，在"图片工具-格式"选项卡的"大小"组中输入图片的"高度"和"宽度"数值，即可设置图片的大小。

2. 设置图片的文字环绕方式

插入图片的环绕方式默认为"嵌入型"。这种图片相当于文档中的一个文字，只能像移动文字一样将图片在文档中的文字之间移动。只有将图片设置为"非嵌入型"环绕方式，图片和文字才能实现混排。操作步骤如下。

（1）选中图片，在 Word 选项卡区域会增加"图片工具-格式"选项卡。
（2）单击该选项卡的"排列"组中的"环绕文字"按钮。
（3）在如图 4.109 所示的"环绕文字"下拉列表中选择一种环绕方式。

学习提示

图片除了"嵌入型"还有以下环绕方式。

四周型环绕：不管图片是否为矩形图片，文字以矩形方式环绕在图片四周。

紧密型环绕：如果图片是矩形，则文字以矩形方式环绕在图片四周，如果图片是不规则图形，则文字紧密环绕在图片四周。

穿越型环绕：文字可以穿越不规则图片的空白区域环绕图片。
上下型环绕：文字环绕在图片上方和下方。
衬于文字下方：图片在下、文字在上分为两层，文字将覆盖图片。
浮于文字上方：图片在上、文字在下分为两层，图片将覆盖文字。

3. 调整图片在文档中的位置

选中图片，用鼠标将图片拖动到文档中的任意位置，在"图片工具-格式"选项卡的"排列"组中单击"位置"按钮，在下拉列表中选择一种图片位置；也可以选择"其他布局选项"命令，在弹出的如图 4.110 所示的"布局"对话框中对位置、文字环绕及大小进行设置。

图 4.109 "环绕文字"下拉列表　　　　图 4.110 "布局"对话框

【同步训练 4-37】张静需要在"实习经验"处插入实习企业 Logo 图片 2.jpg、3.jpg、4.jpg，并调整图片位置。完成效果如图 4.111 所示。

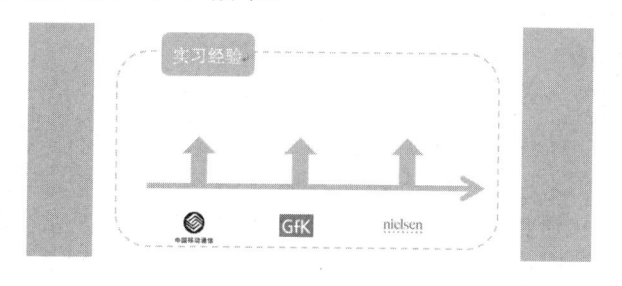

图 4.111 完成效果

步骤 1．插入此设备中的图片"2.jpg"。

步骤 2．选中图片，在"环绕文字"下拉列表中选择"浮于文字上方"命令，调整图片的位置。

步骤 3．使用相同的方法插入另外两张图片。

4. 图片的剪裁

使用 Word 的图片剪裁功能，可以对插入文档中的图片进行剪裁。

【同步训练 4-38】张静需要在个人简历中插入一张个人照片，这张照片在图片"1.png"上，先对图片进行裁剪和调整，再删除图片的剪裁区域。完成效果如图 4.112 所示。

图4.112 完成效果

步骤1. 按照插入企业Logo的方法插入图片"1.png",并将图片浮于文字上方。

步骤2. 选中图片,单击"图片工具-格式"选项卡的"大小"组中的"裁剪"按钮,图片控制点将变成黑色的剪裁控制点,移动鼠标当指针变成"倒T"形状时,按住鼠标左键拖动至适当大小松开鼠标左键,单击文档空白处完成剪裁。

操作提示

如果想将图片裁剪为一定的形状,则可以在"图片工具-格式"选项卡中单击"裁剪"下拉按钮,在下拉列表中选择"裁剪为形状"命令,然后在子菜单中选择一个形状进行裁剪。

步骤3. 调整图片的大小和位置。

5. 对齐和旋转图片

设置图片的对齐方式的操作步骤:选中图片,在"图片工具-格式"选项卡的"对齐"下拉列表中进行选择。需要注意的是,除了选择对齐方式,还要选择是对齐页面、对齐边距,还是对齐所选的对象。

选中图片,将光标移到图片的旋转柄上,按住鼠标左键拖动就可以旋转图片,松开鼠标左键即可完成旋转;也可以在"图片工具-格式"选项卡中单击"旋转"按钮,在下拉列表中选择旋转角度。

【同步训练4-39】付老师需要在"Access数据库应用基础"课程介绍文档的开头插入"data.jpg"图片,并对其进行如下设置:

(1)调整其环绕方式为四周型环绕。
(2)不改变图片纵横比,调整图片宽度为与页面同宽。
(3)调整图片的位置,使其水平位于页面的正中,垂直对齐于页面的上边缘。

步骤1. 在文档的开头插入图片"data.jpg"。

步骤2. 选中插入的图片,设置图片环绕方式为"四周型",将图片"宽度"调整为"18.2厘米"(因为B5纸张的页面宽度为18.2厘米,所以图片的宽度也要设置为18.2厘米)。

步骤3. 在"对齐"下拉列表中先选择"对齐页面"命令,再选择"顶端对齐"和"水平居中"命令。

6. 删除图片背景

图4.113 "背景消除"选项卡

选中图片,单击"图片工具-格式"选项卡中的"删除背景"按钮即可删除背景,如果有小部分区域在删除区域内,则单击如图4.113所示的"背景消除"选项卡中的"标记要保留的区域"按钮,当光标变为笔形状时,通过拖动鼠标绘制线条,以标记要保留的区域;删除背景后,单击"保留更改"按钮即可退出删除图片背景状态。

7. 调整图片亮度和对比度

选中图片，单击"图片工具-格式"选项卡的"调整"组中的相关按钮可以调整图片的亮度、对比度、颜色、艺术效果等。

为图片设置一种颜色作为透明色的操作步骤如下：在"图片工具-格式"选项卡的"调整"组中单击"颜色"按钮，在下拉列表中选择"设置透明色"命令，当鼠标指针变成吸管（🖉）时，单击要设置为透明色的颜色如红色，该图片中的所有红色均为透明色，被红色覆盖的内容就会显示出来。

8. 图片样式

选中图片，在"图片工具-格式"选项卡中还可以对图片样式和效果进行设置，使图片更加美观。操作步骤如下。

（1）选择"图片样式"组中的一种样式，可以快速将图片设置为该样式，在"其他"下拉列表中有更多预设样式，如"映像圆形矩形"等，如图 4.114 所示。

（2）单击"图片样式"组中的"图片边框"按钮，可以设置图片边框的样式。

（3）单击"图片样式"组中的"图片效果"按钮，可以为图片应用阴影、预设、映像、发光等效果。

（4）单击"图片样式"组中的"图片版式"按钮，可以将所选的图片快速转换成 SmartArt 图形。

（5）单击"图片样式"组右下角的"启动器"按钮，可以在打开的"设置图片格式"窗格中进行设置，如图 4.115 所示。

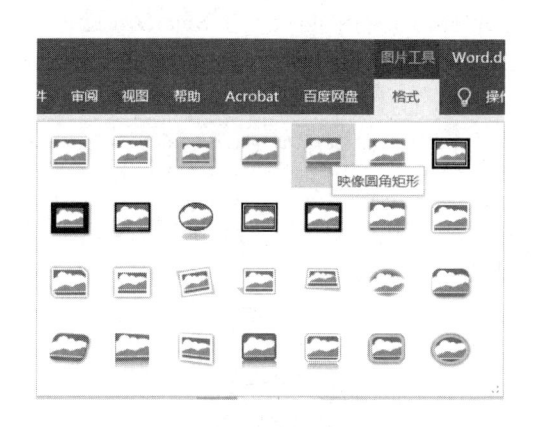

图 4.114　预设样式

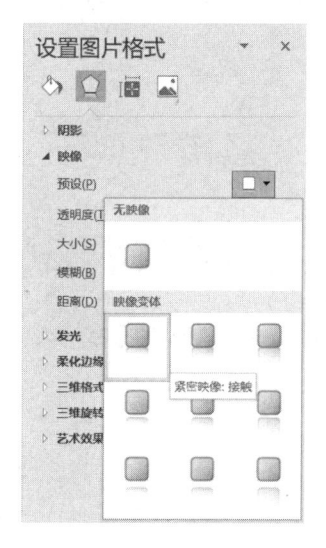

图 4.115　"设置图片格式"窗格

操作技巧

如果对插入文档的图片不满意，要将它更换为其他图片，但希望新图片保持原图片在文档中的位置和大小，则可以使用更改图片功能，选中图片，在"图片工具-格式"选项卡的"调整"组中单击"更改图片"按钮，在弹出的"插入图片"对话框中选择所需要的图片。

如果对图片的编辑不满意，则可以在"图片工具-格式"选项卡的"调整"组中单击"重设图片"按钮，将图片还原到原始状态。

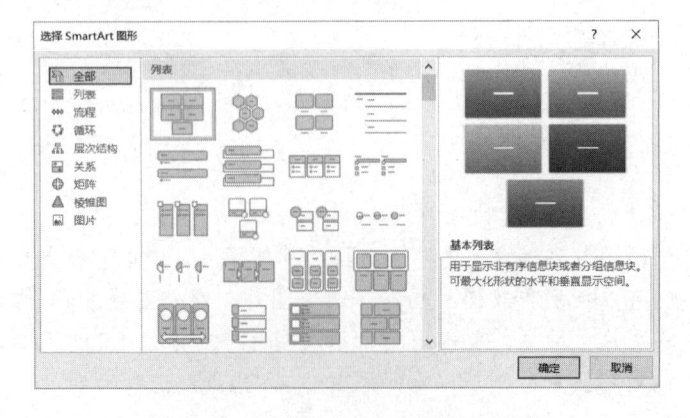

4.5.4 SmartArt 图形

SmartArt 图形是预先组合并设置好样式的一组文本框、形状、线条等，SmartArt 图形包括列表、流程、循环、层次结构、关系、矩阵、棱锥图和图片 8 种类型，每种类型又包括一些图形样式。可以根据需要插入 SmartArt 图形。

（1）将插入点移至需要插入 SmartArt 图形的位置。

（2）单击"插入"选项卡的"插图"组中的 SmartArt 按钮，弹出"选择 SmartArt 图形"对话框。

（3）在该对话框中选择一种图形，单击"确定"按钮。

文档中会出现 SmartArt 图形，但此时图形没有具体信息，只有占位符文本，同时在 Word 中会增加"SmartArt 工具-设计"和"SmartArt 工具-格式"两个选项卡，可以通过这两个选项卡对 SmartArt 图形进行设置。

【同步训练 4-40】在张静的个人简历中要设计一个"SmartArt"图形，并进行适当编辑，这个阶梯状的"SmartArt"图形的寓意为积极求索、不断进步。完成效果如图 4.116 所示。

步骤 1．单击"插入"选项卡的"插图"组中的"SmartArt"按钮，弹出"选择 SmartArt 图形"对话框，如图 4.117 所示。

步骤 2．在该对话框中选择"流程"类型中的"步骤上移流程"SmartArt 图形进行插入。

步骤 3．此时文档中插入一个 SmartArt 图形并处于编辑状态，单击 SmartArt 图形边框选中整个 SmartArt 图形，并在"SmartArt 工具-格式"选项卡的"排列"组中单击"环绕文字"按钮，在下拉列表中选择"浮于文字上方"命令。

步骤 4．输入相应的文字，并适当调整 SmartArt 图形的大小和位置。

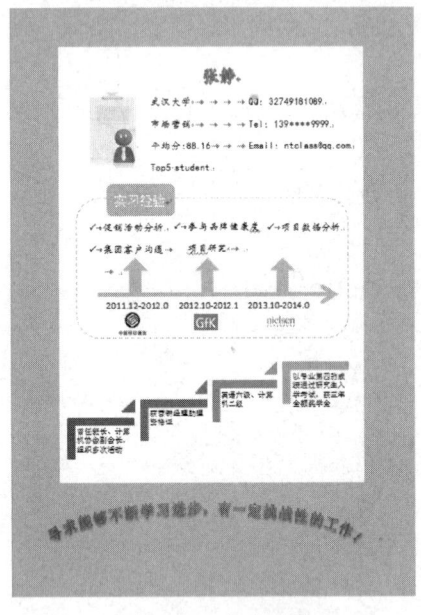

图 4.116　完成效果

图 4.117　"选择 SmartArt 图形"对话框

步骤 5. SmartArt 图形中的形状元素不够，需要添加形状元素，选择要添加形状的 SmartArt 图形，在"SmartArt 工具-设计"选项卡的"创建图形"组中单击"添加形状"按钮，在下拉列表中选择"在后面添加形状"，然后在新形状中继续输入内容。

如果 SmartArt 图形中的某个形状元素多余，需要将其删除，则选中 SmartArt 图形中的该形状元素，按 Delete 键或 Backspace 键。

步骤 6. 根据图 4.118，为插入的 SmartArt 图形应用一种图形样式，选中 SmartArt 图形，单击"SmartArt 工具-设计"选项卡的"SmartArt 样式"组中的"更改颜色"按钮，在下拉列表中选择"个性色 2"组中的"渐变范围-个性色 2"，拖动 SmartArt 图形外围的绘图画布，调整至合适大小。

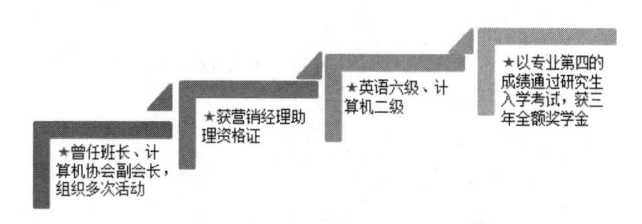

图 4.118 完成的 SmartArt 图形

操作提示

要使每部分文字之前都有一个红色五角星，可使用插入符号来实现。

4.5.5 插入对象

在 Word 文档中，可以以对象方式插入其他 Word 文档，或者插入来自其他应用程序的文档，所插入的文档可以与外部文件链接，且修改外部文件时，会相应地修改该 Word 文档中插入的对象。

【同步训练 4-41】小李在整理高新技术企业的政策文件时，需要将文档"附件 4 新旧政策对比.docx"中的全部内容插入同步训练 4-41.docx 文档的下面。

步骤 1. 将光标定位在同步训练 4-41.docx 文档的结尾处，单击"插入"选项卡的"文本"组中的"对象"下拉按钮，在下拉列表中选择"文件中的文字"命令。

步骤 2. 在弹出的"插入文件"对话框中，找到文档"附件 4 新旧政策对比.docx"，单击"插入"按钮。

【同步训练 4-42】晓云在完成上一年度员工考核成绩时，需要将"管理办法.docx"作为对象，插入"同步训练 4-42.docx"文档中表格右下角的单元格中，并显示为图标，图标下方的题注文字为"指标说明"。

步骤 1. 在"同步训练 4-42.docx"文档中，选中表格最后一个单元格。

步骤 2. 单击"插入"选项卡的"文本"组中的"对象"按钮，弹出如图 4.119 所示的"对象"对话框。

步骤 3. 选择"由文件创建"选项卡，单击"浏览"按钮，在弹出的"浏览"对话框中选中"管理办法.docx"文档，单击"插入"按钮，勾选"显示为图标"复选框，单击"更改图标"按钮，弹出"更改图标"对话框，将题注改为"指标说明"，单击"确定"按钮，如图 4.120 所示。

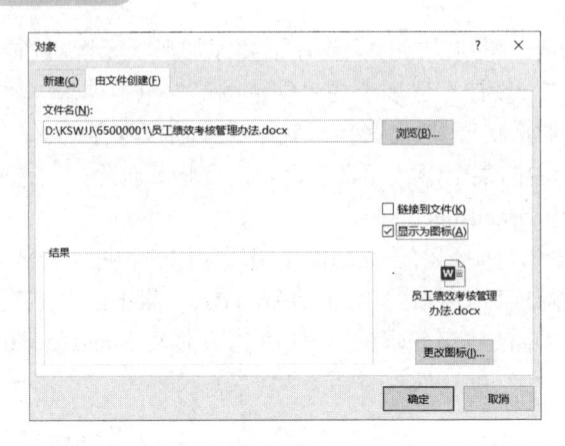

图 4.119 "对象"对话框

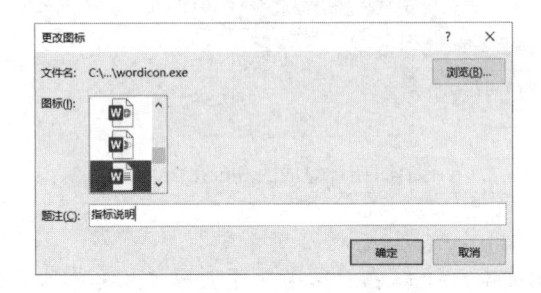

图 4.120 "更改图标"对话框

4.5.6 插入封面页

完成编辑后可以为长文档增加一个封面，Word 提供了许多预定义的封面格式，含有预设好的图片、文本框。单击"插入"选项卡的"页"组中的"封面"按钮，在如图 4.121 所示的"封面"下拉列表中选择一种封面，即可为文档插入封面页，然后在封面页中的对应区域中输入相应的内容。

【同步训练 4-43】徐雅雯要为关于艺术史的 Word 格式的文档制作一个封面，请帮助她在文档中插入"奥斯汀"型封面，并将文档开头部分的文本移动到对应的占位符中，其中标题占位符中的内容为"鲜为人知的秘密："；副标题占位符中的内容为"光学器材如何助力西方写实绘画"；摘要占位符中的内容为"借助光学器材作画的绝非维米尔一人，参与者还有很多，其中不乏名家大腕，如杨·凡·埃克、霍尔拜因、伦勃朗、哈里斯和委拉斯开兹等，几乎贯穿了15 世纪之后的西方绘画史。"。完成效果如图 4.122 所示。

步骤 1．打开文档，单击"插入"选项卡的"页"组中的"封面"按钮，在下拉列表中选择"奥斯汀"，即可在文档的开始位置插入一个封面页。

步骤 2．按照要求，将第一页开始位置的文本"鲜为人知的秘密："复制到标题占位符文本框中；将第一页开始位置的文本"光学器材如何助力西方写实绘画"复制到副标题占位符文本框中；将文本"借助光学器材作画的绝非维米尔一人，参与者还有很多，其中不乏名家大腕，如杨·凡·埃克、霍尔拜因、伦勃朗、哈里斯和委拉斯开兹等，几乎贯穿了 15 世纪之后的西方绘画史。"复制到摘要占位符文本框中。

除了使用预定义的封面格式，还可以使用图形、文本框等来设计一个封面。

图 4.121 "封面"下拉列表 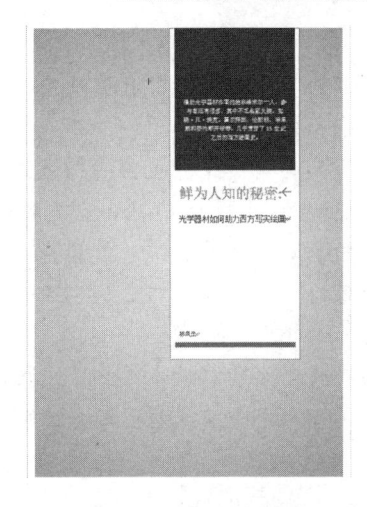　　　　图 4.122 完成效果

4.5.7 使用文档部件和文档主题

将需要在文档中反复使用的文本段落、表格或图片等元素保存为文档部件，以后使用它们时，可以快速将它们插入文档中，而不用进行"复制""粘贴"操作。

【同步训练 4-44】小王在制作"创新产品展示说明会"邀请函的过程中，希望将来制作邀请函时能利用会议议程中的内容，请帮助他将文档中的表格内容保存到"表格"部件库，并将其命名为"会议议程"。

步骤 1．选中所有表格内容，单击"插入"选项卡的"文本"组中的"文档部件"按钮，在下拉列表中选择"将所选内容保存到文档部件库"命令。

步骤 2．在弹出的"新建构建基块"对话框中，在"名称"文本框中输入"会议议程"，在"库"下拉列表项选择"表格"，如图 4.123 所示，单击"确定"按钮。

以后需要使用这个表格时，单击"文档部件"按钮，在下拉列表中选择"构建基块管理器"命令，在弹出的"构建基块管理器"对话框中选择所需内容，如图 4.124 所示，单击"插入"按钮即可完成插入。

图 4.123 "新建构建基块"对话框 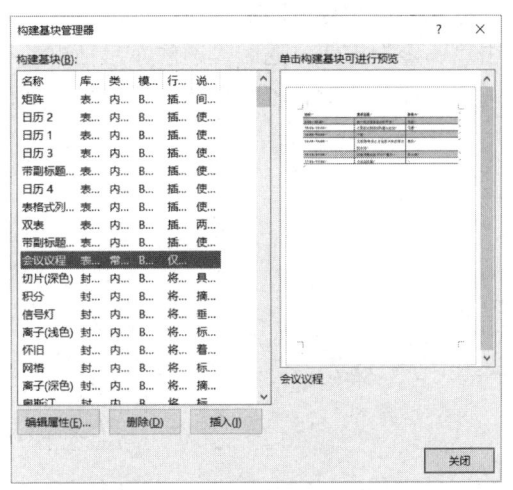　　　　图 4.124 "构建基块管理器"对话框

操作提示

使用文档部件时,在文档中直接输入文档部件的名称,如"会议议程",然后按 F3 键,即可快速插入对应的文档部件。

主题是一套具有统一设计元素的格式选项,比样式集的设置范围大。主题包括主题颜色、主题字体和主题效果。主题在 Office 中是共享的,同一主题可以在 Office 中的其他组件中使用,使不同格式的 Office 文档具有统一外观。

在"页面布局"选项卡的"主题"组中单击"主题"按钮,在下拉列表中选择一种主题即可快速改变文档的外观。

对主题的修改会立即影响本文档,如果需要将这些更改也应用到新文档,则可以在"主题"下拉列表中选择"保存当前主题"命令,将它们另存为自定义的文档主题。

4.6 长文档排版

4.6.1 题注与交叉引用

题注是指对文档中的图片或表格进行自动编号,当移动、添加或删除带题注的图片、表格或图表时,Word 会自动更新文档中各题注的编号,既可节约手动编号的时间,也可避免编号出错。为图片、表格等元素创建题注的方法是类似的。

为文档中的图片添加题注的操作步骤如下。

(1)将插入点定位到要添加题注的位置或选中图片。

(2)单击"引用"选项卡的"题注"组中的"插入题注"按钮,弹出"题注"对话框,如图 4.125 所示。

(3)在"题注"对话框的"题注"文本框中显示的是题注方式,可以单击"新建标签"按钮,弹出"新建标签"对话框,如图 4.126 所示。

(4)在该对话框中输入标签名称,如"图",单击"确定"按钮,返回"题注"对话框。

(5)如果编号需要带上如"图 1.1"的章节号,则单击"编号"按钮,在弹出的如图 4.127 所示的"题注编号"对话框中勾选"包含章节号"复选框,然后从"章节起始样式"中进行选择,单击"确定"按钮,返回"题注"对话框。

(6)在"题注"对话框中单击"确定"按钮即可插入题注。

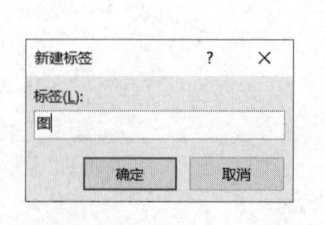

图 4.125 "题注"对话框   图 4.126 "新建标签"对话框   图 4.127 "题注编号"对话框

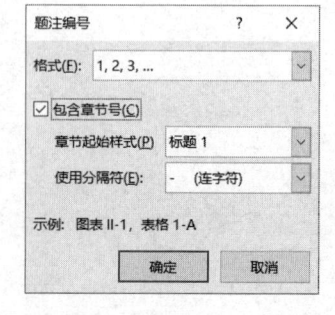

在文档中插入第二张及以后各张图片并插入题注时，单击"插入题注"按钮，弹出"题注"对话框，Word 会自动选择已创建的新标签"图"和章节编号样式，此时，只需单击"确定"按钮插入题注，然后在题注标签和编号后面输入文字说明。

【同步训练 4-45】小李需要修改调查报告文档中两个表格下方的题注，使其可以自动编号，样式为"表 1，表 2，…"；修改文档中三个图表下方的题注，使其可以自动编号，样式为"图 1，图 2，…"；将以上表格和图表的题注都居中对齐。

步骤 1．在标题 3.1 下方的表格中，删除题注中的文本"表 1"，单击"引用"选项卡的"题注"组中的"插入题注"按钮，弹出"题注"对话框，单击"新建标签"按钮，输入标签名称"表"，单击"确定"按钮，关闭所有对话框，即可在第一个表格的题注位置插入"表 1"。

步骤 2．在标题 3.4.1 下方的表格中，删除题注中的文本"表 2"，打开"题注"对话框，单击"确定"按钮，即可在第二个表格的题注位置插入"表 2"。

步骤 3．在标题 3.3 下方的图表中，删除题注中的文本"图 1"，打开"题注"对话框，单击"新建标签"按钮，输入标签名称"图"，单击"确定"按钮。关闭所有对话框，即可在第一个图表的题注位置插入"图 1"。

步骤 4．使用相同的方法即可在第二个图表的题注位置插入"图 2"、在第三个图表的题注位置插入"图 3"。

步骤 5．插入题注后，在"开始"选项卡的"样式"组中对"题注"样式进行修改，在打开的"修改样式"对话框中，将对齐方式设置为"居中"，单击"确定"按钮。

插入题注后，在正文中要有相应的引用说明。如果题注编号发生改变，则正文中引用它的文字也要相应地改变，这时，就要使用交叉引用。在文档中创建交叉引用的操作步骤如下。

（1）将插入点定位到要创建交叉引用的地方。

（2）单击"引用"选项卡的"题注"组中的"交叉引用"按钮，弹出如图 4.128 所示的"交叉引用"对话框。

（3）在该对话框的"引用类型"下拉列表中选择要引用的内容，如"表"，在"引用内容"下拉列表中选择"仅标签和编号"，单击"插入"按钮即可将"表 1.1"文字插入文档中。

（4）此时该对话框不会关闭，可以继续在文档中定位插入点，在文档的其他位置插入交叉引用，单击"关闭"按钮关闭该对话框。

图 4.128 "交叉引用"对话框

【同步训练 4-46】小李希望在调查报告文档中，将表格和图表上方用黄色突出显示的内容替换为可自动更新的交叉引用，只引用标签和编号。

步骤 1．打开查找导航窗格，搜索"表格"，找到表 1 的位置。将表 1 上方有黄色底纹的文字"表 1"删除，单击"引用"选项卡的"题注"组中的"交叉引用"按钮，弹出"交叉引用"对话框，在"引用类型"下拉列表中选择"表"，在"引用内容"下拉列表中选择"仅标签和编号"，在"引用哪一个题注"列表框中选择第一个题注内容，如图 4.128 所示，然后单击"插入"按钮（不需要关闭该对话框）。

步骤 2．在"查找和替换"对话框中单击"查找下一个"按钮，找到文档中的第二个表格位置，删除黄色底纹的文字"表 2"，在"交叉引用"对话框中，在"引用哪一个题注"列表框中选择第二个题注内容，单击"插入"按钮。

步骤 3．按照步骤 1 搜索"图表"，找到图 1 的位置，删除图 1 附近黄色底纹的文字"图 1"，在"交叉引用"对话框中，在"引用类型"下拉列表中选择"图"，在"引用内容"下拉列表中选择"仅标签和编号"，在"引用哪一个题注"列表框中选择第一个题注内容，单击"插入"按钮。

步骤 4．按照步骤 2 完成图 2、图 3 的交叉引用。

4.6.2 脚注与尾注

脚注和尾注是对正文添加的注释，在页面底部所加的注释称为脚注，在全篇文档末尾添加的注释称为尾注。Word 中可以自动插入脚注和尾注，并为其添加编号。操作步骤如下。

（1）将插入点定位到要插入注释的位置。

（2）如果要插入脚注，则单击"引用"选项卡的"脚注"组中的"插入脚注"按钮；如果要插入尾注，则单击"插入尾注"按钮。

（3）此时，Word 会自动将插入点定位到脚注或尾注区域中，可以直接输入注释内容。

文档中的脚注和尾注可以相互转换。操作步骤如下。

（1）单击"引用"选项卡的"脚注"组右下角的"对话框启动器"按钮，弹出如图 4.129 所示的"脚注和尾注"对话框。

（2）在该对话框中单击"转换"按钮，弹出如图 4.130 所示的"转换注释"对话框。

（3）在该对话框中根据需要选择相应的选项进行转换。

图 4.129 "脚注和尾注"对话框　　　　图 4.130 "转换注释"对话框

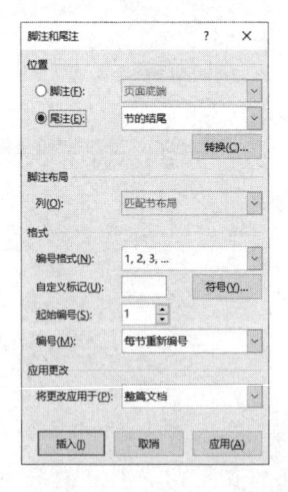

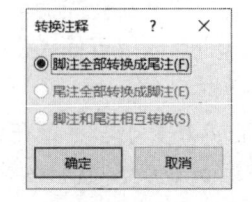

【同步训练 4-47】小李在对调查报告进行美化和排版的过程中，需要将文档的脚注转换为尾注，尾注位于每节的末尾，每节重新编号，格式为"1,2,3,…"，将正文中的尾注编号修改为上标格式。

步骤 1．单击"引用"选项卡的"脚注"组右下角的"对话框启动器"按钮，弹出"脚注和尾注"对话框，选中"尾注"单选按钮，并在其右侧的下拉列表中选择"节的结尾"；在"格式"组中，将"编号格式"设置为"1,2,3,…"，在"编号"下拉列表中选择"每节重新编号"；

在"将更改应用于"下拉列表中选择"整篇文档",如图 4.129 所示。

步骤 2. 单击该对话框中的"转换"按钮,在弹出的如图 4.130 所示的对话框中单击"确定"按钮,返回"脚注和尾注"对话框,单击"应用"按钮,脚注即可转换为尾注。

步骤 3. 在"查找和替换"对话框中,查找特殊格式"尾注标记",在"替换为"文本框中设置"格式"→"字体",在弹出的"替换字体"对话框中勾选"上标"复选框,将文档中所有尾注的编号全部替换为上标格式。

4.6.3 分页与分节

在文档中,一个页面充满了文本或图形时,Word 将自动插入一个分页符并生成新页。如果要将同一页的文本分别放在不同页中,则要进行手动分页。分页符是分页的一种符号,在分页符所在的位置将强制开始下一页。在 Word 文档中可以随时插入这种分页符来强制分页,在文档中插入分页符的操作步骤如下。

(1)将插入点定位到要位于下一页段落的开头。

(2)单击"页面布局"选项卡的"页面设置"组中的"分隔符"按钮,在下拉列表中选择"分页符"组中的"分页符"命令,插入点之后的内容即可放到下一页。

操作技巧

插入分页符后,如果页面上分页符不可见,则单击"开始"选项卡的"段落"组中的"显示/隐藏编辑标记"按钮,使按钮处于高亮显示状态,这样文档中的分页符就可见了;再次单击该按钮,分页符又不可见但仍然起作用。

分节符可以将文档分为不同节,每节可以根据需要设置成不同格式,且不影响设置其他节的文档格式。通过设置分节符可以为不同节设置页眉或页脚、段落编号或页码等内容,如本书中的目录、前言及每章都属于不同节,为它们设置了不同的页眉、页脚、页码。在文档中插入分节符的操作步骤如下。

(1)将插入点移至需要分节的位置。

(2)单击"页面布局"选项卡的"页面设置"组中的"分隔符"按钮,弹出如图 4.131 所示的"分隔符"下拉列表。

(3)在该下拉列表中选择"分节符"组中的命令,即可完成分节符的插入。

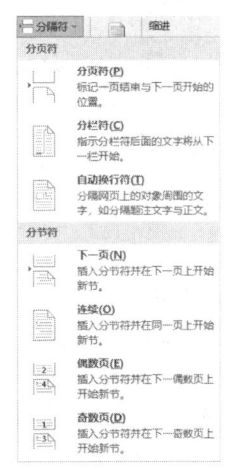

图 4.131 "分隔符"下拉列表

分节符的类型及其功能如表 4.9 所示。

表 4.9 分节符的类型及其功能

分节符的类型	功 能
下一页	在插入"分节符"处进行分页,下一节从下一页开始
连续	分节后,在同一页中下一节的内容紧接上一节的开始
偶数页	在下一个偶数页开始新的一节。如果分节符在偶数页上,则文档会空出下一个奇数页
奇数页	在下一个奇数页开始新的一节。如果分节符在奇数页上,则文档会空出下一个偶数页

4.6.4 书签和超链接

Word 文档中的书签用于在文档中做标记。在 Word 文档中插入书签的操作步骤如下。

（1）将插入点定位到要插入书签的位置或选中要插入书签的文本。

（2）单击"插入"选项卡的"链接"组中的"书签"按钮，弹出如图 4.132 所示的"书签"对话框。

（3）在"书签"对话框的"书签名"文本框中输入书签名称，单击"添加"按钮。

使用书签时，单击"书签"按钮，在弹出的"书签"对话框中选择要跳转到的书签，单击"定位"按钮即可快速定位到书签的位置。也可以在"开始"选项卡的"编辑"组中单击"查找"下拉按钮，在下拉列表中选择"转到"命令，弹出如图 4.133 所示的"查找和替换"对话框，选择"定位"选项卡，在"定位目标"中选择"书签"，在"请输入书签名称"文本框中输入书签名称，单击"定位"按钮即可定位到文档中书签的位置。

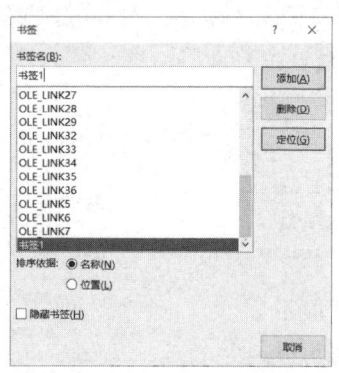

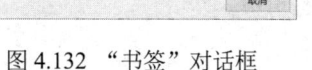

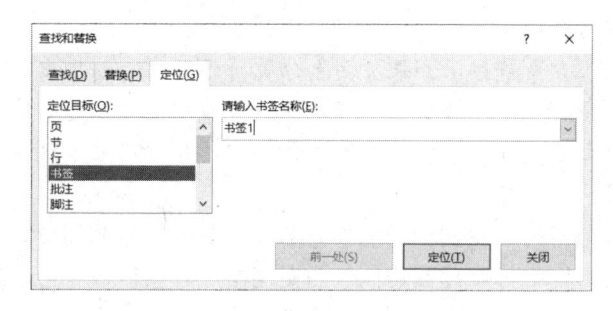

图 4.132 "书签"对话框　　　　　图 4.133 "查找和替换"对话框

操作提示

在"查找和替换"对话框的"定位"选项卡中，可以选择定位到特定的页码、节、行、批注、脚注、表格、图形等，这在编辑长文档时非常有用。

Word 中的书签默认为不显示。要显示书签，选择"文件"菜单中的"选项"命令，在弹出的"Word 选项"对话框中，左侧选择"高级"，在右侧的"显示文档内容"列表中勾选"显示书签"。

在 Word 文档中设置超链接的操作步骤：选择要添加超链接的文本，单击"插入"选项卡的"链接"组中的"超链接"按钮，在弹出的如图 4.134 所示的"插入超链接"对话框中，左侧"链接到"列表中选择"现有文件或网页"，表示超链接可链接到某个文件或网站，然后选择要链接到的文件，或者在地址栏中输入要链接到的网站网址。

如果在"链接到"列表中选择"电子邮件地址"，则会创建电子邮件超链接。按住 Ctrl 键不放单击超链接可以直接给设定的电子邮箱发邮件。

在 Word 文档中设置超链接后，按住 Ctrl 键不放单击超链接，即可跳转到目标位置，或者打开某个视频、声音、图片或文件等。

图 4.134 "插入超链接"对话框

改变超链接的文字颜色的操作步骤如下：选择"设计"选项卡的"文档格式"组的"颜色"中的"自定义颜色"命令，在弹出的"新建主题颜色"对话框中，可以设置超链接的颜色和访问过的超链接的颜色，如图 4.135 所示。

对已添加的超链接可以进行编辑和删除。在要编辑的超链接上右击，在弹出的快捷菜单中选择"编辑超链接"命令，可在弹出的"编辑超链接"对话框中对超链接进行修改；选择快捷菜单中的"取消超链接"命令可以删除超链接，删除超链接后原有的超链接文本会变成普通文本。如果在文档中删除了带有超链接的文本，那么文本连同其超链接一起被删除。

【同步训练 4-48】小李在整理高新技术企业的政策文件时，需要将"附件 4 新旧政策对比.docx"文

图 4.135 "新建主题颜色"对话框

档作为超链接插入"Word.docx"文档的下面，并修改超链接的格式，使其访问前为标准色中的紫色，访问后变为标准色中的红色。完成效果如图 4.136 所示。

附件 1：国家重点支持的高新技术领域

国家重点支持的高新技术领域

图 4.136 完成效果

步骤 1. 打开"新建主题颜色"对话框，如图 4.135 所示，单击"超链接"右侧的下拉按钮，在颜色选择面板中选择标准色中的"紫色"，单击"已访问的超链接"右侧的下拉按钮，在颜色选择面板中选择标准色中的"红色"，单击"保存"按钮。

步骤 2. 在文档的附件 1 标题的下方插入文字"国家重点支持的高新技术领域"并将其选中，单击"插入"选项卡的"链接"组中的"链接"按钮，弹出"插入超链接"对话框，选择

"附件 4 新旧政策对比.docx"文档，单击"确定"按钮即可设置超链接。

4.6.5　页眉、页脚和域

页面顶部部分叫页眉，页面底部部分叫页脚。在使用 Word 制作页眉和页脚时，不必为每页都输入页眉和页脚，只要输入一次，Word 就会自动在本节内的所有页中添加相同的页眉和页脚。创建页眉和页脚的操作步骤如下。

（1）单击"插入"选项卡的"页眉和页脚"组中的"页眉"按钮，弹出如图 4.137 所示的"页眉"下拉列表。

（2）在该下拉列表中选择一种样式，然后在插入的页眉中输入内容，同时在 Word 中会增加如图 4.138 所示的"页眉和页脚工具-设计"选项卡，可以单击选项卡中相应的按钮插入"日期与时间""图片"等。

创建页眉后本节的所有页面都具有相同的页眉内容，如果文档未分节，则文档的所有页面都具有相同的页眉内容。

在页眉编辑状态下，单击"页眉和页脚工具-设计"选项卡中的"转至页脚"按钮，在页脚区可对页脚进行设置。

在页眉区或页脚区双击可进入页眉页脚编辑状态，在正文部分双击可进入正文编辑状态。

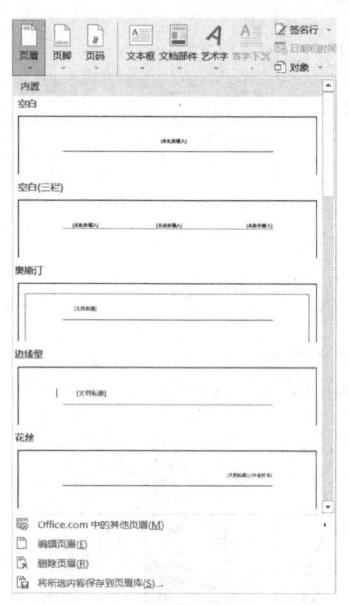

图 4.137　"页眉"下拉列表

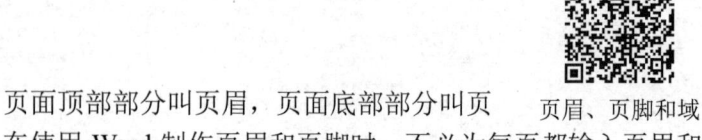

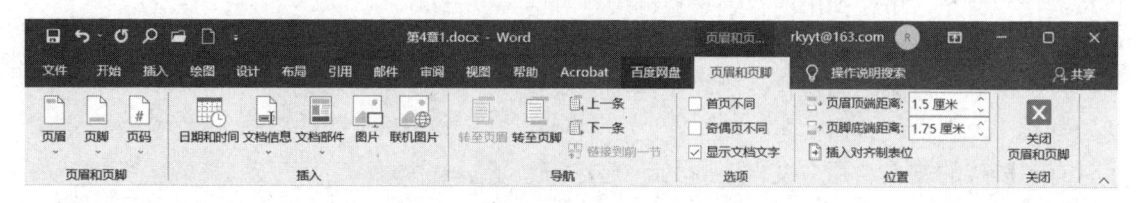

图 4.138　"页眉和页脚工具-设计"选项卡

【同步训练 4-49】元旦来临，某公司设计部要为销售部门设计并制作一份新年贺卡，以便送给相关客户。现需要在贺卡的页眉居中位置插入名为 goodluck 的联机图片，将其颜色更改为某红色系列，在图片上叠加内容为"恭贺新禧"的艺术字，并适当调整其大小、位置和方向。

步骤 1．单击"页眉和页脚工具-设计"选项卡的"插入"组中的"联机图片"按钮，弹出"联机图片"对话框，如图 4.139 所示，在文本框中输入"good luck"，单击"搜索"按钮，在搜索结果中任选一个联机图片，单击"插入"按钮将其插入页眉位置。

步骤 2．选择页眉中的所有内容，在"边框"下拉列表中选择"无框线"。

图 4.139　"联机图片"对话框

步骤3．选中图片，单击"图片工具-格式"选项卡的"调整功能"组中的"颜色"按钮，在下拉列表中选择"红色-个性色2浅色"，适当缩小图片的大小，然后单击"段落"组中的"对齐"按钮。

步骤4．单击"插入"选项卡的"文本"组中的"艺术字"按钮，在下拉列表中选择一种艺术字样式，在文本框中输入"恭贺新禧"，然后将文本框中出现的下框线删除。

步骤5．选中该文本框，适当调整文本框中文字的大小，将文本框拖动到图片上，设置文本框为水平居中，然后在"旋转"下拉列表中选择"垂直翻转"。

步骤6．单击"页眉和页脚工具-页眉和页脚"选项卡的"关闭"组中的"关闭页眉和页脚"按钮。

【同步训练4-50】晓云在完成上一年度的员工考核成绩单时，需要为该文档插入"空白（三栏）"式页脚，左侧文字为"MicroMacro"，中间文字为"电话：010-123456789"，右侧文字为可自动更新的当前日期；在页眉的左侧插入图片"logo.png"，适当调整该图片的大小，使所有内容在一个页面中，如果页眉中包含水平横线则将其删除。

步骤1．打开文档，在"页脚"下拉列表中选择"空白（三栏）"，在左侧的占位符文本框中输入"MicroMacro"，在中间的占位符文本框中输入"电话：010-123456789"，将插入点定位在右侧的占位符文本框中，打开"日期和时间"对话框，勾选"自动更新"复选框，"语言"默认为"英语（美国）"，单击"确定"按钮。

步骤2．将光标移至页面中页眉的位置，打开"插入图片"对话框，浏览并选中"logo.png"图片，单击"插入"按钮。

步骤3．选中插入的图片，适当调整图片的大小及位置。

步骤4．将插入点保持在页眉位置，打开"边框和底纹"对话框，在"边框"选项卡中选择左侧的"无"，在右下角的"应用于"列表中选择"段落"，单击"确定"按钮，关闭"边框和底纹"对话框。

步骤5．单击"关闭页眉和页脚"按钮。

如果在一篇文档中"分节符"将文档分为多节，则在不同节中可以分别设置不同的页眉和页脚。在设置时，如果为某节中的任意一个页面设置了页眉和页脚，则该节的所有页面都自动具有相同页眉和页脚内容。

在分节设置页眉和页脚时，为设置方便，Word会让不同节使用相同的页眉和页脚，即Word自动将后面"节"的页眉和页脚"自动链接"到前一节。在不同节中设置不同页眉和页脚的操作步骤如下：

（1）设置非第一节的页眉和页脚时，单击"页眉和页脚工具-设计"选项卡的"导航"组中的"链接到前一节"按钮，使其不被高亮选中，即不要链接到前一节页眉。

（2）对本节设置与前一节不同的页眉和页脚。

学习提示

如果"链接到前一节"按钮是高亮选中状态，那么修改后一节的页眉和页脚，前一节的页眉和页脚也会被同时修改。

如果在"页眉和页脚工具-设计"选项卡中勾选"奇偶页不同"复选框，那么需要分别对文档中的奇数页和偶数页进行设置；如果在文档中既存在分节，又勾选了"奇偶页不同"复选框，那么需要对不同节的奇偶页分别设置不同的页眉和页脚，既要在后一节的奇数页页眉和页脚取消"链接到前一条页眉"按钮的选中状态之后设置（奇数页）页眉和页脚，也要在后一节的偶数页页眉和页脚取消"链接到前一条页眉"按钮的选中状态，然后设置（偶数页）页眉和页脚。

长文档一般标有页码，页码可以在页眉位置也可在页脚位置。

为文档添加页码一般分为两步，第一步设置页码格式，第二步指定在什么位置插入。操作步骤如下。

（1）单击"插入"选项卡的"页眉和页脚"组中的"页码"按钮，在下拉列表中选择"设置页码格式"命令，弹出如图 4.140 所示的"页码格式"对话框。

（2）在"页码格式"对话框中设置页码，在"编号格式"下拉列表中选择一种编号格式，如果文档中需要分节或者设置起始页码，则在"页码编号"区域选中"续前节"单选按钮，或者"起始页码"单选按钮，并设置起始页码，单击"确定"按钮。

（3）设置页码格式后，单击"插入"选项卡的"页眉和页脚"组中的"页码"按钮，在下拉列表中选择要在文档何处显示页码如"页面底端"，在弹出的如图 4.141 所示的页码样式列表中选择所需的样式，Word 会自动进入页脚编辑状态，并在页脚处插入页码。

图 4.140 "页码格式"对话框　　　图 4.141 页码样式列表

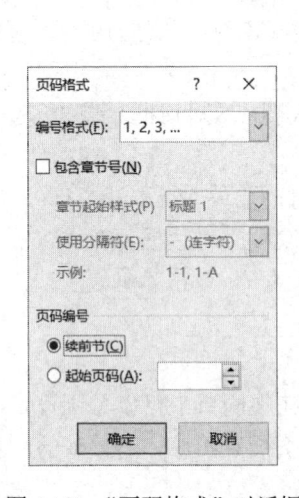

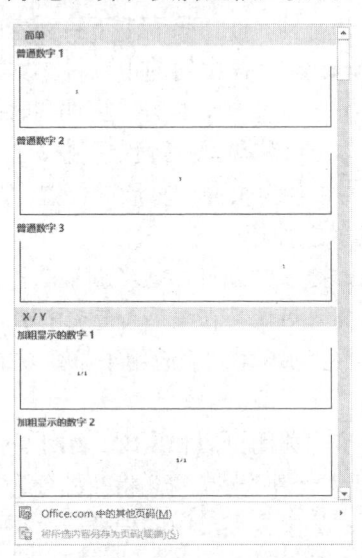

【同步训练 4-51】小李在对调查报告进行排版时，需要在页面底端的中间插入页码，封面页不显示页码；目录页的页码从Ⅰ开始，格式为"Ⅰ,Ⅱ,Ⅲ,…"；正文页码从 1 开始，格式为"1,2,3,…"。

步骤 1．在"目录"页标题之前和第一章的标题之前分别插入"下一页"的分节符。

步骤 2．双击"目录"页首页的页脚位置，进入页脚编辑区，取消勾选"页眉和页脚工具-页眉和页脚"选项卡的"选项"组中的"首页不同"复选框，取消选中"导航"组中的"链接到前一节"。

步骤 3．打开"页码格式"对话框，将"编号格式"设置为"Ⅰ,Ⅱ,Ⅲ,…"，将"起始页码"设置为"Ⅰ"，单击"确定"按钮。在"页码"下拉列表中选择"页面底端"→"普通数字 2"。

步骤 4．将光标置于第一章首页的页脚编辑区域，取消勾选"页眉和页脚工具-页眉和页脚"选项卡的"选项"组中的"首页不同"复选框，取消选中"导航"组中的"链接到前一节"。

步骤 5. 设置"页码格式"为"1,2,3,…",将"起始页码"设置为"1"。插入普通数字 2 的页码。

文档中会发生变化的内容可通过插入域来输入,域是一种插入文档中的代码,它所表现的内容可以自动变化,Word 提供的一些功能是通过域来实现的,如自动更新的日期、页码、目录等。将插入点定位到域上时,域中的内容往往会以浅灰色底纹显示。

【同步训练 4-52】小李在对调查报告进行排版时,需要在页面顶端的中间插入页眉,封面页不显示页眉;目录页的页眉文字为"目录";正文页的页眉文字为各章的编号和内容,如"第一章本报告的数据来源",且页眉中的编号和章内容可随着正文中内容的变化自动更新。

步骤 1. 将光标置于目录页的页眉编辑区域,输入文字"目录",单击"开始"选项卡的"段落"组中的"居中"按钮。

步骤 2. 将光标置于第一章的页眉位置,取消选中"链接到前一节",将显示的文本"目录"删除,然后单击"插入"组中的"文档部件"按钮,在下拉列表中选择"域"命令,弹出"域"对话框。

步骤 3. 在该对话框的"类别"下拉列表中选择"链接和引用",在"域名"列表框中选择"StyleRef",在"样式名"列表框中选择"标题 1"样式,勾选"域选项"中的"插入段落编号"复选框,如图 4.142 所示,单击"确定"按钮,此时在页眉处插入文本"第一章"。

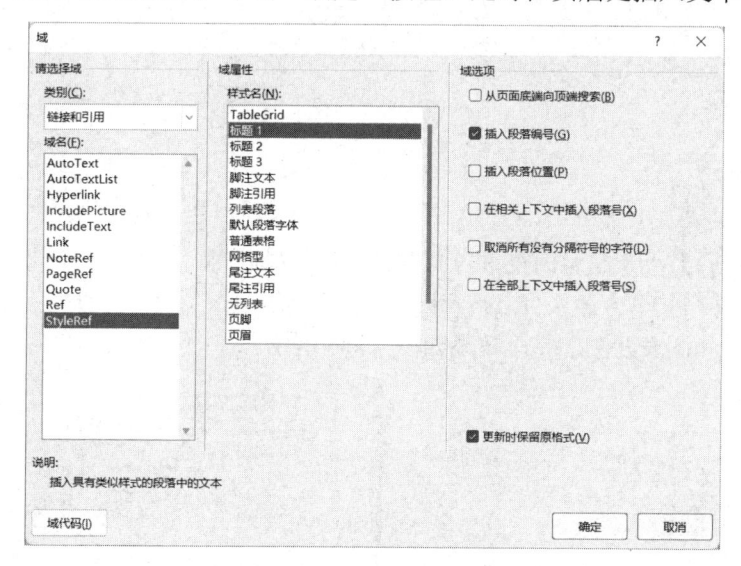

图 4.142 "域"对话框

步骤 4. 再打开"域"对话框,在"类别"下拉列表中选择"链接和引用",在"域名"列表框中选择"StyleRef",在"样式名"列表框中选择"标题 1"样式,单击"确定"按钮。

4.6.6 目录和索引

目录通常是长文档不可缺少的部分。通过目录可以了解和查找文档中的内容。在 Word 中可以自动生成目录,使目录的制作变得简单、方便,而且在文档发生改变后,还可以利用更新目录功能及时调整目录的内容。

插入目录的过程主要分为两个环节,即标记目录和创建目录。标记目录就是将相应的章节标题段落设置为一定的标题样式，创建目录就是将章节标题样式的内容提取出来作为目录。操作步骤如下。

（1）将文档中的所有章节标题套用正确的标题样式，如"标题1""标题2""标题3"等。

（2）将插入点定位到文档中要插入目录的位置，单击"引用"选项卡的"目录"组中的"目录"按钮，在如图 4.143 所示的"目录"下拉列表中选择一种目录样式即可快速生成目录。

也可以在该下拉列表中选择"插入目录"命令，在弹出的如图 4.144 所示的"目录"对话框中进行详细设置。

图 4.143　"目录"下拉列表

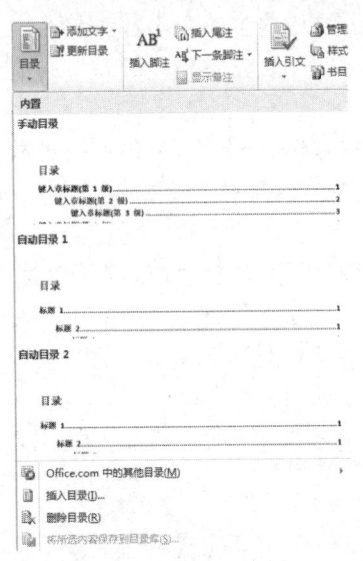

图 4.144　"目录"对话框

【同步训练 4-53】小李在对调查报告中的目录进行排版时，需要适当调整文档开头的文本"目录"的格式，并在其下方插入目录，为目录设置适当的样式，在目录中显示标题1、标题2、标题3、表格题注和图表题注。完成效果如图 4.145 所示。

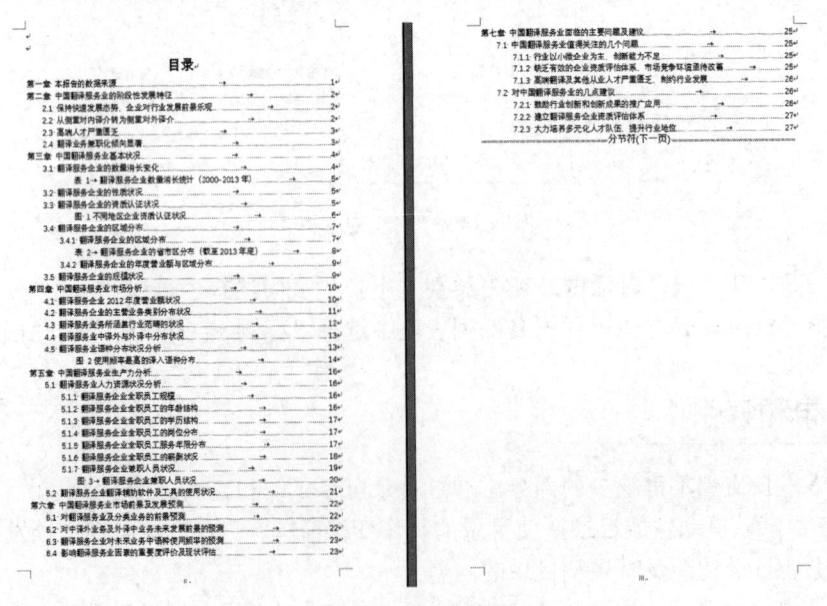

图 4.145　完成效果

步骤1. 选中文字"目录",适当调整文字的大小并将其居中对齐。

步骤2. 将光标置于目录标题下方的段落中,打开"目录"对话框,单击"修改"按钮,在弹出的"样式"对话框中选择一种样式,单击"确定"按钮返回"目录"对话框。

步骤3. 在"目录"对话框中单击"选项"按钮,弹出"目录选项"对话框,在该对话框中将"题注"样式对应的"目录级别"修改为"4",如图4.146所示,单击"确定"按钮。

文档发生改变后,可以利用更新目录功能及时调整目录的内容。操作步骤如下。

(1) 在目录页的任意位置右击,弹出如图4.147所示的快捷菜单。

图 4.146 "目录选项"对话框　　　图 4.147 快捷菜单

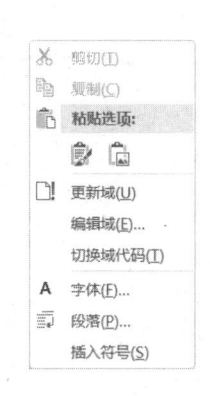

(2) 选择"更新域"命令,弹出"更新目录"对话框。

(3) 在该对话框中选中"只更新页码"单选按钮,如果标题发生变化则选中"更新整个目录"单选按钮。

索引表(见图4.148)可以为快速查找书中的关键词提供方便,其内容包括在文中出现的关键词及其在文中对应的页码。

图 4.148 索引表

要创建索引表,必须先在文档中标记关键词,即对该词在文档中所有出现的位置逐一进行标记。只有标记词汇的出现位置,其对应位置的页码才会出现在索引表中,如果同一词在文档中出现多次,那么没有标记过的位置所在的页码是不会出现在索引表中的。通过"标记索引项"对话框中的"标记全部"按钮,可以自动找出文档中该词汇所有出现的位置并自动对它们一一做标记。

【同步训练4-54】林楚楠同学撰写了题目为"供应链中的库存管理研究"的课程论文,请帮助他将论文中的所有文本"ABC 分类法"都标记为索引项;删除论文中"供应链"的索引项标记，并更新索引。操作前和操作后分别如图 4.149、图 4.150 所示。

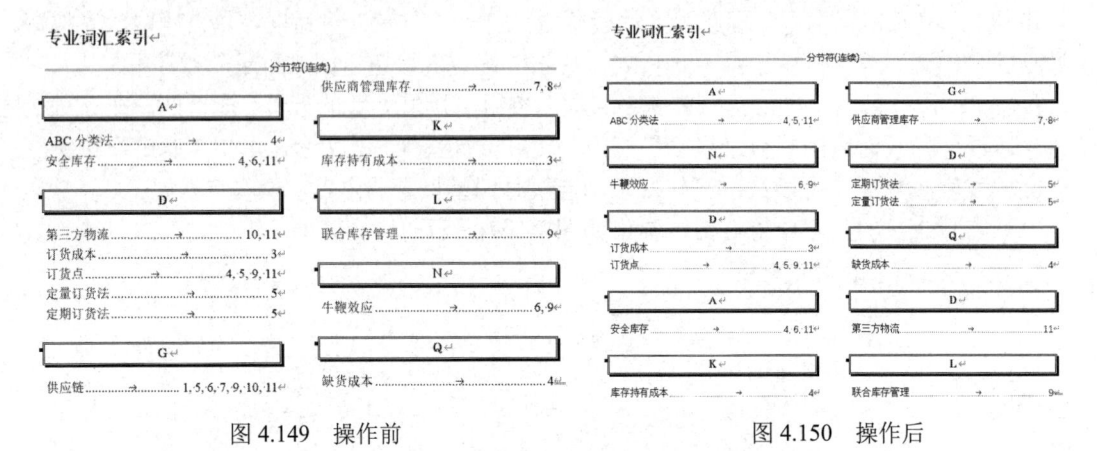

图 4.149　操作前

图 4.150　操作后

步骤 1．标记关键词。

（1）选中文档中的任意一处"ABC 分类法"，在"引用"选项卡的"索引"组中单击"标记索引项"按钮。

（2）在弹出的"标记索引项"对话框中，如图 4.151 所示，单击"标记"按钮可标记一处。

（3）可以继续单击"标记"按钮，若单击"标记全部"按钮，Word 会自动找出文档中该词所有出现的位置并自动一一做标记。

步骤 2．删除索引项标记。

打开"查找和替换"对话框，选择"替换"选项卡，在"查找内容"文本框中输入"供应链"，单击"更多"按钮，选择"特殊格式"中的"域"，在"替换为"文本框中输入"供应链"，单击"全部替换"按钮。

步骤 3．更新索引。

单击"引用"选项卡的"索引"组中的"更新索引"按钮。

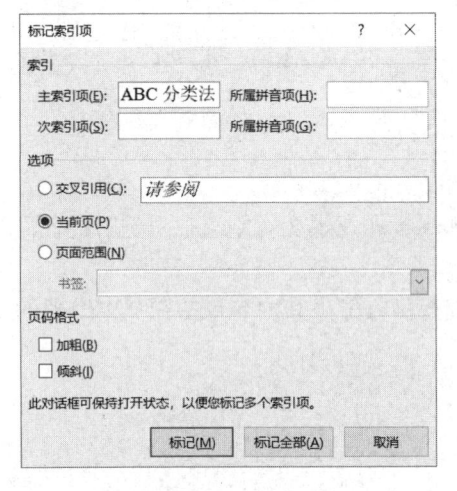

图 4.151　"标记索引项"对话框

学习提示

在弹出的"标记索引项"对话框的"主索引项"中自动输入所选文字，可以保持默认的设置也可以修改；在"次索引项"中可以进一步设置第 2 级索引项，如果要设置第 3 级索引项，则在"次索引项"中输入"第 2 级索引项+英文冒号（:）+第 3 级索引项"。

标记关键词也可以通过索引文件自动完成。索引文件可以是 Word 文件，在其中列出所有要标记的关键词，然后让 Word 按照此文件自动标记文档中的所有这些关键词。

【同步训练 4-55】徐雅雯在对关于艺术史的 Word 格式的文档进行排版时，需要在文档正文之后（尾注之前）按照以下要求创建索引：

（1）索引开始于一个新的页面。

（2）标题为"画家与作品名称索引"。

（3）索引条目按照画家名称和作品名称进行分类，条目内容存储在文档"画家与作品.docx"中。其中，1～7 行为作品名称，7 行以下为画家名称。

（4）索引样式为"流行"，分为两栏，按照拼音排序，类别为"无"。
（5）索引生成后将文档中的索引标记项隐藏。

完成效果如图 4.152 所示。

```
画家与作品名称索引

画家                        杨凡埃克, 4, 10
    布鲁内斯基, 1           作品
    丢勒, 1, 4                  阿尔诺菲尼夫妇肖像, 10
    霍尔拜因, 4, 5, 9           哀马墟的晚餐, 7
    霍克尼, 4, 5, 6, 7, 8, 10, 11, 12  大使, 4, 5, 9
    卡拉瓦乔, 6, 7, 10          夫妻像, 8
    伦勃朗, 1, 2, 4             帕埃勒主教像, 10
    洛托, 8, 9                  天使, 6
    维米尔, 2, 3, 4, 6, 11      绣花女工, 3, 4
    沃霍尔, 4
```

图 4.152　完成效果

步骤 1．前期工作。
（1）在文档正文之后（尾注之前）插入"分页符"。
（2）在新的一页的起始位置输入索引标题"画家与作品名称索引"，然后按 Enter 键产生一个新段落。

步骤 2．设置索引。
（1）单击"引用"选项卡的"索引"组中的"插入索引"按钮，弹出"索引"对话框，单击该对话框下方的"自动标记"按钮，弹出"打开索引自动标记文件"对话框，浏览并选中"画家与作品.docx"文档，单击"打开"按钮。
（2）再打开"索引"对话框，在该对话框中将"格式"设置为"流行"，将"栏数"设置为"2"，将"类别"设置为"无"，将"排序依据"设置为"拼音"，然后单击"确定"按钮。

步骤 3．隐藏所有标记项。
打开"Word 选项"对话框，在"显示"选项卡中取消勾选"显示所有格式标记"复选框。

步骤 4．索引条目分类。
（1）切换到"大纲视图"，将光标置于"阿尔诺菲尼夫妇肖像"之前，新增文字为"画家"和"作品"的两个新段落，参考图 4.152 中的内容顺序，将相应的内容剪切到"画家"和"作品"标题之后的位置。
（2）切换到"草稿视图"，选中"画家"之后"作品"之前的所有段落，使用上方的"首行缩进"标尺，适当调整其内容的位置；按照同样的方法调整"作品"标题下的段落位置；加粗文字"画家与作品名称索引"。
（3）切换到"页面视图"，完成操作。

学习提示

在索引文件中，表格中的第 1 列是要被标记的在文档中搜索的文字（应与文档中出现的形式完全一致，否则将不能被搜索到）。第 2 列是索引项，其中主、次索引项之间用英文冒号（:）分隔。如在索引文件"画家与作品.docx"文档中，各索引条目要按照画家名称和作品名称分类，因此，画家、作品为主索引项，各条目如"阿尔诺菲尼夫妇肖像"等为次索引项。

4.6.7 插入引文和书目

插入引文是指在撰写毕业论文或其他学术文档时,在文档中给出所引用的参考文献的序号、作者或年份等信息。

插入引文需先添加或导入该篇参考文献的信息,即添加引文的源;在文档结尾还要给出参考文献的列表,即插入书目。

插入引文和添加源可以同时进行。操作步骤如下。

(1)将插入点定位到文档中要插入引文的位置,单击"引用"选项卡的"引文与书目"组中的"插入引文"按钮,在下拉列表中选择"添加新源"命令。

(2)在弹出的"创建源"对话框中输入一篇参考文献的信息,如作者、标题、年份等,单击"确定"按钮即可将此参考文献的信息添加到 Word 文档中,并在文档插入点位置插入本参考文献的引文。之后该参考文献会自动出现在"插入引文"下拉列表中,如果要在文档的其他位置再次引用这篇文献,则直接单击对应的菜单项即可。

如果在"插入引文"下拉列表中选择"添加新占位符"命令,则只在文档中的该位置添加一个占位符,待需要时再插入引文和输入源信息。

如果所有参考文献的信息都被整理到一个外部文件中,则通过导入的方式可批量添加源。

【同步训练 4-56】小赵是某大学企业管理专业的应届毕业生,正在撰写毕业论文,请帮助他在文档末尾的标题"参考文献"下方插入参考书目,书目保存于文档"书目.xml"中,设置书目样式为"ISO690-数字引用"。

步骤 1. 单击"引用"选项卡的"引文与书目"组中的"管理源"按钮。

步骤 2. 在弹出如图 4.153 所示的"源管理器"对话框中单击"浏览"按钮,浏览并选中"书目:xml"文档,单击"确定"按钮;选中"源管理器"对话框左侧"书目"列表框中的全部内容,单击"复制"按钮,将内容复制到右侧的列表框中,单击"关闭"按钮。

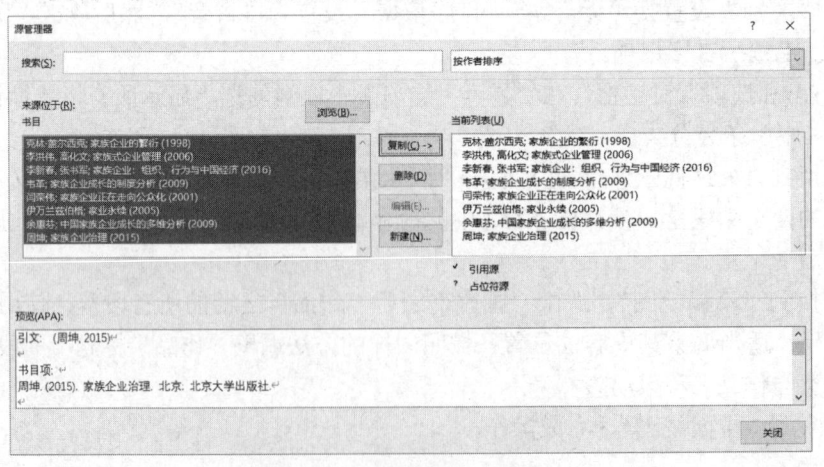

图 4.153 "源管理器"对话框

步骤 3. 在"引用"选项卡的"引文与书目"组的"样式"右侧的下拉列表中选择"ISO690-数字引用"。

步骤 4. 将插入点定位在文中参考文献的下方,单击"引文与书目"组中的"书目"按钮,在下拉列表中选择"插入书目"命令。

4.6.8　页面设置和打印

一般需要将制作的文档打印到纸张上,这时就需要对文档进行页面设置。页面设置可以在文档开始之前进行,也可以在结束文档编辑之后、打印输出之前进行,包括设置纸张大小、页边距、字符数/行数、纸张来源和版面等。如图 4.154 所示为页面设置的要素。

1. 设置页边距

页边距指文档中的文本与打印纸边缘的距离。设置页边距的操作步骤如下。

(1)在"布局"选项卡的"页面设置"组中单击"页边距"按钮。

(2)在下拉列表中选择"自定义页边距"命令,弹出"页面设置"对话框。

(3)在该对话框的"页边距"选项卡的"上""下""左""右"文本框中输入如图 4.155 所示的数值及单位;"纸张方向"设置为"纵向","预览"栏中会显示设置效果;在"应用于"下拉列表中选择该设置适用的范围,单击"确定"按钮完成设置。

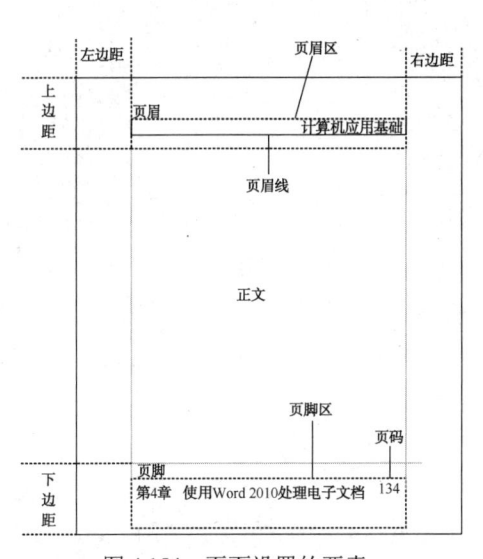

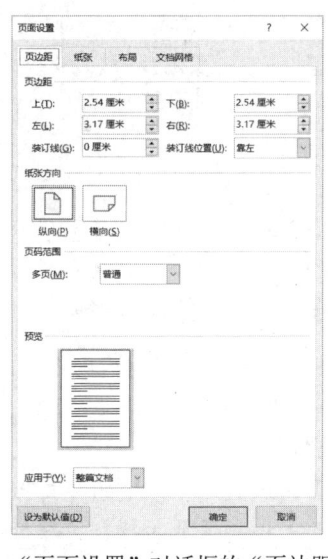

图 4.154　页面设置的要素　　图 4.155　"页面设置"对话框的"页边距"选项卡

操作技巧

在"页面视图"中,拖曳水平标尺(或垂直标尺)上的页边距滑块可以迅速设置页边距,在拖曳的同时按 Alt 键,可以进行精确调整。如果标尺未显示,则可以在"视图"选项卡的"显示"组中勾选"网格线"复选框,将其显示在"页面视图"中。

2. 设置纸张大小

设置纸张大小的操作步骤如下。

(1)在"页面设置"对话框中选择"纸张"选项卡,如图 4.156 所示。

(2)单击"纸张大小"下拉按钮,在下拉列表中选择打印机支持的纸张尺寸"A4",也可以选择"自定义大小",在"宽度"和"高度"文本框中输入自定义纸张的宽度和高度尺寸。

(3)单击"确定"按钮。

3. 设置布局

在"页面设置"对话框的"布局"选项卡中可以设置页眉和页脚、分节符、垂直对齐方式和行号等，如图 4.157 所示。

（1）"节的起始位置"下拉列表：更改节的设置。

（2）"页眉和页脚"栏：可以设置"奇偶页不同""首页不同"的页眉和页脚。

（3）"垂直对齐方式"下拉列表：可以设置文本在页面中的纵向对齐方式，包括"顶端对齐""居中""两端对齐"。

（4）"行号"按钮：单击该按钮弹出"行号"对话框，如图 4.158 所示，可以为文档添加行号。

（5）"边框"按钮：单击该按钮弹出"边框和底纹"对话框，可以设置页面的边框和底纹。

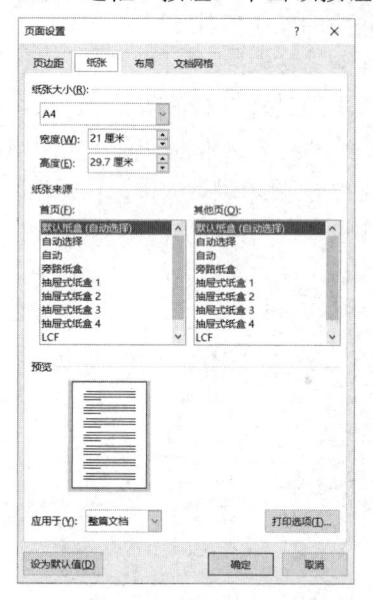

图 4.156 "页面设置"对话框的"纸张"选项卡

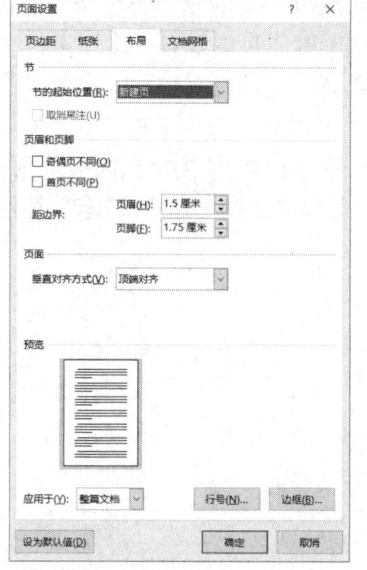

图 4.157 "页面设置"对话框的"布局"选项卡

图 4.158 "行号"对话框

学习提示

在"页面设置"对话框的"文档网格"选项卡中，可以设置文字的排列方向、文字分栏的数目，以及文档中每页的行数、每行的字符数（与纸张大小、页边距、字体大小、排列方式有关）。一般情况下，A4 纸按宋体五号字计算，每页有 44 行，每行有 39 个汉字，16 开的纸每页 35~38 行，每行 38 个字。Word 还可以根据纸张的大小和字体的大小，自动计算每页的最大行数和每行的最大字符数。

【同步训练 4-57】张静制作的个人简历根据页面布局要调整文档版面，请帮助她设置纸张大小为 A4，上、下页边距均为 2.5 厘米，左、右页边距均为 3.2 厘米。

步骤 1．单击"页面布局"选项卡的"页面设置"组中的"对话框启动器"按钮，弹出"页面设置"对话框。

步骤 2．在该对话框中选择"纸张"选项卡，设置纸张大小为"A4"。

步骤 3．切换到"页边距"选项卡，在"页边距"区域设置上、下、左、右分别为 2.5 厘米、2.5 厘米、3.2 厘米、3.2 厘米。

4．设置水印

水印是经过淡化处理且压在正文下面的文字或图片，如"机密""严禁复制"等，水印包括文字水印和图片水印两种。

在"页面布局"选项卡的"页面背景"组中单击"水印"按钮,在下拉列表中选择"自定义水印"命令,弹出"水印"对话框,如图4.159所示。在该对话框中选中"文字水印"单选按钮,在"文字"文本框中输入要设置为水印的文字,可对水印文字的字体、字号、颜色及版式等进行设置,若要以半透明显示文字水印,可勾选"半透明"复选框,否则水印可能干扰正文文字。

【同步训练4-58】付老师在制作"Access数据库应用基础"课程的介绍时,需要按照下列要求为文档添加水印:

(1) 仅为文档标题"课程大纲"及其下方段落所在页面添加图片"水印.jpg"的图片水印,并取消冲蚀效果。

图4.159 "水印"对话框

(2) 不改变图片的纵横比,将其宽度调整为3厘米。

(3) 图片位置为"底端居左,四周型文字环绕"。

步骤1.打开"水印"对话框,选中"图片水印"单选按钮,单击"选择图片"按钮,弹出"插入图片"对话框,浏览并选中素材文件夹下的"水印.jpg"文件,单击"插入"按钮,返回"水印"对话框,取消勾选"冲蚀"复选框,单击"确定"按钮。

步骤2.进入页眉编辑界面,将光标置于标题"课程大纲"所在页的页眉处,取消"页眉和页脚工具-设计"选项卡的"导航"组中的"链接到前一节"。

步骤3.删除其他页面中插入的水印图片对象。

步骤4.选中"课程大纲"下的图片对象,将"图片工具-图片格式"选项卡的"大小"组中的"宽度"设置为"5厘米"。

步骤5.保持选中该图像,在"排列"组中的"位置"下拉列表中选择"底端居左,四周型文字环绕"。

步骤6.单击"关闭页眉和页脚"按钮。

5. 设置页面颜色

在文档中可以改变背景,以获得更好的视觉效果。在"页面布局"选项卡的"页面背景"组中单击"页面颜色"按钮,在下拉列表中选择一种颜色,可设置页面背景为一种纯色,如图4.160所示。在该下拉列表中选择"填充效果"命令,弹出"填充效果"对话框,如图4.161所示,可设置页面背景为渐变颜色、纹理、图案或图片等。

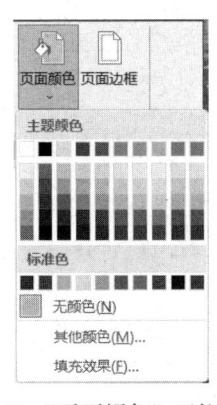

图4.160 "页面颜色"下拉列表   图4.161 "填充效果"对话框

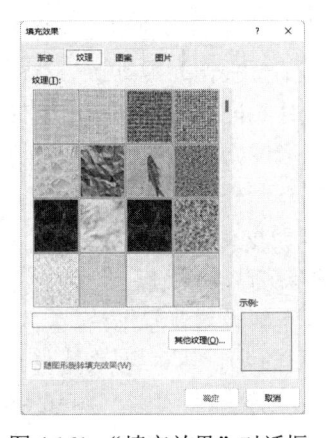

学习提示

在默认情况下，页面背景颜色和图形是打印不出来的，如果要将其打印出来，则选择"文件"菜单中的"选项"命令，在弹出的"Word 选项"对话框的"显示"组中勾选"打印背景色和图像"复选框，如图 4.162 所示。

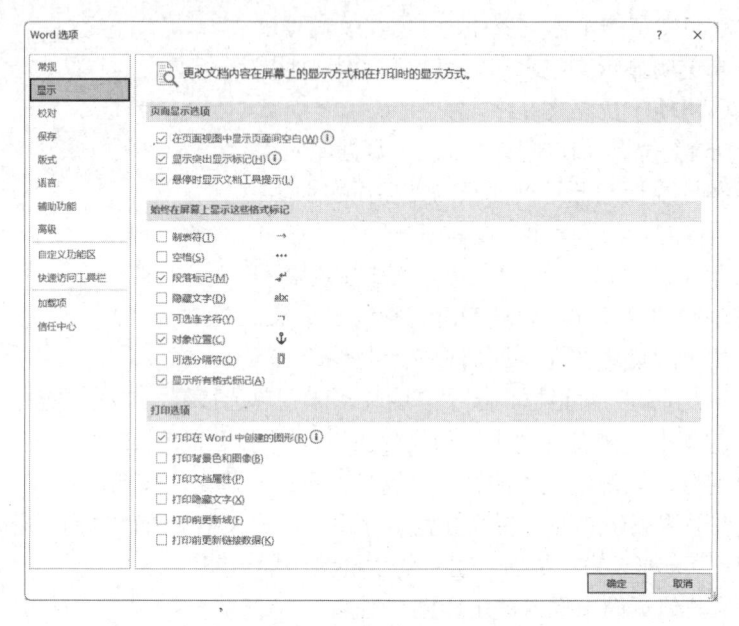

图 4.162 "Word 选项"对话框

【同步训练 4-59】某公司设计部要为销售部门设计并制作一份新年贺卡，以便送给相关客户。现需要将图片"背景.jpg"作为一种"纹理"设置为页面背景。

步骤 1．在"页面颜色"下拉列表中选择"填充效果"命令，弹出"填充效果"对话框。

步骤 2．选择"纹理"选项卡，单击"其他纹理"按钮，在弹出的"插入图片"对话框中浏览并选中"背景.jpg"文档，单击"插入"按钮。

4.7 邮件合并及制作标签

邮件合并是将多份文档中的相同内容部分制作为一个主文档，将多份文档中的不同内容部分制作为数据源，然后将主文档和数据源进行合并，快速批量地生成主体相同、关键内容不同的多份文档，使用邮件合并可以高效地批量制作录取通知书、成绩单、准考证等。

制作主文档和数据源

邮件合并前需要制作主文档和数据源。

主文档是包含合并文档中保持不变的文字和图形的文档。制作主文档包括设置文本、段落格式，添加页眉和页脚，如果在主文档中设置了页面背景图片，则合并后背景图片不会显示在合并文档中，需要重新设置背景图片。

数据源包含要合并到文档中以表格形式存储的数据信息。数据源表格的第一行必须为标题行，不能留空。除了第一行，每行为一个完整信息，也称一条数据记录。可以在 Word 中制作表格，也可以用 Excel 制作表格，用 Excel 制作表格的方法将在第 5 章介绍。

4.7.1 邮件合并

制作主文档和数据源后，就可以进行邮件合并了。

将文档链接到数据源的操作步骤如下。

（1）打开主文档，单击"邮件"选项卡的"开始邮件合并"组中的"开始邮件合并"按钮，弹出如图4.163所示的"开始邮件合并"下拉列表。

（2）在该下拉列表中选择"邮件合并分步向导"命令，在Word窗口的右侧会出现"邮件合并"窗格，如图4.164所示，根据提示进行邮件合并操作。

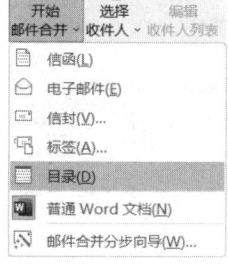

图 4.163　"开始邮件合并"下拉列表　　　　图 4.164　"邮件合并"窗格

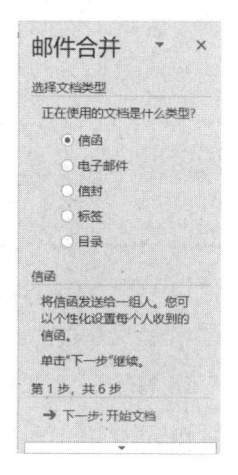

【同步训练 4-60】某公司设计部为销售部门设计并制作的新年贺卡，需要按照下列要求，为指定的每个客户都生成一张贺卡：

（1）在"同步训练 4-60.docx"文档中，在"尊敬的"的后面插入客户的姓名，在姓名的后面按性别插入文字"女士"或"先生"，将客户资料保存在"客户通信录.xlsx"文档中。

（2）为所有北京、上海和天津的每个客户都生成一张独占页面的贺卡，结果以"贺卡.docx"为文件名保存，其中不得包含空白页。

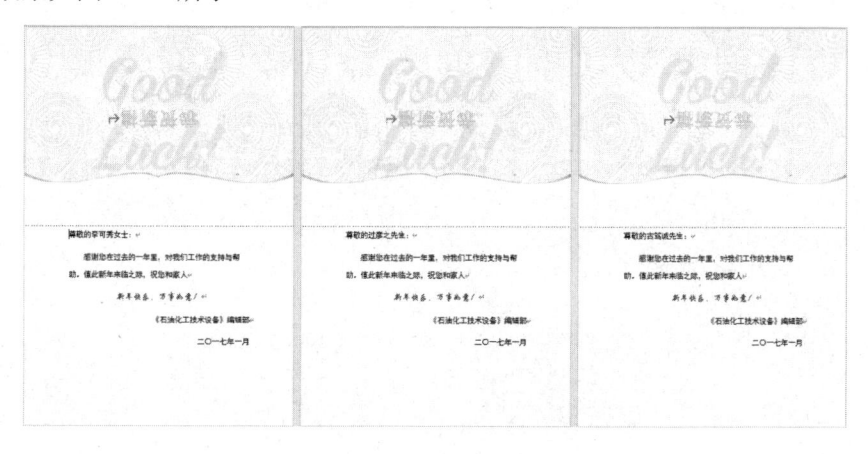

完成效果如图 4.165 所示。

图 4.165　完成效果

步骤1．选择收件人。

（1）打开"同步训练 4-60.docx"文档，单击"邮件"选项卡的"开始邮件合并"组中的"选择收件人"下拉按钮，在下拉列表中选择"使用现有列表"命令，弹出"选取数据源"对话框，如图 4.166 所示。

（2）在"选取数据源"对话框中选择收件人信息所在的文档（"客户通信录.xlsx"），单击"打开"按钮，弹出"选择表格"对话框，如图 4.167 所示。

（3）在该对话框中选择保存收件人信息的工作表名称（"通信录"），单击"确定"按钮。

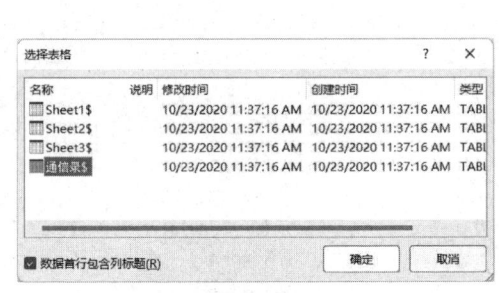

图 4.166 "选取数据源"对话框　　　　　图 4.167 "选择表格"对话框

步骤2．插入合并域。

（1）将插入点定位在"尊敬的"后面。

（2）单击"邮件"选项卡的"编写和插入域"组中的"插入合并域"下拉按钮，在下拉列表中选择域名"姓名"。

（3）单击"邮件"选项卡的"编写和插入域"组中的"规则"下拉按钮，在下拉列表中选择"如果…那么…否则…"命令，弹出"插入 Word 域：如果"对话框，如图 4.168 所示。

（4）在"域名"下拉列表中选择"性别"，在"比较条件"下拉列表中选择"等于"，在"比较对象"文本框中输入"男"，在"则插入此文字"文本框中输入"先生"，在"否则插入此文字"文本框中输入"女士"，设置完毕单击"确定"按钮。

（5）调整插入域的文字格式，使其与页面中的文字保持一致。

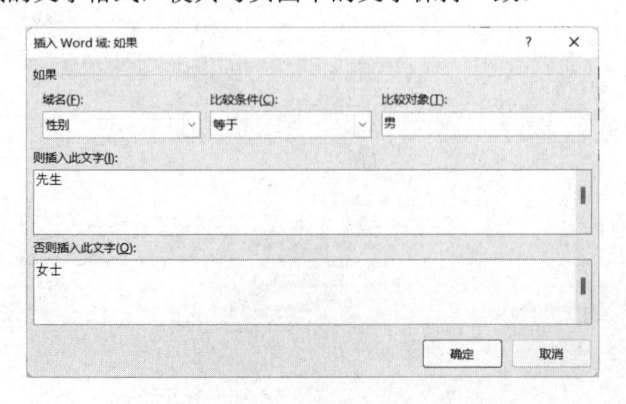

图 4.168 "插入 Word 域：如果"对话框

步骤3．筛选数据。

（1）单击"邮件"选项卡的"开始邮件合并"组中的"编辑收件人列表"按钮，弹出"邮件合并收件人"对话框，如图4.169所示。

（2）在该对话框的"调整收件人列表"区域选择"筛选"命令，弹出"筛选和排序"对话框，如图4.170所示。

（3）在该对话框的"域"下拉列表中选择"通信地址"，在"比较关系"下拉列表中选择"包含"，在"比较对象"文本框中输入"北京"，使用同样的方法设置"或"的"通信地址"包含"上海"和"天津"，设置完成单击"确定"按钮，返回"邮件合并收件人"对话框，单击"确定"按钮。

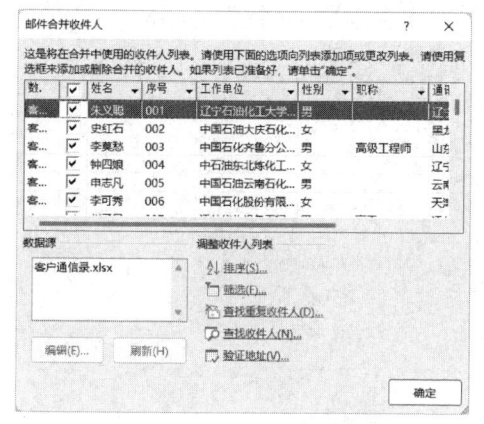

图4.169　"邮件合并收件人"对话框　　　　图4.170　"筛选和排序"对话框

步骤4．完成并合并。

（1）单击"邮件"选项卡的"完成"组中的"完成并合并"按钮，在下拉列表中选择"编辑单个文档"命令，弹出"合并到新文档"对话框，如图4.171所示。

（2）在该对话框中选中"全部"单选按钮，单击"确定"按钮。收件人的信息可自动添加到贺卡中，合并生成一个新文档，在该文档的每页中的贺卡信息均由数据源自动创建生成。

（3）合并后的文档，其页面中的背景消失，重新插入图片"背景.jpg"，删除空白页，并将该文档保存为"贺卡.docx"。

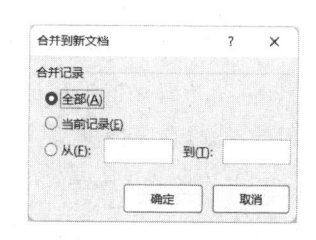

图4.171　"合并到新文档"对话框

4.7.2　制作标签

制作参会人员胸卡、贺卡、贴在信封上用于邮寄的标签等也可以使用Word具有的邮件合并功能。在标签中可插入合并域，以便对不同人员显示不同信息（如不同姓名、地址等）。与邮件合并不同的是，在一张纸上一般可以有多个标签。

在制作标签之前，应规划在一张纸上要制作多少个标签，以及如何安排各标签的布局。

新建一个Word文档，单击"邮件"选项卡的"开始邮件合并"组中的"开始邮件合并"按钮，在下拉列表中选择"标签"命令，弹出"标签选项"对话框，可以选择一种预定的标签布局，也可以单击"新建标签"按钮，在弹出的"标签详情"对话框中新建一种布局。

制作标签

149

【同步训练 4-61】公司设计部已为指定的每个客户都生成一张贺卡,现在需要为每个拥有贺卡的客户都制作一个贴在信封上用于邮寄的标签:

(1)在 A4 纸上制作名称为"地址"的标签,标签的宽为 13 厘米、高为 4.6 厘米,标签的上边距为 07 厘米、侧边距为 2 厘米,标签之间的间隔为 1.2 厘米,每页 A4 纸上打印 5 个标签。将标签主文档以"Word2.docx"为文件名保存。

(2)根据标签主文档(部分)效果,在标签主文档中输入相关内容,插入相关客户信息,并进行排版,要求"收件人地址"和"收件人"两组文本均占用 7 个字符位置。

(3)仅为上海和北京的每个客户都生成一个标签,文档以"标签.docx"为文件名保存,同时保存标签主文档"Word2.docx"。

标签主文档(部分)效果和标签文档(部分)效果如图 4.172、图 4.173 所示。

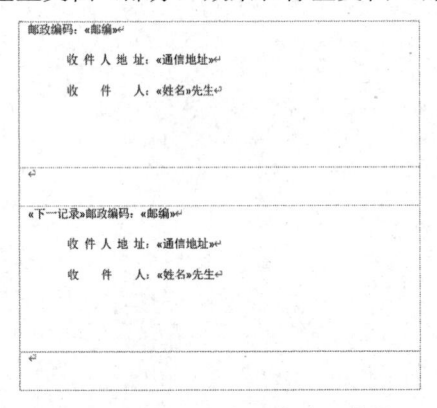

图 4.172 标签主文档(部分)效果 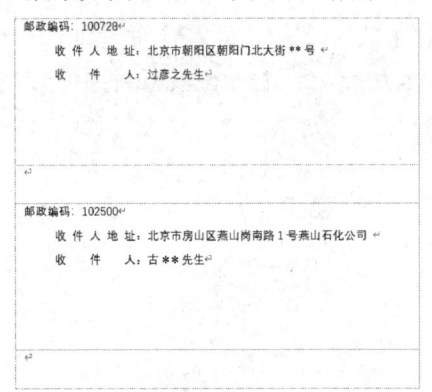　　　图 4.173 标签文档(部分)效果

步骤 1. 新建标签设置。

(1)单击"邮件"选项卡的"创建"组中的"标签"按钮,弹出"信封和标签"对话框,如图 4.174 所示,单击"选项"按钮,弹出"标签选项"对话框,如图 4.175 所示。

(2)在该对话框中单击"新建标签"按钮,弹出"标签详情"对话框,如图 4.176 所示,设置标签名称为"地址",标签高度为 4.6 厘米,标签宽度为"13 厘米",标签的上边距为"0.7 厘米"、侧边距为"2 厘米",横标签数为"1",竖标签数为"5",单击"确定"按钮。

图 4.174 "信封和标签"对话框 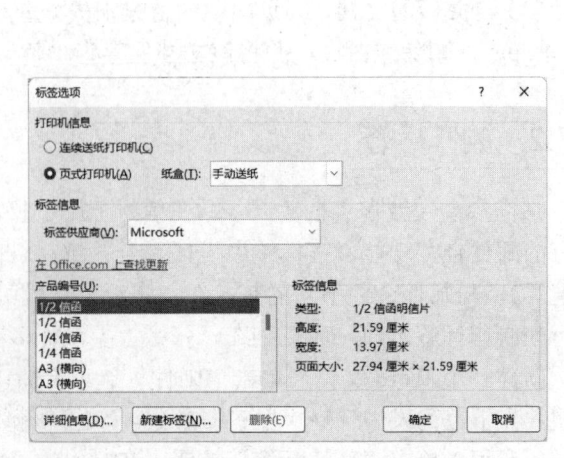　　　图 4.175 "标签选项"对话框

步骤2．新建标签文档。

（1）在"信封和标签"对话框中单击"新建文档"按钮，新建的"标签1.docx"文档即可自动使用标签名为"地址"的标签。

（2）在"标签1.docx"文档中，分3行输入"邮政编码："*"收件人地址："*"收件人："，分别选中"收件人地址"和"收件人"，单击"开始"选项卡的"段落"组中的"中文版式"下拉按钮，在下拉列表中选择"调整宽度"命令，在弹出的"调整宽度"对话框的"新文字宽度"文本框中输入"7字符"，适当调整缩进位置，单击"确定"按钮，如图4.177所示。

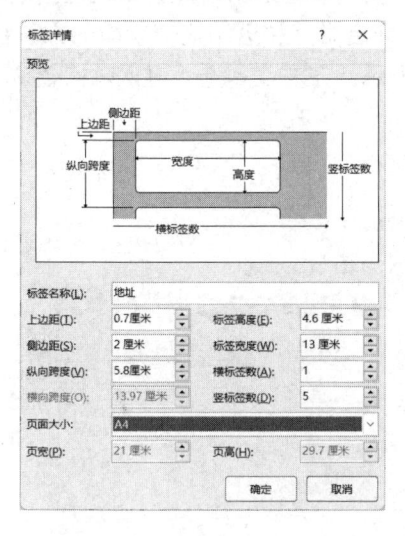

图4.176 "标签详情"对话框　　　图4.177 "调整宽度"对话框

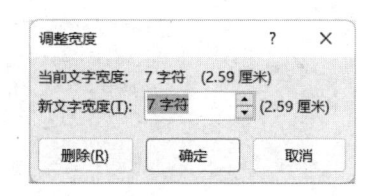

步骤3．生成标签。

（1）单击"邮件"选项卡的"开始邮件合并"组中的"选择收件人"下拉按钮，在下拉列表中选择"使用现有列表"命令，即可使用"客户通信录.xlsx"文档中的"通信录"表格。

（2）插入合并域，分别把邮政编码、通信地址和姓名域插入"邮政编码："*"收件人地址："*"收件人："的后面。

（3）在姓名域的后面插入"如果…那么…否则…"的规则，以便根据性别显示先生或女士。

（4）单击"邮件"选项卡的"编写和插入域"组中的"更新标签"按钮。

学习提示

如果"更新标签"按钮为灰色不可用状态，则单击"邮件"选项卡的"开始邮件合并"组中的"开始邮件合并"下拉按钮，在下拉列表中选择"标签"命令，关闭打开的"标签选项"对话框，即可启用"更新标签"按钮。

（5）编辑收件人列表并对邮件合并收件人进行筛选，可参考"同步训练4-60"来完成。

步骤4．完成并合并。

（1）单击"邮件"选项卡的"完成"组中的"完成并合并"下拉按钮，在下拉列表中选择"编辑单个文档"命令，合并"全部"记录。

（2）文档以"标签.docx"为文件名保存。

（3）将标签主文档以"Word.docx"为文件名保存。

4.8 文档校对与审阅

4.8.1 检查拼写和统计字数

Word 具有拼写和语法检查功能，文档中若有拼写和语法错误，会以红色波浪线标出拼写错误的词句，以绿色波浪线标出语法错误的词。开启拼写和语法检查功能的方法是在"Word 选项"对话框的左侧选择"校对"，如图 4.178 所示，在右侧勾选"键入时检查拼写"和"键入时标记语法错误"复选框。

图 4.178 "Word 选项"对话框

需要注意的是，这些标记出的错误是机器自动识别的，仅起到提醒作用，不一定真正有错。右击带有波浪线的词句，弹出如图 4.179 所示的快捷菜单，在快捷菜单中提供一些修改建议，可以按照建议修改，也可以选择忽略错误。如果不是拼写错误的单词，还可以将它添加到词典中，以后 Word 就不会认为该单词拼写错误。在"审阅"选项卡的"校对"组中单击"拼写和语法"按钮，在弹出的"拼写和语法"对话框中也可以做更改或忽略等操作。

Word 还提供了统计字数功能。在文档中输入内容时，Word 会自动统计文档中的页数和字数，并将其显示在底部的状态栏中。

可以对选定的一段文字进行统计。操作步骤：选定一段文字，单击"审阅"选项卡的"校对"组中的"字数统计"按钮，在弹出的"字数统计"对话框中会显示"页数""字数""段落数""行"数等信息，如图 4.180 所示。

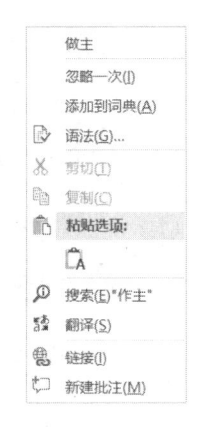

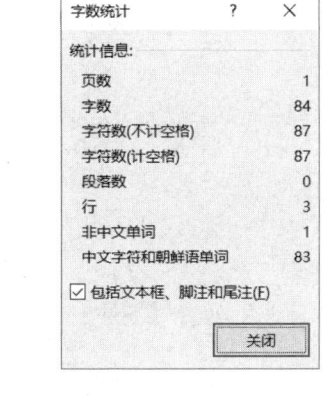

图 4.179　快捷菜单　　　图 4.180　"字数统计"对话框

4.8.2　审阅与修订

在文档中可以直接使用批注说明意见建议、询问问题或添加注释批语。使用批注是在页面旁边显示注释信息。使用方法是，选定要批注的文本，单击"审阅"选项卡的"批注"组中的"新建批注"按钮，在文档右侧的批注框中输入批注内容即可。在"批注"组中单击"上一条"或"下一条"按钮可逐条查看批注，单击"删除"按钮可删除批注。

使用修订功能可以突出显示审阅者对文档的修订。操作步骤：在"审阅"选项卡的"修订"组中单击"修订"按钮，下拉列表中选择"修订"命令，"修订"按钮变为高亮状态，这时，对文档进行的所有修改都会被跟踪记录并添加修订标记，在所有修改位置所在段落的左侧显示一条竖线，表示此位置有修改。

要退出修订状态，只需再次单击"修订"按钮，使该按钮处于非高亮状态，文档恢复为常规编辑状态，对文档的所有修改将直接反映到文档中，不再添加任何修订标记。

修订后，可以决定是否接受或拒绝其部分或全部修订，在"审阅"选项卡的"更改"组中单击"接受"或"拒绝"按钮，在下拉列表中选择对应命令，可接受或拒绝修订，若选择拒绝修订，文档可恢复为被修订之前的状态。

查阅修订时可选择修订的显示方式，在"审阅"选项卡的"修订"组的"显示以供审阅"下拉列表中进行选择，如只显示原始状态或只显示修订后的状态，而不显示修订标记等，单击"修订"组中的"对话框启动器"按钮，在弹出的"修订选项"对话框中可进行更多修订显示的设置（如各种修改的显示方式、显示颜色等）。

【同步训练 4-62】徐雅雯编辑和排版的关于艺术史的 Word 格式的文档，需要接受审阅者文晓雨对该文档的所有修订，拒绝审阅者李东阳对该文档的所有修订。

步骤 1．单击"审阅"选项卡的"修订"组中的"显示标记"下拉按钮，在下拉列表中展开"特定人员"的子菜单，取消选择"李东阳"而选择"文晓雨"，如图 4.181 所示。单击"更改"组中的"接受"按钮，在下拉列表中选择"接受所有显示的修订"命令。

步骤 2．单击"修订"组中的"显示标记"按钮，展开"特定人员"右侧的子菜单，选择"李东阳"，单击"更改"组中的"拒绝"按钮，在"拒绝"下拉列表中选择"拒绝所有修订"命令，如图 4.182 所示。

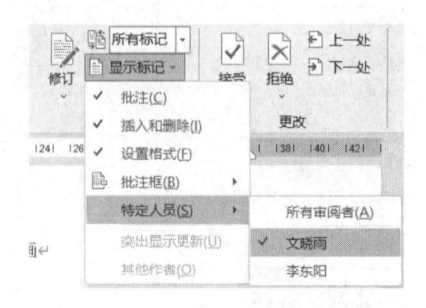

图 4.181 "特定人员"的子菜单　　　　图 4.182 "拒绝"下拉列表

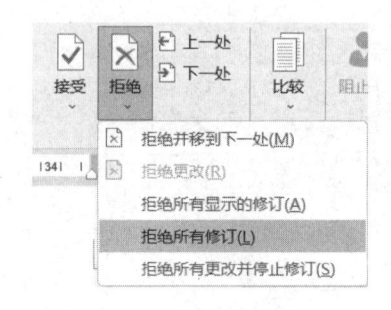

4.8.3 文档属性

选择"文件"选项卡，在后台视图左侧的"信息"选项中会显示文档属性，如图 4.183 所示。文档属性包括文档的标题、标记、备注、作者等，这些不属于文档正文中的内容。

图 4.183 后台视图左侧的"信息"选项

修改文档属性的操作步骤：在后台视图中单击"属性"按钮，在下拉列表中选择"高级属性"命令，在弹出的"属性"对话框中选择"摘要"选项卡，即可对摘要属性进行详细设置，如图 4.184 所示；在该对话框的"自定义"选项卡中，如图 4.185 所示，可以添加更多的自定义属性。

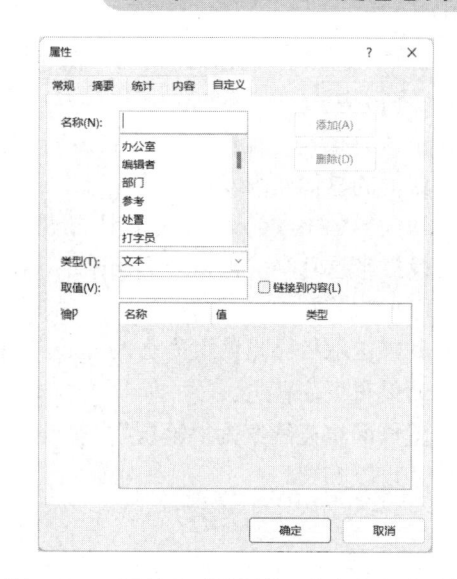

图 4.184 "属性"对话框的"摘要"选项卡　　　图 4.185 "属性"对话框的"自定义"选项卡

【同步训练 4-63】徐雅雯需要为关于艺术史的 Word 格式的文档添加摘要属性,作者为"林凤生",添加如表 4.10 所示的自定义属性。

表 4.10　自定义属性

名　　称	类　　型	取　　值
机密	是或否	否
分类	文本	艺术史

步骤 1. 打开"属性"对话框,选择"摘要"选项卡,在"作者"文本框中输入"林凤生"。

步骤 2. 切换到"自定义"选项卡,在"名称"文本框中输入"机密",设置类型为"是或否",在"取值"文本框中输入"否",单击"添加"按钮,将值添加到下方的"属性"列表框中。

步骤 3. 再添加一个属性,在"名称"文本框中输入"分类",设置类型为"文本",在"取值"文本框中输入"艺术史",单击"添加"按钮,将属性添加到"属性"列表框中。单击"确定"按钮关闭"属性"对话框,返回后台视图。

4.9　技能拓展

4.9.1　为美丽校园摄影大赛设计海报

为美丽校园摄影大赛设计海报

1. 设计要求

为进一步加强校园文化建设、彰显校园文化、丰富师生文化生活,学校决定举办"美丽校园"摄影大赛。现要根据所提供的文字素材和图片素材,使用 Word 为摄影大赛设计制作一张 A4 大小的宣传海报。

准备工作——字体安装。

方法 1:找到 C:\WINDOWS\Fonts 文件夹,将字体文件粘贴下来即可(适用于所有系统)。

方法2：选择字体文件，右击，在弹出的快捷菜单中选择"安装"命令即可。

2. 海报构思

由于该海报是为宣传摄影大赛的活动而制作的，因此，在内容上应包括活动的目的、参赛对象、活动的具体要求及作品的评选方式，并且要重点突出此次大赛的主题和活动时间。

此次大赛的主题为"美丽校园"摄影大赛，在设计中要将学生的青春活力、校园生活的丰富多彩及摄影这几个关键点展示出来。

3. 制作步骤

打开"美丽校园摄影大赛方案.docx"文档，将其另存为"海报.docx"。

（1）设置页面背景。

设置页面填充图案为"草皮"，前景色为"白色，背景1"，背景色为"茶色，背景2"。

（2）设置文案。

① 选中全文，设置字体为"微软雅黑"，字号为五号，段前、段后均为"0 行"，行距为"最小值，0 磅"。

② 设置"一、活动目的"字号为小四号，为其添加底纹；设置填充颜色为"深红"，应用于为"文字"。

③ 使用格式刷依次为"二、参赛对象""三、具体要求""四、作品评选和展示"文本设置相同的格式。

（3）设置背景及Logo图片。

① 在海报中插入"顶纹.jpg"图片，将排列方式设置为"衬于文字下方"，并将图片的白色部分变成透明的。调整图片的大小，并将其拖到页面左上角的合适位置。

② 在海报中插入"logo.png"图片，将排列方式设置为"衬于文字下方"，调整图片的大小，并将其拖到页面右上角的合适位置。

③ 在海报中插入"底纹.jpg"图片，将排列方式设置为"衬于文字下方"，调整图片的大小，并将其拖到页面下方的合适位置。

④ 将"镜头.jpg""风景（1）.jpg""风景（2）.jpg""风景（3）.jpg""风景（4）.jpg"图片依次插入文档中，设置其排列方式均为"浮于文字上方"，设置"镜头.jpg"图片的高度为6厘米，"风景（1）.jpg""风景（2）.jpg""风景（3）.jpg""风景（4）.jpg"图片的高度均为4厘米。将"镜头.jpg"图片的白色部分变成透明的，为"风景（1）.jpg""风景（2）.jpg""风景（3）.jpg""风景（4）.jpg"图片添加"简单框架，白色"样式，并按照序号顺序围绕"镜头.jpg"图片从右到左进行旋转排列，将其全部选中进行组合，并拖到页面的右下方。

（4）设置艺术字。

① 为标题"'美丽校园'摄影大赛"设置艺术字，艺术字样式为"填充-紫色，背景4，软棱台"，字体为"汉仪行楷简"，字号为48号、加粗，字体颜色为"主题颜色-橙色，个性6"。

② 在标题的下一行输入"2022年9月1日—15日"文本，并设置字体为"方正综艺简体"，字号为四号、加粗；为其设置"填充-黑色，文本1，轮廓-背景1，清晰阴影-背景1"艺术字样式。

③ 选中艺术字文本框，设置排列方式为"浮于文字上方"；调整文本框的大小，使其达到页面的宽度，并拖到页面上方的合适位置，为文本框填充"白色"，将透明度设置为"30%"，并为其设置"圆棱台"形状效果。

海报完成效果图如图4.186所示。

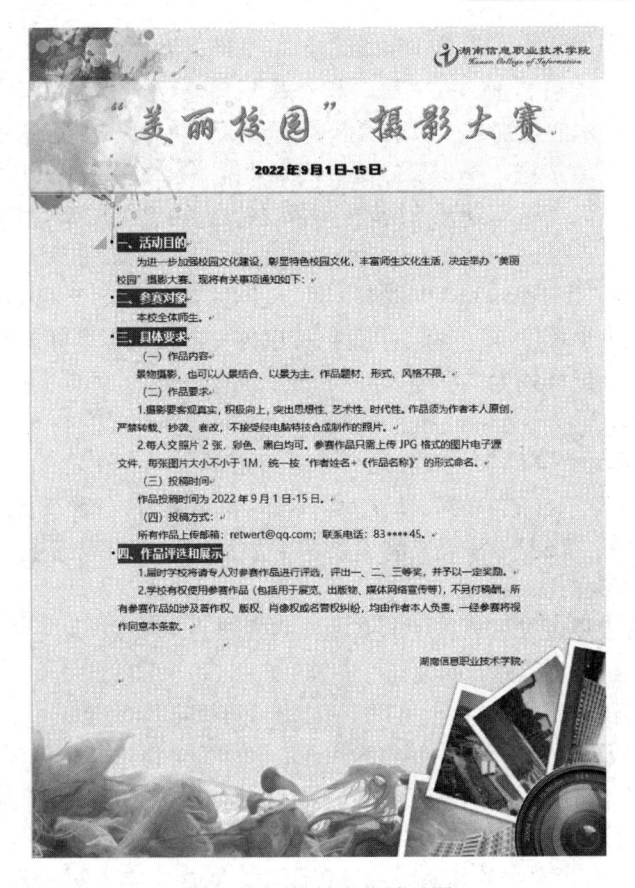

图 4.186　海报完成效果图

4.9.2　制作"走进雷锋"宣传文档

1. 设计要求

3 月 5 日是学雷锋纪念日，现邀请你为湖南雷锋纪念馆设计一个有关"走近雷锋"的宣传文档。

2. 文档构思

先收集雷锋的事迹材料，再将收集的材料进行分类，如"雷锋生平""雷锋精神""雷锋轶事""主要荣誉""后世纪念""社会评价"等。制作主体文档后，对作品进行长文档排版。

3. 制作步骤

将制作步骤分为设置标题样式、设置正文样式、为图片设置题注、插入交叉引用、插入文字水印和页眉与页码、制作目录、制作封面页。

（1）设置标题样式。

① 修改标题 1 的样式：设置字体为"黑体"，字号为三号、加粗，字体颜色为"深红"。设置边框的样式为"━━━━━"，边框颜色为"深红"，宽度为"3.0 磅"，边框为"下边框"。

② 修改标题 2 的样式为"黑体"、四号、加粗；修改标题 3 的样式为"宋体"、小四号、加粗。

③ 打开"定义新多级列表"对话框，单击要修改的级别"1"，将级别链接到"标题1"，

要在库中显示的级别是"级别1",选择此级别的编号样式为"一、二、三、...",在输入编号的格式中,在"一"的前后分别输入"第"和"章";单击要修改的级别"2",将级别链接到"标题2",要在库中显示的级别是"级别2",勾选重新开始列表的间隔并设置为"级别1",勾选"正规形式编号"复选框;单击要修改的级别"3",将级别链接到"标题3",要在库中显示的级别是"级别3",勾选重新开始列表的间隔并设置为"级别2",勾选"正规形式编号"复选框。

④ 为"雷锋生平""雷锋精神""雷锋轶事""主要荣誉""后世纪念""社会评价""参考文献"设置标题样式为"标题1",为文中蓝色标识的文本设置标题样式为"标题2",为文中绿色标识的文本设置标题样式为"标题3"。

(2) 设置正文样式。

① 修改正文样式为"宋体"、小四号、1.5倍行距。

② 新建"参考文献"样式,将其设置为"宋体"、小五号、1.5倍行距,并"定义新编号格式"为"【1】""【2】""【3】",注意要删掉数字1后面的点。设置完毕,将"第七章 参考文献"下方的正文应用该样式。

③ 将"第四章 主要荣誉"表格中的文本样式设置为"宋体"、小五号,并加粗标题行文本,设置标题行居中,设置标题行重复。

(3) 为图片设置题注。

① 修改"题注"样式,设置文本颜色为黑色,字体为"仿宋",字号为小五号,居中对齐。

② 选择"第二章 雷锋精神"中的图片,插入标签为"图"的题注,并将图片旁边橙色的文本作为题注文字,设置图片和题注居中对齐。

③ 依次选中图片,为文中的其他图片设置题注,题注文字为图片旁边的橙色文本,并修改题注样式,设置图片与题注文本居中对齐。

(4) 插入交叉引用。

① 将光标置于"第一章 雷锋生平"文本的后面,打开"交叉引用"对话框,选择引用类型为"编号项",引用内容为"段落编号",引用"第七章 参考文献"中的第"【1】"条参考文献,设置完毕单击"插入"按钮。

② 选中插入的编号,并将其设置为上标。

③ 为"第三章 雷锋轶事"引用"第七章 参考文献"中的第"【2】"条参考文献,为"5.1.2 抚顺市雷锋纪念馆"引用"第七章 参考文献"中的第"【3】"条参考文献,为"第六章 社会评价"中的第二段文本,引用"第七章 参考文献"中的第"【4】"条参考文献。

(5) 插入文字水印和页眉与页码。

① 打开"水印"对话框,设置文字水印中的文字为"样本 勿传",字体为"宋体",字号为60号,版式为"斜式"。

② 按 Delete 键删除"第一章 雷锋生平"所在行的上一行,进入页眉编辑状态。取消"链接到前一条页眉的"按钮的选中状态。在页眉中输入"走近雷锋",设置字体为"宋体",字号为小五号,设置对齐方式为"右对齐"(在此处也可以设置页眉样式)。

③ 将光标置于"第一章 雷锋生平"所在页的页脚处,取消"链接到前一条页眉"的选中状态,打开"页码格式"对话框,设置起始页码为1,在页面底端插入页码3。

(6) 制作目录。

① 在"走近雷锋"文本的后面插入一个空白页,并且使用分页符将各章内容另起一页,

即每章的标题放在首行。

② 在第二页插入目录。

③ 设置"目录"的字体为"黑体"，颜色为"黑色"，居中对齐。设置目录列表的字体为"宋体"，字号为小四号，段间距为 1.5 倍。

（7）制作封面页。

① 选中"走近雷锋"四个字，设置字体为 "华康俪金黑 W8(P)"，字号为 72 号，字体颜色为"标准色-深红"，居中对齐并将"走近雷锋"文本位于页面的中下位置。

② 在"走近雷锋"的上方插入"01 雷锋头像.png"图片。

③ 插入"02 背景.png"图片，更改其布局为"衬于文字下方"，并选中"固定在页面上"单选按钮。调整图片的大小，并放到页面下方的位置。

④ 插入"03 飘带.png"图片，更改其布局为"衬于文字下方"，并选中"固定在页面上"单选按钮。调整图片的大小，并放到页面右上方的位置，将图片的样式设置为"冲蚀"效果。

该文档前三页的效果图如图 4.187 所示。

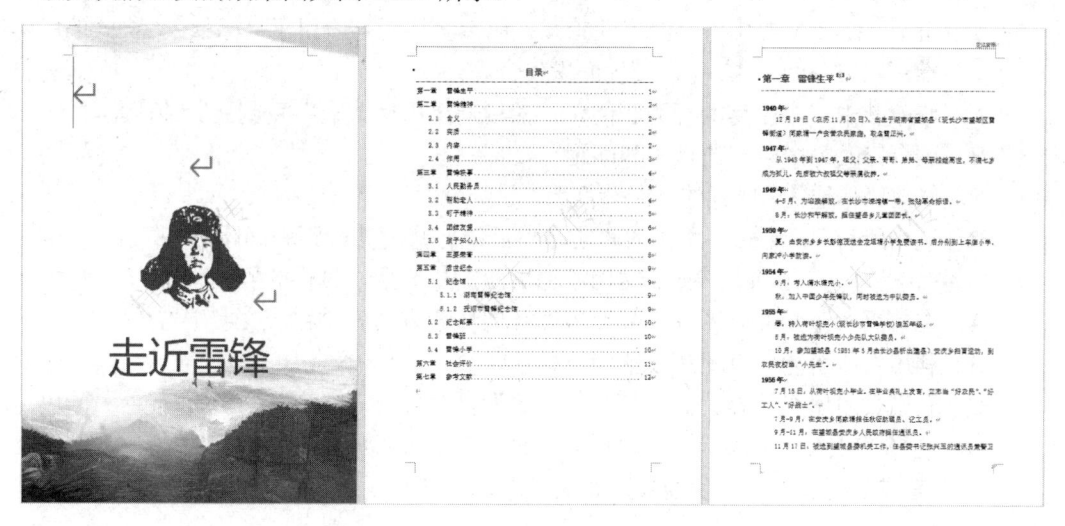

图 4.187 "走进雷锋"宣传文档前三页的效果图

课后训练

一、选择题

1. 郝秘书要在 Word 中草拟一份会议通知，他希望该通知结尾处的日期能够随系统日期的变化而自动更新，最快捷的操作方法是（　　）。

　　A．通过插入日期和时间功能，插入特定格式的日期并设置为自动更新

　　B．通过插入对象功能，插入一个可以链接到原文件的日期

　　C．直接手动输入日期，然后将其格式设置为可以自动更新

　　D．通过插入域的方式插入日期和时间

2. 文秘小慧正在 Word 中编辑一份通知，她希望位于文档中间的表格在独立的页面中横排，其他内容保持纸张方向为纵向，最优的操作方法是（　　）。

A．在表格的前后分别插入分页符，然后设置表格所在的页面纸张方向为横向

B．在表格的前后分别插入分节符，然后设置表格所在的页面纸张方向为横向

C．选中表格，然后为所选的文字设置纸张方向为横向

D．在表格的前后分别插入分栏符，然后设置表格所在的页面纸张方向为横向

3．张编辑休假前正在审阅一部 Word 书稿，他希望回来上班时能够快速找到上次编辑的位置，在 Word 中最优的操作方法是（　　）。

A．下次打开书稿时，直接通过滚动条找到该位置

B．记住一个关键词，下次打开书稿时，通过"查找"功能找到该关键词

C．记住当前页码，下次打开书稿时，通过"查找"功能定位到该页码

D．在当前位置插入一个书签，通过"查找"功能定位到该书签

4．在 Word 中，关于尾注说法错误的是（　　）。

A．尾注可以插入文档的结尾处　　　　B．尾注可以插入节的结尾处

C．尾注可以插入页脚中　　　　　　　D．尾注可以转换为脚注

5．小钟正在 Word 中编排自己的毕业论文，他希望将所有应用了"标题 3"样式的段落修改为 1.25 倍行距、段前间距 12 磅，最优的操作方法是（　　）。

A．修改其中一个段落的行距和间距，然后通过"格式刷"复制到其他段落

B．逐个修改每个段落的行距和间距

C．修改"标题 3"样式的行距和间距

D．选中所有"标题 3"所在的段落，然后统一修改其行距和间距

6．如果希望为一个多页的 Word 文档添加页面图片背景，最优的操作方法是（　　）。

A．在每页中分别插入图片，并设置图片的环绕方式为"衬于文字下方"

B．利用水印功能，将图片设置为文档水印

C．利用页面填充效果功能，将图片设署为页面背景

D．选择"插入"选项卡中的"页面背景"命令，将图片设置为页面背景

7．小张完成了毕业论文，现需要在正文前添加论文目录，以便检索和阅读，最优的操作方法是（　　）。

A．利用 Word 提供的"手动目录"功能创建目录

B．输入作为目录的标题文字和相对应的页码创建目录

C．将文档的各级标题设署为内置标题样式，然后基于内置标题样式自动插入目录

D．不使用内置标题样式，而是直接基于自定义样式创建目录

8．小王计划邀请 30 个客户参加答谢会，并为他们发送邀请函。快速制作 30 份邀请函的最优操作方法是（　　）。

A．发动同事帮忙制作邀请函，每个人写几份

B．利用 Word 具有的邮件合并功能自动生成

C．先制作一份邀请函，然后复印 30 份，在每份上都添加客户名称

D．在 Word 中制作一份邀请函，通过复制、粘贴功能生成 30 份，然后分别添加客户名称

二、操作题

小赵是某大学企业管理专业的应届毕业生，正在撰写毕业论文，按照下列要求帮助他对论文进行排版。

1．打开素材文件夹下的"Word.docx"文档（"docx"为文件扩展名）。

2．论文在交给指导教师修改时，教师添加了某些内容，并保存在"教师修改.docx"文档中，要求在自己的论文"Word.docx"中接受修改，添加该内容。

3．参照素材文件夹下样例图片"封面.png"中的效果，为论文添加封面，其中从文本"学校名称"到论文标题都设置为居中对齐。适当调整字体和字号。将"姓名"到"指导教师"的5个段落的左侧缩进设置为13个字符。将下方的日期设置为右对齐，并替换为可以显示上次文档保存日期的域（具体日期无须和样例一致）。

4．删除文档中的所有全角空格和空行。

5．将文档中的"标题1""标题2""标题3"的手动编号替换为可以自动更新的多级列表，样式保持不变。

6．将论文中所有正文的文字设置为首行缩进2字符，且段前段后各空半行，但各级标题文字不能应用此格式。

7．在文档末尾的标题"参考文献"的下方插入参考书目，将书目保存在"书目.xml"文档中，设置书目样式为"ISO690-数字引用"。

8．设置目录、摘要、每章标题、参考文献和致谢都从新的页面开始。

9．修改所有的脚注为尾注，且放到每章之后，并对尾注的编号使用[1],[2],[3],…的格式。

10．在论文页面底部的中间位置添加页码，要求封面没有页码，目录页使用罗马数字Ⅰ,Ⅱ,Ⅲ,…的格式，从摘要开始使用1,2,3,…的格式，页码都从1开始。

11．为文档正文（第1～7章）添加页眉，页眉内容能够自动引用页面所在章的标题和编号，且居中显示。

12．在文档封面页的标题文字"目录"的下方插入文档目录，要求"摘要""参考文献""致谢"出现在目录中，且与"标题1"同级别。

第 5 章

Excel 处理电子表格

5.1 Excel 的基本使用

Excel 的基本使用

5.1.1 认识 Excel

Excel 是微软公司推出的 Microsoft Office 办公系列软件的一个重要组成部分，主要用于对电子表格的数据进行处理，它不仅可以高效地完成各种表格和图的设计，还可以进行复杂的数据计算和分析，能极大地提高办公人员对数据的处理效率。

与 Word 类似，Excel（2019 版）的工作界面主要由快速访问工具栏、选项卡及其功能区命令按钮、标题栏、编辑栏、工作簿窗口和状态栏等组成，如图 5.1 所示。

图 5.1 Excel 的工作界面

1. 编辑栏

编辑栏位于选项卡功能区的下方,从左至右分别由名称框、编辑栏按钮和编辑框三部分组成,名称框用于显示当前单元格的地址和名称,当选择单元格或区域时,名称框中将出现相应的地址名称(如A1);在名称框中输入地址名称时,也可以快速定位到目标单元格中。例如,在名称框中输入"B2",按Enter键即可将活动单元格快速定位到第B列的第2行,即B2单元格,如图5.2所示。

编辑框(见图5.3)主要用于向活动单元格中输入、修改数据或公式。向单元格中输入数据或公式时,在名称框和编辑框之间会出现✕和✓两个按钮,单击✕按钮,可以取消对该单元格的编辑;单击✓按钮,可以确定输入或修改该单元格的内容,同时退出编辑状态。

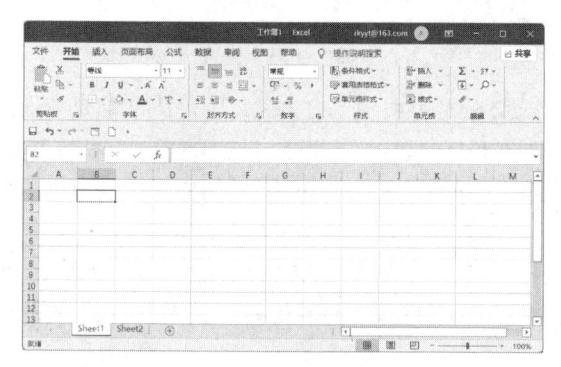

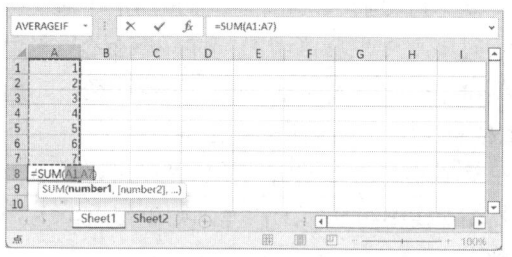

图 5.2　快速定位到 B2 单元格　　　　　图 5.3　编辑框

2. 工作簿窗口

工作簿窗口位于编辑栏的下方。工作簿是 Excel 用来处理和存储数据的文件,其扩展名为.xlsx,其中可以含有一个或多个工作表。工作簿相当于工作表的容器,刚启动 Excel 时,打开一个名为工作簿 1 的空白工作簿,在保存时可以重新命名。工作簿窗口主要包含以下几个部分。

(1)工作簿标题栏。工作簿标题栏位于工作簿窗口顶部,用于显示工作簿的名称。其左端为工作簿控制菜单图标。单击标题栏右侧"最大化"按钮,工作簿窗口最大化,此时工作簿标题栏将自动并入 Excel 标题栏。

(2)工作表工作区。工作表又称电子表格,其名称分别显示在底部的工作表标签上,工作表工作区指的是位于工作簿标题栏和工作表标签之间的区域,表格的编辑主要在这一区域完成。一张工作表是一个二维表格,其中,行号以数字命名(范围为 1~1048576),列标以字母或字母的组合命名(范围为 A~XFD,最大 16384 列)。工作表中的表格又称单元格,其地址由列标和行号组成,如 D5 单元格就是位于工作表中第 4 列第 5 行的单元格。当前正在编辑的单元格叫活动单元格,一张工作表只能有一个单元格为活动元格。单击一个单元格,即可让它成为活动单元格,编辑栏将同步显示当前活动单元格的地址编号(或名称)和单元格中的内容。

(3)工作表标签。工作表标签位于工作簿窗口底部,用于显示工作表的名称。在工作表标签的右侧是插入工作表标签,单击工作表标签可以插入一个新的工作表,也可以进行工作表之间的切换。

5.1.2　工作簿的基本操作

1. 工作簿的新建与保存

启动 Excel 时,系统会自动创建一个空白工作簿,也可以根据需要自己创建一个新的空白工作簿。

在"文件"菜单中选择"新建"命令，在"可用模板"窗格中选择"空白工作簿"，然后在右侧的列表框中单击"创建"按钮，即可创建一个新的空白工作簿。

在"可用模板"窗格中选择"样本模板"，在下方列表框中选择与需要创建工作簿类型对应的模板，单击"创建"按钮，即可生成带有相关文字和格式的工作簿；如果选择"根据现有内容新建"，则弹出"根据现有工作簿新建"对话框，可以选择已有的 Excel 文件作为基础新建工作簿。

可以通过快速访问工具栏上的"保存"按钮，或者通过"文件"菜单中的"保存"和"另存为"命令来保存工作簿，也可以使用快捷键"Ctrl+S"。

2. 工作簿的打开与关闭

除了可以通过双击准备打开的工作簿文件启动 Excel 并打开该工作簿，还可以在启动 Excel 后通过"文件"菜单中的"打开"命令（快捷键为"Ctrl+O"）打开某个工作簿。在"打开"对话框中，定位到要打开的工作簿路径下，选择要打开的工作簿，单击"打开"按钮，即可在 Excel 窗口中打开选择的工作簿。

暂时不再进行编辑的工作簿，可以通过"文件"菜单中的"关闭"命令来关闭；如果不再使用 Excel 编辑任何工作簿，则单击 Excel 工作界面中标题栏右侧的按钮关闭当前已打开的工作簿。

5.1.3 工作表的基本操作

1. 工作表的切换

在打开的工作簿中，工作表标签位置以白底显示的工作表是当前工作表。可以单击其他工作表标签切换到其他工作表，也可以使用快捷键"Ctrl+PageUp"切换到上一个工作表，使用快捷键"Ctrl+PageDown"切换到下一个工作表（笔记本电脑上的快捷键是"Fn+Ctrl+PageUp/PageDown"）。

如果工作簿中插入许多工作表，而所要切换的工作表标签没有显示在屏幕上，则可以右击工作表标签前空白区域的箭头（见图 5.4），在弹出的"激活"对话框中选择要切换的工作表，如图 5.5 所示。

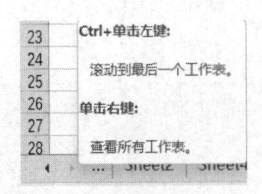

图 5.4　右击工作表标签前面的空白区域　　　　图 5.5　"激活"对话框

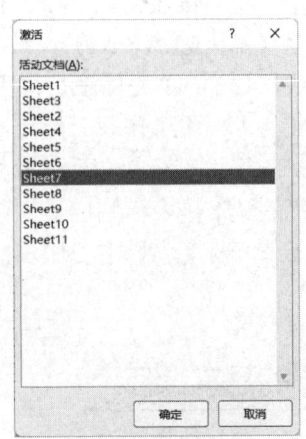

2．工作表的插入

若要插入新的工作表，则可单击工作表标签后面的"插入工作表"按钮⊕，也可以右击工作表标签，在弹出的快捷菜单中选择"插入"命令，在弹出的"插入"对话框的"常用"选项卡中选择"工作表"，如图 5.6 所示，然后单击"确定"按钮即可插入新的工作表。或者单击"开始"选项卡的"单元格"组中的"插入"按钮，在弹出的如图 5.7 所示的"插入"下拉列表中选择"插入工作表"命令。

图 5.6 "插入"对话框　　　　　　　图 5.7 "插入"下拉列表

3．工作表的删除

删除工作表的方法如下。

（1）右击要删除的工作表标签，在弹出的快捷菜单中选择"删除"命令。

（2）如果要删除的工作表中包含数据，则弹出"Microsoft Excel 将永久删除此工作表。是否继续？"提示框，单击"删除"按钮即可。

4．工作表的重命名

从默认的工作表名 Sheet1、Sheet2 和 Sheet3 等中很难判断工作表中存放的内容，因此，可以为工作表取一个有意义的名称。对工作表重命名通常使用以下两种方法。

方法 1：右击要重命名的工作表标签，在弹出的快捷菜单中选择"重命名"命令，输入工作表的新名称。

方法 2：双击要重命名的工作表标签，然后在标签中输入工作表的新名称，按 Enter 键。

5．多个工作表的选定

要在工作簿的多个工作表中输入相同的数据，则可以先将这些工作表选定。选定多个工作表的方法如表 5.1 所示。

表 5.1　选定多个工作表的方法

选定工作表	方　　法
多个相邻的工作表	单击第一个工作表标签，按住 Shift 键不放，单击最后一个选定的工作表标签
多个不相邻的工作表	选定第一个工作表标签后按住 Ctrl 键不放，分别单击要选定的工作表标签
工作簿中的所有工作表	右击工作表标签，从弹出的快捷菜单中选择"选定全部工作表"命令

在选定多个工作表时，在标题栏文件名旁边将出现"工作组"字样。当向工作组内的一个工作表中输入数据或进行格式化时，工作组内的其他工作表也会出现相同的数据和格式。

要想取消对工作表的选定，只需单击任意一个未选定的工作表标签，或者右击工作表标签，从弹出的快捷菜单中选择"取消组合工作表"命令即可。

6. 工作表的移动和复制

在工作簿内移动工作表，可以改变工作表的排列顺序，操作方法如下。

（1）在要移动的工作表名称上按住鼠标左键，此时在标签上会出现一个标记。

（2）将工作表标签拖曳到新位置，松开鼠标左键，即可将工作表移动到新位置。

如果在拖曳的同时按住 Ctrl 键，会发现该标记中多了一个"+"，变为，到达新位置后，先松开鼠标左键，再松开 Ctrl 键，便可复制工作表。工作表名称为原名称加一个带括号的编号，如 Sheet1 的复制工作表名称为 Sheet1（2）。

将一个工作表移动或复制到另一个工作簿中的操作方法如下。

（1）打开用于接收工作表的工作簿，切换到包含要移动或复制工作表的工作簿中。

（2）右击要移动或复制的工作表标签，在弹出的快捷菜单中选择"移动或复制工作表"命令，弹出"移动或复制工作表"对话框，如图 5.8 所示。

（3）在"工作簿"下拉列表中选择用于接收工作表的工作簿名称。

（4）在"下列选定工作表之前"列表框中，选择要移动或复制的工作表将放在选定工作簿中的哪个工作表之前。

（5）勾选"建立副本"复选框，实现工作表复制，否则实现工作表移动。

7. 工作表的隐藏和显示

为避免对重要数据和机密数据的误操作，可以隐藏工作表。操作方法如下。

（1）选中要隐藏的工作表标签。

（2）单击"开始"选项卡的"单元格"组中的"格式"按钮，在弹出的下拉列表中选择"隐藏和取消隐藏"→"隐藏工作表"命令，即可将选中的工作表隐藏。

操作技巧

右击要隐藏的工作表标签，在弹出的快捷菜单中选择"隐藏"命令。

取消隐藏工作表的操作方法如下。

（1）右击工作表标签，在弹出的快捷菜单中选择"取消隐藏"命令，弹出"取消隐藏"对话框，如图 5.9 所示。

（2）在"取消隐藏工作表"列表框中选择要取消隐藏的工作表，单击"确定"按钮即可。

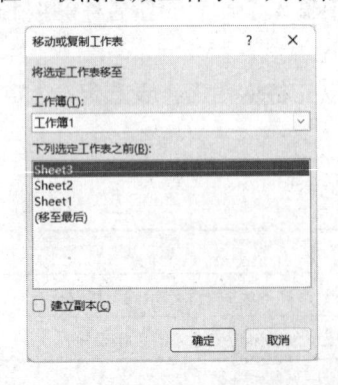

图 5.8 "移动或复制工作表"对话框　　图 5.9 "取消隐藏"对话框

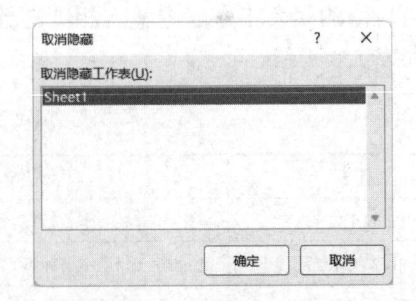

8. 工作表的拆分

当在某个区域编辑的数据量较大，且需要一边编辑数据一边参照工作表中其他位置上的内容时，可以通过拆分工作表来达到目的。操作方法如下。

（1）打开要拆分的工作表，选中要从其上方和左侧拆分的单元格。

（2）单击"视图"选项卡的"窗口"组中的"拆分"按钮，即可将工作表拆分为 4 个窗格。

操作技巧

将鼠标指针移到拆分后的分隔条上，当指针变为双向箭头时拖曳，可以改变拆分后窗口的大小。如果将分隔条拖到表格窗口外，则删除分隔条。可以通过将鼠标在各个窗格中单击进行切换，然后在各个窗格中显示工作表的不同部分。

当窗口处于拆分状态时，单击"视图"选项卡的"窗口"组中的"拆分"按钮，可以取消对窗口的拆分。

9. 工作表的冻结

当处理的数据表格有很多行时，可以通过冻结工作表标题来固定标题行位置。操作方法如下。

（1）打开 Excel 工作表，选中标题行下一行中的任意一个单元格。

（2）单击"视图"选项卡的"窗口"组中的"冻结窗格"按钮，出现如图 5.10 所示的"冻结窗格"下拉列表。

（3）在该下拉列表中选择"冻结首行"命令，向下拖曳工作表数据，标题行将始终停留在第 1 行；如果选择"冻结窗格"命令，则所选择的单元格将成为左上角的第一个活动单元格，冻结上方的行和左边的列。

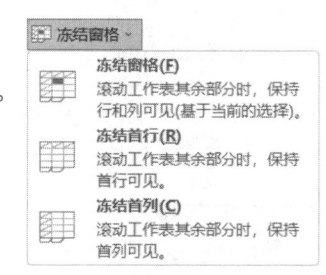

图 5.10 "冻结窗格"下拉列表

5.1.4 单元格的基本操作

1. 单元格的选择

在 Excel 中也遵循"要对谁进行操作首先得选中谁"的原则，要对哪个单元格进行编辑得先选择要编辑的单元格。

（1）选择一个单元格。

单击要选择的单元格，此时该单元格的周围出现黑色粗边框，说明它是活动单元格。

（2）选择多个单元格。

如果要选择连续的多个单元格，则单击要选择的单元格区域内的第一个单元格，拖曳鼠标左键到选择区域内的最后一个单元格，松开左键即可选择连续的单元格区域；或者先单击区域左上角的第一个单元格，按住 Shift 键不放，再单击区域右下角的一个单元格。

如果要选择不连续的单元格，则按住 Ctrl 键不放，单击要选择的单元格，即可选择不连续的多个单元格。

（3）选择全部单元格。

单击行号和列标左上角交叉处的"全选"按钮，即可选择工作表中的全部单元格。或者单击数据区域中任意一个单元格，然后按"Ctrl+A"组合键，可以选择工作表中连续的数据区域；单击数据区域中的空白单元格，然后按"Ctrl+A"组合键，可以选择工作表中的全部单元格。

2. 单元格的插入与删除

在某单元格插入一个单元格的操作方法如下。

（1）单击"开始"选项卡的"单元格"组中的"插入"按钮，在下拉列表中选择"插入单元格"命令,弹出"插入"对话框,如图 5.11 所示。

(2)选中插入方式,单击"确定"按钮。

如果选中"活动单元格右移"单选按钮,则可以使当前单元格向右移动;如果选中"整行"或"整列"单选按钮,则可以插入一行或一列。

对于表格中多余的单元格,可以将其删除。删除单元格时不仅可以删除单元格中的数据,还可以删除选中的单元格。选中要删除的单元格,单击"开始"选项卡的"单元格"组中的"删除"按钮,在如图 5.12 所示的"删除"下拉列表中选择"删除单元格"命令,在弹出的如图 5.13 所示的"删除文档"对话框进行操作。

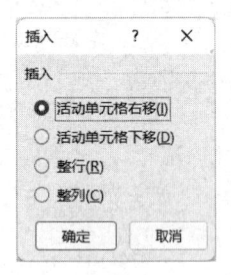

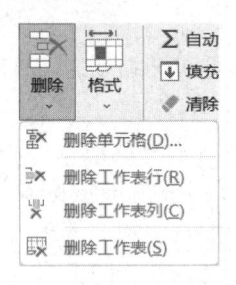

图 5.11 "插入"对话框　　图 5.12 "删除"下拉列表　　图 5.13 "删除文档"对话框

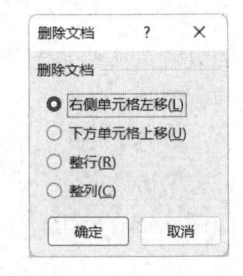

3. 单元格的合并与拆分

合并单元格是指将相邻的几个单元格合并为一个单元格,操作方法如下。

(1)选中要合并的多个单元格。

(2)单击"开始"选项卡的"对齐方式"组中的"合并单元格"下拉按钮。

(3)在下拉列表中选择"合并后居中"命令。

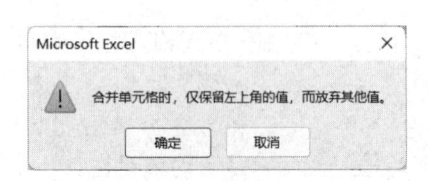

图 5.14 提示对话框

如果正在合并的单元格中存在数据,则会弹出如图 5.14 所示的提示对话框,单击"确定"按钮,只有左上角单元格中的数据保留在合并后的单元格中,其他单元格中的数据将被删除。可以单击"确定"按钮完成合并操作,或者单击"取消"按钮取消合并操作。

对已经合并的单元格取消合并的操作方法如下。

(1)选中已合并的单元格。

(2)在"开始"选项卡的"对齐方式"组中单击"取消合并单元格"按钮,或者在"合并单元格"下拉列表中选择"取消单元格合并"命令。

4. 选择表格中的行和列

(1)选择表格中的行分为选择单行、选择连续的多行、选择不连续的多行 3 种情况,如表 5.2 所示。

表 5.2　选择表格中的行

选 择 行	方　　法
单行	将鼠标指针移到要选择行的行号上,当指针变为 ➡ 形状时单击,可以选择该行
连续的多行	单击要选择的多行中最上面或最下面一行的行号,按住鼠标左键向下拖曳到选择区域的最后一行或第一行,即可同时选择该区域中的所有行
不连续的多行	按住 Ctrl 键不放,分别单击要选择的多个行的行号,可以同时选择不连续的行

（2）选择表格中的列分为选择单列、选择连续的多列、选择不连续的多列 3 种情况，如表 5.3 所示。

表 5.3　选择表格中的列

选　择　列	方　　　法
单列	将鼠标指针移到要选择列的列标上，当指针变为 ↓ 形状时单击，可以选择该列
连续的多列	单击要选择的多列中最左边或最右边一列的列号，按住鼠标左键向右或向左拖曳到选择区域的最后一列或第一列，即可同时选择该区域中的所有列
不连续的多列	按住 Ctrl 键不放，分别单击要选择的多个列的列标，可以同时选择不连续的列

5．行和列的插入与删除

在工作表中插入一行的操作方法如下。

（1）单击行号以确定插入行的位置，如第 3 行。

（2）单击"开始"选项卡的"单元格"组中的"插入"下拉按钮。

（3）在下拉列表中选择"插入工作表行"命令，即可在第 2 行和第 3 行之间插入一行。

插入列的方法与插入行相似，确认插入位置后选择"插入工作表列"命令即可。

在工作表中删除行或列的操作方法：选择要删除的行或列后，单击"开始"选项卡的"单元格"组中的"删除"按钮；或者右击要删除的行或列，在弹出的快捷菜单中选择"删除"命令。

6．行和列的隐藏

将工作表中行隐藏的操作方法如下。

（1）选中要隐藏的行，右击该行的行号。

（2）在弹出的快捷菜单中选择"隐藏"命令，即可隐藏相应的行。

隐藏列的方法与此类似，在选定列的列标处右击并选择相应的命令即可。

取消行或列的隐藏状态的操作方法如下。

（1）将鼠标指针移到被隐藏行的行号下方（或被隐藏列的列标右侧），指针变为 ↕（或 ↔）形状。

（2）按住鼠标左键向下（向右）移动，到达所需的行高（列宽）时松开，可以将被隐藏的行（或列）重新显示在工作表中。

也可以在指针变为 ↕（或 ↔）形状后右击，在弹出的快捷菜单中选择"取消隐藏"命令。

7．单元格批注

为单元格添加批注可以对单元格内容进行说明。操作方法如下：选中要添加批注的单元格，单击"审阅"选项卡的"批注"组中的"新建批注"按钮，在出现的批注文本框中输入批注内容。添加批注后，单元格的右上角会出现红色三角形，将鼠标指针指向包含批注的单元格时，批注就会显示出来。单击"审阅"选项卡的"批注"组中的"显示/隐藏批注"按钮，可以显示或隐藏批注。

要删除批注，只需先选中含有批注的单元格，再单击"审阅"选项卡的"批注"组中的"删除"按钮即可。

5.2　输入与编辑数据

5.2.1　输入数据

要在单元格中输入数据，可以有以下几种情况：
- 单击单元格使之成为活动单元格，可以直接在该单元格中输入数据。
- 单击单元格后，在工作表上方的编辑栏中将显示该单元格中的内容，可以在编辑栏中输入或修改数据，单元格中的内容将同步更新。
- 双击单元格，插入点会定位在单元格内，可以在其中直接输入或修改数据。

输入数据时，编辑栏的左侧会出现几个按钮：✖按钮表示取消输入；✔按钮表示确认输入；f_x按钮表示插入函数。

1. 输入文本型数据

输入文本型数据有以下几种情况：
- 可直接在单元格内输入文本型数据。
- 长度不超过单元格宽度的文本型数据在单元格内自动左对齐。
- 长度超出单元格宽度而右边单元格无内容时，文本型数据扩展到右边列显示。
- 长度超出单元格宽度而右边单元格有内容时，文本型数据根据单元格宽度截断显示。
- 文本型数据在单元格内换行需要按"Alt+Enter"组合键。
- 在多个单元格内输入相同的文本型数据时，先选中多个单元格，然后输入数据，最后按"Ctrl+Enter"组合键。

在单元格内输入数据时，可以使用键盘上的键控制输入，具体使用方法如表 5.4 所示。

表 5.4　使用键盘上的键控制输入

操　作	作　用
Enter 键	确认输入，使下一行同列的单元格成为活动单元格
Tab 键	确认输入，使本行下一列的单元格成为活动单元格
↑、↓、←、→键	确认输入，使本单元格的上、下、左、右侧的单元格成为活动单元格
Esc 键	取消输入，活动单元格不变

2. 输入数值型数据

输入数值型数据有以下几种情况：
- 输入的数值型数据带有"+"号时，系统会自动将其去掉。
- 输入一个用圆括号括起来的正数，系统会当作有相同绝对值的负数对待。

如输入"（100）"，单元格显示"-100"；输入分数时，若没有整数部分，系统会当作日期型数据，只要在分数前面加"0"和空格作为整数部分，就可以正确显示分数。

- 长度不超过单元格宽度的数值型数据在单元格内自动右对齐。
- 长度超过单元格宽度或超过 11 位的数值型数据自动用科学记数法表示。
- 用科学记数法表示数值型数据仍然超过单元格的宽度时，单元格内会显示"####"，此时，拖动列标分隔线或通过"列宽"对话框增大单元格的列宽，可以显示完整数据。

- 将数值型数据作为文本应先输入一个半角的单引号"'"。

在进行身份证号码的输入时，Excel 会认为是一个数字，第 15 位之后的数字会变成 0，如 430122200301012342，Excel 会将其当作数字格式，转换为 430122200301010000，并且用科学记数法表示为 4.30122E+17，要让 Excel 把输入的身份证号码当作"文本"来处理，就需要在单元格中先输入一个英文半角的单引号，再输入身份证号码。

数值型数据的转换如表 5.5 所示。

表 5.5 数值型数据的转换

输 入 内 容	显 示 形 式	输 入 内 容	显 示 形 式
+34	34	0 3/4	3/4
(34)	−34	1 3/4	1 3/4
3/4	3月4日	'430122198801012342	430122198801012342

3. 输入日期、时间型数据

日期型数据格式主要有"月/日""月-日""×月×日""年/月/日""年-月-日""×年×月×日"，按前 3 种格式输入，默认年份为系统时钟当前年份，显示为"×年×月"；按后 3 种格式输入，年份可以是两位也可以是四位，显示格式为"年-月-日"，显示年份为四位。按"Ctrl+；"组合键，可以输入系统时钟的当前日期。

时间型数据格式主要有"时:分""时:分 AM""时:分 PM""时:分:秒""时:分:秒 AM""时:分:秒 PM"，其中，AM 表示上午，PM 表示下午。按"Ctrl+Shift+；"组合键，可以输入系统时钟的当前日期。

4. 输入逻辑型数据

逻辑型数据包括 TRUE（真）和 FALSE（假），输入英文形式时不区分大小写。

5.2.2 数据的自动填充

当工作表中的一些行、列或单元格中的内容是有规律的数据时，可以使用 Excel 提供的自动填充功能快速输入数据。Excel 的活动单元格周围是黑色粗方框，该方框的右下角有一个小正方形的黑块，这就是填充柄。将鼠标指针指向填充柄时，指针变为十字形状，此时，拖动填充柄可以完成自动填充。

1. 重复数据的填充

在 Excel 中填充重复数据的操作方法如下。

（1）在起始单元格中输入起始值。

（2）将鼠标指针放在该单元格右下角的填充柄上，当指针变成十字形状时，按住鼠标左键向下拖动，拖动过的单元格区域都将自动填充为 1。

（3）松开鼠标左键填充完毕，填充区域的右下角会出现自动填充选项图标，单击该图标，在弹出的下拉列表中选择"复制单元格"或"填充序列"命令。

2. 数列的填充

若填充的一行或一列的数据为等差数列，只需输入前两项，并选定它们，然后拖动填充柄到结束单元格，系统会自动完成填充操作。

若填充的一行或一列的数据为日期序列，只需输入前两项，然后用鼠标右键拖动填充柄到结束单元格，在下拉列表中选择"等比数列"命令即可。

3. 日期序列的填充

若填充的一行或一列的数据为日期序列，则操作方法如下。

（1）输入开始日期并将其选定。

（2）拖动填充柄到结束单元格，系统会自动完成填充操作，日期序列以一天为步长。

如果以多天为步长，则可以输入两个日期并将它们选定，拖动填充柄到结束单元格，系统会以两个日期相差的天数为步长进行自动填充。

4. 自定义序列

若一行或一列的数据为 Excel 自定义的序列，只需输入第一项并将其选中，拖动填充柄到结束单元格，系统会自动完成填充操作，如"星期一、星期二……""甲、乙、丙、丁……"。也可以自定义序列，操作方法如下。

（1）选择"文件"菜单中的"选项"命令，弹出"Excel 选项"对话框，如图 5.15 所示。

（2）在该对话框中选择"高级"组中的"编辑自定义列表"按钮，弹出"自定义序列"对话框，如图 5.16 所示。

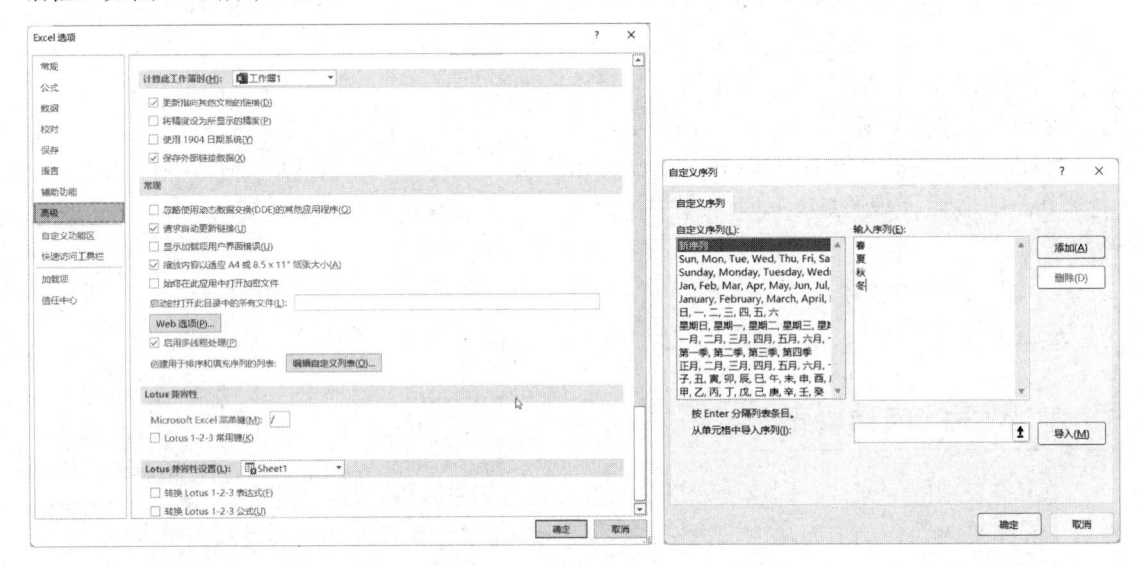

图 5.15 "Excel 选项"对话框　　　　图 5.16 "自定义序列"对话框

（3）在该对话框的"输入序列"文本框中输入自定义的序列项，每项到末尾按 Enter 键换行，以分隔各项，单击"添加"按钮，再单击"确定"按钮，即可将输入的序列添加到自定义序列中。

5.2.3　数据的有效性输入

在 Excel 中可以设置数据的有效范围，单击"数据"选项卡的"数据工具"组中的"数据验证"按钮，在弹出的"数据验证"对话框中进行设置。

数据的有效性输入

【同步训练 5-1】马老师负责对某次公务员考试成绩数据进行整理，按照下列要求帮助她完成相关整理、统计和分析工作：在"名单"工作表中，正确的准考证号为 12 位文本，面试分数的范围为 0~100 的整数（含本数），请检测这两列数据的有效性，当输入错误时给出提示信息"超出范围请重新输入！"。

先将准考证号列设置数据有效性为 12 位文本。

步骤 1．选中 B4:B1777 单元格区域，单击"数据"选项卡的"数据工具"组中的"数据验证"按钮，在下拉列表中选择"数据验证"命令。

步骤 2．在弹出的"数据验证"对话框的"设置"选项卡中设置"文本长度等于 12"的验证条件，如图 5.17 所示。

步骤 3．切换到"出错警告"选项卡，设置输入无效数据时显示出错警告样式为"信息"的错误信息"超出范围请重新输入！"，如图 5.18 所示，完成后单击"确定"按钮。

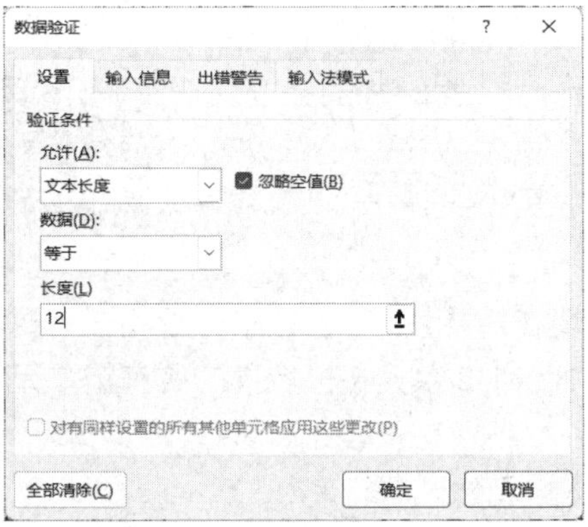

图 5.17　"数据验证"对话框的"设置"选项卡 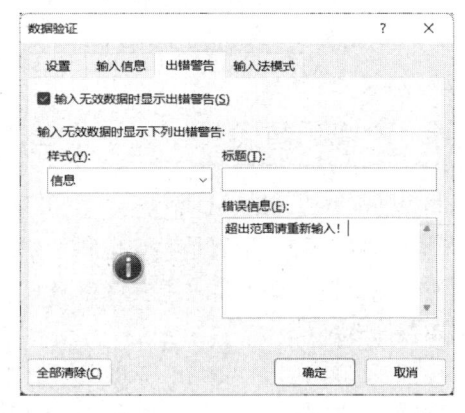　　　图 5.18　"数据验证"对话框的"出错警告"选项卡

步骤 4．使用同样的方法为面试分数列设置范围为 0~100 的整数（含本数）的数据有效性。

设置完成后，若在单元格中输入其他值，会弹出如图 5.19 所示的警告信息，如果要修改警告的内容，则在"数据验证"对话框的"出错警告"选项卡中进行设置。

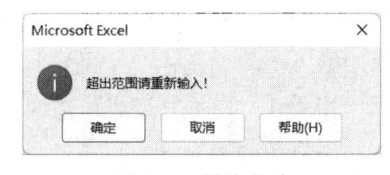

图 5.19　警告信息

5.2.4　数据的移动和复制

Excel 中数据的移动和复制与 Word 中的类似。可以使用"剪切""复制""粘贴"命令来移动和复制数据，操作方法如下。

数据的移动和复制

（1）选中要移动或复制数据的单元格区域。

（2）单击"开始"选项卡的"剪贴板"组中的"剪切"或"复制"按钮。

（3）单击目标单元格位置，然后单击"剪贴板"组中的"粘贴"按钮。

操作技巧

可以直接将选中的单元格拖动到目标位置来移动数据，拖动的同时按住 Ctrl 键可以复制数据，使用快捷键"Ctrl+X""Ctrl+C""Ctrl+V"可以剪切、复制、粘贴数据。

若要在剪切或复制过程中，将表格中的数据行变为列、列变为行，则复制或剪切原来表格中的所有单元格后选中目标单元格，并单击"剪贴板"组中"粘贴"下拉按钮的向下箭头，在如图 5.20 所示的"粘贴"下拉列表中单击"转置"图标，再在下拉列表中选择"选择性粘贴"命令，在弹出的如图 5.21 所示的"选择性粘贴"对话框中选择要粘贴的方式。

173

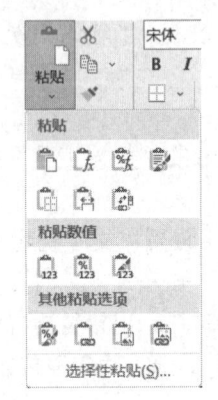

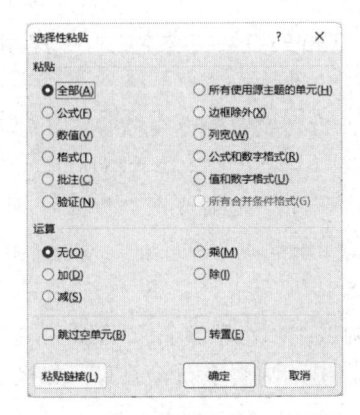

图 5.20 "粘贴"下拉列表　　　　图 5.21 "选择性粘贴"对话框

5.2.5 查找和替换

与 Word 类似，Excel 中也有查找和替换功能。

查找和替换

【同步训练 5-2】小陈是某环境科学院的研究人员，现在需要使用 Excel 来分析我国主要城市的降水量，请帮助她将"主要城市降水量"工作表的 B2:M32 单元格区域中的所有空单元格都填入数值 0。

步骤 1．选中"主要城市降水量"工作表的 B2:M32 单元格区域。

步骤 2．单击"开始"选项卡的"编辑"组中的"查找和选择"按钮，在下拉列表中选择"替换"命令，弹出"查找和替换"对话框。

步骤 3．在"替换"选项卡的"查找内容"文本框中不输入任何内容，在"替换为"文本框中输入"0"，单击"全部替换"按钮，完成替换。

步骤 4．关闭"查找和替换"对话框。

操作技巧

如果 Excel 中的查找和替换功能不能满足要求，则可以在 Word 中完成后将结果粘贴到 Excel 中。

【同步训练 5-3】请帮助小陈在"主要城市降水量"工作表中，将"城市"列中城市名称中的汉语拼音删除，并在城市名后面添加文本"市"，如"北京市"。

使用 Word 中的替换功能完成城市名后面添加文本"市"如"北京市"的操作。

步骤 1．将城市列中的数据按"只保留文本"方式复制到 Word 文档中。

步骤 2．在 Word 中利用高级替换将"^p"替换为"市^p"。

步骤 3．将数据复制到 Excel 表格的"城市"列中。

想一想：还有别的方法吗？如何将城市名称的汉语拼音删除？

5.3 格式化工作表

5.3.1 格式化数据

格式化数据

格式化数据可以通过"开始"选项卡的"数字"组中的数字格式按钮来设置。这些按钮包括"会计数字格式"按钮、"百分比样式"按钮%、"千位分隔样式"按钮,"增加小数位数"按钮、"减少小数位数"按钮。

通过"设置单元格格式"对话框进行格式设置的操作方法如下。

(1)选中要设置格式的单元格。

(2)单击"开始"选项卡的"数字"组右下角的"对话框启动器"按钮,弹出"设置单元格格式"对话框。

(3)在"数字"选项卡的"分类"列表中选择分类,然后在右侧进行详细设置,完成后单击"确定"按钮,如图5.22所示。

除了使用Excel中的预置格式,还可以根据自定义选项实现一些神奇和有用的效果。

在"数字"选项卡的"分类"列表中选择"自定义",右侧默认为"G/通用格式"的单元格内容,表示将以常规数字显示。

① "#"是数字占位符。设置了"#"占位符的单元格,只显示有意义的零,小数点后面的数字如果多于"#"的数量,则按"#"的位数四舍五入,如设置为:###.##,12.3显示为12.3,而12.345显示为12.35。

图5.22 "设置单元格格式"对话框的"数字"选项卡

② "0"是数字占位符。设置了"0"占位符的单元格,如果单元格中的内容长度大于占位符数,则显示实际数字;如果小于占位符数,则用0从头补足,如设置为000000,123显示为000123,12345678显示为12345678。

③ "@"是文本占位符。单个"@"表示引用用户输入的原始文本1次。如单元格设置为"你好,"@,在单元格中输入"张三",单元格将显示为"你好,张三";使用多个@可以重复文本。如单元格设置为@@@",你好!",在单元格中输入"张三",单元格将显示为"张三张三张三,你好!"。

④ "*"是重复字符,直到填满列宽。如设置为**(两个*号),将单元格的内容全部换成*号显示,单击单元格后在地址栏可以看到原始内容,双击单元格进入编辑状态,也可以看到原始内容,某些时候可以用于仿真密码保护。如结合文本占位符@可设置为@**,输入"Excel",显示为"Excel*********"。

⑤ ","是千位分隔符,常用于显示金额列。这样设置后显示的金额直观,可读性非常高。如设置为#,##,则12300123显示为12,300,123。

⑥ 可用指定的颜色显示字符。可选择的颜色有红色、黑色、黄色、绿色、白色、蓝色、青色和洋红,共8种。如设置[蓝色][红色][黄色][绿色]分别为,正数用蓝色的字体颜色标识,负数用红色的字体颜色标识,0用黄色的字体颜色标识,文本用绿色的字体颜色标识。

⑦ 可对单元格内容进行判断后设置单元格格式。条件要放在中括号"[ ]"内。如设置为[>=60]"及格";[<60]"不及格",单元格根据成绩将显示是否及格。

【同步训练5-4】请帮助小陈在"主要城市降水量"工作表中,修改B2:M32单元格区域中单元格的数字格式,使得数值小于15的单元格仅显示文本"干旱"。

步骤1.选中工作表的B2:M32单元格区域,打开"设置单元格格式"对话框。

步骤 2. 在"数字"选项卡的"分类"列表中选择"自定义",在右侧的"类型"文本框中删除"G/通用格式",输入表达式"[<15]"干旱"",单击"确定"按钮。

【同步训练 5-5】请协助马老师对公务员考试成绩数据进行整理,将"名单"工作表中的笔试分数、面试分数、总成绩 3 列设置为如"123.320 分"类型的数字格式,并能够正确参与后续数值运算。

步骤 1. 将 J 列数据转换为数字格式,选中 J4:J1777 单元格区域,J4 单元格左上角出现提示标记 ,单击 后面的下拉按钮,选择"转换为数字"选项。

步骤 2. 选中 J4:L1777 单元格区域,打开"设置单元格格式"对话框,在"数字"选项卡的"分类"列表中选择"自定义",在右侧的"类型"列表中选择"0.00",在文本框中将其修改为"0.000"分,单击"确定"按钮。

操作技巧

在使用 Excel 时,如果需要全选某列很长的数据,拖动全选比较费时,要快速选取这列数据,可以用快捷键"Ctrl+Shift+↓"来完成。在步骤 2 中,要选中 J4:L1777 单元格区域,可以先选择 J4:L4 单元格区域,再按"Ctrl+Shift+↓"组合键完成选择。

可以选择不同格式的时间,在该对话框左侧的列表中选择"时间",然后在右侧选择一种格式即可。也可以对时间和日期设置自定义格式。"YYYY"或"YY"表示按四位(1900~9999)或两位(00~99)显示年;"MM"或"M"表示按两位(01~12)或一位(1~12)显示月;"DD"或"D"表示按两位(01~31)或一位(1~31)显示天。

【同步训练 5-6】财务部助理小王需要向主管汇报 2013 年度公司差旅报销情况,现在要在"费用报销管理"工作表的"日期"列的所有单元格中,标注每个报销日期属于星期几,例如,日期为"2013 年 1 月 20 日"的单元格应显示为"2013 年 1 月 20 日星期日",日期为"2013 年 1 月 21 日"的单元格应显示为"2013 年 1 月 21 日星期一"。

步骤 1. 在"费用报销管理"工作表中,选中"日期"数据列,打开"设置单元格格式"对话框。

步骤 2. 在"数字"选项卡的"分类"列表中选择"自定义",在右侧的"示例"组的"类型"文本框中输入:yyyy"年"m"月"d"日"aaaa,单击"确定"按钮,如图 5.23 所示。

在使用表格时,可能对单元格设置了多种格式,如果不需要这些格式,则可以清除单元格的格式和其中的数据。选中单元格,单击"开始"选项卡的"编辑"组中的"清除"按钮,在如图 5.24 所示的"清除"下拉列表中选择相应的命令即可。

图 5.23 自定义日期格式

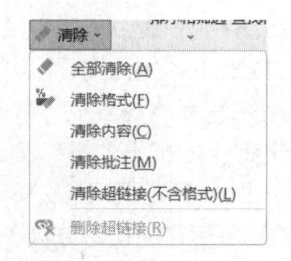

图 5.24 "清除"下拉列表

5.3.2　设置字体格式及对齐方式

设置字体格式及对齐方式

与在 Word 中类似，在 Excel 中设置单元格的字体、字号、颜色和对齐方式，需选中要设置的单元格，然后在"开始"选项卡的"字体"组中设置字体格式，在"对齐方式"组中设置对齐方式。

学习提示

单元格中的文本有水平和垂直两种对齐方式，通过如图 5.25 所示的"设置单元格格式"对话框的"对齐"选项卡可以对对齐方式进行详细设置。

调整单元格的行高需选中要调整行高的行，将鼠标指针放在行标的下边界上，当指针变成 ✢ 形状时，按下鼠标左键拖至合适的行高即可。

精确设置行高的操作方法如下。

（1）单击"开始"选项卡的"单元格"组中的"格式"按钮，弹出如图 5.26 所示的"格式"下拉列表。

（2）在下拉列表中选择"行高"命令，在弹出的"行高"对话框中进行精确设置，如图 5.27 所示。也可以选择"自动调整行高"命令，实现让选中的单元格根据内容自动调整行高。

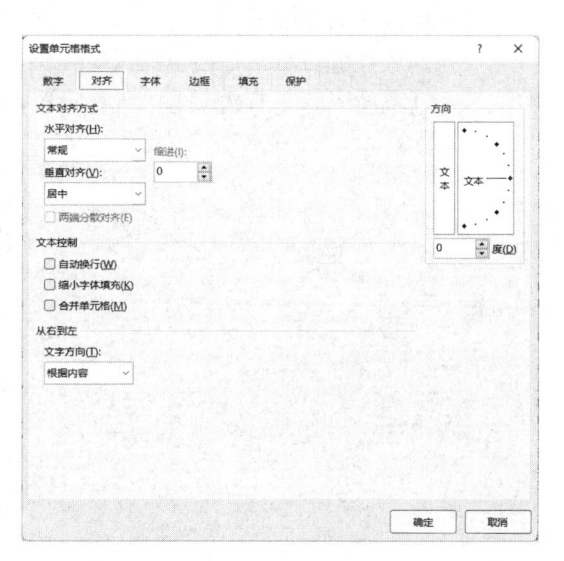

图 5.25　"设置单元格格式"对话框的"对齐"选项卡

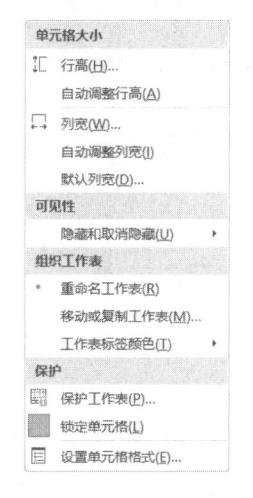

图 5.26　"格式"下拉列表

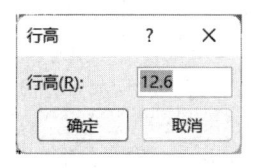

图 5.27　"行高"对话框

操作技巧

选中要调整行高的行后右击，在弹出的快捷菜单中选择"行高"命令，也可以弹出"行高"对话框。

调整列宽的方法与调整行高的方法类似。

5.3.3 边框和底纹

工作表中的表格线默认是浅灰色的，打印工作表时表格线是不打印出来的。设置边框的操作方法如下。

（1）选择要设置单元格格式的区域，打开"设置单元格格式"对话框。

（2）先在该对话框的"边框"选项卡中（见图 5.28），选择线条样式和颜色，再选择预置边框或选择具体的边框。

表格的底纹颜色默认是白色的，要改变底纹颜色需选中单元格区域，然后在"设置单元格格式"对话框的"填充"选项卡中进行设置，如图 5.29 所示。

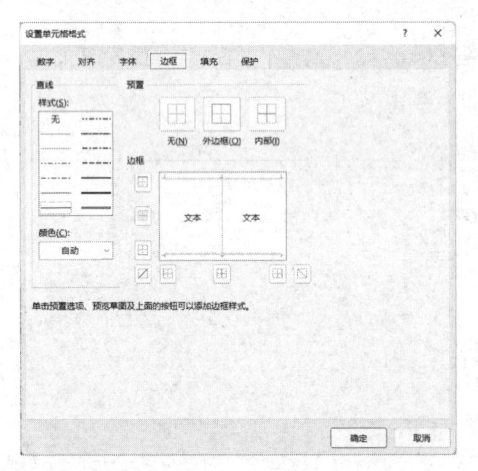

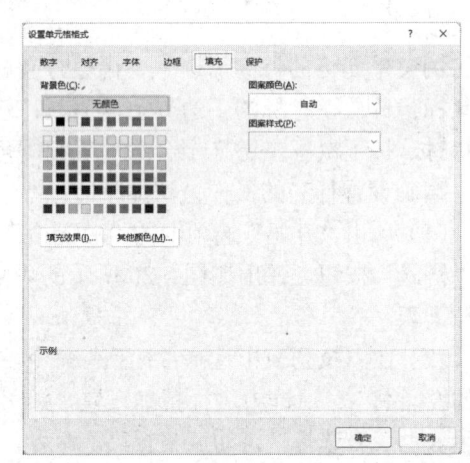

图 5.28 "设置单元格格式"对话框的"边框"选项卡　　图 5.29 "设置单元格格式"对话框的"填充"选项卡

如果用纯色填充单元格，则可以直接在调色板上单击所需要的颜色。

如果用图案填充单元格，则可以在"图案颜色"下拉列表中选择一种颜色，然后在"图案样式"下拉列表中选择需要的图案样式，单击"填充效果"按钮，在弹出的如图 5.30 所示的"填充效果"对话框中进行相关设置。

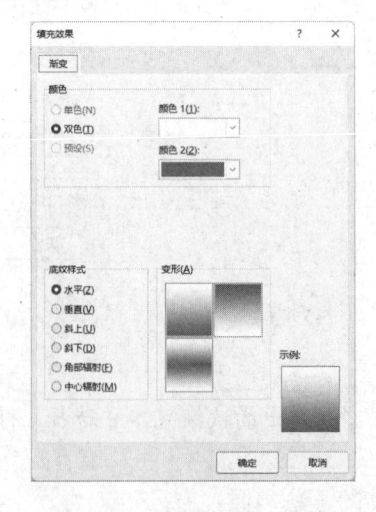

图 5.30 "填充效果"对话框

5.3.4 自动套用格式

Excel 中预设了一些内置的表格样式，套用这些样式可以快速美化表格。

自动套用格式

1. 使用单元格样式

单击"开始"选项卡的"格式"组中的"单元格样式"按钮，在"单元格样式"下拉列表中（见图 5.31），可以对所选定的单元格区域进行相关设置。

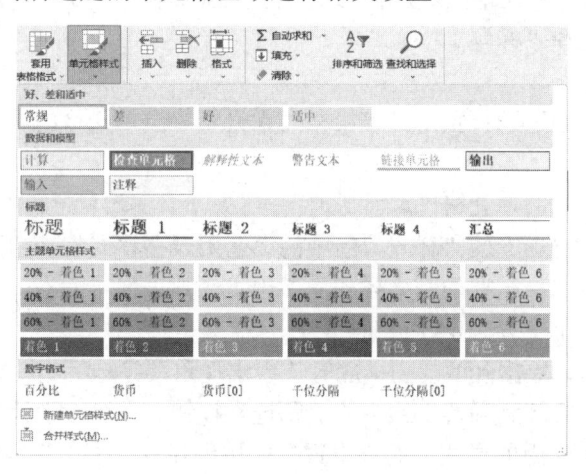

图 5.31 "单元格样式"下拉列表

修改某个内置样式的操作方法如下。

（1）在样式上右击。

（2）在弹出的如图 5.32 所示的快捷菜单中选择"修改"命令，弹出"样式"对话框，如图 5.33 所示。

图 5.32 快捷菜单

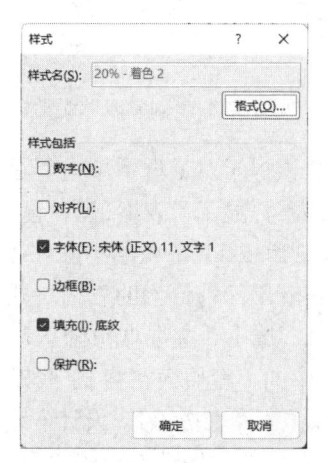

图 5.33 "样式"对话框

（3）修改完单元格格式后单击"确定"按钮。

【同步训练 5-7】请帮助马老师修改名为"标题 1"的单元格样式，字体为"微软雅黑"，字号为 14 磅、不加粗，并设置跨列居中的水平对齐方式，该样式的其他设置保持不变。为"名单"工作表中的第 1 行标题文字应用更改后的单元格样式"标题 1"，令其在所有数据上方居中排列。

步骤 1. 单击"开始"选项卡的"样式"组中的"单元格样式"按钮，在下拉列表的样式"标题 1"上右击，在弹出的快捷菜单中选择"修改"命令。

步骤 2. 在弹出的"样式"对话框中单击"格式"按钮，弹出"设置单元格格式"对话框，选择"字体"选项卡，设置字体为"微软雅黑"，字号为"14 磅"，字形为"常规"；切换到"对齐"选项卡，设置"水平对齐"为"跨列居中"，设置完成后，单击"确定"按钮。

步骤 3. 选中 A1:L1 单元格区域，单击"开始"选项卡的"样式"组中的"单元格样式"按钮，在下拉列表中选择"标题 1"样式。

2. 套用表格格式

套用表格格式就是通过选择预定义表格样式来设置一组单元格的格式，并将其转换为表。操作方法如下。

（1）选中要应用样式的单元格区域。

（2）单击"开始"选项卡的"样式"组中的"套用表格格式"按钮。

（3）在下拉列表中选择需要的表格样式，弹出"创建表"对话框，如图 5.34 所示。

（4）在该对话框中单击"确定"按钮。

在套用表格格式后，数据区域的列标题旁边会出现自动筛选标记，如果不需要筛选，则单击"数据"选项卡的"排序和筛选"组中的"筛选"按钮，即可取消筛选状态。

如果仅使用表格中套用的样式，而不将数据区域创建为"表格"，则可以将"表格"转换为工作表上的常规区域。操作方法如下。

（1）在套用表格格式后，单击"表格工具-设计"选项卡的"工具"组中的"转换为区域"按钮，弹出如图 5.35 所示的提示对话框。

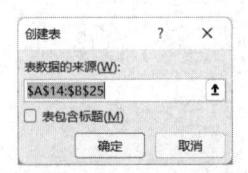

图 5.34 "创建表"对话框　　　图 5.35 提示对话框

（2）在该提示对话框中单击"是"按钮。

转换后不再显示"表格工具-设计"选项卡，数据区域也不再是表格，但表格的格式不变。

【同步训练 5-8】请帮助小陈在"主要城市降水量"工作表中，将 A1:P32 单元格区域转换为表，为其套用一种恰当的表格格式，取消筛选和镶边行，将表的名称改为"降水量统计"。

步骤 1. 选中"主要城市降水量"工作表的 A1:P32 单元格区域，单击"开始"选项卡的"样式"组中的"套用表格格式"按钮，在下拉列表中选择一种合适的表格样式。

步骤 2. 在"表格工具-设计"选项卡的"表格样式选项"组中取消勾选"镶边行"和"筛选按钮"，在左侧"属性"组的"表名称"文本框中输入表的名称"降水量统计"。

5.3.5　选择性粘贴

通过复制、粘贴功能除了可以粘贴数据，还可以粘贴格式，将一个单元格或表格的格式直接应用到新的单元格或表格中的操作方法如下。

选择性粘贴

(1)选中要复制格式的单元格区域并将其复制。

(2)选中目标单元格区域,单击"开始"选项卡的"剪贴板"组中的"粘贴"下拉按钮,在下拉列表中选择"格式",只粘贴格式到目标单元格区域。

也可以在"选择性粘贴"对话框中选中"格式"单选按钮,完成格式粘贴。

5.3.6 条件格式

在 Excel 中使用条件格式功能,可以用不同格式来突出显示符合某条件的数据单元格。操作方法如下。

(1)选中要设置条件格式的单元格区域。

(2)单击"开始"选项卡的"样式"组中的"条件格式"按钮,出现"条件格式"下拉列表,如图 5.36 所示。

(3)在该下拉列表中选择"新建规则"命令,弹出"新建格式规则"对话框,如图 5.37 所示。

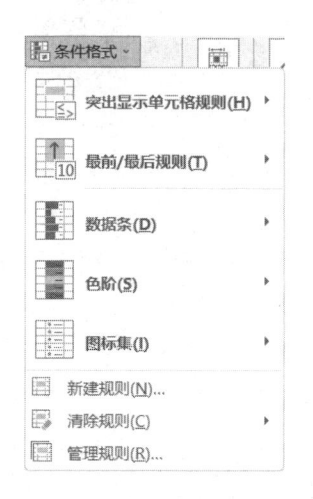

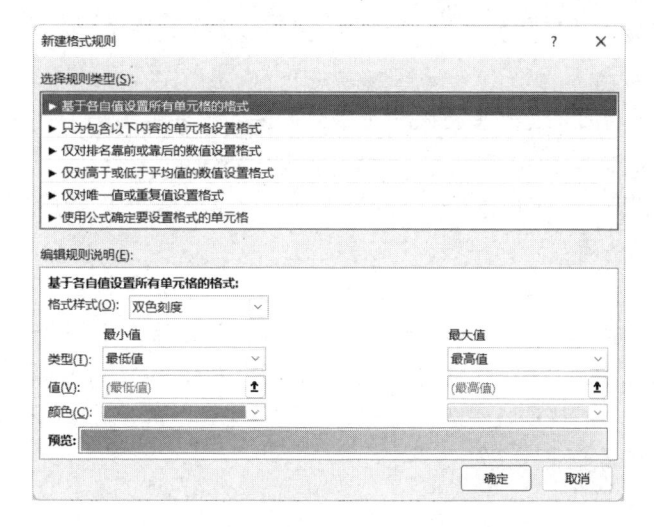

图 5.36 "条件格式"下拉列表　　　　图 5.37 "新建格式规则"对话框

(4)在"新建格式规则"对话框中进行相关设置。

【同步训练 5-9】请协助马老师对公务员考试成绩数据进行整理:在"名单"工作表中,正确面试分数的范围为 0~100 的整数(含本数),需要以标准深红色文本标出存在的错误数据。

步骤 1. 选中名单工作表中的 J4:J1777 单元格区域,打开"新建格式规则"对话框。

步骤 2. 在"选择规则类型"列表框中选择"只为包含以下内容的单元格设置格式";在"编辑规则说明"中设置单元格"值"为介于"0"到"100",单击"格式"按钮。

步骤 3. 在弹出的"设置单元格格式"对话框中,选择"字体"选项卡,将"颜色"设置为标准色中的深红色,单击"确定"按钮,返回"新建格式规则"对话框,单击"确定"按钮。

【同步训练 5-10】小陈需要了解各城市降水量小于 15 的月份,请帮助他在"主要城市降水量"工作表中突出显示各城市降水量小于 15 的单元格(不要修改单元格中的数值本身)。对各城市全年的合计降水量应用实心填充的数据条件格式,并且不显示数值本身。

步骤 1. 选中工作表中的 B2:M32 单元格区域,在"条件格式"下拉列表中选择"突出显示单元格规则"命令,在子菜单中选择"小于"命令,弹出"小于"对话框。

步骤 2. 在"小于"对话框的"为小于以下值的单元格设置格式"文本框中输入"15",在"设置为"中选择"黄填充色深黄色文本",如图 5.38 所示,单击"确定"按钮。

图 5.38 "小于"对话框

步骤 3. 选中 N2:N32 单元格区域,打开"新建格式规则"对话框。

步骤 4. 在该对话框的"编辑规则说明"中,选择格式样式为"数据条",勾选"仅显示数据条"复选框,在"条形图外观"中,"填充"选择"实心填充",单击"确定"按钮。

5.3.7 工作表背景和主题应用

为 Excel 工作表设置背景图片的方法如下:单击"页面布局"选项卡的"页面设置"组中的"背景"按钮,在弹出的"工作表背景"对话框中选择图片文件,单击"插入"按钮。

工作表背景和主题应用

【同步训练 5-11】请帮助马老师将"map.jpg"图片作为"行政区划代码"工作表的背景,并设置为不显示网格线。

步骤 1. 打开"工作表背景"对话框,浏览并选择"map.jpg"文件,单击"插入"按钮。

步骤 2. 在"视图"选项卡的"显示"组中取消勾选"网格线"复选框。

为 Excel 工作簿应用主题的方法如下:单击"页面布局"选项卡的"主题"组中的"主题"按钮,在下拉列表中选择一种主题,当前工作簿中的所有工作表、单元格、文字、图表、形状等一整套外观都会发生变化。

5.3.8 工作表的打印

在 Excel 中进行打印,就是将整个工作表分页打印到某类型的纸张上,打印方法与 Word 文档的打印方法基本相同。Excel 中的表格可以直接打印出来,也可以先通过"页面布局"选项卡的"页面设置"组中的相应按钮进行页面设置之后再打印,如图 5.39 所示。

工作表的打印

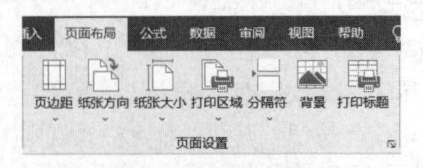

图 5.39 "页面设置"组

1. 设置纸张的大小和方向

单击"纸张大小"按钮,在下拉列表中选择纸张类型。

系统默认的打印方向为"纵向",如果需要横向打印,则单击"纸张方向"按钮,然后在下拉列表中选择"横向"。

对页面的纸张大小和方向的设置也可以通过单击"页面设置"组右下角的"对话框启动器"按钮,在弹出的"页面设置"对话框的"页面"选项卡中进行相关设置,如图 5.40 所示。

图 5.40 "页面设置"对话框的"页面"选项卡

2. 设置页边距

单击"页边距"按钮,在下拉列表中选择"普通""宽""窄"中的一种即可,也可以在"页面设置"对话框的"页边距"选项卡中进行设置。

3. 设置页眉和页脚

页眉位于页面顶端,用于标明工作表的标题,页脚位于页面底端,用于标明工作表的页码,在"页面设置"对话框的"页眉/页脚"选项卡中进行设置。

4. 设置打印区域

设置打印区域需选定要打印的单元格区域,单击"打印区域"按钮,在下拉列表中选择"设置打印区域"命令;若取消打印区域,可在"打印区域"下拉列表中选择"取消打印区域"命令。

5. 设置顶端标题行

设置顶端标题行可以实现在每页的上方打印标题,以方便查阅数据。操作方法如下。

(1)单击"页面布局"选项卡的"页面设置"组中的"打印标题"按钮。

(2)在弹出的"页面设置"对话框中选择"工作表"选项卡。

(3)单击"打印标题"的"顶端标题行"文本框右侧的"拾取"按钮,选择工作表的标题行(通常是第 1 行),此时,"顶端标题行"文本框中显示为"$1:$1"。

(4)单击"确定"按钮。

6. 打印预览

在打印工作表之前,可以先对工作表进行预览,对工作表打印效果进行查看,及时调整布局以达到理想的打印效果,并且可以节省纸张。操作方法如下。

(1)选中要打印的工作表。

(2）在"文件"菜单中选择"打印"命令，出现如图 5.41 所示的打印设置及打印预览窗口。

图 5.41　打印设置及打印预览窗口

该窗口分为左、右两部分，在左侧可以进行相关打印设置，右侧则显示工作表的打印预览效果。

7. 打印

一个工作表通过打印预览达到理想的打印效果时，就可以将该工作表打印输出。对打印进行的设置包括以下 3 项。

（1）在打印设置及打印预览窗口中的"打印"按钮右侧设置打印份数。

（2）在"设置"选项下面的"打印活动工作表"下拉列表中设置打印内容。

（3）通过"页数"选项设置打印范围。

确定无误后，单击"打印"按钮即可打印。

【同步训练 5-12】小陈需要将"主要城市降水量"工作表的纸张方向设置为横向，并进行页面设置，以便在打印时数据始终显示在一页内。

步骤 1．选中"主要城市降水量"工作表，打开"页面设置"对话框。

步骤 2．在"页面"选项卡的"方向"中选择"横向"，在"缩放"中选择"调整为"并设置为"1 页宽""1 页高"，单击"确定"按钮。

【同步训练 5-13】某在线销售数码产品公司的管理人员王明需要设置"客户资料"工作表，以便在打印时该工作表的第 1 行会自动出现在每页的顶部。为工作表添加自定义页眉和页脚，在页眉的正中显示工作表的名称，在页脚的正中显示页码和页数，格式为"页码 of 总页数"，如"1 of 5"，当工作表名称或数据发生变化时，页眉和页脚中的内容可以自动更新。

步骤 1．选中"客户资料"工作表，单击"页面布局"选项卡的"页面设置"组中的"打印标题"按钮。

步骤 2．在弹出的"页面设置"对话框中选择"工作表"选项卡，单击"顶端标题行"右侧的"选择区域"按钮，鼠标指针变成➡形状，选择第 1 行，再单击"选择区域"按钮返回"页面设置"对话框，此时，"顶端标题行"设置为"$1:$1"。

步骤 3．选择"页眉/页脚"选项卡，在"页眉"下拉列表中选择"客户资料"。

步骤 4．单击"自定义页脚"按钮，在弹出的"页脚"对话框中，将光标定位在"中部"文本框中，单击该对话框中的"插入页码"按钮，先输入空格，然后输入文本"of"，再输入空格，单击对话框中的"插入页数"按钮，如图 5.42 所示，单击"确定"按钮。

步骤 5．关闭所有对话框。

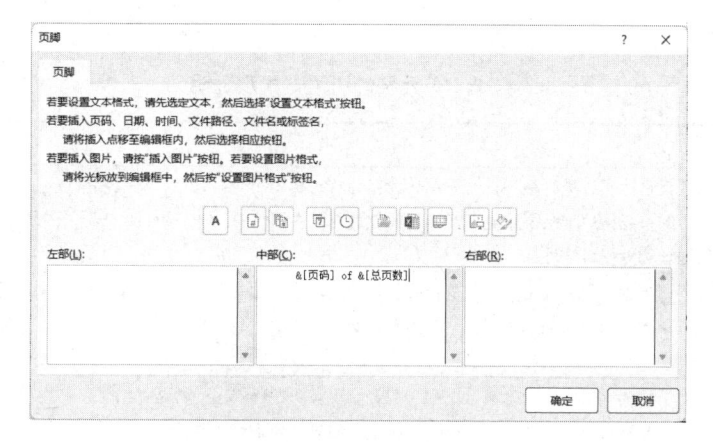

图 5.42 "页脚"对话框

5.4 Excel 的公式和函数

5.4.1 公式

Excel 除了能创建和编辑表格，还能对数据进行计算，使用公式和函数不仅能保证计算结果的准确，而且在原始数据发生变化时，Excel 还可以自动重新计算和更新结果，非常方便。

Excel 中的公式是由等号、数值、运算符构成的。

- 输入公式时必须以等号"="开始，输入时要在半角状态下输入，否则不能得到正确结果。
- 数值是要进行运算的原始数据，可以手动输入数值，也可以是其他单元格或单元格区域中的内容。
- 运算符是对数值进行计算的运算符号。

如图 5.43 所示为输入公式示例，在 A1 单元格中先输入"="（所有公式都以"="开始），再在"="后面输入"3+5"，单击编辑栏中的✓按钮或按 Enter 键确认之后，单元格内显示的计算结果为 8，选中 A1 单元格，可以看到在编辑栏中显示的是原始输入数据。

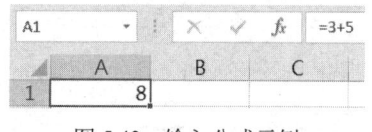

图 5.43 输入公式示例

运算符包括算术运算符（加、减、乘、除）、比较运算符（>、>=、<、<=、=）、文本运算符（&）、引用运算符（:、空格）和括号运算符(())。当一个公式包含这 5 种运算符时，应遵

循从高到低的优先级进行计算。Excel 中的运算符的运算优先级为：

引用运算符>算术运算符>文本运算符>比较运算符

在计算时是按照从左到右的顺序进行计算的，如果要改变计算次序，则要使用括号"（）"，可以逐层嵌套括号。

1. 单元格的引用

在 Excel 中可以通过单元格地址来引用其他单元格区域中的内容，在同一张工作表中，公式中对单元格的引用分为相对引用、绝对引用和混合引用 3 种方式。如表 5.6 所示为单元格的引用方法及说明。

表 5.6 单元格的引用方式及说明

引用方式	说　明
相对引用	相对引用指直接通过单元格地址来引用单元格。相对引用单元格之后，如果复制或剪切公式到其他单元格，则公式中引用的单元格地址会根据复制或剪切的位置而发生相应的改变，如 A1、E3，行号和列号都是相对的，这样的单元格地址称为相对地址
绝对引用	绝对引用指无论引用单元格的公式的位置如何改变，所引用的单元格都不会发生变化，绝对引用的形式是在单元格的行号和列号的前面加上符号"$"，如"$A$1""$E$3"，行号和列号都是绝对的，这样的单元格地址称为绝对地址
混合引用	包含相对引用和绝对引用的为混合引用。混合引用有两种形式，一种是行绝对、列相对，如"A$1"，表示行不发生变化，列会随着新位置发生变化；另一种是行相对、列绝对，如"$A1"，表示列保持不变，行会随着新位置发生变化。符号"$"表示引用是否为绝对引用，如果它在行号前面，则行号是绝对的，如果它在列号前面，则列是相对的

如果引用同一工作簿的其他工作表中的单元格，则只需在单元格的前面加上工作表名称和"!"，如"sheet2! E2"，表示引用的是本工作簿的 sheet2 工作表中的 E2 单元格。

如果引用的单元格不在同一个工作簿中，则引用的格式为"[工作簿名称]工作表名称!单元格地址"，如"[成绩表]sheet1!A1"，表示引用成绩表工作簿的 sheet1 工作表中的 A1 单元格，这种引用叫作外部引用。

在使用的过程中，无须手动输入这些符号和名称，在编辑公式时，要引用哪个单元格单击选中这个单元格即可。

例如，C1 单元格为 A1 单元格和 B1 单元格的和的操作方法如下。

（1）在 C1 单元格中输入"="。

（2）将鼠标指针移到 A1 单元格中，选中 A1 单元格。

（3）输入"+"。

（4）选中 B1 单元格。

（5）单击编辑栏中的 ✓ 按钮或按 Enter 键确认，如图 5.44 所示。

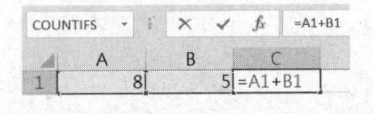

图 5.44 一个简单的单元格引用

若套用格式的表格，数据区域被创建为"表格"，将允许使用表格名称、列标题来替代普通单元格引用，如"@[单价]"表示的是"单价"列的当前行的单元格。

2. 使用名称

在 Excel 中可以为单元格或单元格区域命名，命名以后就可以通过名称来引用它们。操作方法如下。

（1）选中要命名的单元格或单元格区域。

（2）单击编辑栏左侧的"名称"框，输入一个名称。

（3）按 Enter 键。

也可以进行如下操作：

（1）选中单元格或单元格区域。

（2）单击"公式"选项卡的"定义的名称"组中的"定义名称"按钮，弹出"新建名称"对话框，如图 5.45 所示。

（3）在该对话框的"名称"文本框中输入名称，在"范围"内选择名称的有效范围。

（4）单击"确定"按钮。

定义的名称中第一个字符必须是字母、下画线（_）和反斜杠（\），其余字符可以是字母、数字和下画线，但不能包含空格，最多可以包含 255 个字符，名称不能与"A1"等单元格引用相同。

为单元格或单元格区域命名后，就可以在公式中使用这个名称及引用对应的单元格或单元格区域。

所有定义的名称都可以通过单击"公式"选项卡的"定义的名称"组中的"名称管理器"按钮，弹出如图 5.46 所示的"名称管理器"对话框来管理。

【同步训练 5-14】请协助马老师对公务员考试成绩数据进行整理，为操作方便，请定义名称，分别以数据区域的首行作为各列的名称。

步骤 1．选中 A3:L1777 单元格区域，单击"公式"选项卡的"定义的名称"组中的"根据所选内容创建"按钮。

步骤 2．弹出"根据所选内容创建"对话框，如图 5.47 所示，勾选"首行"复选框，取消勾选"最左列"复选框，单击"确定"按钮，即可将数据区域的首行作为各列的名称。可以打开"名称管理器"对话框对完成情况进行验证。

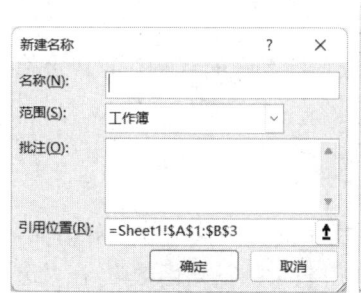

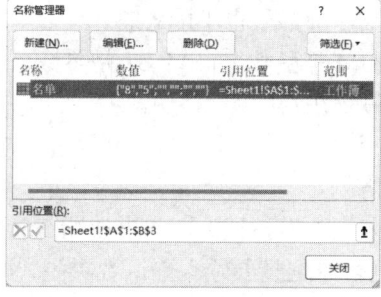

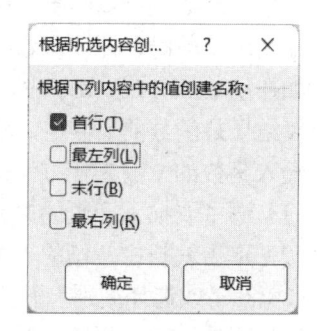

图 5.45 "新建名称"对话框　　图 5.46 "名称管理器"对话框　　图 5.47 "根据所选内容创建"对话框

3．公式的编辑和复制

对公式进行编辑的操作方法如下。

（1）选中含有公式的单元格，将插入点定位在编辑栏或单元格中要修改的位置。

（2）按 Backspace 键删除内容。

（3）按 Enter 键完成对公式的编辑。

Excel 自动对编辑的公式进行计算。复制公式并粘贴时，Excel 自动改变引用单元格的地址，也可以在复制或剪切公式后，单击"开始"选项卡的"剪贴板"组中的"粘贴"按钮，在下拉列表中选择"　"，即可粘贴公式。

5.4.2 函数

Excel 中的函数是预先编制好的公式，能够完成特定功能的计算操作。

例如，C1 单元格为 A1 单元格和 B1 单元格的和，除了使用公式还可以使用 SUM()函数，操作方法如下。

（1）选中 C1 单元格，表示要对 C1 单元格进行计算。

（2）单击"开始"选项卡的"编辑"组中的"自动求和"按钮，Excel 自动在 C1 单元格中插入求和函数 SUM()，同时自动识别函数参数为"A1:B1"，如图 5.48 所示。

（3）单击编辑栏中的 ✔ 按钮。

"自动求和"下拉列表中还有许多公式供选择，如图 5.49 所示。

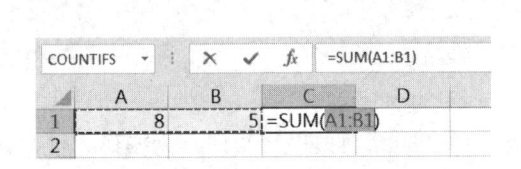

图 5.48　使用 SUM()函数

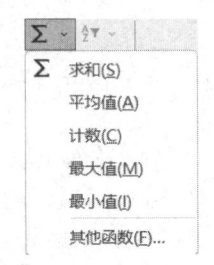

图 5.49　"自动求和"下拉列表

在 Excel 中，函数的格式为：

函数名(参数 1,参数 2,…)

其中，函数名指定该函数的具体功能，参数 1（Number1）、参数 2（Number2）为函数的操作对象，函数的计算结果为函数的返回值。

在使用函数时，即使参数为空，圆括号也不能省略。

如在函数 SUM(A1:B1)中，SUM 是函数名，A1:B1 是参数，表示计算中的求和对象，求和的计算结果是函数的返回值，将显示在 C1 单元格中。

输入函数的一般操作方法如下。

（1）选中要插入函数的单元格。

（2）单击编辑栏左侧的"插入函数"按钮 fx，弹出如图 5.50 所示的"插入函数"对话框。

（3）在"或选择类别"下拉列表中选择要输入的函数类型，如"数学与三角函数"，在"选择函数"列表框中选择所需要的函数，如 SUM。

（4）单击"确定"按钮，弹出 SUM()函数的"函数参数"对话框，如图 5.51 所示，输入或选定使用函数的参数。

（5）单击"确定"按钮，在插入函数的单元格中显示函数的计算结果。

【同步训练 5-15】请协助马老师对公务员考试成绩数据进行整理，以工作表"名单"为数据源，在工作表"统计分析"中将各项统计数据填入相应单元格中。其中，统计男性人数和女性人数时应使用函数，且应用已定义的名称；笔试的最低分数线需按部门统计。

步骤 1. 在"统计分析"工作表中选中 D5 单元格，表示要在此单元格中显示报考 104 部门的女性人数。

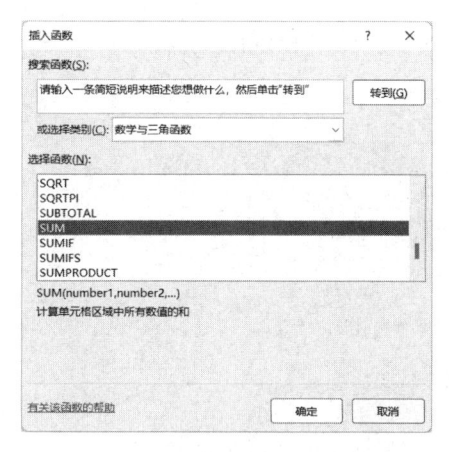

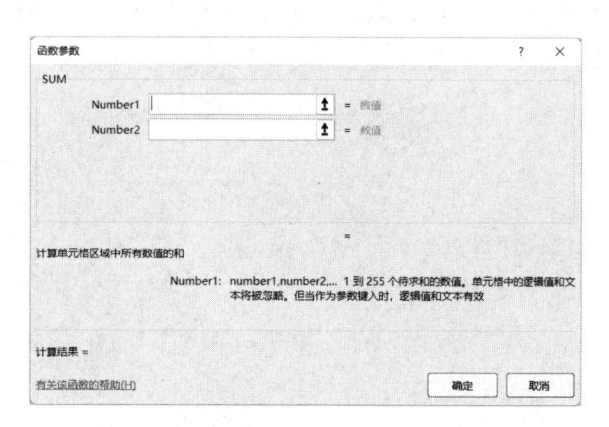

图 5.50 "插入函数"对话框　　　　图 5.51 SUM()函数的"函数参数"对话框

步骤 2．单击"插入函数"按钮 f_x。

步骤 3．在弹出的"插入函数"对话框中，在"或选择类别"下拉列表中选择"统计"，在"选择函数"列表框中选择"COUNTIFS"，单击"确定"按钮，弹出 COUNTIFS()函数的"函数参数"对话框。

学习提示

COUNTIFS()函数用来计算多个区域中满足给定条件的单元格的个数，其格式为：COUNTIFS(Criteria_range1,Criteria1,Criteria_range2,Criteria2,…)。对该函数中的参数说明如下：

- Criteria_range1 是条件匹配查询区域 1，以此类推。
- Criteria1 是条件 1，以此类推。

步骤 4．单击"Criteria_range1"文本框右侧的"拾取"按钮，选择"名单"工作表，选中 F4:F1777 单元格区域，再次单击"拾取"按钮，返回"函数参数"对话框，单击"Criteria1"文本框右侧的"拾取"按钮，选中 B5 单元格。

此时会发现在"Criteria_range1"文本框中自动填入"部门代码"，这是因为在"同步训练 5-14"中设置了单元格区域的首行为各列的名称，此处显示的是 F4:F1777 单元格区域的名称"部门代码"。

步骤 5．在"Criteria_range2"文本框中输入"性别"（也可以按照步骤 4 中的方法），在"Criteria1"文本框中输入"女"，单击"确定"按钮。

步骤 6．双击 D5 单元格的填充柄，向下自动填充到 D24 单元格。

步骤 7．（计算"男性人数"）选中 D5 单元格，在编辑栏中复制公式"=COUNTIFS(部门代码,B5,性别,"女")"，单击编辑栏中的"输入"按钮 ✓（或按 Enter 键）。

步骤 8．选中 E5 单元格，在编辑栏中粘贴公式"=COUNTIFS(部门代码,B5,性别,"女")"后，将公式中的"女"修改为"男"。

步骤 9．（计算"合计面试总人数"）在 F5 单元格中使用 SUM()函数，计算 D5:E5 的和，使用填充柄填充到 F24 单元格。

步骤 10．（计算"女性所占比例"）在 G5 单元格中输入公式"=D5/F5"，使用填充柄填充到 G24 单元格。

步骤 11．（计算"笔试最低分数线"）选中 H5 单元格，单击"插入函数"按钮 f_x，在弹出的"插入函数"对话框中，在"搜索函数"文本框中输入"MINIFS"，然后单击"转到"按钮。

在"选择函数"列表框中选择"MINIFS",单击"确定"按钮,弹出 MINIFS()函数的"函数参数"对话框,如图 5.52 所示。

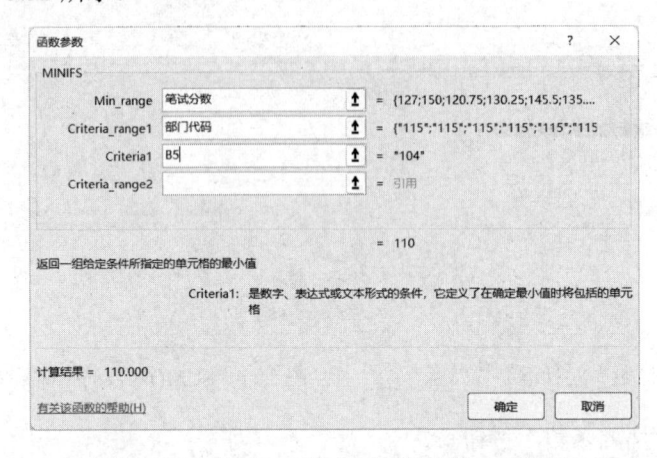

图 5.52　MINIFS()函数的"函数参数"对话框

学习提示

MINIFS()函数的作用是求取满足指定条件的最小值,其格式为:MINIFS(Min_range, Criteria_range1, Criteria1, [Criteria_range2,Criteria2,...])。对该函数中的参数说明如下:

- Min_range 是确定最小值的实际单元格区域。
- Criteria_range1 是一组用于条件计算的单元格。
- Criteria1 用于确定哪些单元格是最小值的条件,格式为数字、表达式或文本。
- Criteria_range2,Criteria2,...(可选)是附加区域及其关联条件,最多可以输入 126 个区域/条件对。

步骤 12. 将 Min_range 参数设置为"笔试分数"("名单"工作表中的 J4:J1777 单元格区域);将 Criteria_range1 参数设置为"部门代码"("名单"工作表中的 F4:F1777 单元格区域);单击"Criteria1"文本框右侧的"拾取"按钮,选中 B5 单元格,再次单击"拾取"按钮返回 MINIFS()函数的"函数参数"对话框,单击"确定"按钮。

【同步训练 5-16】行政部的李强负责本公司员工档案的日常管理,以及员工每年各项基本社会保险费用的计算。请按照下列要求帮助李强完成相关数据的整理、计算、统计和分析工作。在"身份证校对"工作表中按照一定的规则及要求对员工的身份证号码进行正误校对。员工的身份证号码由 18 位数字组成,最后一位即第 18 位为校验码,通过前 17 位计算得出。首先要将"身份证校对"工作表中 18 位数字的身份证号码从左向右拆分到对应列。

函数(2)

步骤 1. 在"身份证校对"工作表中选中 D3 单元格,表示要计算的是员工编号为 DF001 的身份证号码中的第 1 位数字。

步骤 2. 单击"插入函数"按钮 f_x。

步骤 3. 在弹出的"插入函数"对话框中,在"搜索函数"文本框中输入"MID",然后单击"转到"按钮。在"选择函数"列表框中选择"MID",单击"确定"按钮,弹出 MID()函数的"函数参数"对话框,如图 5.53 所示。

学习提示

要提取员工身份证号码中的第 1 位数字,需要使用函数 MID()。MID()函数的功能是从文本字符串中提取子字符串。对该函数中的参数说明如下：
- Text 代表一个文本字符串。
- Start_num 表示指定字符的起始位置。
- Num_chars 表示子字符串的长度。

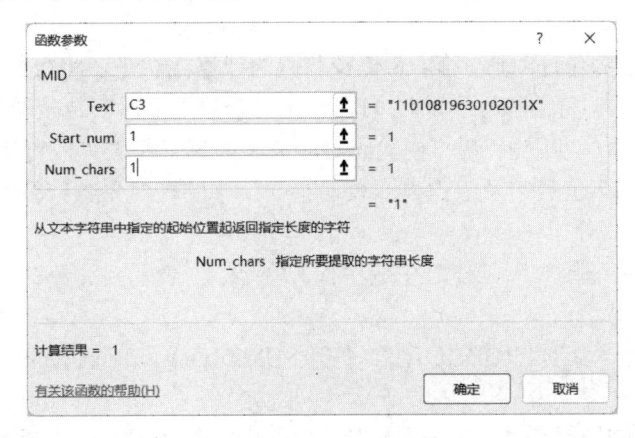

图 5.53　MID()函数的"函数参数"对话框

步骤 4．单击"Text"文本框右侧的"拾取"按钮，选中 C3 单元格。

步骤 5．再次单击"拾取"按钮返回"函数参数"对话框，在"Start_num"文本框中输入"1"。

步骤 6．在"Num_chars"文本框中输入"1"。

步骤 4、5、6 设置的 3 个参数表示函数的计算结果将返回 C3 单元格中从第 1 个字符开始文本长度为 1 的字符串。

步骤 7．单击"确定"按钮。

此时，在 D3 编辑栏中显示"=MID(C3,1,1)"，在 D3 单元格中显示的是编辑栏公式的计算结果，即员工编号为 DF001 的身份证号码中的第 1 位数字，如图 5.54 所示；也可以在 D3 单元格中直接输入公式"=MID(C3,1,1)"。

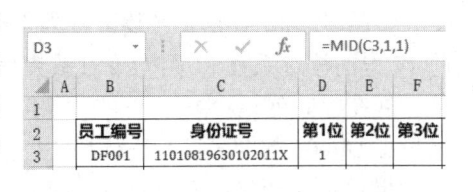

图 5.54　提取身份证号码中的第 1 位数字

提取身份证号码中的第 2 位数字用公式"=MID(C3,2,1)"，提取身份证号码中的第 3 位数字用公式"=MID(C3,3,1)"……如何让指定字符的起始位置自动变化？

通过 COLUMN()函数可以实现指定字符的起始位置自动变化，COLUMN()函数的功能是以数字形式返回指定单元格的列号，其格式为：COLUMN(Reference)。参数 Reference 表示要求取其列号的单元格或连续的单元格区域；如果忽略，则使用包含 COLUMN()函数的单元格。

步骤 8．选中 D3 单元格，在编辑栏中将公式中的 Start_num 参数 1 删除，输入"COLUMN()"，单击"插入函数"按钮 f_x，弹出 COLUMN()函数的"函数参数"对话框。

步骤 9．单击"Reference"文本框右侧的"拾取"按钮，选中 D3 单元格，再次单击"拾取"按钮返回"函数参数"对话框。

步骤 10．因为 COLUMN(D3)返回 D 列的列号，即第 4 列，插入点定位在编辑栏 COLUMN(D3)的后面，输入"-3"。

步骤11．在D3单元格中的公式为"=MID(C3,COLUMN(D3)-3,1)"，在自动填充到其他单元格的过程中，列不变，行变化，因此要将C3的列号固定，在D3单元格中的公式为"=MID($C3, COLUMN(D3)-3,1)"。

步骤12．向右拖动填充柄填充到U单元格，双击U3单元格的填充柄向下自动填充到U122单元格。

【同步训练5-17】身份证号码中第18位校验码的计算方法是，将身份证号码的前17位数字分别与对应系数相乘，将乘积之和除以11，所得的余数与最后一位校验码一一对应。从第1位到第17位的对应系数，以及余数与校验码对应关系参见工作表"校对参数"中所列。

现在需要通过前17位数字及工作表"校对参数"中的校对系数计算出校验码，并填入V列中。

步骤1．在"身份证校对"工作表中选中V3单元格，表示要计算的是员工编号为DF001的身份证号码的校验码。

步骤2．插入函数"SUMPRODUCT()"，打开SUMPRODUCT()函数的"函数参数"对话框。

学习提示

SUMPRODUCT()函数的功能是返回相应的数组或区域乘积的和，它的参数Array1，Array2，…是2到255个数组，所有数组的维数必须相同。

步骤3．将Array1参数设置为"身份证校对"工作表中的D3:T3单元格区域（员工DF001的身份证号码的前17位数字区域）。

SUMPRODUCT()函数的参数中的文本、逻辑值等非数值数据在计算时都会被当成数值0处理。在这里需要使用VALUE()函数将D3:T3单元格区域中文本字符串中的字符转换为数值，该函数的格式为VALUE(Text)，参数Text表示带双引号的文本或一个单元格引用，该单元格中有要被转换的文本。

步骤4．D3:T3用括号括起来并在前面加上VALUE。

步骤5．将Array2参数设置为"校对参数"工作表中的E5:U5单元格区域（身份证号码前17位的校对系数），因为校对系数是不变的，所以将其绝对引用为$E$5:$U$5。

现在V3单元格中显示的是"=SUMPRODUCT(VALUE(D3:T3),校对参数!$E$5:$U$5)"，表示员工DF001的身份证号码的前17位数字分别与对应系数乘积之和。

步骤6．在"SUMPRODUCT(VALUE(D3:T3),校对参数!$E$5:$U$5)"的前面输入"MOD("，将光标置于"MOD"中，单击"插入函数"按钮f_x，弹出MOD()函数的"函数参数"对话框。

学习提示

MOD()函数的作用是返回两数相除的余数，该函数的格式为：MOD(Number, Divisor)，该函数有两个参数，其中，Number是被除数，Divisor是除数。

步骤7．在MOD()函数的"函数参数"对话框中已自动将"SUMPRODUCT(VALUE(D3:T3),校对参数!$E$5:$U$5)"作为被除数填入"Number"文本框中，在"Divisor"文本框中输入"11"。

现在V3单元格中显示的是"=MOD(SUMPRODUCT(VALUE(D3:T3),校对参数!$E$5:$U$5),11)"，表示员工DF001的身份证号码的前17位数字分别与对应系数乘积之和除以11的余数。

下面在"校对参数"工作表中查找"余数与校验码的对应关系"，将余数转换为校验码并显示，需要使用VLOOKUP()函数。

步骤8．在"MOD"的前面输入"VLOOKUP("，将插入点定位在"VLOOKUP"中，单击"插入函数"按钮f_x，弹出VLOOKUP()函数的"函数参数"对话框。

学习提示

垂直查询函数 VLOOKUP()的功能是在数据表的首列查找指定的数值，并由此返回数据表当前行中指定列处的数值。该函数的格式为：VLOOKUP(Lookup_value,Table_array,Col_index_num,Range_lookup)。对该函数中的参数说明如下：

- Lookup_value 代表需要查找的数值，其必须在 Table_array 区域的首列中。
- Table_array 代表需要在其中查找数据的单元格区域。
- Col_index_num 是满足条件的单元格在数组区域中的列序号，首列序号为 1。
- Range_lookup 为一逻辑值，如果为 TRUE 或省略，则返回近似的匹配值，也就是说，如果找不到精确的匹配值，则返回小于 Lookup_value 的最大数值；如果为 FALSE，则返回精确的匹配值，如果找不到，则返回错误值"#N/A"。需要注意的是，如果忽略 Range_lookup 参数，则必须对 Table_array 的首列进行排序。

步骤 9．在 VLOOKUP()函数的"函数参数"对话框中，如图 5.55 所示，已将步骤 7 所得的余数自动填入"Lookup_value"文本框中，表示要查找的是余数；单击"Table_array"文本框右侧的"拾取"按钮，选中"校对参数"工作表中的 B5:C15 单元格区域，并将其转换为绝对引用；在"Col_index_num"文本框中输入列号"2"，表示返回 Table_array 第 2 列的值；将 Range_lookup 设置为 FALSE。

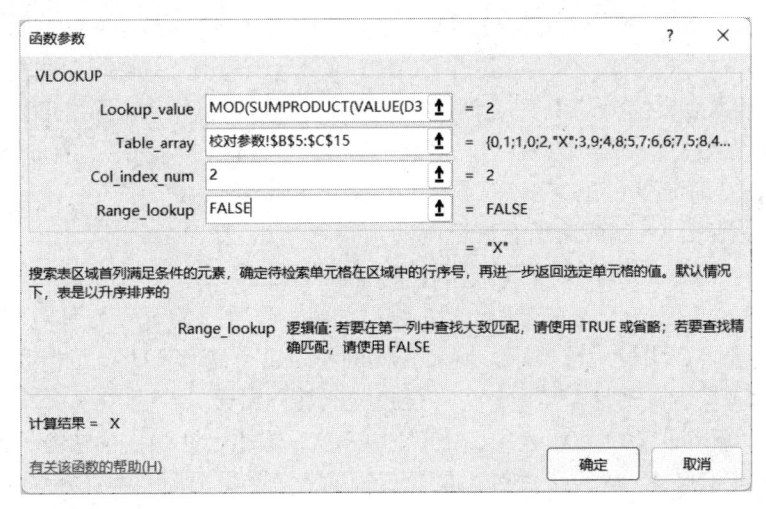

图 5.55　VLOOKUP()函数的"函数参数"对话框

步骤 10．单击 ✓ 按钮，在 V3 单元格中的公式为"=VLOOKUP(MOD(SUMPRODUCT(VALUE(D3:T3),校对参数!$E$5:$U$5),11),校对参数!$B$5:$C$15,2,FALSE)"。

步骤 11．拖动 V3 单元格右下角的填充柄至最后一行数据处，完成计算校验码的填充。

【同步训练 5-18】将原身份证号码中的第 18 位与计算出的校验码进行比对，将比对结果填入 W 列，要求比对相符时输入文本"正确"，不相符时输入"错误"。

步骤 1．在"身份证校对"工作表中选中 W3 单元格，表示要判断的是员工编号为 DF001 的身份证号码的校验码与该身份证号码中的第 18 位是否一致。

学习提示

IF()函数的功能是根据对指定条件的逻辑判断的真假结果，返回相对应的内容。其格式为：=IF(Logical_test,Value_if_true,Value_if_false)。对该函数中的参数说明如下：

- Logical_test 表示要判断的逻辑表达式。
- Value_if_true 表示当判断条件为逻辑"真（TRUE）"时的显示内容。
- Value_if_false 表示当判断条件为逻辑"假（FALSE）"时的显示内容。

步骤2．插入IF()函数并打开IF()函数的"函数参数"对话框，单击"Logical_test"文本框右侧的"拾取"按钮，先选中U3单元格，输入"="，再选中V3单元格，在"Value_if_true"文本框中输入"正确"，在"Value_if_false"文本框中输入"错误"。

步骤3．拖动W3单元格右下角的填充柄至最后一行的数据处，完成对所有校验码的判断。

此时会发现U4和V4单元格中显示的均为6，但是判断为错误。此时，需要使用TEXT()函数将V4单元格转换为文本。

学习提示

函数TEXT()的作用是根据指定的数字格式将数值转换成文本，其格式为：TEXT(Value, Format_text)。对该函数中的参数说明如下：
- Value 表示数字、能够求值的数值的公式或对数值单元格的引用。
- Format_text 表示设置单元格格式中所要选用的文本格式，如Format_text参数为文本占位符"@"，则表示将Value所在单元格的格式设置为文本；如转换日期的时间格式，则Format_text参数可设置为"0000-00-00"。

步骤4．撤销步骤3，将插入点定位到W3单元格编辑栏中V3单元格的前面，输入"TEXT(",V3之后输入")"。

步骤5．将插入点定位到TEXT()之间，单击"插入函数"按钮 f_x，弹出TEXT()函数的"函数参数"对话框，V3作为第一个参数自动填入"Value"文本框中，在"Format_text"文本框中输入"@"，单击"确定"按钮关闭该对话框。

步骤6．重做步骤3，完成对所有校验码的判断。

【同步训练5-19】在"员工档案"工作表中，按照下列要求对员工档案数据表进行完善：输入每位员工的身份证号码，员工编号与身份证号码的对应关系见"身份证校对"工作表。如果校对出错误，则将正确的身份证号码填入"员工档案"工作表中（假设所有错误号码都是由最后一位校验码输入错误导致的）。

函数（3）

步骤1．在"员工档案"工作表中选中C3单元格，右击，在弹出的快捷菜单中选择"设置单元格格式"命令，在弹出的对话框的"数字"选项卡中选择"分类"中的"常规"，单击"确定"按钮。

步骤2．在"员工档案"工作表中选中C3单元格，表示要将员工孙克通的身份证号码填入C3单元格中。

逻辑是如果"身份证校对"工作表中显示的校验结果为"错误"，则身份证号码为原身份证号码的前17位加"计算校验码"；如果校验结果为"正确"，则身份证号码为"身份证校对"工作表中的"身份证号"。

步骤3．在C3单元格中插入函数IF()。

查找当前员工孙克通的身份证号码正确与否的逻辑表达式为"VLOOKUP(A3,身份证校对!$B$3:$W$122,22,0)"，表示用他的员工编号到"身份证校对"工作表的$B$3:$W$122单元格区域中查找，若找到就显示第22列"校验结果"中的内容。

步骤4．将Logical_test设置为"VLOOKUP(A3,身份证校对!$B$3:$W$122,22,0)="错误""。

如果身份证号码的校验结果为"错误"，则身份证号码为原身份证号码前17位加"计算校验码",&是连接符,用于将身份证号码前17位和"计算校验码"连接起来。

步骤5. 将Value_if_true设置为"MID(VLOOKUP(A3,身份证校对!$B$3:$W$122,2,0),1,17)&VLOOKUP(A3,身份证校对!$B$3:$W$122,21,0)"。

如果身份证号码的校验结果为"正确",则身份证号码为"身份证校对"工作表中的"身份证号"的第2列。

步骤6. 将Value_if_false设置为"VLOOKUP(A3,身份证校对!$B$3:$W$122,2,0)"。

步骤7. 输入完成后按Enter键确认,双击填充柄填充至C122单元格。

学习提示

在"员工档案"工作表中,如何根据每位员工的身份证号码计算出该员工的性别和出生日期?根据18位身份证号码中的第17位数字的奇偶性来返回性别"男"或"女"的数值,奇数为男性,偶数为女性;身份证号码的第7~14位是出生日期。

【同步训练5-20】在"员工档案"工作表中,计算每位员工截至2016年12月31日的年龄,每满一年增加一岁,一年按365天计算。

计算员工年龄的基本思路是,用2016年12月31日的日期与出生日期的差值除以365天,将所得到的数值向下取整。

步骤1. 在"员工档案"工作表中选中F3单元格,表示要计算的是员工编号为DF001的年龄,单击"插入函数"按钮。

步骤2. 在F3单元格中插入函数DATE(),打开DATE()函数的"函数参数"对话框。

学习提示

DATE()函数的作用是返回时间代码中代表日期的数字,其格式为:DATE(Year,Month,Day)。对该函数中的参数说明如下:

● Year表示年份的数字。
● Month表示一年中月份的数字。
● Day表示一个月中第几天的数字。

步骤3. 在"Year"文本框中输入"2016";在"Month"文本框中输入"12";在"Day"文本框中输入"31",单击"确定"按钮关闭该对话框。

步骤4. 将插入点定位到"=DATE(2016,12,31)"的后面,输入"-"(减号),选中E3单元格(出生日期),并在编辑栏中将等号右边的公式用括号括起来。

步骤5. 在"=(DATE(2016,12,31)-E3)"的"(DATE"前面输入"INT(",将光标置于"INT"中,单击"插入函数"按钮 f_x,弹出INT()函数的"函数参数"对话框。

学习提示

INT()函数的功能是将数值向下取整为最接近的整数,其格式为:INT(Number)。参数Number表示需要取整的实数。

步骤6. 在"Number"文本框中的最后一个")"后面输入"/365",单击"确定"按钮关闭该对话框。

此时,在F3单元格中如果显示"1900/3/1",则说明单元格的格式不对,将单元格格式设置为"数值"、小数位数为"0"后,在F3单元格中显示"61",向下填充公式至最后一个员工处。

【同步训练5-21】在"员工档案"工作表中,计算每位员工在本公司工作的工龄,要求不足半年按半年计,超过半年按一年计,一年按365天计算,保留1位小数。其中,"在职"员工的工龄计算截至 2016 年 12 月 31 日，离职和退休人员的工龄计算截至各自离职或退休的时间。

计算工龄的基本思路是，用 2016 年 12 月 31 日的日期与入职日期的差值除以 365 天，将所得到的数值向下取整。

步骤 1．在"员工档案"工作表中选中 M3 单元格，表示要计算的是员工编号为 DF001 的工龄，单击"插入函数"按钮。

工龄按照在职、离职、退休有不同的计算方法，所以此处使用 IF()函数。

步骤 2．在 M3 单元格中插入函数 IF()，打开 IF()函数的"函数参数"对话框。

步骤 3．在"Logical_test"文本框中输入"OR( )"，单击编辑栏中的"OR"，弹出 OR()函数的"函数参数"对话框。

学习提示

OR()函数可以用来对多个逻辑条件进行判断，最多可以有 30 个逻辑条件，只要有 1 个逻辑条件满足就返回"TURE"，其格式为：OR(Logical1,Logical2, ...)。

步骤 4．在"Logical1"文本框中输入"L3="退休""；在"Logical2"文本框中输入"L3="离职""，选择编辑栏中的"IF"，弹出 IF()函数的"函数参数"对话框。

步骤 5．在"Value_if_true"文本框中输入"(K3-J3)/365"；在"Value_if_false"文本框中输入"(DATE(2016,12,31)-J3)/365"。

步骤 6．在 M3 编辑栏中，在 IF 的前面输入"CEILING("，单击编辑栏中的"CEILING"，弹出 CEILING()函数的"函数参数"对话框。

学习提示

CEILING()函数的作用是将参数向上舍入为最接近指定基数的倍数，其格式为：CEILING(Number,Significance)。对该函数中的参数说明如下：

- Number 表示需要进行舍入的数值。
- Significance 表示用于向上舍入的基数。

步骤 7．在"Number"文本框中自动填入步骤 1～5 计算出的工龄，在"Significance"文本框中输入"0.5"，表示将工龄向上舍入为最接近 0.5 的倍数，单击"确定"按钮。

步骤 8．双击 M3 单元格中的填充柄填充至 M122 单元格中。

步骤 9．为 M3:M122 单元格区域设置"单元格格式"为"数值"，设置"小数位数"为"1"。

【同步训练5-22】请帮助小陈在"主要城市降水量"工作表中，将 A 列数据中城市名称的汉语拼音删除，并在城市名称的后面添加文本"市"，如"北京市"，使用相关公式试一试。

步骤 1．在"主要城市降水量"工作表中选中 B 列，右击，在弹出的快捷菜单中选择"插入"命令，在 B 列的前面插入一空白列。

函数（4）

步骤 2．选中 B2 单元格，表示要将 A1 单元格中"北京 beijing"中的汉语拼音删除，单击"插入函数"按钮fx。

步骤 3．在 B2 单元格中插入函数 LEFT()，打开 LEFT()函数的"函数参数"对话框。

学习提示

LEFT()函数的作用是从一个文本字符串的第 1 个字符开始返回指定个数的字符，其格式为：LEFT(Text,Num_chars)。对该函数中的参数说明如下：

- Text 表示要提取字符的字符串。
- Num_chars 表示要提取的字符数。

步骤 4．单击"Text"文本框右侧的"拾取"按钮，选中 A2 单元格；在"Num_chars"文本框中输入"LENB()"，单击编辑栏中的"LENB"，弹出 LENB()函数的"函数参数"对话框。

学习提示

LENB()函数的作用是返回文本中所包含的字符数，其中，1 个汉字作为 2 个字符计算，该函数只有一个表示需要计算字符数的文本参数 Text。

步骤 5．单击"Text"文本框右侧的"拾取"按钮，选中 A2 单元格，单击编辑栏中的"LEFT"，弹出 LEFT()函数的"函数参数"对话框。

步骤 6．在 Number_chars 的"LENB(A2)"后面输入"-LEN()"，单击编辑栏中的"LEN"，弹出 LEN()函数的"函数参数"对话框。

学习提示

LEN()函数的作用是返回文本中的字符个数，该函数只有一个参数 Text，表示需要计算长度的文本字符串，包括空格。

LEN()函数的计算结果就是汉字字符的个数。

步骤 7．单击"Text"文本框右侧的"拾取"按钮，选中 A2 单元格，在 A2 编辑栏中的 LEFT 前面输入"CONCATENATE("，单击编辑栏中的"CONCATENATE"，弹出 CONCATENATE()函数的"函数参数"对话框。

学习提示

CONCATENATE()函数的作用是将多个文本字符串合并成一个，其参数就是要合并的文本字符串。

步骤 8．已将城市中文名计算并自动填入"Text1"文本框中，在"Text2"文本框中输入"市"，单击"确定"按钮。

步骤 9．拖动单元格右下角的填充柄，填充公式至 B32 单元格中。

步骤 10．复制 B2:B32 单元格区域，使用粘贴数值的方式粘贴至 A2:A32 单元格区域中。

步骤 11：删除 B 列。

【同步训练 5-23】请帮助小陈在"主要城市降水量"工作表中将"合计降水量"列中的数值进行降序排名。

步骤 1．在"主要城市降水量"工作表中选中 O2 单元格，表示要计算北京市在 32 个城市中的"合计降水量"的排名，单击"插入函数"按钮。

步骤 2．在弹出的"插入函数"对话框的"搜索函数"文本框中输入"排名"，单击"转到"按钮，在"选择函数"列表框中显示多个与排名相关的函数，选择"RANK"，单击"确定"按钮。

学习提示

RANK()函数的作用是返回一个数字在一列数字中的大小排名，其格式为：RANK (Number, Ref,Order)。对该函数中的参数说明如下：

- Number 是要查找排名的数字。
- Ref 是排名的区域，非数字值将被忽略。
- Order 说明结果是升序还是降序的排序。如果为 0 或忽略则降序排序；如果为非零值则升序排序。

步骤 3．在打开的 RANK()函数的"函数参数"对话框中，单击"Number"文本框右侧的"拾取"按钮，选中 N2 单元格（此前为 A2:P32 单元格区域定义了名称"降水量统计"，所以该参数自动引用名称"[@合计降水量统计]");再次单击"拾取"按钮,返回 RANK()函数的"函数参数"对话框,单击"Ref"文本框右侧的"拾取"按钮,选中 N2:N32 单元格区域(参数自动引用列名称"[合计降水量]"),在"Order"文本框中输入"0",使结果显示降序排名的数字,单击"确定"按钮。

步骤 4. 双击 O2 单元格中的填充柄填充至 O32 单元格中。

5.4.3 使用公式和函数设置工作表

在设置工作表时可以使用公式和函数,如在设置条件格式时通过公式或函数定义条件,或者在设置单元格数据有效性时,使用公式和函数构建限制在单元格中的数据内容及数据类型的条件等。

【同步训练 5-24】马老师正在对公务员考试成绩数据进行整理,在"名单"工作表中,正确的准考证号码为 12 位文本,请协助他以标准深红色文本标出其中存在的错误数据。

步骤 1. 选中 B4:B1777 单元格区域,单击"开始"选项卡的"样式"组中的"条件格式"按钮,在下拉列表中选择"新建规则"命令,弹出"新建格式规则"对话框。

步骤 2. 在"选择规则类型"列表框中选择"使用公式确定要设置格式的单元格"。

步骤 3. 在"编辑规则说明"中的"为符合此公式的值设置格式"文本框中输入公式"=len(B4) <>12",单击"格式"按钮。

在条件格式的公式中所引用的单元格地址必须与激活单元格对应,在选中 B4:B1777 单元格区域时,默认激活的单元格是 B4,len(B4)是计算 B4 字符串长度的,<>的意思为"不等于"。

步骤 4. 在打开的"设置单元格格式"对话框中,选择"字体"选项卡,将"颜色"设置为标准色中的深红色,设置完成后单击"确定"按钮,返回"新建格式规则"对话框,单击"确定"按钮。

【同步训练 5-25】请按照下列要求帮助行政部的李强,通过设置条件格式将原身份证号码的第 18 位与计算出的校验码校对错误所在的数据行,以"红色"文字、浅绿色填充。

完成效果如图 5.56 所示。

	A	B	C	D	E	F	G	H	I	J	K	L	M	N	O	P	Q	R	S	T	U	V	W
1																							
2		员工编号	身份证号	第1位	第2位	第3位	第4位	第5位	第6位	第7位	第8位	第9位	第10位	第11位	第12位	第13位	第14位	第15位	第16位	第17位	第18位	计算校验码	校验结果
3		DF001	11010819630102011X	1	1	0	1	0	8	1	9	6	3	0	1	0	2	0	1	1	X	X	正确
4		DF002	110105198903040126	1	1	0	1	0	5	1	9	8	9	0	3	0	4	0	1	2	6	6	正确
5		DF003	310108197712121136	3	1	0	1	0	8	1	9	7	7	1	2	1	2	1	1	3	6	6	正确
6		DF004	37220819751009051X	3	7	2	2	0	8	1	9	7	5	1	0	0	9	0	5	1	X	X	正确
7		DF005	110101197209021144	1	1	0	1	0	1	1	9	7	2	0	9	0	2	1	1	4	4	4	正确
8		DF006	110108197812120129	1	1	0	1	0	8	1	9	7	8	1	2	1	2	0	1	2	9	5	错误
9		DF007	410205196412278217	4	1	0	2	0	5	1	9	6	4	1	2	2	7	8	2	1	7	7	正确

图 5.56 完成效果

步骤 1. 选中 B3:W122 单元格区域,打开"新建格式规则"对话框。

步骤 2. 在"选择规则类型"列表框中选择"使用公式确定要设置格式的单元格",在"编辑规则说明"中的"为符合此公式的值设置格式"文本框中输入公式"=IF($W3="错误",TRUE,FALSE)"。

学习提示

为单元格区域的数据行设置条件格式的公式时,公式中的行号必须与激活单元格对应,数据行包含多个列,要将格式应用于多行,公式中的列要为绝对引用。条件格式中的公式表示对每行的 W 列数据进行判断，如果该列数据为"错误"，则结果为真，为其应用条件格式。

步骤 3．单击"格式"按钮，弹出"设置单元格格式"对话框，在"字体"选项卡中将"字体颜色"设置为"标准色-红色"。切换到"填充"选项卡，将"背景颜色"设置为"浅绿色"，单击"确定"按钮。

【同步训练 5-26】请帮助小马对"统计分析"工作表设置条件格式，当单元格非空且处于偶数行时，该单元格自动以某一浅色填充并添加上、下边框线。完成效果如图 5.57 所示。

图 5.57 完成效果

步骤 1．在"统计分析"工作表中，选中 B4:H24 单元格区域，打开"新建格式规则"对话框。

步骤 2．在该对话框的"选择规则类型"列表框中选择"使用公式确定要设置格式的单元格"，在"编辑规则说明"中的"为符合此公式的值设置格式"文本框中输入公式"=AND(B4<>"", MOD(ROW(),2)=0)"，如图 5.58 所示。

学习提示

AND()函数的所有参数的逻辑值为真时，返回 TRUE；只要有一个参数的逻辑值为假，即返回 FALSE。

在公式中有两个条件：一个是"B4<>"""，表示单元格非空，另一个是"MOD(ROW(),2)=0"，表示偶数行。

学习提示

ROW()函数的作用是返回引用的行号，其格式为：ROW([Reference])，参数 Reference 表示需要得到其行号的单元格或单元格区域，如果省略，则表示对 ROW()函数所在单元格的引用。

图 5.58 "新建格式规则"对话框

步骤 3．单击"格式"按钮，弹出"设置单元格格式"对话框，选择"边框"选项卡，设置"上边框"和"下边框"，切换到"填充"选项卡，选择一种浅色填充颜色，单击"确定"按钮，返回"新建格式规则"对话框，单击"确定"按钮。

【同步训练 5-27】请帮助小陈在"主要城市降水量"工作表中的 R3 单元格中建立数据验证，仅允许在该单元格中填入 A2:A32 单元格区域中的城市名称。在 S2 单元格中建立数据验证，仅允许在该单元格中填入 B1:M1 单元格区域中的月份名称。在 S3 单元格中建立公式，使用 INDEX()函数和 MATCH()函数，根据 R3 单元格中的城市名称和 S2 单元格中的月份名称，查询对应的降水量。

以上三个单元格中最终显示的结果为广州市 7 月份的降水量。

步骤 1．选中 R3 单元格，单击"数据"选项卡的"数据工具"组中的"数据验证"按钮，在下拉列表中选择"数据验证"命令。

步骤2. 在弹出的"数据验证"对话框的"设置"选项卡中,"允许"选择"序列",单击"来源"文本框右侧的"拾取"按钮,选择工作表中的城市区域,将"来源"设置为"=$A$2:$A$32",单击"确定"按钮,关闭该对话框。

步骤3. 选中S2单元格,打开"数据验证"对话框,在该对话框的"设置"选项卡中,"允许"选择"序列",将"来源"设置为"=$B$1:$M$1"(月份),单击"确定"按钮,关闭该对话框。

步骤4. 选中S3单元格,插入函数INDEX(),打开INDEX()函数的"函数参数"对话框。

学习提示

INDEX()函数的作用是在指定数据范围内找到由行号和列号索引选中的值,其格式为:INDEX(Array, Row_num, Column_num)。对该函数中的参数说明如下:

- Array 表示单元格区域,即数据范围。
- Row_num 表示行序号。
- Column_num 表示列序号。

步骤5. 在Array参数中,选中降水量的B2:M32单元格区域,参数Row_num和Column_num需要使用MATCH()函数来确定。

学习提示

MATCH()函数的作用是返回某个值在某个区域中的位置,其格式为:MATCH(Lookup_value,Lookup_array,Match_type)。对该函数中的参数说明如下:

- Lookup_value 表示要查找的值。
- Lookup_array 表示要到哪个区域去找。
- Match_type 表示匹配方式。0表示精确匹配;-1表示查找大于或等于查找值的最小值,此时,查找区域需要降序排列;1表示查找小于或等于查找值的最大值,此时,查找区域需要升序排列。

步骤6. 在"Row_num"文本框中输入"MATCH()",单击编辑栏中的"MATCH",弹出MATCH()函数的"函数参数"对话框。

步骤7. 在参数Lookup_value为R3单元格,Lookup_array为A2:A32单元格区域,Match_type为0时,单击编辑栏中的"INDEX",返回INDEX()函数的"函数参数"对话框。

步骤8. 在"Column_num"文本框中输入"MATCH()",打开MATCH()函数的"函数参数"对话框,在参数Lookup_value为S2单元格,Lookup_array为B1:M1单元格区域(月份),Match_type为0时,单击"确定"按钮。

步骤9. 在R3单元格中下拉选择"广州市",在S2单元格中下拉选择"7月"。

5.4.4 公式和函数中的常见错误

在Excel中使用公式或函数时,经常会出现错误信息,这是由于执行了错误的操作而导致的,Excel会根据不同的错误类型给出不同的错误提示,便于用户检查和排除错误。如表5.7所示为公式和函数中的常见错误。

公式和函数中的常见错误

表 5.7　公式和函数中的常见错误

错 误 提 示	错 误 原 因
####	单元格中的数值太长，单元格显示不全
#DIV/0!	公式中含有分母为 0 的情况
#N/A	在公式或函数中引用了一个暂时没有数据的单元格
#NAME?	公式中有无法识别的文本，或引用了一个不存在的名称
#NUM!	公式或函数中包含无效数值
#REF!	公式或函数中引用了无效单元格
#VALUE	使用了错误的参数或运算对象类型

在学习 Excel 中的函数时，想掌握全部函数是不切实际的，在实际工作中，当要使用新函数或对学习过的函数的用法记得不太清楚时，应善于使用 Excel 联机帮助系统查阅函数的用法，边查边用。

5.5　Excel 数据处理与统计分析

5.5.1　数据排序

在 Excel 中可以按照某列或某几列的数据对整张表格中的行进行升序或降序排列，排序可以按文本、数字、日期和时间等进行。

只按一个关键字段进行排序的操作方法如下。

（1）选中要排序的列中的任意单元格。

（2）单击"开始"选项卡的"编辑"组中的"排序和筛选"按钮，在"排序和筛选"下拉列表中选择"升序"或"降序"命令，如图 5.59 所示。

或者在选中要排序的列中的任意单元格后，单击"数据"选项卡的"排序和筛选"组中的"升序"按钮 或"降序"按钮 。

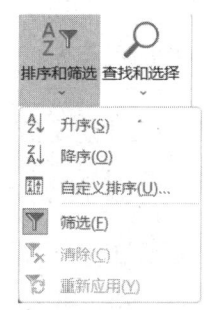

图 5.59　"排序和筛选"下拉列表

如果要按多个关键字进行排序，则在排序的过程中，先按照主要关键字排序，当主要关键字的数据相同时，再按照次要关键字排序，如果次要关键字的数据也相同，就按照第三关键字进行排序，以此类推。具体操作方法如下。

（1）选中数据列表中的任意单元格。

（2）单击"数据"选项卡的"排序和筛选"组中的"排序"按钮 。

（3）在弹出的"排序"对话框中设置"主要关键字"，设置完"排序依据"和"次序"，单击"添加条件"按钮，增加一行"次要关键字"，继续设置"次要关键字""排序依据""次序"，如图 5.60 所示。

如果对排序有特殊要求还可以自定义排序的顺序。

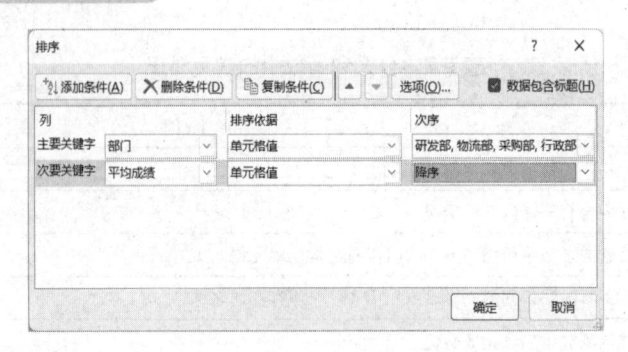

图 5.60 "排序"对话框

【同步训练 5-28】晓雨是人力资源部门的员工，她要对企业员工 Office 应用能力考核报告进行完善和分析。请在"成绩单"工作表中依据自定义序列"研发部→物流部→采购部→行政部→生产部→市场部"的顺序进行排序；如果部门名称相同，则按照平均成绩由高到低的顺序排序。

步骤 1．选中"成绩单"工作表中的 B2:M336 单元格区域，打开"排序"对话框。

步骤 2．将"主要关键字"设置为"部门"，"排序依据"设置为"单元格值"，单击右侧的"次序"下拉按钮，在下拉列表中选择"自定义序列"，弹出"自定义序列"对话框。

步骤 3．在"输入序列"列表框中输入新的数据序列"研发部""物流部""采购部""行政部""生产部""市场部"，每项末尾按 Enter 键换行分隔各项，输入完序列后，单击"添加"按钮，再单击"确定"按钮，关闭"自定义序列"对话框。

步骤 4．返回"排序"对话框，单击"添加条件"按钮，增加"次要关键字"，在"次要关键字"中选择"平均成绩"，"排序依据"设置为"单元格值"，"次序"设置为"降序"。

步骤 5．单击"确定"按钮。

5.5.2 数据筛选

筛选数据列表是指隐藏不准备显示的数据行，只显示指定条件的数据行的过程。使用数据筛选可以快速显示选定数据行的数据，提高工作效率。Excel 提供了 3 种筛选数据列表的命令。

1．自动筛选

自动筛选是指按单一条件进行数据筛选，是常用的筛选方式。操作方法如下。

（1）选中筛选数据列表中的任意单元格。

（2）单击"数据"选项卡的"排序和筛选"组中的"筛选"按钮，此时，工作表中的每列标题旁边都会显示"筛选"按钮，如图 5.61 所示。

（3）单击工作表中的任何列标题行的下拉按钮，选择要显示的特定行的信息，Excel 自动筛选出包含这个特定行信息的全部数据。如图 5.62 所示为自动筛选采购部的所有记录。

在图 5.62 中，如果要取消对部门列的筛选，则单击该列旁边的"筛选"按钮，从菜单中勾选"全选"复选框，然后单击"确定"按钮，或选择"从'部门'中清除筛选"命令。

如果要退出自动筛选，则再次单击"数据"选项卡的"排序和筛选"组中的"筛选"按钮，此时，工作表中各列标题旁边的"筛选"按钮消失。

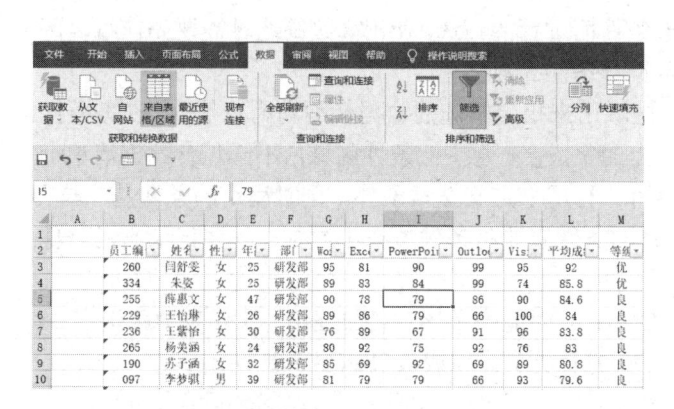

图 5.61　显示"筛选"按钮

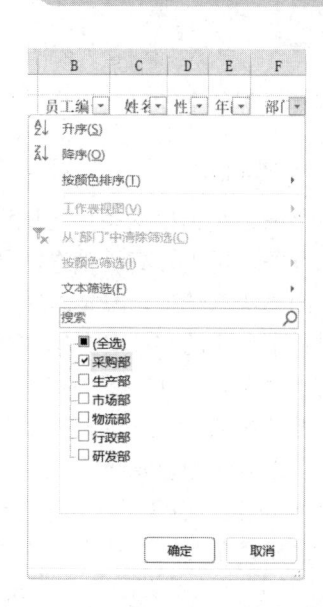

图 5.62　自动筛选采购部的所有记录

2. 自定义筛选

自动筛选的功能有限，如果采用自定义筛选，则可快速扩展筛选范围。

【同步训练 5-29】晓雨要在企业员工 Office 应用能力考核的"成绩单"工作表中筛选出平均成绩小于 60 或平均成绩大于 90 的记录。

步骤 1. 选中工作表中的任意单元格。

步骤 2. 单击"数据"选项卡的"排序和筛选"组中的"筛选"按钮。

步骤 3. 单击"平均成绩"列旁边的"筛选"按钮，在弹出的菜单中选择"数字筛选"中的"自定义筛选"命令，如图 5.63 所示，弹出"自定义自动筛选方式"对话框。

步骤 4. 在该对话框左上方的下拉列表框中选择"小于"，在其右侧的文本框中输入"60"，选中"或"单选按钮，在该对话框左下方的下拉列表框中选择"大于"，在其右侧的文本框中输入"90"，如图 5.64 所示。

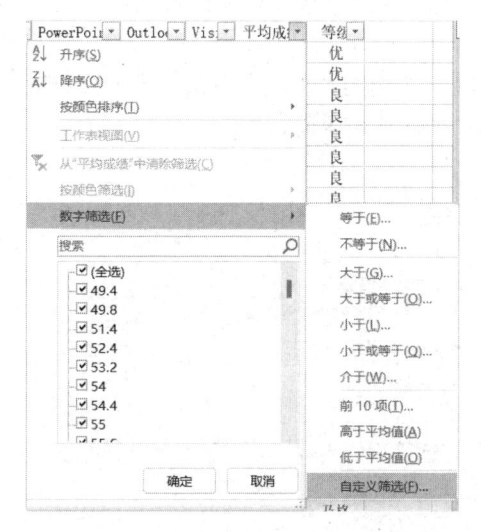

图 5.63　选择"自定义筛选"命令

图 5.64　"自定义自动筛选方式"对话框

步骤 5. 单击"确定"按钮即可完成筛选。

设置自定义条件时，可以使用通配符，其中，问号（?）代表任意单个字符，星号（*）代表任意一组字符。

3. 高级筛选

高级筛选是指根据条件区域设置筛选条件而进行的筛选。使用高级筛选时需要先在编辑区输入筛选条件再进行高级筛选，从而显示符合条件的数据行。

使用高级筛选前，需要建立一个条件区域用来指定筛选的数据必须满足的条件。在条件区域的首行中包含的字段名必须与数据清单上的字段名一致，但条件区域内不必包含数据清单上的所有字段名。条件区域的字段名下至少有一行用来定义搜索条件。同时满足的条件是"与"关系，需要将条件放在同一行；"或"关系的条件需要将条件放在不同行，只要记录满足条件之一就可以将记录显示出来。

【同步训练 5-30】晓雨要在企业员工 Office 应用能力考核的"成绩单"工作表中筛选出 30 岁以下的研发部员工，或者平均成绩大于 90 的女员工，完成效果如图 5.65 所示。

员工编号	姓名	性别	年龄	部门	Word	Excel	PowerPoint	Outlook	Visio	平均成绩	等级		性别	年龄	部门	平均成绩
260	闫舒雯	女	25	研发部	95	81	90	99	95	92	优			<30	研发部	
334	朱姿	女	25	研发部	89	83	84	99	74	85.8	优		女			>90
229	王怡琳	女	26	研发部	89	86	79	66	100	84	良					
265	杨美涵	女	24	研发部	80	92	75	92	76	83	良					
189	苏畅	女	26	研发部	70	70	88	88	71	77.4	良					
030	冯佳慧	女	24	研发部	67	83	94	63	79	77.2	良					
066	胡玮鑫	男	29	研发部	81	67	100	71	64	76.6	良					
188	宋奕骥	女	26	研发部	63	69	87	78	81	75.6	良					
156	买依依	女	29	研发部	95	67	70	70	72	74.8	及格					
267	杨霈	女	26	行政部	96	94	95	88	92	93	优					

图 5.65 完成效果

步骤 1. 在条件区域的首行输入字段名，在第 2 行及以后各行中输入筛选条件，如图 5.66 所示，O2:R4 为条件区域。

步骤 2. 选中数据区域中的任意单元格。

步骤 3. 单击"数据"选项卡的"排序和筛选"组中的"高级"按钮，弹出"高级筛选"对话框。

步骤 4. Excel 将自动选择筛选区域，单击"条件区域"右侧的"拾取"按钮，选中 O2:R4 数据区域，单击"拾取"按钮返回"高级筛选"对话框，如图 5.67 所示。

步骤 5. 单击"确定"按钮。

	O	P	Q	R
1				
2	性别	年龄	部门	平均成绩
3		<30	研发部	
4	女			>90

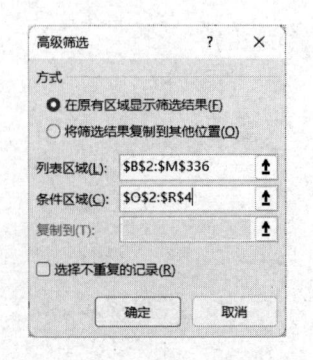

图 5.66 输入筛选条件　　　　图 5.67 "高级筛选"对话框

5.5.3 分类汇总

分类汇总是指根据指定的类别将数据以指定的方式进行统计,这样可以快速地将大型表格中的数据进行汇总与分析,得到统计数据。

分类汇总包括两个操作:一个是分类,另一个是汇总。对数据进行分类汇总之前必须对要分类汇总的列进行排序,将该列中具有相同内容的行集中在一起,然后才能分类汇总。

【同步训练 5-31】晓雨要在企业员工 Office 应用能力考核的"成绩单"工作表中,通过分类汇总功能求出每个部门的平均分,完成效果如图 5.68 所示。

图 5.68 完成效果

步骤 1. 在"成绩单"工作表中对"部门"列进行升序排序。

步骤 2. 单击"数据"选项卡的"分级显示"组中的"分类汇总"按钮,弹出"分类汇总"对话框。

步骤 3. 在该对话框中,在"分类字段"下拉列表中选择要进行分类汇总的字段(即排序字段)"部门";在"汇总方式"下拉列表中选择"平均值";在"选定汇总项"中选择要进行分类汇总的列,即勾选"平均成绩"复选框,保持默认勾选的"替换当前分类汇总"和"汇总结果显示在数据下方",如图 5.69 所示,单击"确定"按钮。

对数据进行分类汇总后,在工作表的左侧有 3 个显示不同级别的按钮,单击这些按钮可以显示或隐藏各级别的内容。

单击 1 按钮,只显示整个表中的汇总项。
单击 2 按钮,按"部门"显示汇总数据。
单击 3 按钮,显示每个员工的详细信息,同时显示汇总数据。
在分级显示时,还可以单击 + 按钮,显示对应组的明细数据;单击 − 按钮,隐藏对应组的明细数据。

图 5.69 "分类汇总"对话框

当使用分类汇总后,可能希望将汇总结果复制到一个新的数据表中。但是如果直接进行复制,则无法只复制汇总结果,复制的将是所有数据。此时,可按"Alt+;"组合键,选取当前屏幕中显示的内容,然后进行复制、粘贴。

清除分类汇总的方法:在分类汇总后的数据表格中,选中任意单元格,打开"分类汇总"对话框,在该对话框中单击"全部删除"按钮。

5.5.4 数据透视表与数据透视图

数据透视表是一种对大量数据快速汇总和建立交叉列表的交互式动态表格,可以快速分类汇总、比较大量数据,可以通过调整行标签和列标签等从不同角度分析数据,还可以进行排序和筛选。合理应用数据透视表进行计算与分析,能使许多复杂问题简单化,并提高工作效率。数据透视表的结构及含义如表5.8所示。

数据透视表与数据透视图(1)

表5.8 数据透视表的结构及含义

名　称	含　义
坐标轴	用来表示数据透视表中的一维,如行、列或页
数据源	为数据透视表提供数据的数据区域或数据库
字段	数据区域中的列标题
项	组成字段的成员,即某列单元格中的内容
概要函数	用来计算表格中数值的函数。默认的概要函数是用于求数值的 SUM()函数,还有用于统计文本个数的COUNT()函数
透视	通过重新确定一个或多个字段的位置来重新安排数据透视表

1. 创建数据透视表

在创建数据透视表之前,要保证数据区域必须有列标题,且该区域中没有空行。数据透视表可以通过"插入"选项卡中的"数据透视表"(或"推荐的数据透视表")来创建,操作方法如下。

(1)单击"插入"选项卡的"表格"组中的"数据透视表"下拉按钮,在下拉列表中选择"表格和区域"命令,弹出"来自表格或区域的数据透视表"对话框,如图5.70所示。

(2)在该对话框的"表/区域"文本框中显示当前已选择的数据源区域。默认选择单元格所在的数据区域,也可以输入数据透视表中不同区域或用该区域定义的名称来替换它。

(3)选中"新工作表"单选按钮,可将数据透视表放在新工作表中,如果要将数据透视表放在现有工作表中的特定位置,则可以选中"现有工作表"单选按钮,然后在"位置"文本框中指定放置数据透视表的单元格区域的第1个单元格。

(4)单击"确定"按钮,此时,Excel会将空的数据透视表放在新插入的工作表中,并在右侧显示"数据透视表字段列表"任务窗格,该任务窗格的上半部分为字段列表,下半部分为布局部分,包含"报表筛选"选项组、"列标签"选项组、"行标签"选项组和"Σ数值"选项组。

"报表筛选"的作用类似于自动筛选,在数据透视表的条件区域中所有字段都将作为筛选数据区域内容的条件;"列标签"和"行标签"用来将数据横向或纵向显示,行和列相当于 X 轴和 Y 轴,以确定一个二维表格;"Σ数值"是进行计算或汇总的字段名称。

通过单击"插入"选项卡的"表格"组中的"推荐的数据透视表"按钮,弹出"推荐的数据透视表"对话框,如图5.71所示,也可以完成创建。操作方法如下。

(1)选中数据源的区域。

(2)在给出的样式中进行选择。

(3)自动创建新表格,以存放产生的数据透视表。

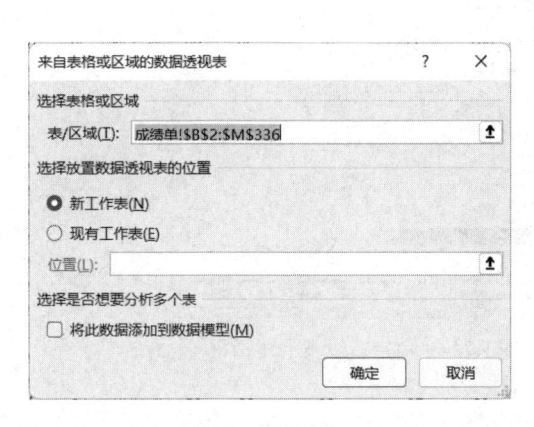

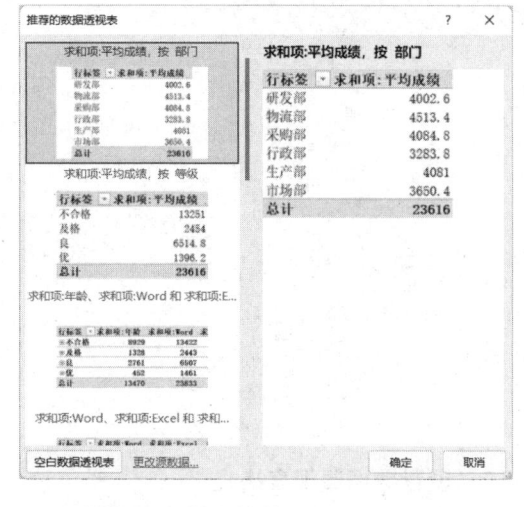

图 5.70 "来自表格或区域的数据透视表"对话框

图 5.71 "推荐的数据透视表"对话框

【同步训练 5-32】晓雨在对企业员工 Office 应用能力成绩分析时，要以"分数段统计"工作表中的 B2 单元格为起始位置创建数据透视表，计算"成绩单"工作表中平均成绩在各分数段的人数及其所占比例，完成效果如图 5.72 所示（数据透视表中的数据格式设置参考完成效果，其中平均成绩各分数段下限包含临界值）。

图 5.72 完成效果

步骤 1．选中"成绩单"工作表中数据区域中的任意单元格，打开"来自表格或区域的数据透视表"对话框。

步骤 2．在该对话框的"表/区域"文本框中默认选择"成绩单!$B$2:$M$336"，选中"现有工作表"单选按钮，并在"位置"文本框中指定"分数段统计"工作表的"B2"单元格，单击"确定"按钮，在"分数段统计"工作表的右侧出现"数据透视表字段列表"任务窗格。

步骤 3．将"平均成绩"字段拖动到"行标签"，拖动两次"员工编号"字段到"Σ数值"区域。表示现在是要对平均成绩进行两次统计，一是统计人数，二是统计人数占比例。

步骤 4．选中当前工作表中的 B3 单元格，单击"数据透视表工具-分析"选项卡的"组合"组中的"分组选择"按钮，弹出"组合"对话框，如图 5.73 所示，在"起始于"文本框中输入"60"，在"终止于"文本框中输入"100"，在"步长"文本框中输入"10"。设置完毕单击"确定"按钮。

步骤 5．选中 C2 单元格，单击"数据透视表工具-分析"选项卡的"活动字段"组中的"字段设置"按钮，弹出"值字段设置"对话框，在"自定义名称"文本框中输入字段名称"人数"，保持默认的"值字段汇总方式"为"计数"，单击"确定"按钮。

步骤 6．选中 D2 单元格，打开"值字段设置"对话框，如图 5.74 所示，在"自定义名称"文本框中输入字段名称"所占比例"，切换到"值显示方式"选项卡，在"值显示方式"下拉列表中选择"总计的百分比"，单击"数字格式"按钮，在弹出的"设置单元格格式"对话框的"数字"选项卡中，将单元格格式设置为"百分比"，并保留 1 位小数，单击"确定"按钮。

步骤 7．将 B2:D8 单元格区域中单元格的对齐方式设置为"居中对齐"。

图 5.73 "组合"对话框　　图 5.74 "值字段设置"对话框

2. 设置数据透视表格式

数据透视表可以像操作其他工作表一样被选中，将其当作表格进行设置，也可以使用 Excel 中提供的套用格式。勾选"数据透视表-设计"选项卡的"数据透视表样式"组中的"镶边行"和"镶边列"复选框，如图 5.75 所示，在行之间、列之间会出现较亮和较浅的颜色变换。

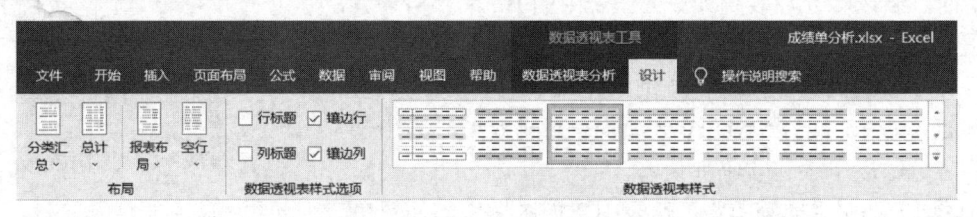

图 5.75 "数据表透视工具-设计"选项卡

3. 更新数据源

创建数据透视表后，如果源数据中发生了更改，基于此数据清单的数据透视表不会自动改变，需要更新数据源。选中数据透视表，右击，在弹出的快捷菜单中选择"刷新"命令即可。

4. 清除数据透视表

清除数据透视表的方法：单击数据透视表，出现"选项"选项卡，单击该选项卡的"操作"组中的"清除"按钮，在下拉列表中选择"全部清除"命令。

数据透视图以图形方式呈现数据透视表中的汇总数据，可以更形象、直观地呈现数据，根据数据透视表可以直接生成数据透视图。

切片器是将数据透视表中的每个字段单独创建为一个选取器，然后在不同选取器中对字段进行筛选，完成与数据透视表字段中的"筛选"按钮相同的功能，但是切片器使用起来更加方便灵活。

数据透视表与数据透视图（2）

【同步训练 5-33】晓雨要根据数据透视表在 E2:K5 单元格区域中为"部门"字段插入切片器，显示为 6 列 1 行，切片器样式设置为"天蓝，切片器样式深色 5"，完成效果如图 5.76 所示。

步骤 1. 选中数据透视表中的任意单元格，单击"数据透视表工具-分析"选项卡的"筛选"组中的"插入切片器"按钮。

步骤 2. 在弹出的"插入切片器"对话框中，勾选列表框中的"部门"复选框，单击"确定"按钮。

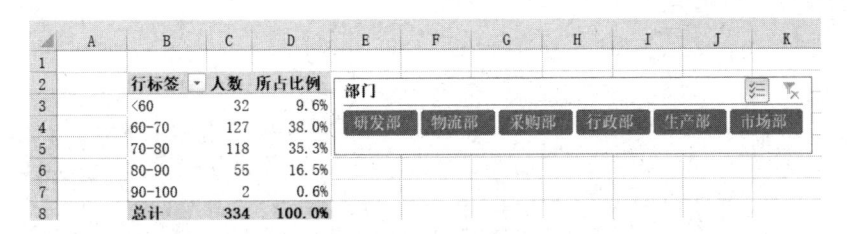

图 5.76 完成效果

步骤 3. 选中打开的切片器，单击"切片器工具-切片器"选项卡的"大小"组右下角的"对话框启动器"按钮，出现"格式切片器"窗格，如图 5.77 所示，在"位置和布局"组中将"列数"修改为"6"，适当调整切片器的大小，将其放在 E2:K5 单元格区域，选择"切片器样式"组中的"天蓝，切片器样式深色 5"。

数据透视图是利用数据透视表的结果制作的图表，它将数据以图形方式表示出来，数据透视表中的"行标签"字段对应于数据透视图中的"轴字段（分类）"，"列标签"字段对应于数据透视图中的"图例字段（系列）"。数据透视图和数据透视表是相互联系的，改变数据透视表，数据透视图也会发生相应的变化，反之亦然。

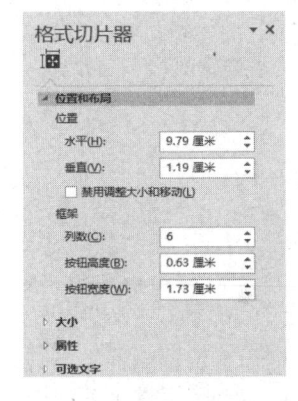

图 5.77 "格式切片器"窗格

单击"插入"选项卡的"图表"组中的"数据透视图"按钮，在弹出的对话框中设置数据源区域和放置位置后单击"确定"按钮，即可生成数据透视图和数据透视表。

【同步训练 5-34】晓雨在对企业员工 Office 应用能力成绩分析时，要根据"分数段统计"工作表中的数据透视表在 B10:I24 单元格区域中创建数据透视图，以方便查看各分数段人数及其所占比例。请设置网格线和坐标轴，将图例置于底部，完成效果如图 5.78 所示。

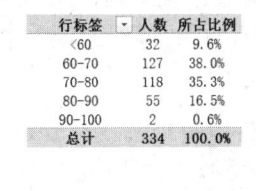

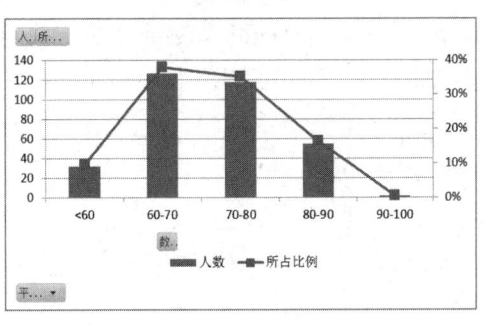

图 5.78 完成效果

步骤 1. 在"分数段统计"工作表中选中 B2:D7 单元格区域。
步骤 2. 单击"数据透视表工具-分析"选项卡的"工具"组中的"数据透视图"按钮，在弹出的"插入图表"对话框中选择"组合图"中的"簇状柱形图-折线图"，在"为您的数据系列选择图表类型和轴"组中，保持系列名称"人数"的图表类型为"粗壮柱形图"，在系列名称"所占比例"右侧的图表类型的下拉列表中选择"折线图"的"带数据标记的折线图"，勾选"次坐标轴"复选框，单击"确定"按钮，如图 5.79 所示。

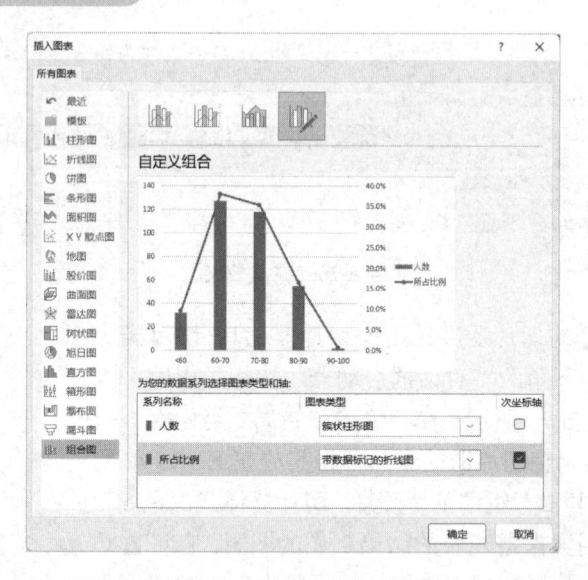

图 5.79 "插入图表"对话框

步骤 3. 在"设置数据系列格式"窗格的"系列选项"下拉列表中选择"垂直（值）轴"可打开"设置坐标轴格式"窗格，在"坐标轴选项"中展开"刻度线"，在"主刻度线类型"下拉列表中选择"外部"，如图 5.80 所示。

学习提示

在"设置数据系列格式"窗格中可对所选数据系列的"填充与线条"、"效果"和"系列选项"进行设置，其中，在"填充与线条"中可对线条或标记分别进行设置；在"效果"中可设置阴影、发光、柔化边缘和三维格式；在"系列选项"中可设置所选系列绘制在主坐标轴或次坐标轴。

步骤 4. 选中图表中的"所占比例"系列，单击"数据透视图工具-格式"选项卡的"当前所选内容"组中的"设置所选内容格式"按钮，打开"设置数据系列格式"窗格，选择"填充与线条"选项卡，单击"标记"切换到"标记选项"，在"标记选项"中选中"内置"单选按钮，"类型"选择"正方形"，如图 5.81 所示。

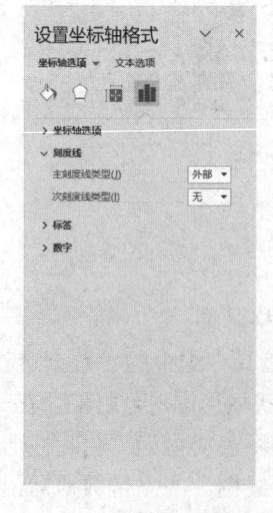

图 5.80 "设置坐标轴格式"窗格 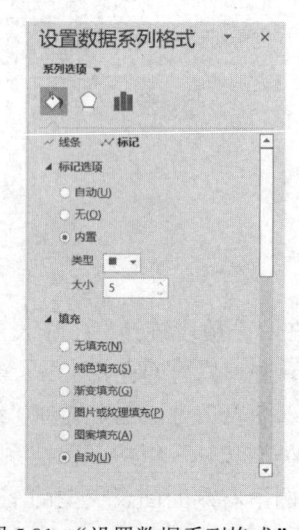　　　　图 5.81 "设置数据系列格式"窗格

在"坐标轴选项"下拉列表中选择"次坐标轴 垂直（值）轴"，在"坐标轴选项"中将最小值设置为"0"，将最大值设置为"0.4"，将主要单位设置为"0.1"，在"刻度线"选项卡的"主刻度线类型"下拉列表中勾选"外部"，然后在"数字"选项卡的设置项中，将"类别"设置为"百分比"，将小数位数设置为"0"。

在"坐标轴选项"下拉列表中选择"水平（类别）轴"，在"刻度线"选项卡的"主刻度线类型"下拉列表中勾选"外部"，设置完毕单击"关闭"按钮。

学习提示

在"设置坐标轴格式"窗格中可对所选坐标轴设置"填充与线条"、"效果"、"大小与属性"和"坐标轴选项"。单击"坐标轴选项"后面的"文本选项"，可对坐标轴文本的"文本填充与轮廓"、"文字效果"和"文本框"进行设置。

步骤 5．选中数据透视图，在右侧的"图表元素"组中单击"图例"中的"向右导向"按钮，在如图 5.82 所示的"图例"下拉列表中选择"底部"。

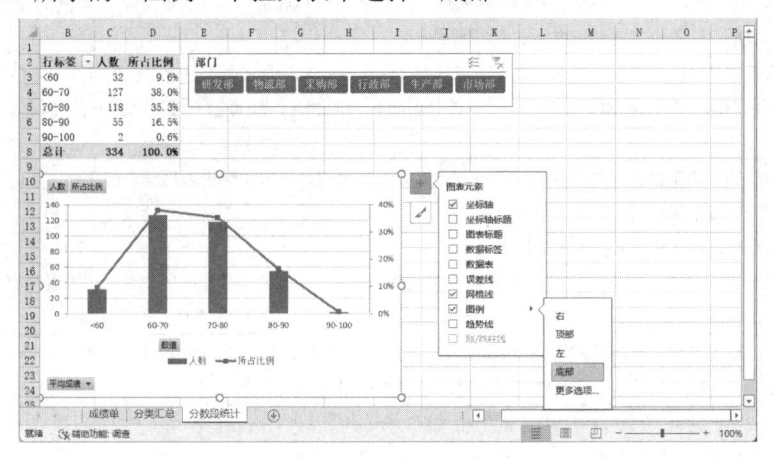

图 5.82　"图例"下拉列表

步骤 6．适当调整图表的大小及位置，使其位于工作表中的 B10:I27 单元格区域。

在生成数据透视图后，可以像修改数据透视表一样，修改数据透视图的布局、隐藏或显示数据项、汇总方式和数据显示方式等，对数据透视图所进行的修改，数据透视表也会自动相应地修改。

一般使用"数据透视表样式"修改数据透视表的格式，使用数据透视图更改图表类型和图表样式等。

（1）更改图表类型。单击"数据透视图工具-设计"选项卡的"类型"组中的"更改图表类型"按钮，在弹出的"更改图表类型"对话框中可以设置数据透视图的图表类型。

（2）更改图表样式。在"数据透视图工具-设计"选项卡的"图表样式"组中可以选择要应用的样式。

5.6　图表

5.6.1　图表概述

图表概述

图表就是将单元格中的数据以各种统计图表的形式显示，这样可以更加直观地表现数据，使用户能清晰地了解数据所代表的含义,当更新表格中的数据时,图表也会自动更新。

Excel 中有多种图表类型,如表 5.9 所示为 Excel 中图表的基本类型。正确地选择图表类型是创建图表的基础。在实际工作中,需要根据具体的分析目标和数据表的结构选择一种合适的图表类型。比较常用的图表类型有散点图、条形图、饼图、折线图等,Excel 中的股价图、曲面图及大部分三维图表很少使用。除了常用的内置图表类型,还可以根据需要设置多种样式的组合类图表。

表 5.9 Excel 中图表的基本类型

图表类型	说　明
柱形系列	柱形图用于描述不同时期数据的变化情况,注重数据之间的差异,便于人们进行横向比较。 条形图是柱形图的旋转图表,显示各项目之间的比较情况,纵轴表示分类,横轴表示值。条形图强调各个值之间的比较,不太关注时间的变化。 从 Excel 2016 开始增加了直方图、排列图(帕累托图)、瀑布图、漏斗图等图表。瀑布图和漏斗图以柱形或条形表示数据,这里也将它们归属于柱形图表系列
面积系列	折线图是将同一数据序列的数据点在图上用直线连接起来,通常用于分析数据随时间的变化趋势。 面积图除具备折线图的特点之外,强调数据随时间的变化,还可以通过显示数据的面积来分析部分与整体的关系
饼图系列	饼图通常用于描述比例和构成等信息,可以显示数据序列项目相对于项目综合的比例大小,但一般只能显示一个序列的值,因此适用于强调重要元素。 圆环图适用于多组数据系列的比重关系绘制。 从 Excel 2016 开始增加了旭日图功能。旭日图可以表达清晰的层级和归属关系,用于展现有父子层级维度的比例构成情况
雷达系列	雷达图通常用于对两组变量进行多种项目的对比,反映数据相对于中心点和其他数据点的变化情况。 瀑布图能够在反映数据多少的同时,直观地反映数据的增减变化
散点系列	散点图通常用于反映成对数据之间的相关性和分布特性。 气泡图是散点图的变换类型,可用于展示三个变量之间的关系
新型图表	新型图表是从 Excel 2016 开始增加的。箱形图用作显示一组数据分散情况的统计图,常用于绘制科学论文图表。 瀑布图、树状图和漏斗图常用于绘制商业图表

图 5.83 所示的是一个柱形图表的组成。柱形图表的组成及说明如表 5.10 所示。

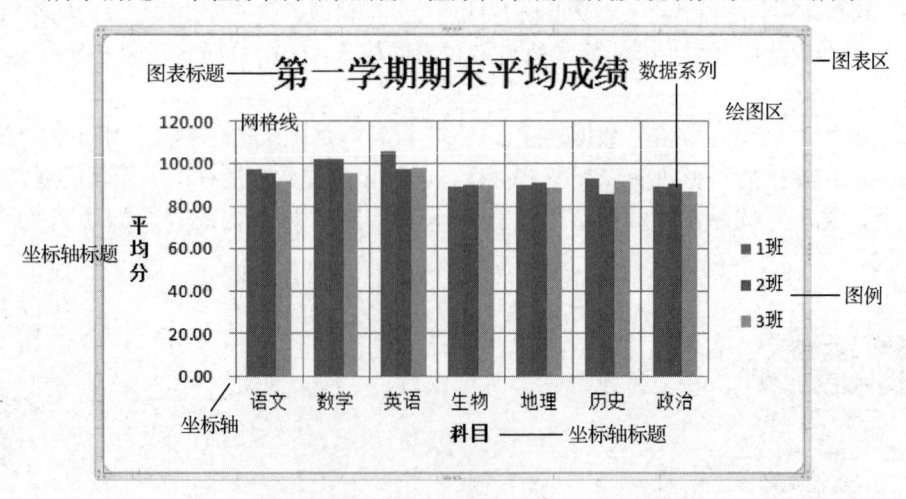

图 5.83 柱形图表的组成

表 5.10　柱形图表的组成及说明

图表的组成	说　　明
图表区	包含图表图形及标题、图例等所有图表元素的最外围矩形区域
绘图区	包含图表主体图形的矩形区域
图表标题	说明图表内容的标题文字
数据系列	同类数据的集合，在图表中表示为描绘数值的柱状图、直线或其他元素。例如，在图表中可以用一组红色的矩形条表示一个数据系列
坐标轴	在一个二维图表中，有一个 X 轴（水平方向）和一个 Y 轴（垂直方向），分别用于对数据进行分类和度量。X 轴包括分类和数据系列，也称分类轴或水平轴；Y 轴表示值，也称数值轴或垂直轴
图例	表示图表中不同元素的含义。例如，柱形图的图例说明每个颜色的图形所表示的数据系列
网格线	网格线强调 X 轴或 Y 轴的刻度，可以进行设置

图表既可以放在工作表上，也可以放在工作簿的图表工作表上，直接出现在工作表上的图表称为嵌入式图表，图表工作表是工作簿中仅包含图表的特殊工作表。嵌入式图表和图表工作表都与工作表的数据相连接，并随着工作表数据的更改而更改。

创建图表的操作方法如下。

（1）选中工作表中要创建图表的数据区域。

（2）单击"插入"选项卡的"图表"组中的一种图表类型就可以创建图表。

图表将作为一个对象被创建在数据所在的工作表中，可以对其进行调整大小、移动位置等操作。

5.6.2　修改图表布局

一个图表中包含多项，创建的图表中包含其中几项，如果希望图表能显示更多信息，则需添加一些图表布局元素。

修改图表布局

1. 添加图表元素

添加图表标题的操作方法：选中图表，单击"图表元素"按钮 +，展开图表元素复选框，单击"图表标题"的"向右导向"按钮，在"图表标题"下拉列表中选择放置标题的方式为"图表上方"，如图 5.84 所示。

2. 更改图表类型

如果对创建的图表类型不满意，则可以更改图表类型。操作方法如下。

（1）如果是一个嵌入式图表，则单击图表并将其选中；如果是图表工作表，则单击相应的工作表标签并将其选中。

（2）单击"图表工具-图表设计"选项卡的"类型"组中的"更改图表类型"按钮，弹出如图 5.85 所示的"更改图表类型"对话框。

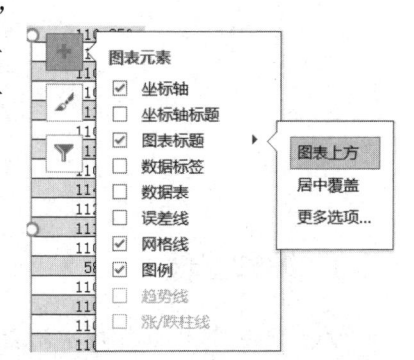

图 5.84　"图表标题"下拉列表

（3）在该对话框的左侧选择所需的图表类型，在右侧选择所需的子图表类型。

（4）单击"确定"按钮完成更改。

3. 设置图表样式

创建图表后可以使用 Excel 提供的布局和样式来快速设置图表外观。操作方法如下。

（1）单击图表中的图表区。

（2）单击如图 5.86 所示的"图表工具-图表设计"选项卡的"图表布局"组中的"快速布局"按钮，在下拉框中选择一种图表布局类型。

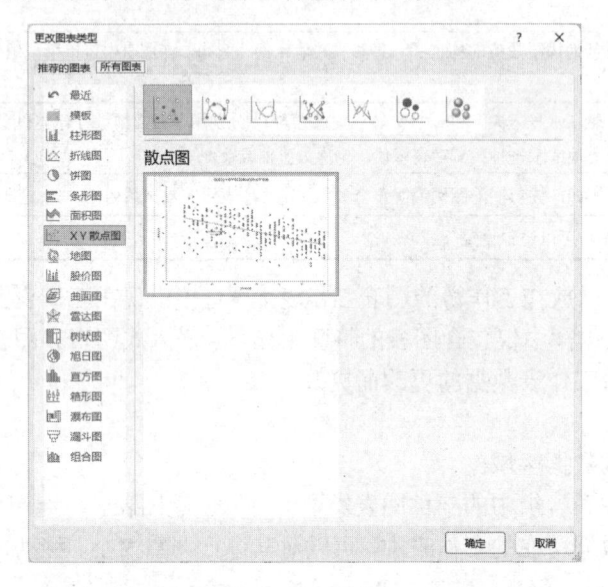

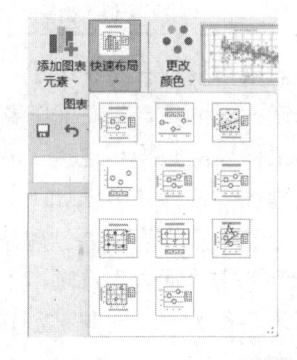

图 5.85 "更改图表类型"对话框　　　图 5.86 单击"快速布局"按钮

（3）在如图 5.87 所示的"图表样式"组中选择图表的颜色搭配方案。

（4）选择图表布局和样式后，可以快速得到最终效果。

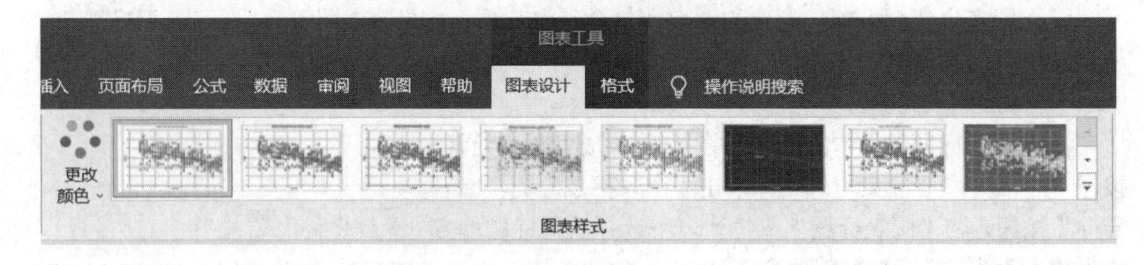

图 5.87 "图表样式"组

5.6.3 编辑图表

创建图表并将其选定后，功能区会多出两个选项卡，即"图表工具-图表设计"和"图表工具-格式"选项卡，通过这两个选项卡中的命令按钮，可以对图表进行设置和编辑。

编辑图表

1. 选择图表项

对图表中的图表项进行修饰之前应该先单击图表项并将其选中。操作方法如下。

（1）单击图表的任意位置并将其激活。

（2）单击"图表工具-格式"选项卡的 "当前所选内容"组中的"图表元素"下拉按钮。

（3）在下拉列表中选择要处理的图表项，如图 5.88 所示。

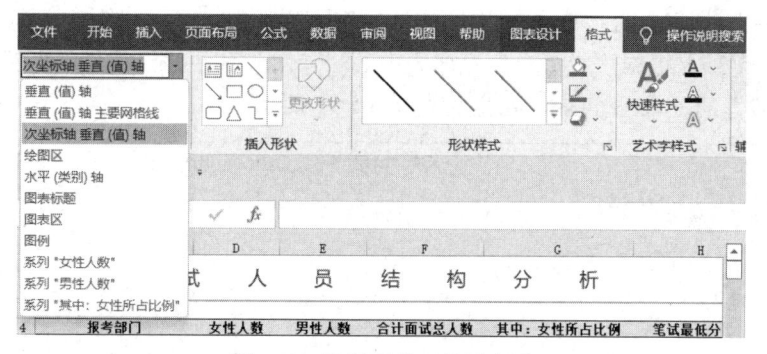

图 5.88　选择要处理的图表项

（4）单击"图表工具-格式"选项卡中的"当前所选内容格式"按钮，打开格式设置窗格，对所选的图表元素进行进一步设置，如"填充""边框颜色""边框样式""阴影""发光和柔化边缘""三维格式""对齐方式"等。

2. 调整图表的大小和移动图表的位置

可以直接将鼠标指针移到图表的浅蓝色边框的控制点上，当指针变为双向箭头形状时，拖曳即可调整图表的大小；也可以在"格式"选项卡的"大小"组中精确设置图表的高度和宽度。

移动图表位置分为在当前工作表中移动和在工作表之间移动两种情况。

在当前工作表中移动与移动文本框等对象的操作是一样的，只要单击图表区并按住鼠标左键进行拖曳即可。

如果在工作表之间移动图表，则可以剪切该图表并粘贴到其他工作表中完成操作，也可以进行以下操作。

（1）在图表区右击，在弹出的快捷菜单中选择"移动图表"命令，弹出如图 5.89 所示的"移动图表"对话框。

（2）选中"对象位于"单选按钮，在其右侧的下拉列表中选择工作表名称，单击"确定"按钮。

3. 更改图表数据

如果在图表创建完成后，发现需要修改数据源区域，则可以重新指定数据源，无须重新创建图表。操作方法如下。

（1）选中图表。

（2）单击"图表工具-图表设计"选项卡的"数据"组中的"选择数据"按钮，弹出如图 5.90 所示的"选择数据源"对话框。

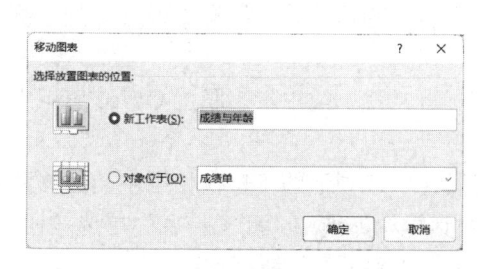

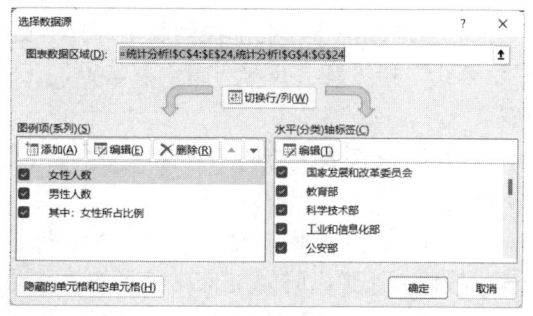

图 5.89　"移动图表"对话框　　　　图 5.90　"选择数据源"对话框

（3）在"图表数据区域"文本框中重新输入图表中数据的单元格地址。

单击"设计"选项卡的"数据"组中的"切换行/列"按钮，可以更改数据系列。

【同步训练 5-35】根据"成绩单"工作表中的"年龄"和"平均成绩"两列数据，创建名为"成绩与年龄"的图表工作表，完成效果如图 5.91 所示。

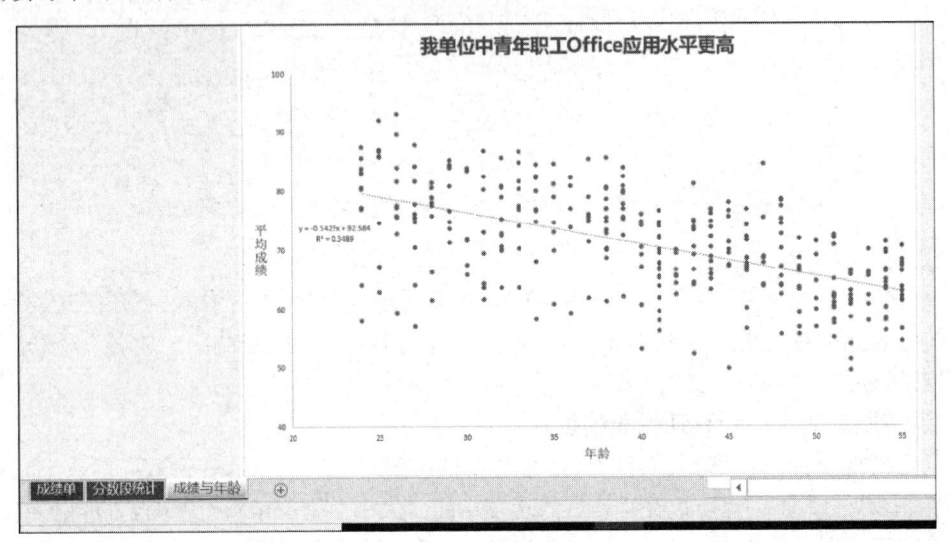

图 5.91　完成效果

步骤 1．同时选中"成绩单"工作表中的 E3:E336 和 L3:L336 单元格区域，单击"插入"选项卡的"图表"组中的"插入散点图(X、Y)或气泡图"下拉按钮，在下拉列表中选择"散点图"，在工作表中插入一个图表对象。

步骤 2．选中图表，单击"图表元素"按钮，勾选"坐标轴标题"复选框，在图表左侧和下方出现坐标轴标题设置文本框，修改横坐标标题为"年龄"；修改纵坐标标题为"平均成绩"，在图表中选择左侧标题文本框，单击"图表工具-格式"选项卡的"当前所选内容"组中的"设置所选内容格式"按钮，在打开的"设置坐标轴格式"窗格中，选择"文本选项"中的"文本框"，在"文字方向"下拉列表中选择"竖排"。

步骤 3．单击"设置坐标轴格式"窗格中的"坐标轴选项"下拉按钮，在下拉列表中选择"水平（值）轴"，再单击"坐标轴选项"切换到"设置坐标轴格式"，设置"坐标轴选项"的"最小值"为"20"，最大值为"55"，"单位"为"5"；使用同样的方法设置"垂直坐标轴"的最小值为"40"，最大值为"100"，主要刻度单位为"10"，单击"关闭"按钮。

步骤 4．单击图表右侧的"图表元素"，取消勾选"网格线"复选框，然后单击"趋势线"的"向右导向"按钮，在下拉列表中选择"更多选项"，打开"设置趋势线格式"窗格，勾选"显示公式"和"显示 R 平方值"复选框，在图表对象中将"趋势线公式"文本框移动到左侧位置。

步骤 5．在图表上方的图表标题文本框中输入图表标题"我单位中青年职工 Office 应用水平更高"。

步骤 6．选中该图表对象，单击"图表工具-图表设计"选项卡的"位置"组中的"移动图表"按钮，在弹出的如图 5.92 所示的"移动图表"对话框中，选中"新工作表"单选按钮，在其右侧的文本框中输入工作表名称"成绩与年龄"，单击"确定"按钮。

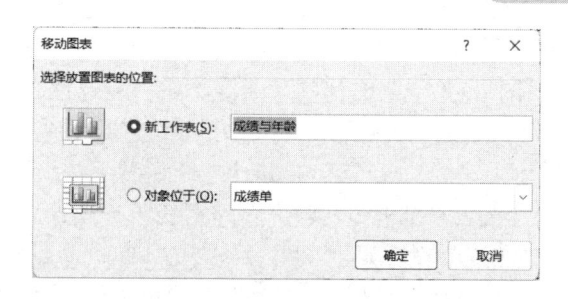

图 5.92 "移动图表"对话框

【同步训练 5-36】小马在整理本次考试成绩的过程中，要以工作表"统计分析"为数据源生成图表，图表格式设置要求如下：

（1）图表的标题与数据上方第 1 行中的标题内容一致，并可同步变化。

（2）适当改变图表样式；设置数据系列的格式，并设置特定数据系列的数据标记为内置菱形，大小为 10。

（3）图例和坐标轴等的设置应达到如图 5.93 所示的完成效果。

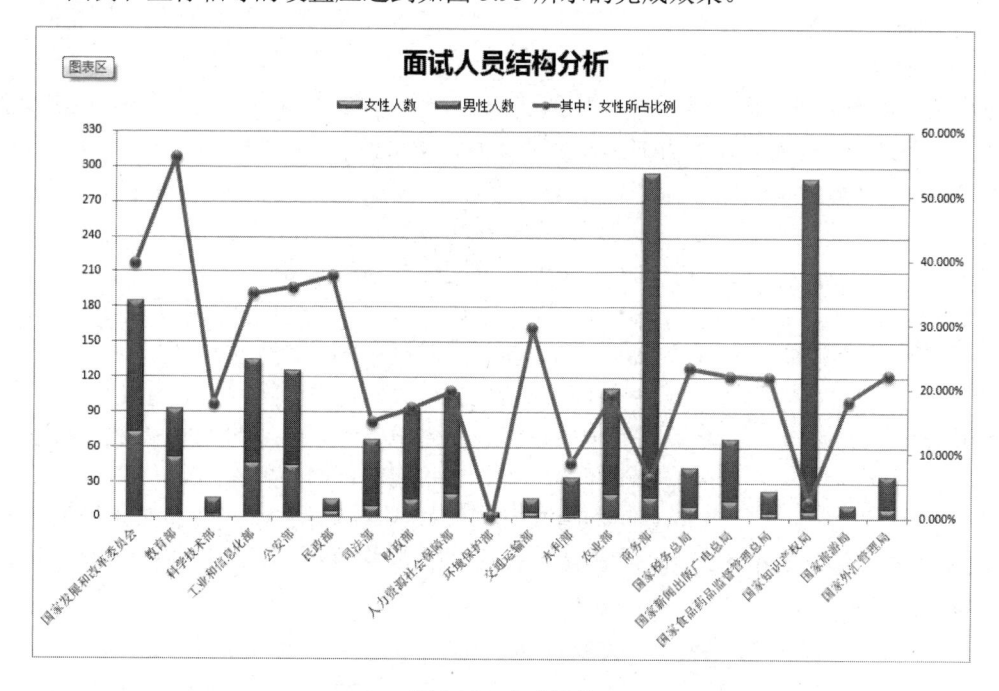

图 5.93 完成效果

步骤 1. 在"统计分析"工作表中选中"报考部门""女性人数""男性人数""其中：女性所占比例"四列数据，在工作表中插入一个"堆积柱形图"图表。

步骤 2. 选中插入的图表，选中图表上方的"图表标题"文本框，在上方的"编辑栏"中输入"="，单击标题文字"面试人员结构分析"，按 Enter 键确认。

步骤 3. 选中图表对象，单击"图表工具-图表设计"选项卡中的"图表样式"下拉按钮，在下拉列表中选择"样式 11"，选择"图表工具-格式"选项卡，在"当前所选内容"组中单击上方的组合框，在下拉列表中选择"系列：其中女性所占比例"。选择"图表工具-图表设计"选项卡，在"类型"组中单击"更改图表类型"按钮，在弹出的"更改图表类型"对话框的"为您的数据系列选择图表类型和轴"下方单击"所占比例"右侧的下拉按钮,在下拉列表中选择"折线图/带数据标记的折线图",勾选其右侧的"次坐标轴"复选框。

步骤 4. 打开"系列'其中:女性所占比例'"的"设置数据系列格式"窗格,在"填充与线条"的"标记选项"中选择内置"菱形",将"大小"设置为"10";将"填充"设置为"纯色填充",将"填充颜色"设置为"标准色-紫色";将"线条"设置为"实线",将"颜色"设置为"标准色-绿色";将"宽度"设置为"2磅"。

步骤 5. 设置"垂直(值)轴"的"最小值"为"0","最大值"为"330","单位"为"30",设置"刻度线"的"主刻度线类型"为"外部"。

步骤 6. 设置"次坐标轴垂直(值)轴"的"最小值"为"0","最大值"为"0.6","主要刻度单位"为"0.1",设置"刻度线"的"主刻度线类型"为"外部",设置完成后单击"关闭"按钮。

步骤 7. 选中图表,在"图表元素"组中单击"图例"中的"向右导向"按钮,在下拉列表中选择"顶部"。

5.6.4 迷你图

迷你图是被嵌入在一个单元格中的微型图表,它一般被放在数据旁边,用于表示某行或某列的数据走势,或者突出显示最大值、最小值等。

1. 创建迷你图

创建迷你图的操作方法如下。

(1) 选中要存放迷你图的单元格。

(2) 在"插入"选项卡的"迷你图"组中单击一种迷你图按钮,弹出"创建迷你图"对话框,如图 5.94 所示。

(3) 在该对话框的"数据范围"文本框中输入所需的数据区域;在"位置范围"文本框中输入迷你图要被放到的位置。

(4) 单击"确定"按钮即可创建迷你图。

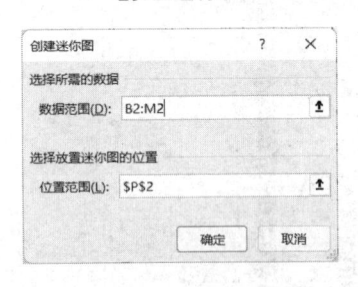

图 5.94 "创建迷你图"对话框

【同步训练 5-37】小陈在分析我国主要城市降水量的过程中,要在 P2:P32 单元格区域中插入迷你柱形图,数据范围为 B2:M32 单元格区域中的数值,完成效果如图 5.95 所示。

图 5.95 完成效果

步骤 1. 选中 P2 单元格,打开"创建迷你图"对话框。

步骤 2．在该对话框中设置“数据范围”为“B2:M32”，在“位置范围”中保持默认的“$P$2”。

步骤 3．单击“确定”按钮即可创建第 1 条记录的迷你柱形图，如图 5.96 所示。

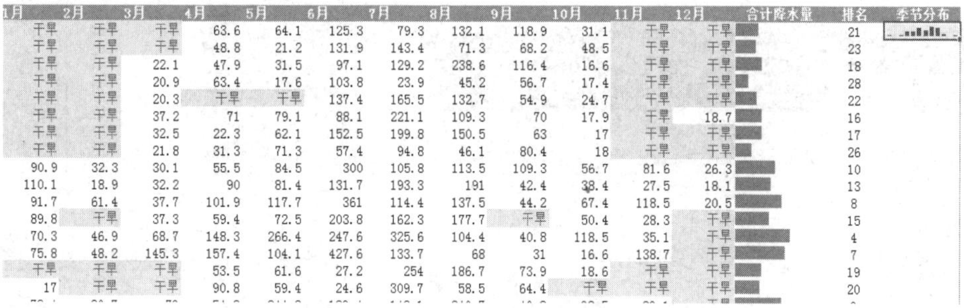

1月	2月	3月	4月	5月	6月	7月	8月	9月	10月	11月	12月	合计降水量	排名	季节分布
干旱	干旱	干旱	63.6	64.1	125.3	79.3	132.1	118.9	31.1	干旱	干旱		21	
干旱	干旱	干旱	48.8	21.2	131.9	143.4	71.3	68.2	48.5	干旱	干旱		23	
干旱	干旱	22.1	47.9	31.5	97.1	129.2	238.6	116.4	16.6	干旱	干旱		18	
干旱	干旱	20.9	63.4	17.6	103.8	23.9	45.2	56.7	17.4	干旱	干旱		28	
干旱	干旱	20.3	干旱	干旱	137.4	165.5	132.7	54.9	24.7	干旱	干旱		22	
干旱	干旱	37.2	71	79.1	88.1	221.1	109.3	70	17.9	干旱	18.7		16	
干旱	干旱	32.5	22.3	62.1	152.5	199.8	150.5	63	17	干旱	干旱		17	
干旱	干旱	21.8	31.3	71.3	57.4	94.8	46.1	80.4	18	干旱	干旱		26	
90.9	32.3	30.1	55.5	84.5	300	105.8	113.5	109.3	56.7	81.6	26.3		10	
110.1	18.9	32.2	90	81.4	131.7	193.3	191	42.4	38.4	27.5	18.1		13	
91.7	61.4	37.7	101.9	117.7	361	114.4	137.5	44.2	67.4	118.5	20.5		8	
89.8	干旱	37.3	59.4	72.5	203.8	162.3	177.7	干旱	50.4	28.3	干旱		15	
70.3	46.9	68.7	148.3	266.4	247.6	325.6	104.4	40.8	118.5	35.1	干旱		4	
75.8	48.2	145.3	157.4	104.1	427.6	133.7	68	31	16.6	138.7	干旱		7	
干旱	干旱	干旱	53.5	61.6	27.2	254	186.7	73.9	18.6	干旱	干旱		19	
17	干旱	干旱	90.8	59.4	24.6	309.7	58.5	64.4	干旱	干旱	干旱		20	

图 5.96　创建第 1 条记录的迷你柱形图

步骤 4．拖动迷你图所在单元格的填充柄可以像复制公式一样复制迷你图，拖动 P2 填充柄填充至 P32，完成操作。

除了为一行或一列数据创建一个迷你图，还可以通过选择与基本数据相对应的多个单元格来同时创建若干迷你图，所以“同步训练 5-37”也可以操作如下。

步骤 1．选中“主要城市降水量”工作表中的 P2:P32 单元格区域。

步骤 2．单击“插入”选项卡的“迷你图”组中的“柱形图”按钮，在弹出的对话框中设置“数据范围”为“B2:M32”，在“位置范围”文本框中保持默认的“$P$2:$P$32”。

步骤 3．单击“确定”按钮。

2. 突出显示数据点

在迷你图中可突出显示数据的高点、低点、首点、尾点、负点和标记点等，要突出显示这些数据点，勾选“迷你图工具-设计”选项卡的“显示”组中对应的复选框即可。

【同步训练 5-38】小陈在分析我国主要城市降水量的过程中，要将 P2:P32 单元格区域中的迷你柱形图中的高点设置为标准红色。

步骤 1．选中 P2:P32 单元格区域。

步骤 2．在“迷你图工具-迷你图”选项卡的“样式”组中单击“标记颜色”下拉按钮，在下拉列表中单击“高点”的“向右导向”按钮，选择“标准色-红色”，如图 5.97 所示。

3. 更改迷你图类型

迷你图有折线图、柱形图和盈亏 3 种类型，在创建迷你图后更改迷你图类型的操作方法如下。

（1）选中包含迷你图的单元格。

（2）单击“迷你图工具-迷你图”选项卡的“类型”组中的其他迷你图类型即可。

如在“同步训练 5-37”中，选中 P2 单元格，更改迷你图类型为“折线”，如图 5.98（a）所示，所有迷你图都将更改为折线图。

这是因为无论是使用拖动填充柄方式创建的迷你图还是同时创建的迷你图，它们和 N4 单元格中的迷你图都自动组成一个图组，在改变 P2 单元格中的迷你图类型时，图组中的所有迷你图类型都将被同时改变。

如果只改变 P2 单元格中的迷你图类型，则需取消组合的图组，在“同步训练 5-37”中，选中 P2:P32 单元格区域，单击“迷你图工具-迷你图”选项卡的“组合”组中的“取消组合”

按钮，然后选中 P2 单元格，更改迷你图类型为"折线图"，效果如图 5.98（b）所示。

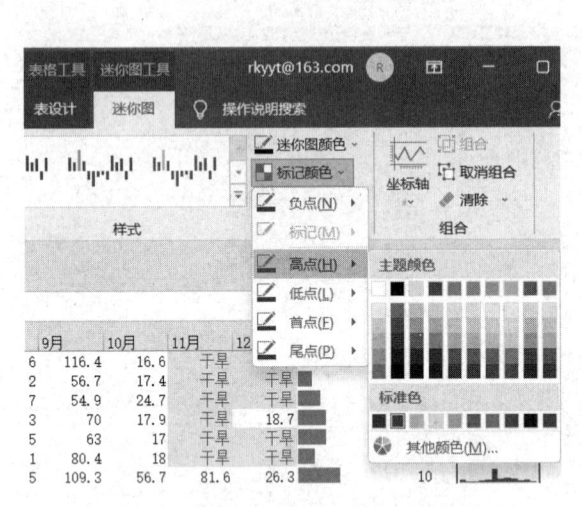

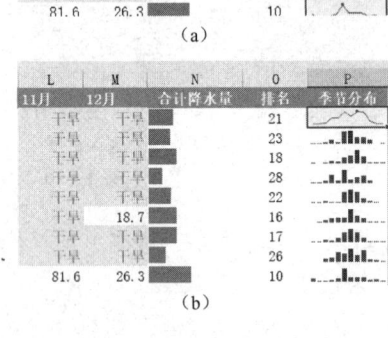

图 5.97　设置迷你图中高点的颜色

图 5.98　更改迷你图类型

4．设置迷你图样式

Excel 中提供了预定义的迷你图样式，可以单击"迷你图工具-迷你图"选项卡的"样式"组中的相应图表快速设置迷你图的外观格式；在"样式"组中单击"迷你图颜色"按钮和"标记颜色"按钮设置迷你图及标记的颜色。

5．清除迷你图

要清除迷你图，单击"迷你图工具-设计"选项卡的"分组"组中的"清除"按钮即可。

5.7　Excel 协同共享

5.7.1　文本数据的导入和导出

Excel 能通过文本、网页、Access 数据库、其他来源和现有连接等方式将数据导入 Excel 中，利用其强大的数据处理能力对外部数据进行分析和处理。

文本数据的导入和导出

在"数据"选项卡的"获取外部数据"组中单击相应的按钮，即可导入外部数据，如图 5-99 所示。

单击"自文本"按钮时，会弹出"导入文本文件"对话框，进行相关设置后单击"导入"按钮，会弹出"文本导入向导"对话框，用户只需按向导提示完成导入数据的规则设置，即可完成数据导入。

图 5.99　"获取外部数据"组中的按钮

【同步训练 5-39】初三（14）班的班主任王老师需要对本班学生的各科成绩进行统计分析，请协助他完成，可以以制表符分隔的文本文件"学生档案.txt"为数据源，从 A1 单元格开始导入"初三学生档案"工作表中，注意不能改变原始数据的排列顺序。操作前和操作后分别如图 5.100、图 5.101 所示。

图 5.100　操作前　　　　　　　　　　　　　图 5.101　操作后

步骤 1．选中"初三学生档案"工作表中的 A1 单元格。单击"数据"选项卡的"获取外部数据"组中的"自文本"按钮。

步骤 2．弹出"导入文本文件"对话框，如图 5.102 所示，选择待导入文件的所在路径，选择"学生档案.txt"文件，单击"导入"按钮，弹出"文本导入向导"对话框，如图 5-103（a）所示。

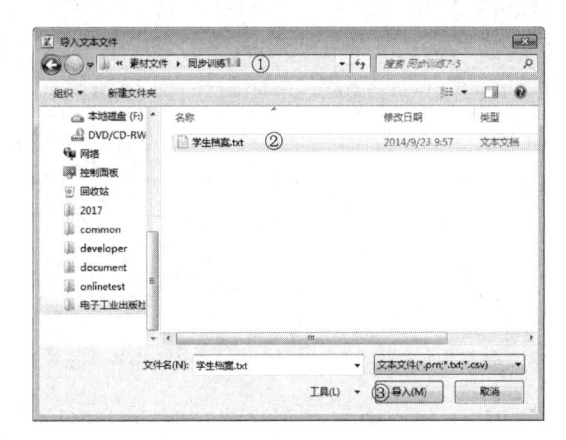

图 5.102　"导入文本文件"对话框

在该对话框中可以根据实际需要选中"分隔符号"或"固定宽度"单选按钮，并选择文件原始格式。

步骤 3．在该对话框中，系统会自动识别导入的数据文件是否带有分隔符，并自动选择合适的文件类型，此时，默认选中"分隔符号"单选按钮，选择文件原始格式为"简体中文 GB2312"，单击"下一步"按钮，弹出的对话框如图 5-103（b）所示。

在该对话框中，可以根据导入数据的特征选择相应的分隔符号或文本识别符号，并对数据进行分列预览。

步骤 4．在该对话框中，勾选"Tab 键"复选框，单击"下一步"按钮，弹出的对话框如图 5-103（c）所示。

在该对话框中可以对导入数据的每列进行数据格式的设置。如果在"列数据格式"中选中"常规"单选按钮，则导入的数值将被转换为数字，日期值被转换为日期，其余的数据被自动转换为文本。

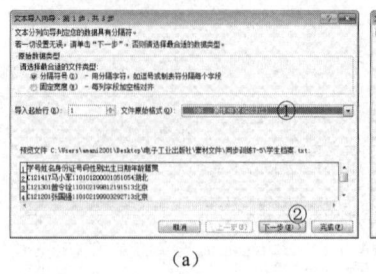

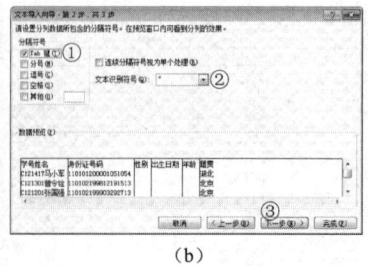

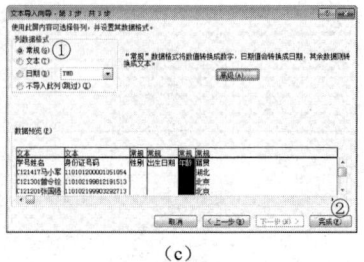

(a) (b) (c)

图 5.103 "文本导入向导"对话框

步骤 5. 在该对话框中单击"学号姓名"列,在"列数据格式"中选中"文本"单选按钮;单击"身份证号码"列,在"列数据格式"中选中"文本"单选按钮;单击"年龄"列,在"列数据格式"中选中"常规"单选按钮;直到数据预览中所有列设置完成,单击"完成"按钮,弹出"导入数据"对话框,如图 5-104 所示。

步骤 6. 在该对话框中选中"现有工作表"单选按钮,将其 A1 单元格作为插入点,单击"确定"按钮。

此时,"学生档案.txt"文件中的数据以"Tab 键"为分隔符导入 Excel 中。"学号姓名"的数据内容在同一列上,这时可以使用 Excel 具有的分列功能将"学号姓名"列中的数据拆分。

【同步训练 5-40】王老师需要将初三学生档案表中的第 1 列数据从左向右依次分成"学号"和"姓名"两列显示,请协助他完成,完成效果如图 5.105 所示。

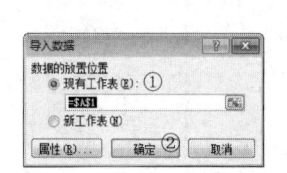

图 5.104 "导入数据"对话框　　　　图 5.105 完成效果

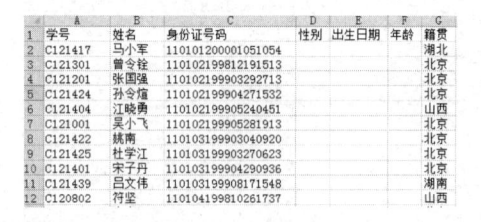

步骤 1. 选中"学生档案"工作表中的 B 列,在 B 列的左侧插入一列。

步骤 2. 选中 A 列,单击"数据"选项卡的"数据工具"组中的"分列"按钮,弹出"文本分列向导"对话框,如图 5-106 所示。

步骤 3. Excel 会自动识别分列的数据中是否包含分隔符。选中"固定宽度"单选按钮,单击"下一步"按钮,弹出的对话框如图 5.107 所示。

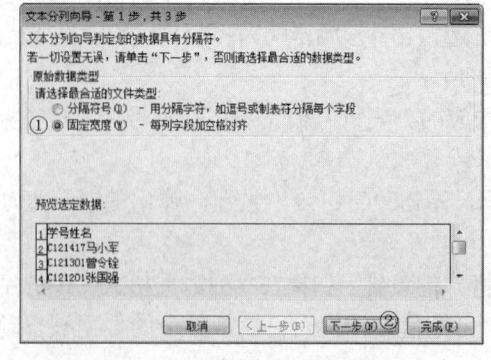

图 5.106 "文本分列向导"对话框(1) 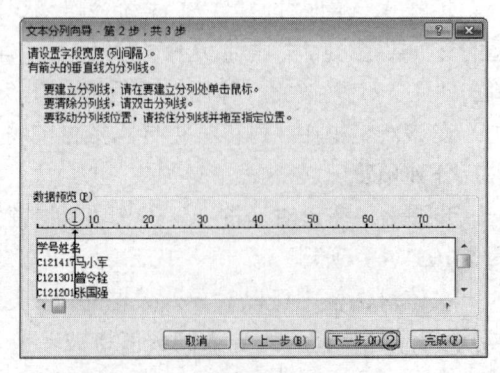　　　　图 5.107 "文本分列向导"对话框(2)

步骤 4. 在该对话框中单击"数据预览"区域标尺位置，按固定列宽分隔数据，单击"下一步"按钮，弹出的对话框如图 5.108 所示。

步骤 5. 在该对话框中设置分列后每部分数据的"列数据格式"，单击"学号姓名"列，选中"文本"单选按钮。

步骤 6. 单击"完成"按钮，将"学号姓名"对应的数据按等宽分成两列，将 A1 单元格中的"学号姓名"分别作为 A 列和 B 列的标题。

图 5.108 "文本分列向导"对话框（3）

【同步训练 5-41】王老师要将初三学生档案表中的 A1:G56 单元格区域（包含标题）格式化，同时删除外部连接，完成效果如图 5.109 所示。

步骤 1. 选中"初三学生档案"工作表的 A1:G56 单元格区域。

步骤 2. 单击"开始"选项卡的"样式"组中的"套用表格格式"下拉按钮，在下拉列表中选择"表样式浅色 2"，弹出"创建表"对话框，勾选"表包含标题"，单击"确定"按钮。弹出的提示对话框如图 5.110 所示。

图 5.109 完成效果

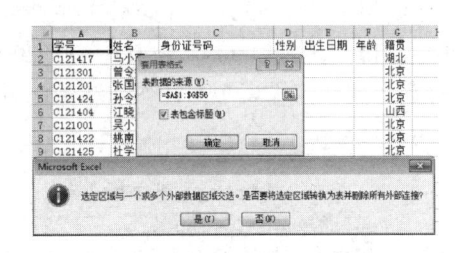

图 5.110 删除外部连接对话框

步骤 3. 单击"是"按钮，可将选中的单元格区域转换为表并删除所有外部连接。

步骤 4. 单击"表格工具"→"表设计"选项卡的"工具"组中的"转换为区域"按钮，打开提示对话框，选择"是"完成操作。

5.7.2　在 Excel 中导入网页数据

在 Excel 中导入网页数据的操作方法如下。

（1）单击"数据"选项卡的"获取外部数据"组中的"自网站"按钮，打开"新建 Web 查询"窗口。

（2）在地址栏中输入网站的 URL 地址，并根据提示选择需要导入的数据即可。

【同步训练 5-42】国家统计局每 10 年进行一次全国人口普查，以反映全国人口的增长速度及规模，浏览网页中的"第六次全国人口普查公报.htm"，将其中的"2010 年第六次全国人口普查主要数据"表格从单元格 A1 开始导入"第六次普查数据"工作表中，操作前和操作后如图 5.111 所示。

步骤 1. 双击"Sheet1"工作表名称，"Sheet1"为选中状态后输入"第六次普查数据"。

步骤 2. 选中"第六次普查数据"工作表中的 A1 单元格，单击"数据"选项卡的"获取外部数据"组中的"现有连接"按钮，弹出"现有连接"对话框，单击"浏览更多"按钮，选中素材文件夹中的"第六次全国人口普查公报.htm",单击"打开"按钮,打开"新建 Web 查询"窗口,单击要选择的表旁边的带方框的箭头,使箭头变成对号,然后单击"导入"按钮,弹出"导入数据"对话框,选中"现有工作表"单选按钮,在文本框中输入"=$A$1",单击"确定"按钮。

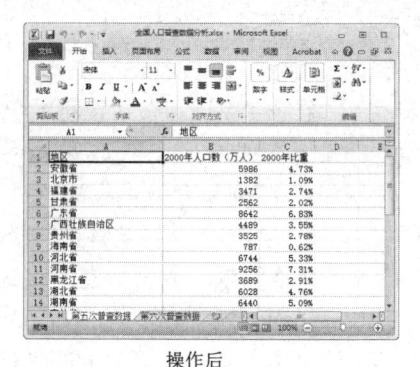

操作前　　　　　　　　　　　　　　操作后

图 5.111　操作前和操作后

【同步训练 5-43】打开素材文件"全国人口普查数据分析.xlsx",浏览网页中的"第五次全国人口普查公报.htm",将其中的"2000 年第五次全国人口普查主要数据"表格导入"第五次普查数据"工作表中,操作前和操作后如图 5.112 所示。

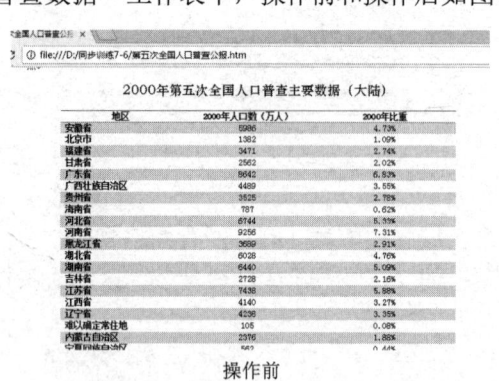

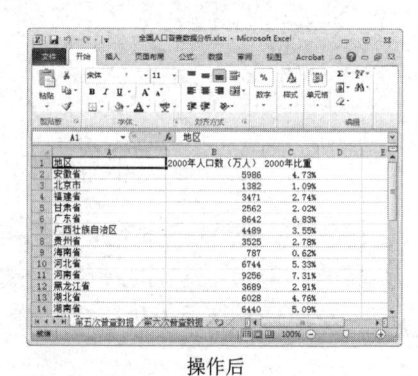

操作前　　　　　　　　　　　　　　操作后

图 5.112　操作前和操作后

步骤 1. 打开素材文件"同步训练 5-43.xlsx",选中"第五次普查数据"工作表中的 A1 单元格。

步骤 2. 单击"数据"选项卡的"获取外部数据"组中的"自网站"按钮,打开"新建 Web 查询"窗口,如图 5.113 所示。

步骤 3. 在浏览器中,打开素材文件"第五次全国人口普查公报.htm",将地址栏中的目录文件复制并粘贴到"URL"地址栏中,单击"确定"按钮,打开"导航器"窗口,显示"第五次全国人口普查公报.htm"的网页,选择其中的数据,如图 5.114 所示。

步骤 4. 在左侧选项中选择"Table1",单击右下角的"加载"按钮,"2000 年第五次全国人口普查主要数据"表导入成功,如图 5.115 所示。单击"导入"按钮,将"2000 年第五次全国人口普查主要数据"表导入 Excel 中。

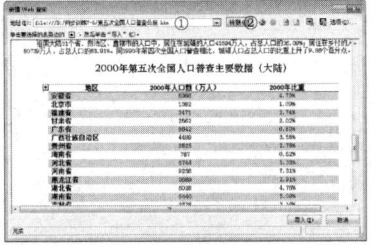

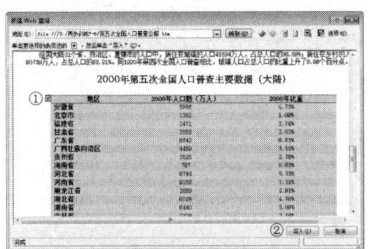

图 5.113 "新建 Web 查询"窗口　　图 5.114 "导航器"窗口　　图 5.115 导入成功

5.7.3 保护工作簿和工作表

设置工作簿保护可以避免其他人改变工作簿的结构或窗口，但工作簿保护并不能阻止其他人更改工作簿中的数据。要阻止他人更改单元格的内容或单元格格式，应进一步设置工作表保护，或者设定"打开权限密码"或"修改权限密码"。

设置工作簿保护的操作方法如下。

（1）单击"审阅"选项卡的"更改"组中的"保护工作簿"按钮，弹出"保护结构和窗口"对话框，如图 5.116 所示。

（2）在该对话框中若勾选"结构"复选框，可阻止他人对工作簿的结构进行修改，包括插入新工作表、移动或复制工作表、删除或隐藏工作表、查看已隐藏的工作表、更改工作表的名称等。

若勾选"窗口"复选框，可阻止其他人移动工作表窗口的位置、改变工作表窗口的大小等。

（3）为阻止其他人先取消工作簿保护再修改工作簿的结构或窗口，应在"密码（可选）"文本框中设置密码。

设置工作表保护后，如果有人试图修改，则弹出如图 5-117 所示的提示对话框，系统会拒绝修改。

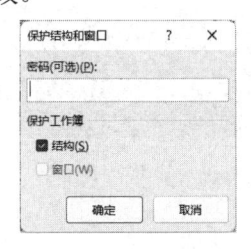

图 5.116 "保护结构和窗口"对话框　　图 5.117 提示对话框

保护工作表的操作方法：单击"审阅"选项卡的"更改"组中的"保护工作表"按钮，在弹出的"保护工作表"对话框中勾选允许其他人更改的项目，如图 5.118 所示。要先取消工作表保护才能更改工作表。

保护工作表后，"保护工作表"按钮变为"撤销工作表保护"按钮。若取消工作表保护，可单击"审阅"选项卡的"更改"组中的"撤销工作表保护"按钮。若在保护工作表时设置了密码，此时，只有输入正确的密码才能撤销保护。

在默认情况下，工作表被保护后，所有单元格都被"锁定"，其他人不能对单元格进行修改。如果允许其他人对工作表中的

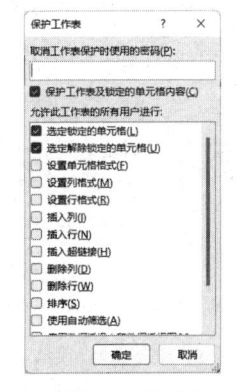

图 5.118 "保护工作表"对话框

部分单元格进行修改，则要在保护工作表前取消对这些单元格的"锁定"。注意，要在工作表保护前或撤销保护后进行操作。

5.8 在线多人协作办公

腾讯文档是由腾讯公司推出的一款在线文档，腾讯文档支持在线 Word、Excel、PPT、PDF、收集表、思维导图、流程图等。它可供多人实时编辑文档，权限安全可控；使用者只需打开网页就能查看和编辑，云端自动实时保存。现在许多企业和公司已经将它应用到远程办公工作中，实现随时随地使用任意设备访问、创建和编辑文档。也可以利用腾讯文档实现信息收集、数据汇总、数据共享等，提高工作和学习效率。

5.8.1 腾讯文档的创建

（1）通过网页浏览器打开"腾讯文档"主页（见图 5.119），单击其中的"免费使用"按钮，在打开的页面中就可以利用 QQ 或微信账号进行登录。

腾讯文档的创建

（2）登录后，"腾讯文档"页面的左上角有"新建"按钮，右侧显示用户创建的文档列表及最近访问过的文档名称，如图 5.120 所示。

图 5.119 "腾讯文档"主页

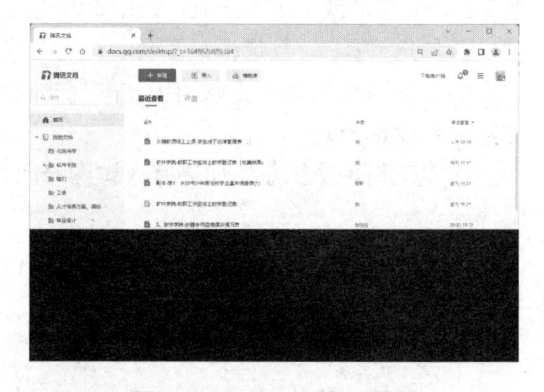

图 5.120 "腾讯文档"页面

图 5.121 "新建"下拉菜单

（3）单击"新建"按钮，在弹出的"新建"下拉菜单中可以选择在线文档、在线表格、在线幻灯片、在线收集表、在线思维导图、在线流程图、导入本地文件及文件夹，如图 5.121 所示。

① 选择"在线文档"，新建一个名为"无标题文档"的在线 Word 文档，如图 5.122 所示。

② 选择"在线表格"，新建一个名为"无标题表格"的在线 Excel 表格，如图 5.123 所示。

③ 选择"在线幻灯片"，新建一个名为"无标题幻灯片"的在线幻灯片，如图 5.124 所示。

图 5.122　新建一个在线 Word 文档 　　　　　图 5.123　新建一个在线 Excel 表格

④ 选择"在线收集表",打开"腾讯文档-模板"页面的"收集表"选项卡,显示"收集""打卡""接龙"3 种类别的收集表模板,可选择一个模板或空白收集表/打卡/接龙来新建一个在线收集表,如图 5.125 所示。

图 5.124　新建一个在线幻灯片 　　　　　图 5.125　新建一个在线收集表

⑤ 选择"在线思维导图",新建一个名为"无标题思维导图"的在线思维导图,如图 5.126 所示。

⑥ 选择"在线流程图",新建一个名为"无标题在线流程图"的在线流程导图,如图 5.127 所示。

图 5.126　新建一个在线思维导图 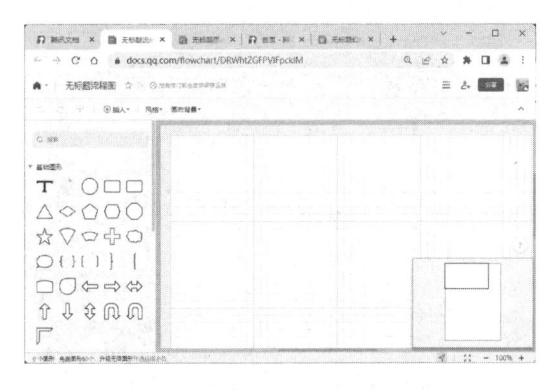　　　　　图 5.127　新建一个在线流程图

⑦ 选择"导入本地文件",在弹出的"打开"对话框中选择要导入的文件。
⑧ 选择"文件夹",新建一个文件夹,用于对在线文档的分类管理。

"腾讯文档-模板"页面中显示文档、表格、幻灯片、收集表、思维导图、流程图等在线模板,通过切换选项卡即可使用模板快速创建需要的在线文档。

5.8.2　多人协同编辑操作

1. 分享

对于需要协作的文档,在完成自己内容的撰写后,单击"分享"按钮,在弹出的"分享"对话框中设置"谁可以查看/编辑文档",然后在"分享至"中选择需要协作的 QQ 号或微信好友,在打开的页面选择好友,完成分享协作;也可以选择"复制链接"或"生成二维码"来完成分享。只要分享一次链接,打开后就会实时更新,无须反复收发文件,可以提高工作效率。

在"分享"对话框中,如图 5.128 所示,单击"高级权限:可设置禁止复制、有效期等"按钮,在弹出的"高级权限设置"对话框中,如图 5.129 所示,可以设置文档访问的有效期等(不同类别的文档,其高级权限的设置选项有所不同),还可以单击"设置文档水印"或"转让文档所有权",在弹出的如图 5.130 所示的"文档水印"对话框或如图 5.131 所示的"文档所有权转让流程"对话框中可以进一步设置文档水印或转让文档所有权。

图 5.128　"分享"对话框

图 5.129　"高级权限设置"对话框

图 5.130　"文档水印"对话框

图 5.131　"文档所有权转让流程"对话框

【同步训练 5-44】班主任让你用一个 Excel 文档来收集全班同学的个人信息，包括学号、姓名、电话号码，请你利用腾讯文档快速完成该项任务。

步骤 1．打开腾讯文档，进入"全部文档"主页后，单击"导入"按钮，选择要导入的文件，单击"立即打开"按钮，在腾讯文档中导入本地文件。

步骤 2．分享链接，让同学们各自填好自己的信息。

步骤 3．单击"保存为本地文件"按钮，选择保存位置后即可将其导出为本地文件。

2．协作编辑

通过微信或 QQ 收到分享链接后，单击该分享链接就能通过浏览器查看分享的文档，根据权限可以对文档的内容进行编辑。

协作编辑的方法与在 Office 中的操作相似，具体操作方法：单击"文档操作"按钮≡，在如图 5.132 所示的"文档操作"下拉列表中选择"帮助与反馈"→"帮助中心"，在打开的"腾讯客服"页面中在线查阅帮助文档，如图 5.133 所示，或者扫描右侧的二维码关注微信公众号，向腾讯客服提问。

图 5.132　"文档操作"下拉列表　　　　图 5.133　"腾讯客服"页面

3．文档管理

通过版本管理功能可以在协作编辑文档时查看文档的编辑记录及还原到之前的版本。其操作方法：单击编辑页面主菜单栏中的◎链接，如图 5.134 所示，这时，在编辑页面的右侧会出现"修订记录"列表，如图 5.135 所示。在该列表中可以看到各个版本的修改时间及用户名称，单击某版本后会出现"还原"按钮，单击该按钮即可还原到之前的版本。

图 5.134　主菜单栏

对文档进行管理时，在"腾讯文档"首页的搜索框中输入文档名称的关键词，可以快速找到需要管理的文档。单击文档名称后面的"更多操作"按钮…，在弹出的"更多操作"菜单中可以对文档进行置顶、收藏、重命名、删除等操作，如图 5.136 所示。被删除的文档可以从"回收站"中找回。

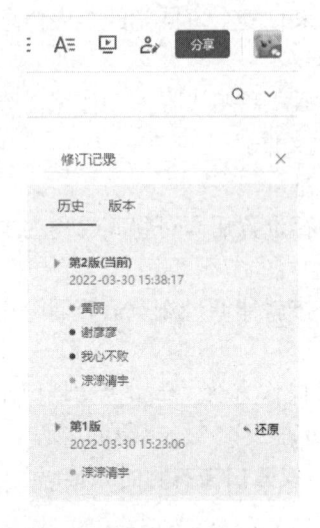

图 5.135 "修订记录"列表 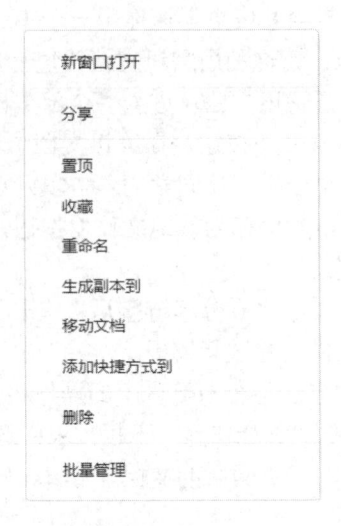　　　　图 5.136 "更多操作"菜单

4. 移动端协作

腾讯文档作为一款可以在全平台（PC、Mac、iPad、iOS、Android）、多终端使用的在线工具，所有信息都可实时同步更新，随时随地编辑文档中的内容。腾讯文档的移动协作功能非常实用。例如，腾讯文档已经和手机微信无缝集成，在手机上启动微信，搜索并关注"腾讯文档"公众号，进入如图 5.137 所示的"腾讯文档"移动端主界面，单击"+"按钮，即可进入如图 5.138 所示的界面新建在线文档。

完成文档的设计后，单击"分享"按钮，如图 5.139 所示，在打开的页面中将权限设置为"所有人可编辑"，选择"分享到"或"复制链接"，在打开的窗口中选择协作者。

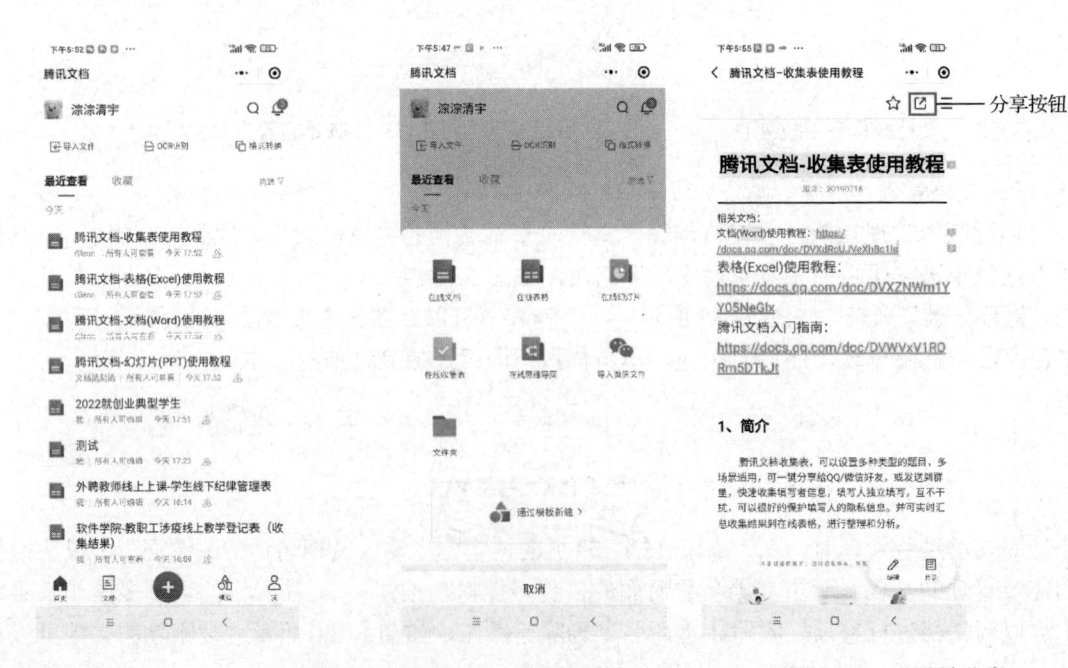

图 5.137 "腾讯文档"移动端主界面　　　图 5.138 新建导航栏界面　　　图 5.139 移动端分享

协作者在微信中可以收到协作的消息，按提示单击消息会自动打开腾讯文档小程序，使用微信账号登录后，就可以看到需要协作的文档。打开腾讯文档可以进行在线编辑，协作者既可以在手机上进行协作编辑，也可以使用计算机通过微信登录，在计算机中进行协作编辑。

5.8.3 特色在线协作工具

当多人协同汇总一份包含隐私信息（如身份证号、家庭地址等）的文档时，可以使用腾讯文档的收集表功能。正确使用腾讯收集表可减少工作负担，提高工作效率。操作方法如下。

（1）创建数据收集表，自定义设置收集字段：新建在线收集表，设置要收集的字段名、问题类型等，做相应的说明和定义，以规范填写，并保证数据信息的有效性。

（2）设置权限，分享数据收集表链接：设置要收集的所有字段（问题）后，单击"发布"按钮，就可以发布生成的填报链接（将权限设置为所有人可填写），可直接复制链接分享，填表人打开链接即可进行数据填报。

（3）关联结果到在线表格：选择"统计"选项卡，可查看填报记录和收集结果，选择"关联结果到表格"，在弹出的对话框中选择是关联到"新建表格"还是"选择已有表格"，将收集结果汇总至在线表格，以便实时整理和编辑数据。

（4）数据管理和分析：在线表格可云端实时保存，也可导出为本地 Excel 表格数据，以便对其进行管理和分析。

【同步训练 5-45】在线创建一个雷锋纪念馆参观登记表，供来访人员登记。要求该登记表中有姓名、身份证号码和电话号码。

步骤 1．新建一个空白在线收集表，标题为"雷锋纪念馆参观登记表"。

步骤 2．在"01 输入问题，例如'你的姓名'"位置输入"姓名"，勾选必填的复选框。

步骤 3．在"02 输入问题，例如'你的性别'"前面插入问题，在弹出的常用题库对话框中选择"身份证号"，勾选必填的复选框。

步骤 4．插入一个"常用题库"中的手机号问题。

步骤 5．删除不需要的问题，分享为二维码。

5.9 技能拓展

5.9.1 设计雷锋纪念馆预约登记表

▶ 设计要求

请为雷锋纪念馆设计"雷锋纪念馆预约登记表"，要求该表中有"序号""预约日期""姓名""性别""证件类型""证件号码""电话""住址""随行儿童数"等信息要素。

设计构思

设计雷锋纪念馆预约登记表时,预约信息要齐全,要提前设置数据验证,以免输入数据时出错。

制作步骤

(1)新建 Excel 文档,在第 2 行的单元格中依次输入"序号""预约日期""姓名""性别""证件类型""证件号码""电话""住址""随行儿童数",设置字体为"黑体",字号为"11"。

(2)为"性别"列设置"男""女"选项下拉框;为"证件类型"列设置"身份证""港澳居民往来内地通行证""台湾居民来往大陆通行证""护照"选项下拉框;为"随行儿童数"列设置"0""1""2"选项下拉框。

(3)为"电话"列添加数据验证,当在该列输入的数字位数不等于 11 位时,弹出警告对话框,该对话框中的内容为"请输入 11 位正确的电话号码"。

将 A1:I1 单元格区域合并,并向其中输入"雷锋纪念馆预约登记表",设置字体为"黑体",字号为"14",并加粗。

(4)选中 C3 单元格,将其设置为冻结拆分窗格。

(5)选中 A2:I42 单元格区域,添加黑色直线边框,设置行高为"24",并设置打印区域,调整各单元格的列宽,使 A1:I22 单元格区域在同一个页面显示,A23:I42 单元格区域在同一个页面显示。

(6)设置打印标题行,使 A1:I2 标题行在每个页面中都显示,并使标题文本水平、垂直方向均居中对齐。

5.9.2 雷锋纪念馆参观登记表数据分析

设计要求

雷锋纪念馆参观登记表数据分析

对 3 月 5 日填入"雷锋纪念馆参观登记表"中的数据进行分析。

设计构思

对该登记表进行数据分析,可以借助图表完成信息展示,使展示的信息醒目、直观。

制作步骤

(1)从身份证号码中提取性别。在"性别"列,通过身份证号码中的第 17 位数字获取访问者的性别。

(2)从身份证号码中提取年龄。根据身份证号码计算出参观者现在的年龄。

(3)使手机号码分段显示。选中"电话"列中的单元格,设置单元格格式为"自定义",类型为"000-0000-0000"。此时,数据格式不会发生变化,通过"数据"选项卡的"数据工具"组中的"分列"可实现格式转换。

(4)以饼图的方式展示参观者的性别比例。在 I5 单元格中计算出性别为男的人数,在 I6

单元格中计算出性别为女的人数。选中 H3:I6 单元格区域,向其中插入三维饼图,在"图表工具-图表设计"选项卡的"图表样式"组中选择"样式 10",并在"图表设计"选项卡的"图表布局"组的"快速布局"下拉框中选择"布局 1",然后选择图表中的饼图,在"设置数据系列格式"窗格的"系列选项"中设置"饼图分离程度"为"1%"。修改图表标题为"参观人数性别比例",完成效果如图 5.140 所示。

图 5.140　完成效果

（5）通过数据透视表统计参观者各年龄段的分布数量。以参观登记表数据为基础在新工作表中插入数据透视表。在"数据透视表字段"中,将"行"标签设置为"年龄","值"区域设置为"姓名"。对数据透视表的"行标签"列设置分组,以 10 为一个年龄段进行统计。

（6）通过柱状图表展示参观者各年龄段的分布。选中 A3:B13 单元格区域,向其中插入"簇状柱形图",在"设置数据系列格式"中,设置"系列"汇总的填充为"图片或纹理填充",插入"人.png"图片,并将其设置为"层叠"显示。将数据标签设置在图表的上方,并将图表标题改为"参观人数年龄段分布统计",完成效果如图 5.141 所示。

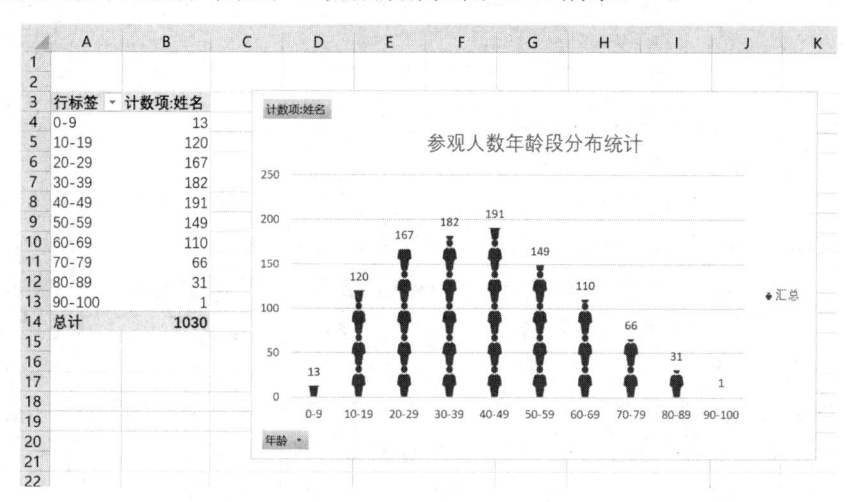

图 5.141　完成效果

5.9.3 设计雷锋纪念馆志愿者在线招募收集表

➡ 设计要求

为进一步推动学雷锋志愿服务活动的开展，雷锋纪念馆面向全市大学生和中学生招募学雷锋志愿者。请为雷锋纪念馆设计志愿者在线招募收集表。

➡ 文档构思

先规划所需收集的信息，然后以减少用户输入及便捷为原则，选择合适的控件进行收集表的制作。主要收集的信息为"姓名""性别""民族""身份证号码""学历""职业""职务/职称""爱好特长""邮箱""联系电话""通信地址""健康码""志愿服务岗位""服务时间""个人签名"，所有信息均为必填项，其中，"身份证号码""邮箱""联系电话"需要数据验证，制作完成后，根据实际情况选择链接或二维码进行发布。

制作过程分为创建在线收集表、设置收集表标题内容、编辑收集表问题、设置问题逻辑、收集表设置与发布、统计收集表信息等操作步骤，采用网页版腾讯文档进行制作。

➡ 制作步骤

1. 创建在线收集表

登录腾讯文档，进入个人首页，新建在线收集表，进入腾讯文档模板页，添加空白收集表。

2. 设置收集表标题内容

（1）在编辑区域中单击"添加封面"，将"首图.jpg"添加为封面。

（2）在"请添加标题"处输入"雷锋纪念馆志愿者招募"，在其下方的描述中输入以下内容：
"为进一步推动学雷锋志愿服务活动的开展，雷锋纪念馆面向全市大、中学生招募学雷锋志愿者。

一、招募要求

普通话较为标准，有一定的语言表达能力，具有志愿精神，有强烈的服务意愿，具有良好的沟通能力，有责任感，有团队合作精神的学生。

二、招募对象

大学、初高中学生及社会各界有志愿服务意愿的人士。

三、招募岗位及服务要求

1. 志愿服务岗位：雷锋生平事迹陈列馆、好人馆讲解员、文明劝导员、卫生保洁员。

2. 服务要求：每位志愿者一年内需累计服务 7 天。"

（3）单击"+截至时间"，设置截至时间为从当前开始的一周时间。

（4）单击"+结束页"，输入结束语"雷锋精神 人人可学 奉献爱心 处处可为。"

3. 编辑收集表问题

（1）在"01 输入问题，例如'你的姓名'"处输入"姓名"，勾选必填的复选框。

（2）在"02 输入问题，例如'你的性别'"处输入"性别"，在选项 1 处输入"男"，在选项 2 处输入"女"，勾选必填的复选框。

（3）单击 02 下方的"插入问题"，在弹出的"添加问题"对话框中选择"问答题"，或者直接在"添加问题"栏中单击"问答题",添加 03 号问题,问题标题为"民族"。

(4) 在"添加问题"/"常用题库"内单击"身份证号码",添加 04 号问题。

(5) 在"添加问题"栏中单击"下拉选择",添加 05 号问题,问题标题为"学历",选项依次为"小学、初中、高中、专科、本科、硕士研究生、博士研究生"。

(6) 在"添加问题"栏中单击"单选题",添加 06 号问题,问题标题为"职业",选项依次为"企事业单位职工、在校学生、无业、教师、专业技术人员(医生、律师)、个体工商户、服务业人员、农民、自由职业、其他"。

(7) 在"添加问题"栏中单击"问答题",添加 07 号问题,问题标题为"职务/职称",描述为"没有填'无'"。

(8) 在"添加问题"栏中单击"问答题",添加 08 号问题,问题标题为"爱好特长"。

(9) 在"添加问题"/"常用题库"内单击"邮箱",添加 09 号问题。

(10) 在"添加问题"栏中单击"问答题",添加 10 号问题,问题标题为"工作单位/就读学校"。

(11) 在"添加问题"/"常用题库"内单击"手机号",添加 11 号问题,修改问题标题为"联系电话"。

(12) 在"添加问题"栏中单击"地理位置",添加 12 号问题,问题标题为"通信地址",在地址下拉框中选择"省/市/区/街道+详细地址"。

(13) 在"添加问题"栏中单击"图片/文件",添加 13 号问题,问题标题为"健康码",收集类型为"图片"。

(14) 在"添加问题"栏中单击"多选题",添加 14 号问题,问题标题为"[多选]志愿服务岗位",选项依次为"展览讲解(中/英文)、信息咨询、雷锋精神公益广告设计、安全巡查、卫生保洁、文明劝导",并设置为"最多选择 3 项"。

(15) 在"添加问题"栏中单击"问答题",添加 15 号问题,问题标题为"服务时间",描述为"请具体到上下午,若周一上午有时间,就填写'周一上午',若有多个空余时间,请用逗号隔开。"。

(16) 在"添加问题"栏中单击"签名题",添加 16 号问题,问题标题为"个人签名",描述为"请确保以上信息真实有效,无误后,请在下方签名确认。"。

4. 为问题"06 职业"进行逻辑设置

(1) 选中"06 职业"问题栏,单击右下角的"…"按钮,在下拉列表中选择"逻辑设置"命令,弹出逻辑设置对话框。

(2) 在"跳转逻辑"栏中,分别为"在校学生""无业""农民""其他"设置跳转至 08 问题。

5. 收集表设置与发布

(1) 单击页面上方"编辑"栏旁边的"设置"按钮,开启"允许填写人修改结果"。

(2) 单击页面右上角的"分享"按钮,在弹出的"分享"对话框中,勾选"所有人可编辑"复选框,选择"生成二维码",将二维码保存到计算机中,选择"复制链接",可以将链接复制到需要发布的地方,该收集表如图 5.142 所示。

6. 统计收集表信息

(1) 单击页面上方"编辑"栏旁边的"统计",可以查看收集表的填写情况。

(2) 单击"关联结果到表格"/"新建表格",可以在表格中查看详细信息。

图 5.142　在线招募收集表

5.9.4　制作志愿者人数数据看板

➡ 设计要求

制作志愿者人数数据看板

根据雷锋纪念馆志愿者招募收集表，制作志愿者人数数据看板，用于展示选定时间段内，各志愿服务岗位的志愿者人数及总人数。

➡ 分析思路

志愿者招募收集表完成后导出为本地 Excel 文档，然后进行基本数据表、图示看板、环形图等的制作。制作志愿者人数数据看板，需要设定"开始时间""结束时间""岗位类别""人数""汇总"，同时通过图示、图表的形式将这些数据清晰且动态地体现出来。

制作步骤

1. 导出为本地文档

（1）打开"腾讯文档"中的雷锋纪念馆志愿服务统计表，单击"文档操作"按钮≡，在下拉列表中选择"导出为"→"本地 Excel 表格(.xlsx)"，将文档保存到本地。

2. 制作基本数据表

（1）打开本地的工作表"志愿服务统计.xlsx"，将其重命名为"志愿服务统计"，新建两个工作表，分别命名为"日期"和"数据看板"。

（2）根据"志愿服务统计"工作表中的日期数据，在"日期"工作表的 A1 单元格中，输入日期数据"2022/4/1"，然后选中 A1 单元格，向下拖动填充柄填充至 A27 单元格。

（3）选择"数据看板"工作表，将整个工作表填充为白色，然后将 B1:K3 单元格区域合并，并为其填充"标准色-蓝色"，输入文字"志愿者数据分析看板"，将字体设置为"微软雅黑"，将字号设置为"20"，文字填充为白色、加粗。

（4）在 B5 单元格中输入"开始时间"，在 B6 单元格中输入"结束时间"，在 C5 和 C6 单元格中使用数据验证，验证条件：允许为"序列"，来源为"=日期!$A$1:$A$27"，并为 C5 和 C6 单元格填充"白色，背景 1，深色 5%"的底色，同时设置数据类型为"日期"。

（5）选中 B5:C6 单元格区域，为其设置"外侧框线"边框，将字体设置为"微软雅黑"，将 B5 和 B6 单元格的字号设置为"11"，将 C5 和 C6 单元格的字号设置为"9"。

（6）在 B9:B14 单元格区域中，从上到下依次输入"岗位""陈列馆讲解员""好人馆讲解员""文明劝导员""卫生保洁员""汇总"。在 C9 单元格中输入"人数"。

（7）在 C10 单元格中输入公式"=COUNTIFS(志愿服务统计!B:B,数据看板!B10,志愿服务统计!A:A,">="&$C$5,志愿服务统计!A:A,"<="&$C$6)"，以统计从开始到结束这段时间内，岗位为陈列馆讲解员的志愿者人数。使用填充柄将公式填充至 C11:C13 单元格中。

（8）在 C14 单元格中输入公式"=SUM(C10:C13)"，计算从开始到结束这段时间内，所有岗位的人数总和。

（9）设置 B9:C14 单元格区域中的字体为"微软雅黑"，字号为"11"，添加"所有框线"的边框，将所有文本设置为居中对齐；将 B9 和 D9 单元格中的文字加粗，并填充"蓝色，个性色 5，淡色 80%"的底色；将 B10:B3 单元格区域中的字号设置为"9"，对齐方式为左对齐。

（10）为 B14:C4 单元格区域填充"白色，背景 1，深色 5%"的底色。

3. 制作图示看板

（1）将素材文件夹中的"陈列馆讲解员.png""好人馆讲解员.png""卫生保洁员.png""文明劝导员.png"图表依次插入文档中，调整其位置和大小，使它们大小一致地排列在 E5:G13 单元格区域中。

（2）在每个图标的下方输入各自所代表的岗位名称，设置字体为"微软雅黑"，字号为"9"，对齐方式为居中对齐。

（3）在每个图标岗位名称下方的单元格中，依次输入关联公式，在"陈列馆讲解员"下方的单元格中输入"=C10"，在"好人馆讲解员"下方的单元格中输入"=C11"，在"卫生保洁员"下方的单元格中输入"=C12"，在"文明劝导员"下方的单元格中输入"=C13"，设置字号为"14"，并加粗。

4. 制作环形图

（1）选中 B9:C13 单元格区域，插入环形图，选择图表"样式 3"。

（2）删除该图表标题，设置背景为"无填充"，边框为"无线条"；设置图例位置为靠下，字体为"微软雅黑"，字号为"6"；更改数据标签的填充为无填充，设置字体为"微软雅黑"。

（3）调整图表的位置，将其放在图示看板的右侧，微调整体的布局，至此，整个数据看板制作完成，如图 5.143 所示。

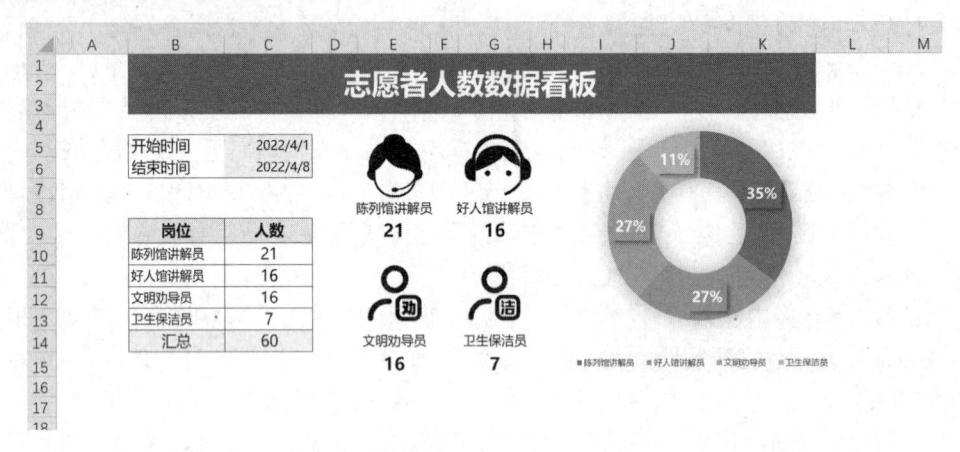

图 5.143　志愿者人数数据看板

课后训练

一、选择题

1. 小李在 Excel 中整理职工档案，希望"性别"列只能从"男""女"两个值中进行选择，否则系统提示错误信息，最优的操作方法是（　　）。

　　A. 通过 IF() 函数进行判断，控制"性别"列的输入内容

　　B. 请同事帮忙进行检查，错误的内容用红色标记

　　C. 设置条件格式，标记不符合要求的数据

　　D. 设置数据验证，控制"性别"列的输入内容

2. 小李正在 Excel 中编辑一个包含上千人的工资表，他希望在编辑的过程中总能看到工资表的标题行，最优的操作方法是（　　）。

　　A. 通过 Excel 的拆分窗口功能，在上方窗口中显示标题行，同时在下方窗口中编辑内容

　　B. 通过 Excel 的冻结窗格功能将标题行固定

　　C. 通过 Excel 的新建窗口功能，创建一个新窗口，并将两个窗口水平并排显示，在上方窗口中显示标题行

　　D. 通过 Excel 的打印标题功能设置标题行重复出现

3. 一个工作簿中包含 20 张工作表，分别以 1997 年、1998 年、…、2016 年命名。快速切换到工作表"2008 年"的最优方法是（　　）。

　　A. 在工作表标签左侧的导航栏中单击左、右箭头按钮，显示并选中"2008 年"工作表

　　B. 在编辑栏左侧的"名称"文本框中输入工作表的名称"2008 年"，然后按 Enter 键

C．通过"开始"选项卡的"查找和选择"下拉列表中的"定位条件"命令，即可转到"2008年"工作表

D．在工作表标签左侧的导航栏中右击，在弹出的快捷菜单中选择"2008年"工作表

4．在一个包含上万条记录的 Excel 工作表中，每隔几行数据就有一个空行，删除这些空行的最优操作方法是（　　）。

A．选中整个数据区域，排序后将空行删除，然后恢复原排序

B．选中整个数据区域，筛选出空行并将其删除，然后取消筛选

C．选中数据区域中的某列，通过"定位条件"命令选择空值并删除空行

D．按住 Ctrl 键不放，依次选中空行并将其删除

5．以下对 Excel 高级筛选功能的说法中，正确的是（　　）。

A．高级筛选通常需要在工作表中设置条件区域

B．通过"数据"选项卡的"排序和筛选"组中的"筛选"按钮可以进行高级筛选

C．高级筛选之前必须对数据进行排序

D．高级筛选就是自定义筛选

二、操作题

销售经理小李通过 Excel 制作了销售情况统计表，根据下列要求帮助他对数据进行整理和分析。

1．在"销售情况表"工作表中，自动调整表格数据区域的列宽、行高，将第 1 行的行高设置为第 2 行行高的 2 倍；设置表格区域中各单元格内容水平垂直均居中，更改文本"鹏程公司销售情况表格"的字体，并加大其字号；将数据区域套用内置表格样式"表样式中等深浅 27"，并退出筛选状态。

2．对工作表进行页面设置，指定纸张为横向，其大小为 A4，调整整个工作表为一页宽、一页高，并使其在整个页面水平居中。

3．将"性别"列中的"M"替换为"男"，"F"替换为"女"；在"预购数量"和"成交数量"两列中的空白单元格中填入数字 0。

4．"咨询日期"中的月、日均显示为 2 位，如"2014-1-5"显示为"2014-01-05"，并根据日期、时间的先后顺序对数据进行排序。

5．在"咨询商品编码"与"预购类型"之间插入新列，该列标题为"商品单价"，将"商品单价"工作表中对应的价格填入该列。

6．在"成交数量"与"销售经理"之间插入新列，列标题为"成交金额"，根据"成交数量"和"商品单价"，利用公式计算"成交金额"并将计算结果填入该列。

7．参照文档"透视表示例.png"，从"商品销售透视表"工作表中的 A3 单元格开始为销售数据生成数据透视表。要求按示例更改字段标题、数字格式、透视表样式，结果应保持显示全部销售经理销售情况的状态。

8．在"月统计表"工作表中，利用公式计算每位销售经理每月的成交金额，并将计算结果填入对应位置，同时计算"总和"列、"总计"行。

9．在"月统计表"工作表中的 G3:O20 单元格区域，插入与"销售经理成交金额按月统计表"工作表中的数据对应的二维"堆积柱形图"，参照文档"图表示例.png"设置图表的图例、图表标题、横纵坐标轴、数据标签等，并更改图表颜色及样式。

第6章 PowerPoint 制作演示文稿

6.1 PowerPoint 幻灯片的创建与编辑

PowerPoint 幻灯片的创建与编辑

6.1.1 认识 PowerPoint 和演示文稿

PowerPoint 能够将文字、图片、声音及视频剪辑等多媒体元素融为一体，是制作工作总结、项目介绍、会议报告、企业宣传、产品说明、竞聘演说、培训计划和教学课件等演示文稿的首选软件。

PowerPoint 与 Word 的区别在于 Word 的主要功能是制作文档，基本操作单位是页、段和文字，编辑中注重文字的排版，以打印出美观的纸质文档；PowerPoint 的主要功能是制作展示用的演示文稿，基本操作单位是幻灯片和占位符，注重对象的位置、颜色和动画效果的设置，以达到最佳的演示效果。

一套完整的演示文稿文件一般包含片头动画、PPT 封面、前言、目录、过渡页、图表页、图片页、文字页、封底、片尾动画等，所采用的素材包括文字、图片、图表、动画、声音、影片等。一个好的演示文稿可以从以下几个方面来衡量：

（1）整个演示文稿的主题明确；
（2）设计风格符合主题；
（3）字体选择恰当，文本清晰易读；
（4）配色美观和谐，图文搭配协调；
（5）动画适宜，不喧宾夺主，且能给人一种视觉冲击力。

利用 PowerPoint 制作出来的文档叫作演示文稿，简称 PPT。我们常说的制作一个 PPT，意思就是制作一个演示文稿，它是一个文件。

演示文稿中的每页叫作幻灯片，每张幻灯片都是演示文稿中既相互独立又相互联系的内容，利用它可以更生动直观地表达内容，图表和文字都能够快速清晰地呈现。可以在演示文稿中插入图画、动画、备注和讲义等内容。

演示文稿包含幻灯片，演示文稿由多张幻灯片组成。如图 6.1 所示为演示文稿与幻灯片。

图 6.1　演示文稿与幻灯片

占位符在幻灯片中表现为一个虚框，虚框内部一般有"单击此处添加标题"之类的提示语，单击后，提示语会自动消失，这些方框代表一些特定的对象，用来放置标题、正文、图表、表格和图片等对象。占位符是幻灯片设计模板的主要选项组成元素，起规划幻灯片结构的作用。在文本占位符上单击可以输入或粘贴文本，如果文本超出占位符的大小，PowerPoint 会自动调整输入的字号和行间距，使文本的大小合适。

PowerPoint（2019 版）工作界面由快速访问工具栏、选项卡、标题栏、功能区命令按钮、大纲/幻灯片浏览窗格、幻灯片编辑窗格、备注窗格、占位符、状态栏和视图方式等组成，如图 6.2 所示。

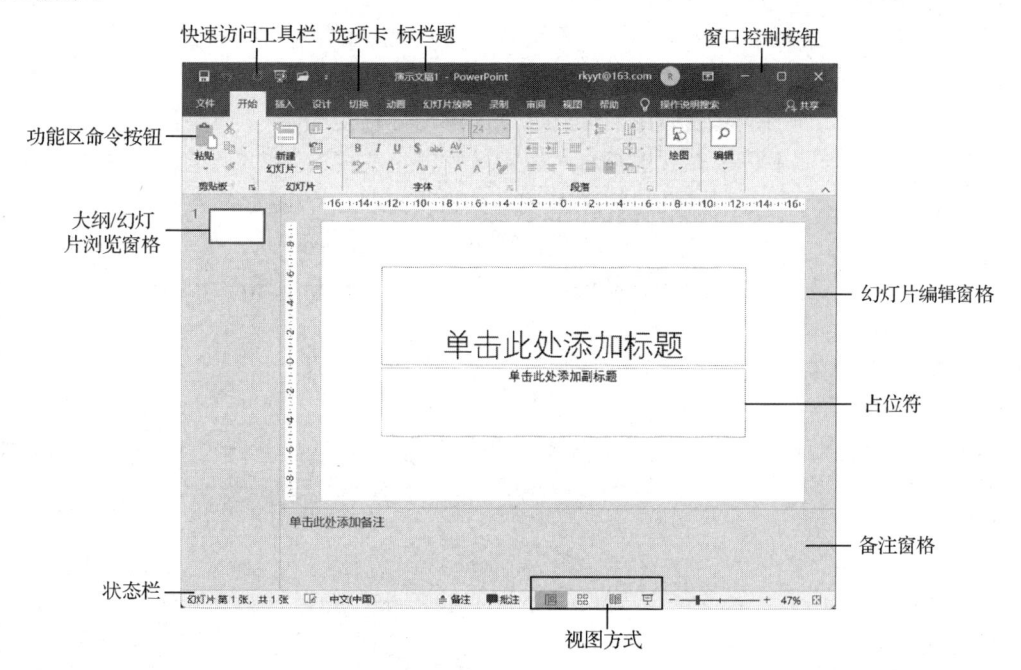

图 6.2　PowerPoint（2019 版）工作界面

1．大纲/幻灯片浏览窗格

大纲/幻灯片浏览窗格用于显示当前演示文稿中的幻灯片数量及位置，包括"大纲"和"幻灯片"两个选项卡，单击选项卡的名称可以在不同的选项卡之间进行切换。如果只希望在编辑窗口中观看当前幻灯片，则可以将大纲/幻灯片浏览窗格暂时关闭。在编辑时，通常需要将大纲/幻灯片浏览窗格显示出来。单击"视图"选项卡的"演示文稿视图"组中的"普通视图"按钮，可以显示大纲/幻灯片浏览窗格。

2．幻灯片编辑窗格

幻灯片编辑窗格位于 PowerPoint 工作界面的中间，用于显示和编辑当前幻灯片，如添加文本、插入图片、表格、SmartArt 图形、动画、超链接、音频和视频等多媒体元素，改变这些页面元素的格式。

3．备注窗格

备注窗格是为当前幻灯片添加备注的窗格。备注内容在放映时不显示，但备注页中的内容可以打印出来作为演讲的底稿，或者在放映时作为演示的脚本。

4．任务窗格

任务窗格是执行某些特定任务时弹出的窗口，用于指定操作的参数等。

5．状态栏

状态栏位于 PowerPoint 工作界面的最下方，用于显示当前文档页、总页数、字数和输入法状态等。

6．视图方式

视图方式是指在使用 PowerPoint 制作演示文稿时窗口的显示方式。单击"视图"选项卡的"演示文稿视图"组中的按钮，或者单击状态栏上视图方式按钮进行选择。

（1）普通视图：最主要的编辑视图，用于设计和编辑幻灯片。

（2）大纲视图：在 PowerPoint 工作界面的左侧以大纲形式显示幻灯片文本，在此区域中可以输入标题、编辑标题级别。

（3）幻灯片浏览视图：以缩略图的形式显示全部幻灯片视图。

在幻灯片浏览视图中可以直观地查看所有幻灯片的整体情况，也可以进行调整幻灯片的顺序、添加或删除幻灯片、复制幻灯片等操作，但不能改变幻灯片中的内容。

（4）备注页视图：在该视图方式下显示与当前幻灯片对应的备注页，可以查看和编辑备注。

（5）阅读视图：利用自己的计算机查看演示文稿，仅显示标题栏、阅读区、状态栏。

6.1.2 演示文稿的创建

在对演示文稿进行编辑之前，首先要创建一个演示文稿。演示文稿是 PowerPoint 中的文件，它是由一系列幻灯片选项组成的。PowerPoint 提供了多种新建演示文稿的方法。

1．新建演示文稿

启动 PowerPoint 后，在"开始"界面中选择"新建空白演示文稿"，或者切换到"新建"界面，然后选择"空白演示文稿"，如图 6.3 所示，即可新建演示文稿。

2．利用模板创建演示文稿

模板决定演示文稿的基本结构，同时决定其配色方案，应用模板可以使演示文稿具有统一的风格。PowerPoint 可以用模板创建具有专业水平的演示文稿。

第 6 章　PowerPoint 制作演示文稿

图 6.3　新建演示文稿

在"新建"界面中单击要使用的模板,在弹出的如图 6.4 所示的模板创建对话框中单击"创建"按钮,可以根据当前选定的模板创建演示文稿。如图 6.5 所示的是"花团锦簇"模板文档。

图 6.4　模板创建对话框　　　　　　图 6.5　"花团锦簇"模板文档

也可以在"搜索联机模板和主题"文本框中输入搜索主题,单击"开始搜索"按钮,在搜索结果中选择模板来创建演示文稿。

3. 根据大纲创建演示文稿

在 Word 文档中为各级内容设置不同的标题样式,就可以将 Word 文档导入 PowerPoint,一次批量创建所有幻灯片,即创建一个演示文稿,两者的对应关系如表 6.1 所示。

表 6.1　Word 文档与 PowerPoint 演示文稿的对应关系

Word 文档	一级标题	二级标题	三级标题	……
PowerPoint 演示文稿	幻灯片标题	一级内容的文本	二级内容的文本	……

在 Word 中要把将来作为幻灯片标题的文本设置为"标题 1"样式,把将来作为幻灯片中一级内容的文本设置为"标题 2"样式,把将来二级内容的文本设置为"标题 3"样式……在 PowerPoint 中单击"开始"选项卡的"幻灯片"组中的"新建幻灯片"按钮,在下拉列表中选

243

择"幻灯片（从大纲）"命令，在弹出的"插入大纲"对话框中选择编辑好大纲的 Word 文档，单击"插入"按钮，然后根据需要删除新建演示文稿时 PowerPoint 自动创建的第 1 张空白幻灯片。

【同步训练 6-1】随着云技术的不断演变，小王制作了一个名为"云计算简介"的演示文稿，请帮助他把文档中的内容移到对应的幻灯片中，设置幻灯片比例为 16∶9。

步骤 1．打开新建的演示文稿，打开"插入大纲"对话框，浏览并选择"云计算简介.docx"文件，单击"插入"按钮。

步骤 2．单击"设计"选项卡的"自定义"组中的"幻灯片大小"按钮，在下拉列表中选择"宽屏 16∶9"。

6.1.3 幻灯片的基本操作

一个演示文稿通常包含多张幻灯片，在制作演示文稿的过程中，需要对幻灯片进行插入、删除、移动和复制等操作。可以在大纲/幻灯片浏览窗格或幻灯片浏览视图中完成对幻灯片的基本操作。

1．选择幻灯片

在对幻灯片进行操作之前，需要选择幻灯片。选择幻灯片的操作方法如表 6.2 所示。

表 6.2 选择幻灯片的操作方法

选择幻灯片	操 作 方 法
单张幻灯片	在大纲/幻灯片浏览窗格或幻灯片浏览视图中单击某张幻灯片，即可将其选中
多张连续的幻灯片	单击要选择的连续幻灯片的首张幻灯片，按住 Shift 键的同时单击要选择的连续幻灯片的最后一张
多张不连续的幻灯片	单击某张幻灯片，按住 Ctrl 键的同时单击要选择的其他幻灯片。如果要撤销选中的某张幻灯片，则按住 Ctrl 键的同时单击该幻灯片

2．插入幻灯片

首先确定幻灯片要插入的位置。在普通视图的幻灯片/大纲浏览窗格或幻灯片浏览视图中，通过单击可以选择适当的位置。插入幻灯片通常用以下两种方法。

方法 1．单击"开始"选项卡的"幻灯片"组中的"新建幻灯片"按钮，在下拉列表中选择要应用的版式。

方法 2．在选定位置处右击，在弹出的快捷菜单中选择"新建幻灯片"命令（快捷键为"Ctrl+M"），即可新建一张版式与前一张幻灯片相同的幻灯片。

3．删除幻灯片

用以下 3 种方法都可以删除选中的幻灯片。

方法 1．右击，在弹出的快捷菜单中选择"删除幻灯片"命令。

方法 2．按 Delete 键。

方法 3．单击"开始"选项卡的"幻灯片"组中的"删除"按钮。

幻灯片被删除后，其后面的幻灯片会自动前移。

4．移动幻灯片

调整幻灯片的顺序通常用以下两种方法。

方法 1．通过"剪切"和"粘贴"命令。选中要移动的幻灯片，右击，在弹出的快捷菜单中选择"剪切幻灯片"命令（快捷键为"Ctrl+X"），即可对幻灯片进行复制。在目标位置右击，在弹出的快捷菜单中选择"粘贴"命令（快捷键为"Ctrl+V"），即可粘贴幻灯片。

方法 2．通过鼠标拖曳。选中要移动的幻灯片，按住鼠标左键拖动到新位置，松开即可。

5．复制幻灯片

复制幻灯片与移动幻灯片类似。

方法 1．右击，在弹出的快捷菜单中选择"复制幻灯片"命令（快捷键为"Ctrl+C"）。

方法 2．按住 Ctrl 键不放并拖动鼠标，即可实现复制。

6．隐藏幻灯片

在放映幻灯片时可以把一些非重点的幻灯片隐藏起来，被隐藏的幻灯片仅在放映时不显示。隐藏幻灯片有以下两种方法。

方法 1．选中要隐藏的幻灯片，单击"幻灯片放映"选项卡的"设置"组中的"隐藏幻灯片"按钮。

方法 2．右击要隐藏的幻灯片，在弹出的快捷菜单中选择"隐藏幻灯片"命令。

6.2 在幻灯片中插入对象

6.2.1 文本

在制作幻灯片的过程中，可以根据需要通过"插入"选项卡中的按钮，插入文本、图片、表格、SmartArt 等对象。

1．插入文本框

在 PowerPoint 中插入文本框的操作方法如下。

方法 1．按"Ctrl+C"组合键复制其他程序中的文本，然后在幻灯片中按"Ctrl+V"组合键粘贴该文本。

方法 2．在"插入"选项卡的"文本"组中选择"文本框"下拉列表中的"横排文本框"或"竖排文本框"命令，在幻灯片中要插入文本的位置单击，或者按住鼠标左键拖动，即可出现文本框，然后在文本框中输入内容。

操作技巧

插入文本框后单击和按住鼠标左键拖动，都可以出现文本框，两者的区别如下：

单击生成的是单行文本框，即无论文本框中的内容有多长，都不会换行；

按住鼠标左键拖动生成的是多行文本框，当文本框中输入的内容长度达到文本框的宽度时，会自动换行。

2．编辑文本框

文本框中的字体、字号、颜色及段落等内容可以在"开始"选项卡中进行设置；也可以在选择文本框后出现的"绘图工具-形状格式"选项卡中对文本框的形状样式、字体样式进行设置；还可以单击"形状样式"组右下角的"对话框启动器"按钮，在打开的"设置形状格式"窗格中进行设置。

【同步训练 6-2】文小雨已加入学校的旅行社团组织，正参与组织暑期到日月潭的夏令营活动，现在要制作一个关于日月潭的演示文稿，请参考第 5 张幻灯片的完成效果（见图 6.6）和第 6 张幻灯片的完成效果（见图 6.7），调整第 5、6 张幻灯片标题下文本的段落间距，并添加或取消相应的项目符号。

图 6.6　第 5 张幻灯片的完成效果　　　　图 6.7　第 6 张幻灯片的完成效果

步骤 1．在第 5 张幻灯片中，将光标置于标题下第 1 段中，单击"开始"选项卡的"段落"组中的"项目符号"按钮，在下拉列表中选择"无"。

步骤 2．将光标置于第 1 段中，单击"开始"选项卡的"段落"组中的"对话框启动器"按钮，弹出"段落"对话框，在"缩进和间距"选项卡中将"段后"设置为"25 磅"，单击"确定"按钮。

步骤 3．适当调整字体的大小。

步骤 4．按照上述方法调整第 6 张幻灯片。

3．替换字体

使用"替换字体"命令可以快速更改演示文稿中的字体类型。单击"开始"选项卡的"编辑"组中的"替换"按钮，在下拉列表中选择"替换字体"命令，在弹出的"替换字体"对话框中进行设置，如图 6.8 所示。

【同步训练 6-3】文小雨需要将关于日月潭的演示文稿中的所有中文文字的字体由"宋体"改为"幼圆"。

步骤 1．在"替换字体"对话框的"替换"下拉列表中选择"宋体"，在"替换为"下拉列表中选择"幼圆"。

步骤 2．单击"替换"按钮即可完成替换。

步骤 3．替换完成后单击"关闭"按钮。

4．自动调整文本框

当一个文本框中的文字内容过多时，PowerPoint 根据占位符的大小自动调整文本的大小，同时在文本的左侧出现"自动调整选项"按钮。如果要将该文本框中的内容拆分到两张幻灯片中显示，则选择"自动调整选项"下拉列表中的"将文本拆分到两个幻灯片"命令，如图 6.9 所示。

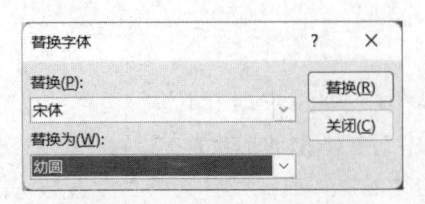

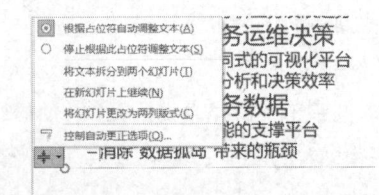

图 6.8　"替换字体"对话框　　　　图 6.9　"自动调整选项"下拉列表

【同步训练 6-4】市场部助理小王正在完善公司"创新产品展示及说明会"的演示文稿。由于第 7 张幻灯片中的文字内容较多,请将第 7 张幻灯片内容区域中的文字自动拆分到两张幻灯片中显示。操作前和操作后分别如图 6.10、图 6.11 所示。

图 6.10　操作前

图 6.11　操作后

步骤 1. 选中第 7 张幻灯片,在编辑窗格中将光标定位到"交互式辅助业务运维决策"的前面。

步骤 2. 在占位符的左下角会出现"自动调整选项"按钮,单击该按钮,在下拉列表中选择"将文本拆分到两个幻灯片"命令,此时即可将第 7 张幻灯片中的文本拆分。

如果选择"停止根据此占位符调整文本"命令,则 PowerPoint 会还原到文本本来的大小,而不会缩小文本的大小,同时 PowerPoint 会关闭该占位符的自动调整文本功能。

5. 插入艺术字

艺术字通常用在编排报头、广告、请柬及文档标题等特殊位置,在演示文稿中一般用于制作幻灯片标题,插入艺术字后可以改变其样式、大小、位置。插入艺术字的操作方法如下。

(1) 单击"插入"选项卡的"文本"组中的"艺术字"按钮,在下拉列表中选择艺术字样式,此时,在幻灯片页面中出现"请在此放置您的文字"字样的艺术字文本框。

(2) 在该文本框中输入所需要的文字即可。

可以根据需要使用"开始"选项卡的"字体"组中的命令,来对艺术字的字体、字号、颜色等属性进行编辑,也可以使用鼠标拖动艺术字来更改其位置。

选中艺术字文本或文本框,通过"绘图工具-形状格式"选项卡的"艺术字样式"组对艺术字的样式、文本填充、文本边框及文本效果进行调整及修改。

【同步训练 6-5】文小雨在制作关于日月潭的演示文稿时,需要将幻灯片中的文本应用一种艺术字样式,文本居中对齐,字体为"幼圆";为文本框添加白色填充色和透明效果。完成效果如图 6.12 所示。

图 6.12　完成效果

步骤 1. 选中幻灯片中的文本框。
步骤 2. 单击"绘图工具-形状格式"选项卡的"艺术字样式"组中的艺术字样式列表框,

247

选择无填充蓝色轮廓的艺术字样式。

步骤 3. 切换到"开始"选项卡，在"字体"组中设置字体为"幼圆"，字号为"48"。

步骤 4. 保持选中文本框，在"开始"选项卡的"段落"组中设置对齐方式为"居中"。

步骤 5. 保持选中文本框，单击"绘图工具-形状格式"选项卡的"形状样式"组右下角的"对话框启动器"按钮，出现"设置形状格式"窗格。

学习提示

在"设置形状格式"窗格中包括"形状选项"和"文本选项"，在"形状选项"中，可以对文本框的"填充与线条""效果""大小与属性"进行设置，在"文本选项"中，可以对文本框中的文本的"文本填充与轮廓""文字效果""文本框"进行设置。

步骤 6. 在该窗格的"形状选项"中，在"填充"中选中"纯色填充"单选按钮，设置形状填充颜色为"白色"，拖动下方的"透明度"滑块，使右侧的比例值显示为 50%，单击"确定"按钮。

6. 插入页眉和页脚

在 PowerPoint 中插入页眉和页脚的操作方法如下。

（1）单击"插入"选项卡的"文本"组中的"页眉和页脚"按钮，弹出"页眉和页脚"对话框，如图 6.13 所示。

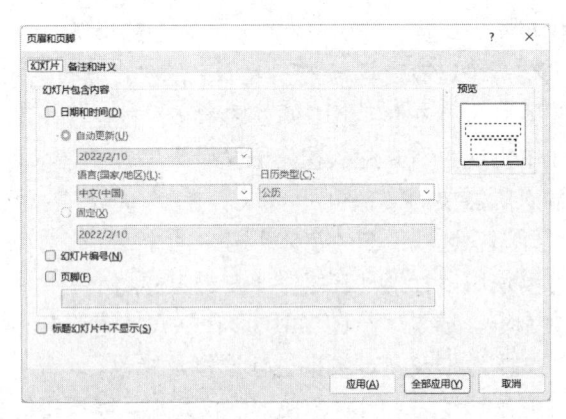

图 6.13 "页眉和页脚"对话框

（2）在该该对话框的"幻灯片"选项卡中，设置日期和时间是否显示，若显示的话，是自动更新显示还是固定显示。

（3）设置是否显示幻灯片编号和页脚。如果不希望在标题幻灯片中显示页眉和页脚，则勾选"标题幻灯片中不显示"复选框。

（4）根据需要单击"应用"按钮（只应用到当前幻灯片）或"全部应用"按钮（应用到全部幻灯片）。

【同步训练 6-6】文小雨在制作关于日月潭的演示文稿时，希望除了标题幻灯片，其他幻灯片的页脚均包含幻灯片编号、日期和时间。

步骤 1. 在演示文稿中打开"页眉和页脚"对话框。

步骤 2. 在该对话框中分别勾选"日期和时间""幻灯片编号""标题幻灯片中不显示"复选框。

步骤 3. 单击"全部应用"按钮。

6.2.2 图像

1．插入图片

将计算机中的图片插入幻灯片中的操作方法如下。

（1）选中要插入图片的幻灯片。

（2）单击"插入"选项卡的"图像"组中的"图片"按钮，弹出"插入图片"对话框，如图 6.14 所示。

（3）在该对话框中选择需要的图片，单击"插入"按钮。

也可以使用复制、粘贴的方法在文档中插入图片，在文件夹中选择要插入的图片，按"Ctrl+C"组合键复制图片，在演示文稿中要插入图片的幻灯片上按"Ctrl+V"组合键粘贴图片，即可将图片插入文档中。

【同步训练 6-7】文小雨在制作关于日月潭的演示文稿时，需要在第 5 张幻灯片中，插入名为"游船.jpg"和"海浪.jpg"的图片，将名为"游船.jpg"的图片置于幻灯片中适合的位置，将名为"海浪.jpg"的图片置于底层。

步骤 1．选中第 5 张幻灯片。

步骤 2．打开"插入图片"对话框，浏览并选择"游船.jpg"和"海浪.jpg"图片，单击"插入"按钮。

步骤 3．选中"海浪.jpg"图片，右击，在弹出的快捷菜单中选择"置于底层"命令，在子菜单中选择"置于底层"命令。

步骤 4．调整两张图片的位置及大小。

【同步训练 6-8】文小雨在制作关于日月潭的演示文稿时，需要在第 6 张幻灯片的右上角，插入名为"缆车.gif"的图片，并将其到幻灯片上侧边缘的距离设置为 0 厘米。

步骤 1．选中第 6 张幻灯片。

步骤 2．插入"缆车.gif"图片，并调整其大小。

步骤 3．选中该图片，单击"图片工具-图片格式"选项卡的"大小"组右下角的"对话框启动器"按钮，弹出"设置图片格式"对话框，如图 6-15 所示。

图 6.14 "插入图片"对话框

图 6.15 "设置图片格式"对话框

步骤 4．在该对话框的左侧选择"位置"，在右侧的"在幻灯片上的位置"组中，将"垂直"方向设置为"0 厘米"。

【同步训练 6-9】文小雨在制作关于日月潭的演示文稿时，需要将"日月潭.jpg"图片插入第 1 张幻灯片中，并应用恰当的图片效果，完成效果如图 6.16 所示。

图 6.16　完成效果

步骤 1．在第 1 张幻灯片中插入"日月潭.jpg"图片。
步骤 2．在幻灯片中选中该图片，参考完成效果，适当调整其大小和位置。
步骤 3．保持选中该图片，单击"图片工具-图片格式"选项卡的"图片样式"组中的"图片效果"按钮，在下拉列表中选择"柔化边缘"，在子菜单中选择"柔化边缘"。
步骤 4．在打开的"设置图片格式"窗格的"效果"的"柔化边缘"组中设置"大小"为"30 磅"。

【同步训练 6-10】文小雨在制作关于日月潭的演示文稿时，需要在第 4 张幻灯片的右侧，插入"暮色.jpg"图片，并应用"圆形对角，白色"的图片样式，完成效果如图 6.17 所示。

图 6.17　完成效果

步骤 1．单击第 4 张幻灯片右侧的"图片占位符"按钮，插入"暮色.jpg"图片。
步骤 2．在幻灯片中选中该图片，在"图片工具-图片格式"选项卡的"图片样式"组中选择"样式"下拉框中的"圆形对角，白色"样式。

2．编辑图片

对于调整图片的大小、图片的裁剪、图片样式等，PowerPoint 中的操作方法与 Word 中的操作方法基本一样，编辑演示文稿时常用的图片处理的操作方法如下。

（1）裁剪为形状。
选中图片，单击"图片工具-图片格式"选项卡的"大小"组中的"裁剪"按钮，在下拉

250

列表中选择"裁剪为形状"命令，在出现的下拉框中选择所需要的形状，此时，图片外观变为所选的形状样式，如图 6.18 所示。

（2）压缩图片。

图片裁剪后，为减小文件，需采用压缩的方式将不需要的部分删除。操作方法如下。

① 选中需压缩的图片。

② 单击"图片工具-图片格式"选项卡的"调整"组中的"压缩图片"按钮，弹出"压缩图片"对话框，如图 6.19 所示。

图 6.18　裁剪为形状前后对比

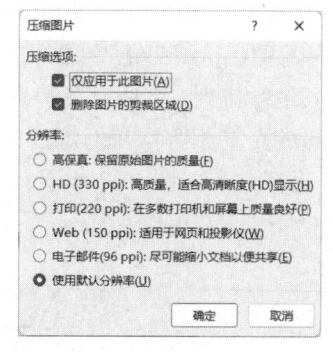

图 6.19　"压缩图片"对话框

③ 设置完成后（一般保持默认设置）单击"确定"按钮，图片压缩成功。

单击"裁剪"按钮可以查看图片，如果裁剪控制框之外没有显示灰色区域，则表示压缩成功。

知识拓展

"仅应用于此图片"：如果文档中的图片较少，仅某张或几张较大，则可以勾选此复选框。若将压缩图片应用到整个文档中的所有图片上，可取消对该复选框的勾选，将压缩图片功能应用到所有图片上。

"删除图片的剪裁区域"：使用裁剪工具将裁切掉的部分删除。

分辨率：根据输出应用设备的不同选择相应的选项，一般保持默认设置。

（3）删除背景。

选中图片，单击"图片工具-图片格式"选项卡的"调整"组中的"删除背景"按钮，此时的图片呈现如图 6.20 所示的效果，紫色区域为删除区域，可以借助"背景消除"工具来进一步对图片进行调整，"背景消除"选项卡如图 6.21 所示。

图 6.20　删除背景后图片的效果

图 6.21　"背景消除"选项卡

单击"标记要保留的区域"按钮，依次在图片上将要保留的区域标记出来。

单击"标记要删除的区域"按钮，在图片上将要删除的区域标记出来。

在做标记的过程中，随时观察紫色区域的显示状况，当紫色区域将图片背景全部覆盖时，单击"保留更改"按钮或在页面空白处双击，即可将背景删除。

【同步训练 6-11】小李参加了某乡村中学的支教活动，他在制作数学课用的演示文稿时，需要在幻灯片 3 中删除沙堆图片中的白色背景。

步骤 1．选中第 3 张幻灯片中的图片，单击"图片工具-图片格式"选项卡的"调整"组中的"删除背景"按钮。

步骤 2．适当调整删除区域，使其完全包含图片，单击"保留更改"按钮。

步骤 3．调整图片的大小和位置。

【同步训练 6-12】文小雨在制作关于日月潭的演示文稿时，需要在第 7 张幻灯片中，插入名为"日月潭 1.jpg"、"日月潭 2.jpg"和"日月潭 3.jpg"的图片，并为其添加适当的图片效果，然后对其进行排列，将所有图片顶端对齐，图片之间的水平间距相等，左右两张图片到幻灯片两侧边缘的距离相等；在幻灯片的右上角插入名为"照相机.gif"的图片，并将其顺时针旋转 300°。完成效果如图 6.22 所示。

图 6.22 完成效果

步骤 1．选中第 7 张幻灯片，插入"日月潭 1.jpg"、"日月潭 2.jpg"和"日月潭 3.jpg"图片。

步骤 2．同时选中 3 张图片，打开"设置图片格式"窗格。

步骤 3．在该窗格的"大小与属性"选项卡的"大小"组中先取消对"锁定纵横比"复选框的勾选，再设置"尺寸和旋转"组中的"高度"和"宽度"分别为"12 厘米"和"6.5 厘米"。

步骤 4．保持选中 3 张图片，单击"图片工具-图片格式"选项卡的"图片样式"组中的"图片效果"按钮，在下拉列表中选择"映像-紧密映像，接触"。

步骤 5．保持选中 3 张图片，单击"图片工具-图片格式"选项卡的"排列"组中的"对齐"按钮，在下拉列表中选择"顶端对齐"和"横向分布"命令。

步骤 6．保持选中 3 张图片，右击，在弹出的快捷菜单中选择"组合"命令，对 3 张图片进行组合，并选中该组合图形，在"对齐"下拉列表中选择"左右居中"后取消组合。

步骤 7．插入名为"照相机.gif"的图片并将其选中，在"对齐"下拉列表中选择"顶端对齐"和"右对齐"命令。

步骤 8．保持选中"照相机.gif"图片，打开"设置图片格式"窗格，在"大小与属性"选项卡的"大小"组中设置"旋转"角度为"300"，设置完成后单击"关闭"按钮。

3．插入相册

【同步训练 6-13】学校摄影社团在今年摄影比赛结束后，希望借助 PowerPoint 将优秀的作品在社团活动中进行展示，请利用 PowerPoint 创建一个相册，并包含 Photo（1）.jpg～Photo（12）.jpg 共 12 幅摄影作品。在每张幻灯片中包含 4 张图片，并将每幅图片设置为"居中矩形阴影"相框形状。完成效果如图 6.23 所示。

图 6.23　完成效果

步骤 1．单击"插入"选项卡的"图像"组中的"相册"按钮，在下拉列表中选择"新建相册"命令，弹出"相册"对话框。

步骤 2．在该对话框中单击"文件/磁盘"按钮，弹出"插入新图片"对话框。

步骤 3．在该对话框中按"Ctrl+A"组合键选中所有图片，单击"插入"按钮。

步骤 4．在"图片版式"下拉列表中选择"4 张图片"，在"相框形状"下拉列表中选择"居中矩形阴影"相框形状，单击"创建"按钮。

4．插入屏幕截图

将当前屏幕截图插入幻灯片中的操作方法如下。

（1）在"插入"选项卡的"图像"组中单击"屏幕截图"按钮，弹出如图 6.24 所示的"屏幕截图"下拉框。

（2）在"屏幕截图"下拉框的"可用的视窗"中选择所需要的截图，或者单击"屏幕截图"下拉框中的"屏幕剪辑"按钮，直接在屏幕中按照要求剪辑出适当的图片。

图 6.24　"屏幕截图"下拉框

5．插入形状

形状是 PowerPoint 提供的基础图形，单击"插入"选项卡的"插图"组中的"形状"下拉按钮，在下拉列表中选择一种形状，此时，鼠标指针在幻灯片编辑区变成十字形状，单击即可在编辑区绘制一个形状，然后通过"绘图工具-形状格式"选项卡对该形状进行设置。

【同步训练 6-14】文小雨在制作关于日月潭的演示文稿时，需要在游艇图片的上方插入短划线轮廓的"椭圆形标注"，并在其中输入文本"开船啰！"。

步骤 1．单击"插入"选项卡的"插图"组中的"形状"按钮，在下拉列表中选择"标注"

组中的"椭圆形标注",在图片合适的位置通过拖动鼠标来绘制图形。

步骤 2．选中"椭圆形标注"图形,单击"绘图工具-形状格式"选项卡的"形状样式"组中的"形状填充"按钮,在下拉列表中选择"无填充颜色"。在"形状轮廓"下拉列表中选择"虚线-短划线",设置轮廓颜色为"浅蓝"。

步骤 3．选中"椭圆形标注"图形,右击,在弹出的快捷菜单中选择"编辑文字"命令,设置字体颜色为"浅蓝",在形状图形中输入文字"开船啰!"。

步骤 4．选中该图形,单击"绘图工具-形状格式"选项卡的"排列"组中的"旋转"按钮,在下拉列表中选择"水平翻转"命令。

步骤 5．调整该图形的大小及位置。

在 PowerPoint 2013 以后的版本中可以对多个形状进行布尔运算操作,通过基础图形的绘制、组合,达到意想不到的效果。选中图形,在"绘图工具-形状格式"选项卡的"插入形状"组中单击"合并形状"下拉按钮,在下拉列表中有结合、组合、拆分、相交、剪除共 5 种合并方式,选择其中一种合并方式。

结合:将多个形状合并,重叠的部分会融合。

组合:将多个形状合并,并且将重叠奇数次部分删除,得到一个组合后的形状。

拆分:对多个形状与其合并部分都进行拆分,将运算后重合的部分和不重合的部分拆分成几个独立的形状。

相交:只保留所有形状重叠的部分,运算后得到一个重叠部分的形状。

剪除:第一个选择的形状被后选择的形状剪除,运算后得到第一个选择的形状与后选择形状的非重叠部分。

【同步训练 6-15】请用图形的布尔运算制作一个 2×2 的拼图,完成效果如图 6.25 所示。

图 6.25 完成效果

步骤 1．插入形状,在编辑区先绘制一个正方形,再绘制一个圆形使其居中并与正方形左边缘重叠一半,复制一个圆形使其居中并与正方形下边缘重叠一半。

步骤 2．选中正方形与左侧圆形,单击"绘图工具-形状格式"选项卡的"插入形状"组中的"合并形状"按钮,在下拉列表中选择"结合"命令;先选中结合后的形状,再选中下边缘的圆形,并进行"剪除",得到 1 个拼图块。

步骤 3．将拼图块复制 3 个,分别选中每个拼图块,单击"绘图工具-形状格式"选项卡的"排列"组中的"旋转"按钮,在下拉列表中选择"向右旋转 90°"命令,此操作进行 3 次。

步骤 4．将 4 个图形拼成一个正方形,插入任意图片,选中该图片,单击"图片工具-图片格式"选项卡的"排列"组中的"下移一层"下拉按钮,在下拉列表中选择"置于底层"

命令。

步骤 5. 将图片置于图形的下方，先选中图片再选中 4 个拼图块，并进行"拆分"。

步骤 6. 最后，删除图片拼图中边框的多余部分，得到一个 2×2 的拼图。

6.2.3 SmartArt 图形

插入 SmartArt 图形的操作方法如下：选择"插入"选项卡的"插图"组中的"SmartArt"，在弹出的如图 6.26 所示的"选择 SmartArt 图形"对话框中选择所需要的图形。

在该对话框中单击"确定"按钮，文档中会出现相应的 SmartArt 图形，但此时图形中没有具体信息，只有占位符文本，同时在 PowerPoint 窗口中会增加"SmartArt 工具-SmartArt 设计"和"SmartArt 工具-格式"两个选项卡，可以通过这两个选项卡对 SmartArt 图形进行设置，也可以将幻灯片文本转换为 SmartArt 图形。

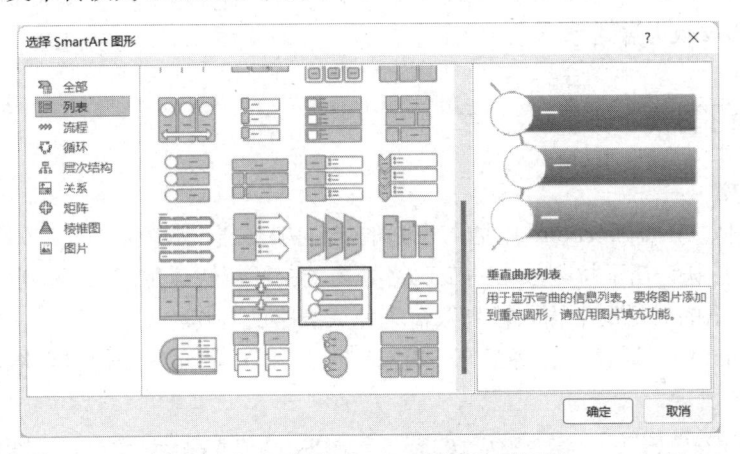

图 6.26 "选择 SmartArt 图形"对话框

【同步训练 6-16】文小雨在制作关于日月潭的演示文稿时，需要将第 2 张幻灯片中标题下的文本转换为 SmartArt 图形，布局为"垂直曲形列表"，并应用"白色轮廓"样式，字体为"幼圆"。完成效果如图 6.27 所示。

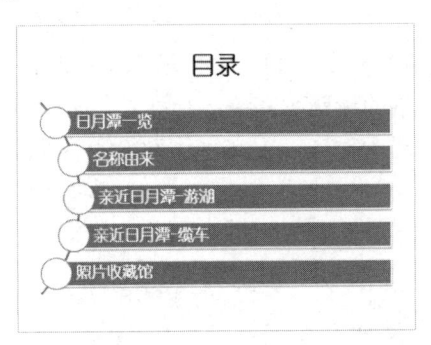

图 6.27 完成效果

步骤 1. 选中要转换为 SmartArt 图形的文本。

步骤 2. 单击"开始"选项卡的"段落"组中的"转换为 SmartArt"按钮，在下拉列表中选择"其他 SmartArt 图形"命令，弹出"选择 SmartArt 图形"对话框。

步骤 3. 在该对话框中选择"列表"中的"垂直曲形列表"样式，单击"确定"按钮。

步骤 4．选择"SmartArt 工具-SmartArt 设计"选项卡的"SmartArt 样式"组中的"白色轮廓"样式。

步骤 5．选中 SmartArt 图形，单击"开始"选项卡的"字体"组中的"字体"按钮，在下拉列表框中选择"幼圆"。

操作技巧

若要转换为其他样式的 SmartArt 图形，可在"SmartArt 工具-SmartArt 设计"选项卡的"版式"组中进行选择。

在对 SmartArt 图形进行样式和格式设置操作后，若要快速恢复到最初的样式，可单击"SmartArt 工具-SmartArt 设计"选项卡的"重置"组中的"重置图形"按钮。

若要更改 SmartArt 图形中某个图形的设置，可选中该图形，单击"SmartArt 工具-格式"选项卡中的"对话框启动器"按钮，在打开的"设置形状格式"窗格中进行设置。

通过"SmartArt 工具-SmartArt 设计"选项卡的"重置"组中的"转换"下拉按钮，可以将 SmartArt 图形转换为普通形状或文本。

6.2.4 表格和图表

1. 插入表格

与 Word 类似，在 PowerPoint 中插入表格的操作方法如下：单击"插入"选项卡的"表格"组中的"表格"按钮，在下拉列表中的空白格处拖动鼠标可快速生成表格，也可选择"插入表格"命令，在弹出的对话框中输入行列数值来完成表格的制作。

在 PowerPoint 中，通过"表格工具-表设计"选项卡中的命令按钮对表格进行表格样式等设置，如图 6.28 所示。

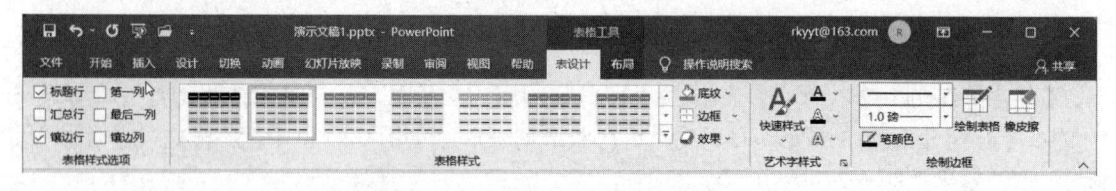

图 6.28 "表格工具-表设计"选项卡

【同步训练 6-17】文小雨在制作关于日月潭的演示文稿时，需要将第 3 张幻灯片中标题下的文字转换为表格，并取消表格的标题行和镶边行样式，而应用镶边列样式；在表格中，单元格中的文本水平和垂直方向都居中对齐，中文字体设置为"幼圆"，英文字体设置为"Arial"。完成效果如图 6.29 所示。

图 6.29 完成效果

步骤 1. 在第 3 张幻灯片的编辑区插入一个 4 行 4 列的表格。

步骤 2. 选中表格，取消勾选"设计"选项卡的"表格样式选项"组中的"标题行"和"镶边行"复选框，勾选"镶边列"复选框。

步骤 3. 将文本框中的文字复制、粘贴到表格对应的单元格中。

步骤 4. 选中表格，在"表格工具-布局"选项卡的"对齐方式"组中设置水平和垂直对齐方式均为"居中"对齐。

步骤 5. 删除幻灯片中的内容文本框，并调整表格的大小和位置。

步骤 6. 选中表格中的所有内容，在打开的"字体"对话框中设置"西文字体"为"Arial"，设置"中文字体"为"幼圆"，单击"确定"按钮。

学习提示

在这里也可以借助 Word 将文字转换成表格之后复制到幻灯片中，再进行设置。大家可以试一试。

2. 插入图表

在 PowerPoint 中插入图表的操作方法如下。

（1）单击"插入"选项卡的"插图"组中的"图表"按钮。

（2）在弹出的如图 6.30 所示的"插入图表"对话框中选择合适的图表。

（3）单击"确定"按钮即可将该图表插入幻灯片中。

此时，将启动 Excel，在 Excel 中图表处于编辑状态，可对其中的数值进行修改（见图 6.31），保存后，幻灯片中的图表即可自动更新。

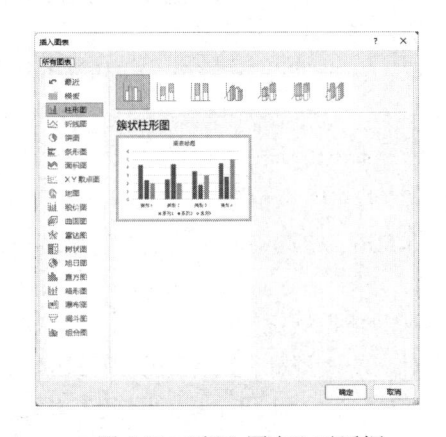

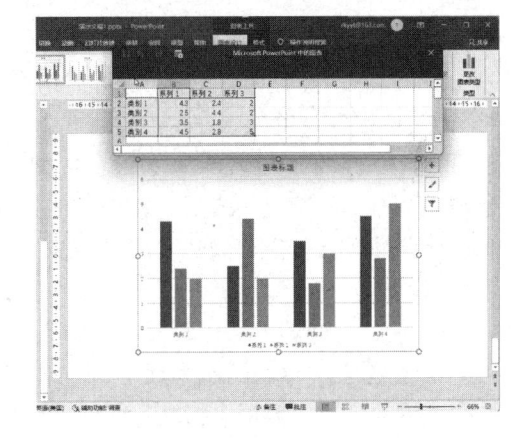

图 6.30 "插入图表"对话框　　　　图 6.31 图表处于编辑状态

【同步训练 6-18】小王在整理"云计算简介"演示文稿时，希望将第 4 张幻灯片标题下的数据转换为图表。设置的内容包括：

（1）将图例置于图表的下方。

（2）不显示横轴的刻度和纵轴的刻度。

（3）设置水平轴位置的坐标轴为"在刻度线上"。

（4）修改数据标记为圆圈，填充色为"白色，背景 1"。

（5）将每个数据系列 2018 年以后部分的折线改为短划线。

（6）为图表添加擦除动画，方向为自左侧，要求图表背景无动画，第 1 个数据系列在单击时出现，其他两个数据系列在上一动画之后出现。

（7）设置图表与标题占位符左边缘对齐。

完成效果如图 6.32 所示。

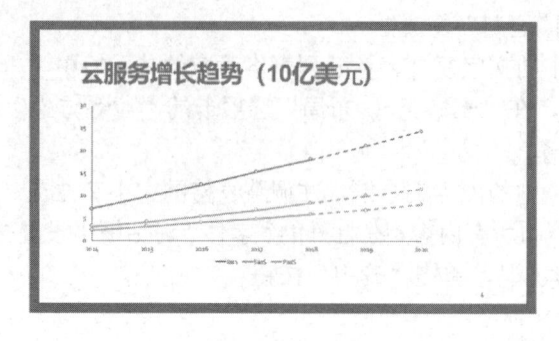

图 6.32　完成效果

步骤 1．在第 4 张幻灯片中，单击"插入"选项卡的"插图"组中的"图表"按钮，弹出"插入图表"对话框，选择"折线图/带数据标记的折线图"，单击"确定"按钮。

步骤 2．在弹出的 Excel 工作表中，对幻灯片中的文本内容进行复制、粘贴操作，关闭 Excel 工作簿文件。

步骤 3．删除幻灯片中的内容占位符及其文本内容。选中图表，单击图表右侧的"图表元素"，取消勾选"图表标题"和"网格线"复选框。

步骤 4．选中并双击图表中的垂直轴，在右侧的"设置坐标轴格式"窗格中选择"填充与线条"选项卡，将"线条"设置为"实线"，将"颜色"设置为"白色，背景 1，深色 50%"。

步骤 5．选中图表中的水平坐标轴，使用同样的方法，将"线条"设置为"实线"，将"颜色"设置为"白色，背景 1，深色 50%"；切换到"坐标轴选项"选项卡，在"坐标轴选项"中将"坐标轴位置"设置为"在刻度线上"。

步骤 6．在图表中单击"系列 Iaas"中的圆点，将本系列中的标记项全部选中；在右侧的"设置数据系列格式"窗格中选择"填充与线条"选项卡，单击"标记"，在"标记选项"中选中"内置"单选按钮，将"大小"调整为"7"；在下方"填充"中选中"纯色填充"单选按钮，将"颜色"设置为"白色，背景 1"。

步骤 7．使用同样的方法，设置图表中其他两个系列的数据标记项。

步骤 8．在图表中单击两次系列"Iaas"中 2019 年对应的数据标记（保证仅该数据标记被选中），在右侧的"设置数据点格式"窗格中选择"填充与线条"选项卡，在"线条"中将"短划线类型"设置为"短划线"；选中 2020 年对应的数据标记，将"短划线类型"设置为"短划线"。使用同样的方法，将其他 2019 年和 2020 年对应的数据标记的"折线线型"改为"短划线"。关闭该窗格。

步骤 9．选中标题占位符，按住 Ctrl 键不放选中图表，单击"绘图工具-格式"选项卡的"排列"组中的"对齐"按钮，在下拉列表中选择"左对齐"命令。

6.2.5　音频和视频

1．插入音频

在 PowerPoint 中可以插入 WAV、MID 或 MP3 格式的音频文件。操作方法如下。

音频和视频

(1)单击"插入"选项卡的"媒体"组中的"音频"按钮,在下拉列表中选择"PC 上的音频"命令,弹出"插入音频"对话框。

(2)在该对话框中选择所需要的音频文件,单击"插入"按钮,幻灯片上出现一个"喇叭"图标和一条控制条,如图 6.33 所示。单击控制条上的"播放"按钮可试听效果,单击控制条上的"喇叭"图标可调节播放音量。

选中音频,通过"音频工具-播放"选项卡可对音频文件进行剪裁、淡入淡出、音量调节、播放方式的设置。作为背景音乐的音频一般在"音频选项"中勾选"跨幻灯片播放"和"放映时隐藏"复选框,如果需要音频循环播放,则勾选"循环播放,直到停止"复选框,如图 6.34 所示。

图 6.33　音频插入后的显示效果　　　　　图 6.34　背景音乐设置

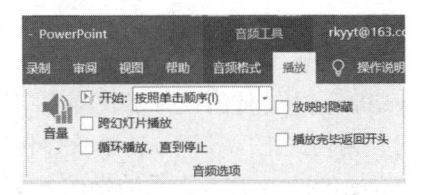

【同步训练 6-19】张宇在制作"介绍世界动物日"演示文稿时,需要在第 1 张幻灯片中插入"背景音乐.mid"文件作为第 1~6 张幻灯片的背景音乐(即第 6 张幻灯片放映结束后背景音乐停止),音乐自动播放,且放映时隐藏图标。

步骤 1. 在第 1 张幻灯片中插入"PC 上的音频",在弹出的"插入音频"对话框,选中"背景音乐.mid"文件,单击"插入"按钮。

步骤 2. 在"音频工具-播放"选项卡的"音频选项"组中,将"开始"设置为"自动",勾选"跨幻灯片播放""循环播放,直到停止""放映时隐藏"复选框。

步骤 3. 单击"动画"选项卡的"高级动画"组中的"动画窗格"按钮,在右侧的"动画窗格"中选中"背景音乐.mid",单击右侧的下拉按钮,在下拉列表中选择"效果选项"命令,弹出"播放音频"对话框,在"停止播放"中选中"在"单选按钮,在其右侧的文本框中输入"6",单击"确定"按钮,如图 6.35 所示。

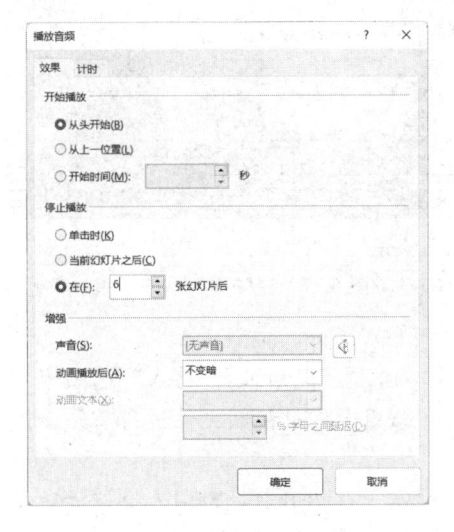

图 6.35　"播放音频"对话框

如果选择"插入"选项卡的"媒体"组中的"音频"下拉列表中的"录制音频"命令，则可在弹出的如图 6.36 所示的"录制声音"对话框的"名称"文本框中输入声音文件的名称；单击"红色圆形"按钮即可开始录制，单击"蓝色方框"按钮即可停止录制；单击"绿色三角"按钮即可试听，单击"确定"按钮即可完成录制并插入音频。

图 6.36 "录制声音"对话框

2. 插入视频

PowerPoint 中支持的视频格式种类有很多，如若视频不能够被插入或插入进去不能够正常播放，可使用格式工厂等视频转换软件将视频格式转换为 PowerPoint 可支持的视频格式。

在 PowerPoint 中插入视频的操作方法如下。

（1）单击"插入"选项卡的"媒体"组中的"视频"按钮，在下拉列表中选择"此设备"命令，弹出"插入视频文件"对话框。

（2）在该对话框中选择所需要的视频文件。

（3）单击"插入"按钮。

幻灯片上将会出现一个视频预览框和一个控制条，如图 6.37 所示。单击控制条上的"播放"按钮可查看视频播放效果，单击控制条上的"喇叭"图标可调节播放音量。

插入网站上的视频的操作方法如下。

（1）单击"插入"选项卡的"媒体"组中的"视频"按钮。

（2）在下拉列表中选择"来自网站的视频"命令，弹出"从网站插入视频"对话框。

（3）将视频网址复制到该对话框中，单击"插入"按钮。

图 6.37 视频插入后的效果

操作技巧

在幻灯片中选择视频文件，通过"视频工具-格式"选项卡可对视频文件的外观样式进行设置。通过"视频工具-播放"选项卡可对视频文件进行剪裁、淡入淡出、音量调节、播放方式的设置。

【同步训练6-20】张宇在制作"介绍世界动物日"演示文稿时，需要在第 7 张幻灯片的内容占位符中插入视频"动物相册.mp4"，并将"游隼.png"作为视频剪辑的预览图像。

步骤 1. 在第 7 张幻灯片中单击内容占位符文本框中的"插入视频文件"按钮，弹出"插入视频文件"对话框，选择"动物相册.wmv"文件，单击"插入"按钮。

步骤 2. 单击"视频工具-格式"选项卡的"调整"组中的"海报框架"按钮，在下拉列表中选择"文件中的图像"命令，在弹出的"插入图片"对话框中选择"游隼.png"文件，单击"插入"按钮。

6.3 幻灯片的修饰与美化

6.3.1 幻灯片的版式

幻灯片的版式是 PowerPoint 中的一种常规排版格式，使用幻灯片的版式可以轻松地对文字、图片进行更加合理的布局。PowerPoint 中的许多版式都提供各种用途的占位符，可以接受各种类型的内容。例如，在名为"标题和内容"的默认版式中，包含用于幻灯片标题和一种类型的内容（如文本、表格、图表、图片、剪贴画、SmartArt 图形或影片）的占位符。可以根据占位符的数量和位置（而不是要放入其中的内容）来选择需要的版式。如果需要在一张幻灯片中进行两个图表的比较，那么使用包含两个并排占位符的幻灯片版式，比使用包含一个很多内容的占位符的幻灯片版式更合适。

新建空白演示文稿时，PowerPoint 会自动创建一张"标题幻灯片"版式的幻灯片。修改幻灯片版式的操作方法如下。

（1）选中要设置版式的幻灯片。
（2）单击"开始"选项卡的"幻灯片"组中的"版式"按钮。
（3）在如图 6.38 所示的"版式"列表框中选择所需要的版式即可。

也可以在幻灯片视图中，选中要设置版式的幻灯片，右击，在弹出的快捷菜单中选择"版式"命令，如图 6.39 所示，然后在列表框中选择所需的版式。

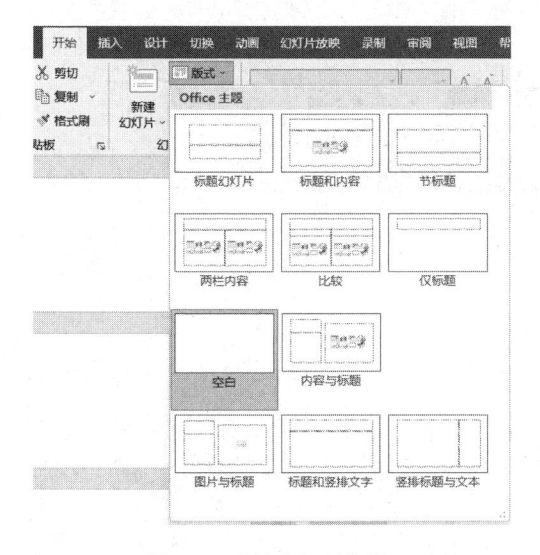

图 6.38 "版式"列表框　　　　　　　　　图 6.39 选择"版式"命令

学习提示

更改版式时可更改其中的占位符类型或位置。如果原来的占位符中包含内容,则内容被转移到适合它所属类型的占位符的位置。如果新版式中不包含适合该内容的占位符,则内容仍保留在幻灯片中,但处于孤立状态,位于版式之外。如果孤立对象的位置不正确,则需要手动定位它。如果以后又应用了另一种版式,其中包含用于孤立对象的占位符,则孤立对象会回到占位符中。

6.3.2 主题

主题是 PowerPoint 对演示文稿应用不同设计的方法。主题也称设计模板,是一组设置内容,包括颜色设置、字体选择、对象效果设置、背景和版式设置等内容。应用主题后的幻灯片会被赋予更专业的外观,从而改变整个演示文稿的格式。可以根据需要自定义主题样式。

能不能应用主题取决于当前的演示文稿中是否存在主题。一些主题被内置到 PowerPoint 中,供用户使用。其他主题只有在使用特定模板或专门从外部文件应用它们时才可用。

1. 应用主题库中的主题

主题库是由所有内置主题和当前模板或演示文稿文件提供的主题选项组成的菜单。从主题库中选择主题的操作方法如下。

(1)选中要应用主题的幻灯片(一张或多张)。

(2)单击"设计"选项卡的"主题"组中的主题库旁边的"其他"按钮。

(3)在弹出的如图 6.40 所示的主题库中选择所需要的主题。

根据主题的来源,在主题库中,当前演示文稿中存储的主题出现在顶部,其次是内置的主题。如果选择一张幻灯片,则主题将应用于整个演示文稿;如果选择多张幻灯片,则主题将应用于所有选定的幻灯片中。

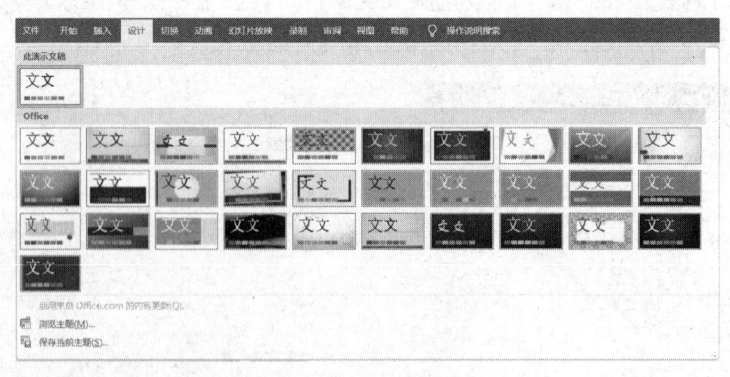

图 6.40 主题库

2. 应用主题或模板文件中的主题

可以在任何 Office 应用程序中打开和使用外部保存的主题文件,因而可以在应用程序之间共享颜色、字体和其他设置,从而使各类文档保持一致性。也可以保存和加载模板中的主题。操作方法如下。

(1)在"设计"选项卡中打开如图 6.41 所示的颜色主题库。

(2)单击"浏览主题"按钮,弹出"选择主题或主题文档"对话框。

（3）导航到包含主题或模板文件的文件夹，并将其选中。

（4）单击"应用"按钮。

除了应用多种类型和格式的完整主题，PowerPoint 还提供许多内置的颜色、字体和效果主题，在应用完整主题后，可以单独使用它们。例如，可以应用包含所需背景设计的主题，然后更改其颜色和字体。

3．更改颜色

PowerPoint 中包含 20 多种内置的颜色主题，可以应用于任何演示文稿的完整主题中。应用所需要的完整主题后，切换到不同颜色主题的操作方法如下。

（1）单击"设计"选项卡的"变体"组中的"颜色"按钮，打开颜色主题库。

（2）在颜色主题库中选择所需要的颜色主题即可，如图 6.41 所示。

4．更改字体

默认情况下，在大多数主题和模板中，文本框都被设置为两种指定的类型之一，即"标题"或"正文"。文本框中的字体类型是由字体主题定义的。要改变整个演示文稿中的字体，只要应用不同字体主题即可。

应用所需要的完整主题后，切换到不同字体主题的操作方法如下。

（1）单击"设计"选项卡的"变体"组中的"字体"按钮，打开字体主题库，如图 6.42 所示。

（2）在字体主题库中选择所需要的字体主题。

5．更改效果

效果主题应用于 PowerPoint 支持的多种绘图类型，包括图表、SmartArt 图形、绘制的线条和形状等。它们可以让使用三维属性设置的对象的外观具有不同效果，如光泽亮或暗、颜色深或浅等。更改效果主题的操作方法如下。

（1）单击"设计"选项卡的"变体"组中的"效果"按钮，打开效果主题库，如图 6.43 所示。

（2）在效果主题库中选择所需要的效果主题。

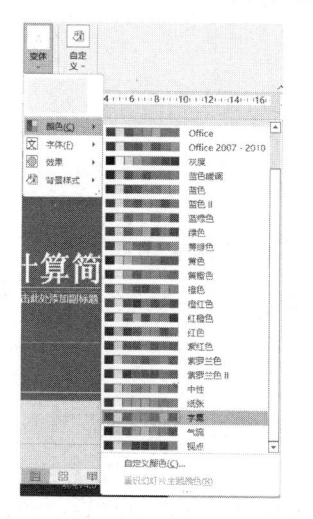

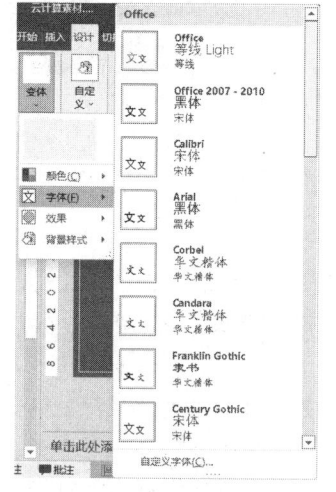

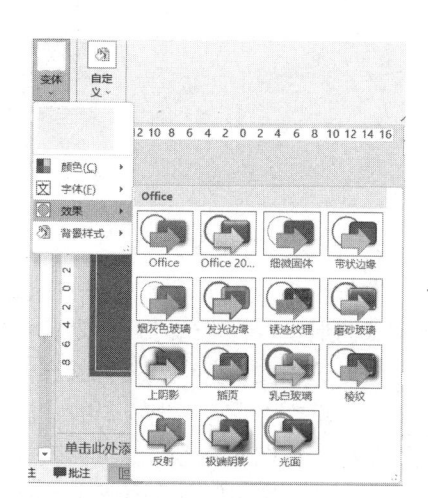

图 6.41　颜色主题库　　　　图 6.42　字体主题库　　　　图 6.43　效果主题库

【同步训练 6-21】小王在整理"云计算简介"演示文稿时，需要将"cloud.thmx"文件作为演示文稿的主题,并将主题颜色修改为字幕。

步骤 1. 单击"设计"选项卡中的"主题"组中的"其他"按钮,在下拉列表中选择"浏览主题"命令,在弹出的"选择主题或主题文档"对话框中选择"cloud.thmx"文件,单击"打开"按钮。

步骤 2. 单击"变体"组中的"其他"按钮,在下拉列表中选择"颜色"中的"字幕"。

6.3.3 幻灯片的背景

幻灯片的背景

背景是应用到整个幻灯片(或幻灯片母版)的颜色、纹理、图案或图像,其他内容都位于背景之上。

1. 背景样式

背景样式是预设的背景格式,由 PowerPoint 中的内置主题提供。应用不同主题时,可以使用不同背景样式。这些背景样式都使用主题的颜色占位符,所以其颜色会随应用的颜色主题不同而发生变化。更改背景样式的具体操作方法如下。

(1)选中要设置背景样式的幻灯片。

(2)单击"设计"选项卡的"变体"组中的"背景样式"按钮,弹出"背景样式"列表框。

(3)在选中的样式预览框上右击,在弹出的快捷菜单中选择"应用于所选幻灯片"命令,如图 6.44 所示。如果仅单击要应用的样式,则该样式将应用于整个演示文稿。

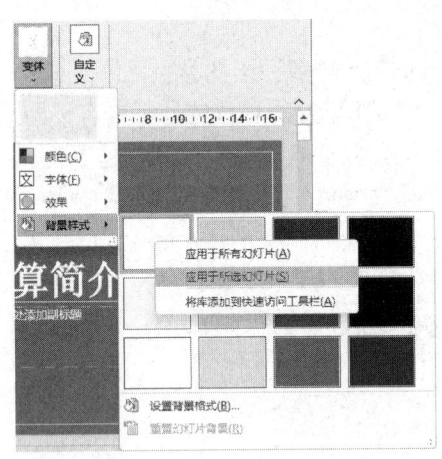

图 6.44 选择"应用于所选幻灯片"命令

2. 自定义背景样式

背景样式只有 12 种,且由主题决定,而自定义背景样式时,填充可以包含纯色、渐变、纹理或图形。对特定幻灯片指定背景填充的操作方法如下。

(1)选中要设置自定义背景样式的幻灯片。

(2)单击"设计"选项卡的"自定义"组中的"设置背景格式"按钮,打开"设置背景格式"窗格,如图 6.45 所示。

(3)在"填充"中选中要应用的填充类型单选按钮,并对具体的填充参数进行设置,设置完毕单击"应用到全部"按钮,可将更改应用于所有幻灯片,如果单击"重置背景"按钮则还原到最初状态。

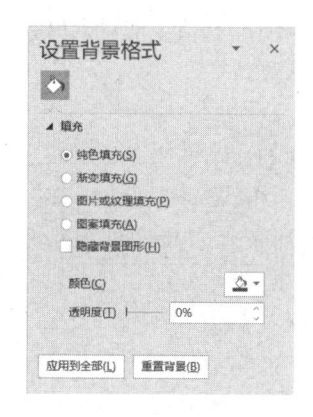

图 6.45 "设置背景格式"窗格

【同步训练 6-22】文小雨在制作关于日月潭的演示文稿时，需要在第 8 张幻灯片中，将名为"日月潭之夏.jpg"的图片设置为幻灯片背景。完成效果如图 6.46 所示。

图 6.46 完成效果

步骤 1．选中第 8 张幻灯片，打开"设置背景格式"窗格。
步骤 2．在该窗格的"填充"中选中"图片或纹理填充"单选按钮，单击"插入"按钮，在打开的"插入图片"窗口中单击"来自文件"按钮，在弹出的"插入图片"对话框中浏览并选择"日月潭之夏.jpg"，单击"插入"按钮。

3. 背景图形

背景是应用于整个幻灯片的，所以不存在局部背景。在背景上方可以有背景图形。背景图形是放在幻灯片母版上的图形图像，对背景起补充配合作用，白色背景与背景图形如图 6.47 所示。

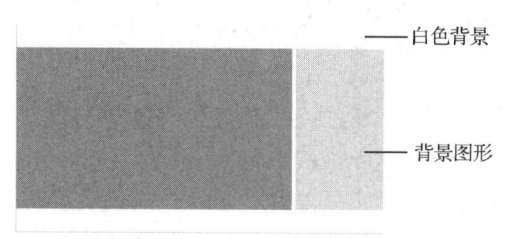

图 6.47 白色背景与背景图形

大多数主题是由背景填充和背景图形选项组成的，但它们的设置方法不同，要使幻灯片的整体外观符合要求，通常两者都要修改。

4. 显示和隐藏背景图形

有时背景图形会影响幻灯片内容的显示效果。如果在幻灯片中插入样式比较复杂、颜色比较多的图表，则幻灯片的背景图形会影响图表的展示；如果对幻灯片进行灰度打印，那么背景图形有可能干扰幻灯片中的主体内容。隐藏背景图形功能可以在不删除整个背景图形的前提下来解决此问题。操作方法如下。

（1）选中要处理的幻灯片（一张或多张）。

（2）在"设置背景格式"窗格中，勾选"填充"中的"隐藏背景图形"复选框。

可以根据需要取消勾选该复选框，以重新显示背景图形。

5. 删除背景图形

主题中的背景图形在幻灯片母版中，要删除背景图形，必须在幻灯片母版视图中完成。操作方法如下。

（1）单击"视图"选项卡的"母版视图"组中的"幻灯片母版"按钮，打开幻灯片母版视图。

（2）选择包含要删除的背景图形的幻灯片母版或版式母版。

（3）选中要删除的背景图形，按 Delete 键即可删除。

学习提示

一些背景图形在幻灯片母版中，另一些背景图形在单独的版式母版中。幻灯片母版中的背景图形会影响它的每个版式母版，但不能从单独的版式母版中选择或删除幻灯片母版中的背景图形。

6. 添加自定义背景图形

将背景图形添加到某主题的幻灯片母版或单独的版式母版中的操作方法如下。

（1）选择要添加背景图形的幻灯片母版或版式母版。

（2）将需要的图片插入母版页中，或者在母版页中绘制形状图形，可以利用复制、粘贴等命令将图形复制到母版页中。

（3）设计完成后，单击"视图"选项卡的"关闭"组中的"关闭母版视图"按钮。

学习提示

内置主题提供的大多数背景图形都是半透明的，或者使用某种占位符颜色作为填充色，因此，更改颜色主题会更改背景图形的颜色。在创建自定义背景图形时，应该使用主题颜色或透明的颜色，以免更改颜色主题时发生冲突。

6.3.4 使用母版

母版是存储有关应用设计模板信息的幻灯片，包括字形、占位符的大小和位置、背景、对象、页面的页眉和页脚、动画等。新建幻灯片的样式与母版设定模板的样式一致。

PowerPoint 中自带一个幻灯片母版，其中包括 11 个版式。母版和版式的关系是，一张幻灯片可以包括多个母版，而每个母版又可以有不同版式。

幻灯片母版一般用来添加幻灯片的附加信息，如版权、张数、修改日期等，或者幻灯片的界面设计和幻灯片的整体导航（链接）。

母版有 3 种类型，它们的作用如表 6.3 所示。

表 6.3 母版的类型及作用

母 版 名 称	作　　用
幻灯片母版	设置标题和文本的格式与类型。它为"标题幻灯片"之外的一个选项组或全部幻灯片提供自动版式标题、自动版式文本对象、页脚的默认样式和统一的背景颜色或图案
讲义母版	提供在一张打印纸上同时打印 1、2、3、4、6、9 张幻灯片的讲义版面布局选择设置和页眉与页脚的默认样式
备注母版	向各幻灯片添加备注文本的默认样式

在进行母版设计时，要先准备母版所需要的图片、图标、音乐等素材。打开 PowerPoint，单击"视图"选项卡的"母版视图"组中的"幻灯片母版"按钮，打开幻灯片母版视图，如图 6.48 所示。

在幻灯片母版视图的左侧是默认的 Office 主题的母版样式；最上层的母版为"幻灯片母版"，在该母版上所进行的任何操作，如更改字体、颜色、插入图片等，都会影响其下所有母版的显示效果；紧随其后的是"标题幻灯片"母版，在该母版上所进行的修改，会影响演示文稿首页或封面页的显示；其后的页面都可以根据实际情况进行增减或修改，需要注意的是，它们始终继承"幻灯片母版"的设计样式。

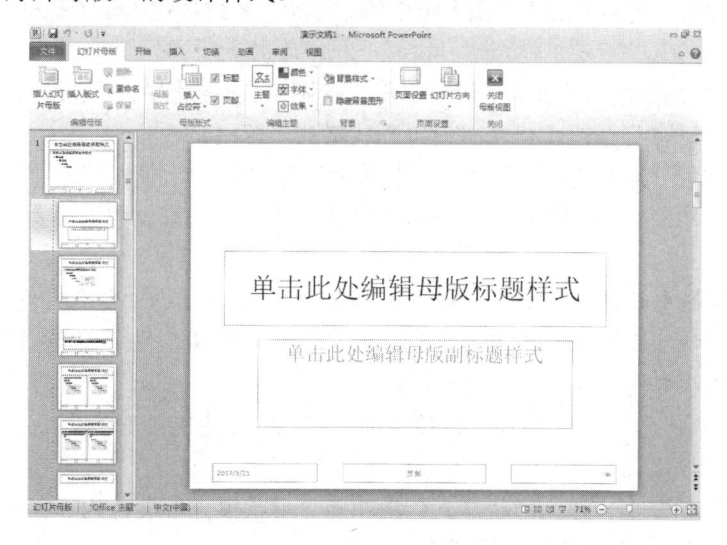

图 6.48 幻灯片母版视图

【同步训练 6-23】参加某乡村中学支教活动的小李，在制作数学课用的演示文稿时，需要设计幻灯片母版，要求如下：

（1）设置空白版式的背景样式为"样式 4"。

（2）在空白版式中插入圆角矩形，圆角矩形与幻灯片等宽，高度为 15 厘米，在幻灯片中水平居中对齐，到幻灯片上边缘的距离为 2.9 厘米，设置圆角矩形的填充色为"白色，文字 1，深色 15%"，并取消边框。

（3）输入如图 6.49 所示的效果图中的文本和符号，其中文本"认识立体图形""初识圆锥""圆锥的组成要素""练习与总结"的字体均为"黑体"，两个竖线符号的字符代码为"250A"，以上 4 个文本项和两个符号位于 6 个独立的文本框中。

(4)适当调整每张幻灯片中的文字和图形,使其位于圆角矩形背景形状中。

图 6.49　效果图

步骤 1．设置幻灯片背景。

(1)单击"视图"选项卡的"母版视图"组中的"幻灯片母版"按钮,打开幻灯片母版视图。

(2)在该视图中选中"空白版式",单击"幻灯片母版"选项卡的"背景"组中的"背景样式"下拉按钮,在列表框中选择"样式 4"。

步骤 2．插入图形。

(1)单击"插入"选项卡的"插图"组中的"形状"下拉按钮,在下拉列表中选择"矩形"中的"圆角矩形"。

(2)在幻灯片中绘制一个圆角矩形,单击"绘图工具-形状格式"选项卡的"大小"组右下角的"对话框启动器"按钮,出现"设置形状格式"窗格。

(3)在该窗格的"形状选项"的"大小与属性"选项卡中,将"高度"设置为"15 厘米",将"宽度"设置为"33.87 厘米";在下方的"位置"中将"垂直位置"设置为"2.9 厘米"。

操作技巧

单击"大小"组中的"幻灯片大小"按钮,在下拉列表中选择"自定义幻灯片大小"命令,在弹出的"幻灯片大小"对话框中可以看到"高度"为"33.867 厘米",实际输入"33.867 厘米"时,系统会自动四舍五入为"33.87 厘米"。

(4)单击"绘图工具-形状格式"选项卡的"排列"组中的"对齐"下拉按钮,在下拉列表中选择"水平居中"命令。

(5)选中该圆角矩形,在"形状样式"组中将"形状填充"设置为"主题颜色:白色,文字 1,深色 15%",将"形状轮廓"设置为"无轮廓"。

步骤 3．添加文本和符号。

(1)在左侧插入横排文本框,输入文本"认识立体图形",并将文本的字体设置为"黑体"。

(2)在右侧依次插入三个文本框,分别输入文本"初识圆锥""圆锥的组成要素""练习与总结",将文本的字体设置为"黑体"。

(3)在"初识圆锥"的后面插入一个文本框,将光标置于文本框中。单击"插入"按钮,在"字体"下拉列表中选择"(亚洲语言文本)",在"字符代码"文本框中输入"250A",插入"制表符细四长划竖线"。

(4)复制该竖线制表符到"圆锥的组成要素"文本框的后面。

(5)"顶端对齐"所有插入的文本框。

步骤 4．在普通视图中,适当调整幻灯片中文本和图片的大小及位置,使其位于圆角矩形背景形状中。

要将母版单独保存，选择"文件"菜单中的"另存为"命令，在弹出的"另存为"对话框中设置文件名，并将保存类型设置为"PowerPoint 模板"或"PowerPoint97-2003 模板"，单击"保存"按钮即可。

【同步训练 6-24】张宇在制作"介绍世界动物日"演示文稿时，需要按照下列要求设计幻灯片母版。

（1）将幻灯片母版名称修改为"世界动物日"；将母版标题应用"填充-白色，轮廓-着色1，阴影"的艺术字样式，字体为"微软雅黑"，并应用加粗效果；将母版各级文本样式设置为"方正姚体"，文字颜色为"蓝色，个性色 1"。

（2）将"游隼.png"作为标题幻灯片版式的背景。

（3）新建名为"世界动物日 1"的自定义版式，在该版式中插入"游隼竖版.png"，并与幻灯片左侧边缘对齐；调整标题占位符的宽度为 17.6 厘米，将其置于图片右侧；在标题占位符下方插入内容占位符，宽度为 17.6 厘米，高度为 9 厘米，并与标题占位符左对齐。

（4）基于"世界动物日 1"版式创建名为"世界动物日 2"的版式，在"世界动物日 2"版式中将内容占位符的宽度调整为 10 厘米（保持与标题占位符左对齐）；在内容占位符右侧插入宽度为 7.2 厘米、高度为 9 厘米的图片占位符并与左侧的内容占位符顶端对齐，与上方的标题占位符右对齐。

（5）删除"标题幻灯片""世界动物日 1""世界动物日 2"之外的其他幻灯片版式。

步骤 1．打开幻灯片母版视图。

步骤 2．选中母版幻灯片，单击"幻灯片母版"选项卡的"编辑母版"组中的"重命名"按钮，在弹出的"重命名版式"对话框中输入版式名称为"世界动物日"，如图 6.50 所示。

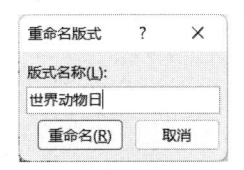

图 6.50 "重命名版式"对话框

步骤 3．选中幻灯片母版中的标题文本框，单击"绘图工具-形状格式"选项卡的"艺术字样式"组中的"其他"按钮，在艺术字样式列表框中选择"填充-白色，轮廓-着色 1，阴影"样式，将"字体"设置为"微软雅黑"并应用加粗效果。

步骤 4．选择内容文本框，将下方的各级母版文本"字体"设置为"方正姚体"，文字颜色设置为"蓝色，个性色 1"。

步骤 5．在幻灯片母版视图中选中"标题幻灯片"版式，打开"设置背景格式"窗格，选中"图片或纹理填充"单选按钮，在图片源中插入"游隼.png"。

步骤 6．单击"幻灯片母版"选项卡的"编辑母版"组中的"插入版式"按钮，选中新插入的版式，将"版式名称"改为"世界动物日 1"，插入"游隼竖版.png"并将其选中，使其"左对齐"于幻灯片。

步骤 7．选中标题占位符，在"绘图工具-形状格式"选项卡的"大小"组中将"宽度"调整为"17.6 厘米"，拖动标题占位符到图片右侧。

步骤 8. 单击"幻灯片母版"选项卡的"母版版式"组中的"插入占位符"按钮，在下拉列表中选择"内容"命令，在标题占位符的下方使用鼠标绘制一个矩形框；选中该内容占位符，将"高度"调整为"9 厘米"，"宽度"调整为"17.6 厘米"。

步骤 9. 同时选中标题占位符文本框和内容占位符文本框，在"对齐"下拉列表中选择"左对齐"命令使其左对齐。

步骤 10. 选中"世界动物日 1"版式，右击，在弹出的快捷菜单中选择"复制版式"命令，在下方复制一个"1_世界动物日 1"，单击该版式，将"版式名称"改为"世界动物日 2"。

步骤 11. 选中内容占位符文本框，将"宽度"调整为"10 厘米"。

步骤 12. 使用同样的方法，在内容占位符的右侧插入图片占位符，并将其"高度"设置为"9 厘米"，"宽度"设置为"7.2 厘米"；同时选中左侧的"内容占位符文本框"和右侧的"图片占位符文本框"，使其顶端对齐；同时选中"标题占位符文本框"和"图片占位符文本框"，使其右对齐。

步骤 13. 选中"标题幻灯片""世界动物日 1""世界动物日 2"版式之外的所有幻灯片版式，单击"幻灯片母版"选项卡的"编辑母版"组中的"删除"按钮，关闭幻灯片母版视图。母版设计完成。

【同步训练 6-25】张宇在制作"介绍世界动物日"演示文稿的模板后，需要将其应用于所有幻灯片中，第 1 张幻灯片的版式为"标题幻灯片"，第 2、第 4~7 张幻灯片的版式为"世界动物日 1"，第 3 张幻灯片的版式为"世界动物日 2"；所有幻灯片中的文字字体与母版中的一致。

步骤 1. 选中第 1 张幻灯片，单击"开始"选项卡的"幻灯片"组中的"版式"按钮，在下拉列表中选择"标题幻灯片"。

步骤 2. 使用同样的方法，将第 2、第 4~7 张幻灯片的版式设置为"世界动物日 1"，将第 3 张幻灯片的版式设置为"世界动物日 2"。

6.3.5 幻灯片分节

如果演示文稿中包含多张幻灯片，则可以使用节的功能组织幻灯片，并可为节命名。新增节的操作方法如下。

（1）选中要新增节的第 1 张幻灯片。

（2）单击"开始"选项卡的"幻灯片"组中的"节"按钮，弹出如图 6.51 所示的"节"下拉列表。

（3）在该下拉列表中选择"新增节"命令。

修改节名称的操作方法如下。

（1）选择节标题，在"节"下拉列表中选择"重命名节"命令，弹出"重命名节"对话框，如图 6.52 所示。

（2）在该对话框中输入新名称，单击"重命名"按钮。

新增节及重命名节也可以通过右键菜单来完成。在普通视图或幻灯片浏览视图中，在要新增节的两个幻灯片之间右击，在弹出的快捷菜单中选择"新增节"命令，如图 6.53 所示，即可在此位置划分新节，上一节名称为"默认节"，下一节名称为"无标题节"。

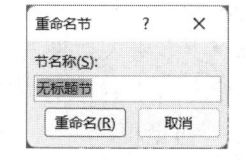

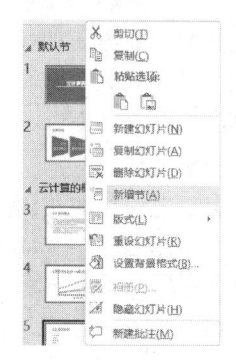

图 6.51 "节"下拉列表　　图 6.52 "重命名节"对话框　　图 6.53 选择"新增节"命令

【同步训练 6-26】小王在整理"云计算简介"演示文稿时，需要按照表 6.4 所示的要求为 18 张演示文稿分节。

表 6.4　云计算技术演示文稿分节要求

幻灯片	第 1~2 张	第 3~4 张	第 5~13 张	第 14~17 张	第 18 张
节标题	默认节	云计算的概念	云计算的特征	云计算的服务形式	默认节

步骤 1．选中第 1 张幻灯片，右击，在弹出的快捷菜单中选择"新增节"命令，选中节名，在弹出的"重命名节"对话框中，输入节名称 "默认节"，单击"重命名"按钮。

步骤 2．选中第 3 张幻灯片，使用同样的方法，新增一个名为"云计算的概念"的节。

步骤 3．分别选中第 5、14、18 张幻灯片，使用同样的方式，设置第 3 节为"云计算的特征"、第 4 节为"云计算的服务形式"、第 5 节为"默认节"。

6.4　设置动画效果和幻灯片切换方式

6.4.1　为对象添加动画效果

在制作演示文稿的过程中，除了精心组织内容、合理安排布局，还可以根据需要应用动画效果来控制幻灯片中的文本、声音、图像及其他对象的进入方式和顺序，使幻灯片的展示更加生动。在一些需要演示流程或步骤的情况下，应用动画可以吸引观者的注意。PowerPoint 中提供的自定义动画类型及其说明如表 6.5 所示。

为对象添加动画效果

表 6.5　自定义动画类型及其说明

动 画 类 型	说　　明
进入	演示中对象出现的效果
退出	演示中对象演示后的效果
强调	演示中对象出现后的强调效果
动作路径	可以让对象沿指定路径运动

为幻灯片中的对象设置动画的操作方法如下。

（1）选中要添加动画的对象。

（2）在"动画"选项卡的"动画"组的"动画效果"预览库中选择所需要的动画效果，也可以单击"高级动画"组中的"添加动画"按钮，在如图 6.54 所示的"添加动画"下拉列表中进行相应选择。

设置后在对象的左侧会出现数字标注，表示动画添加成功。

在"添加动画"下拉列表中，选择"更多进入效果"命令或"更多强调效果"命令或"更多退出效果"命令或"其他动作路径"命令，在弹出的相应对话框中可选择更多的动画效果，如图 6.55 所示为弹出的"添加进入效果"对话框。

如果设置"动作路径"动画，在幻灯片放映时，可以让对象按照指定的路径在幻灯片中移动。路径可以采用直线、曲线、任意多边形、自由曲线等方式；还可以选择"自定义路径"，这时，在幻灯片中的适当位置依次单击，可以绘制一个路径形状（单击处为路径拐点），然后单击"确定"按钮。对路径还可以进行编辑和修改，其操作方法如下。

（1）选中添加路径动画的路径，单击"动画"选项卡的"动画"组中的"效果选项"下拉按钮，弹出如图 6.56 所示的"效果选项"下拉列表。

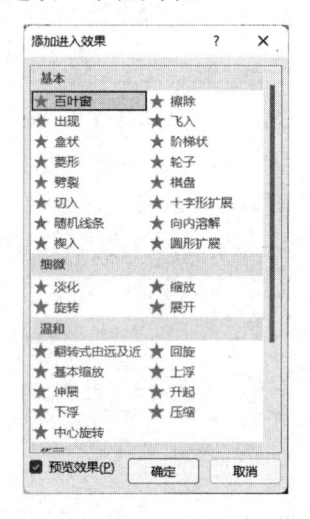

图 6.54 "添加动画"下拉列表　　图 6.55 "添加进入效果"对话框　　图 6.56 "效果选项"下拉列表

（2）在下拉列表中选择"编辑顶点"命令，可以调整路径顶点，并改变路径形状。

（3）在顶点上右击，在弹出的快捷菜单中选择各种命令，如"平滑顶点"命令，可以使路径曲线平滑。

学习提示

在路径动画中，绿色的控制点为动画的起始点，红色的控制点为动画的结束点。

6.4.2　动画的更多设置

1. 设置动画的序列方式

动画的更多设置

为包含多段文本的一个文本框设置动画效果后，可以设置其中各段文本是将作为一个整体进行动画播放还是将每段文本分别进行动画播放。

设置不同动画序列效果的操作方法如下。

（1）选中幻灯片中已设置动画的对象。

（2）单击"动画"选项卡的"动画"组中的"效果选项"按钮，在如图 6.57 所示的"效果选项"下拉列表中选择"序列"组中的一种命令即可。

图 6.57 "效果选项"下拉列表

在设置动画播放的序列效果时，有 3 个设置选项，如表 6.6 所示为设置选项及其效果说明。

表 6.6 设置选项及其效果说明

设 置 选 项	效 果 说 明
作为一个对象	整个文本框中的文本作为一个整体被创建一个动画
整批发送	文本框中的每个段落被分别创建一个动画，在放映幻灯片时，这些动画将同时播放
按段落	文本框中的每个段落被分别创建一个动画，在放映幻灯片时，这些动画将按照段落顺序依次播放

对于 SmartArt 图形和图表也有类似的设置，SmartArt 图形可被作为一个对象进行整批发送，不同类型的 SmartArt 图形或图表可产生不同序列效果。

2．设置动画的运动方式

为对象设置动画效果后，可以通过单击"动画"选项卡的"动画"组中的"效果选项"按钮，从下拉列表中进行运动方式的设置，如将"飞入"动画的飞入方向设置为"自右侧""自右下部"等。

"效果选项"下拉列表中的命令是设置动画运动方式的，对不同类型的动画，命令不同，如"翻转式由远及近"动画就没有对运动方向的设置，"随机线条"动画的"效果选项"下拉列表中的"水平"和"垂直"命令，用来设置随机线条是水平线条还是垂直线条。

3．设置多个动画的播放顺序

在为某张幻灯片中的一个对象添加动画效果后，还可以为该张幻灯片中的另一个对象添加动画效果；或者为同一个对象添加第二个动画效果。当某张幻灯片中有多个动画时，动画存在播放的先后顺序问题。

在"动画窗格"中以动画播放的先后顺序列出了该张幻灯片中的所有动画，可以通过它来查看设置动画的情况。单击"动画"选项卡的"高级动画"组中的"动画窗格"按钮，打开"动画窗格"。

在"动画窗格"中，对于含有多段文本的文本框的动画，单击列表中的 按钮可展开各段动画，单击列表中的 按钮可折叠动画，使文本框的各段作为一个整体显示；拖动列表中的动画条目，可调整动画之间的先后播放顺序。

要调整动画顺序也可以单击"动画窗格"底部的 或 按钮，还可以在幻灯片中选择已设置动画的对象，在"动画"选项卡的"计时"组中单击 ▲ 向前移动 或 ▼ 向后移动按钮。

【同步训练 6-27】文小雨在制作关于日月潭的演示文稿时，需要对游艇图片应用"飞入"的进入动画效果，以便在播放到该张幻灯片时，游艇能够自动从左下方进入幻灯片页面；为"椭圆形标注"图形应用一种适合的进入动画效果，并使其在游艇飞入页面后能自动出现。

步骤 1．选中第 5 张幻灯片。

步骤 2．选中游艇图片，选择"动画"选项卡的"动画"组中的"飞入"进入动画效果，在右侧的"效果选项"中选择"自左下部"，在"计时"组中将"开始"设置为"上一动画之后"。

步骤 3．选中"椭圆形标注"图形，选择"动画"选项卡的"动画"组中的"浮入"进入动画效果，在"计时"组中将"开始"设置为"上一动画之后"。

4. 设置动画的开始方式

在默认情况下，放映幻灯片时，幻灯片中的动画只有单击才能播放，单击一次播放一个动画，动画也可以自动播放，并根据实际需要设置动画开始方式。如表 6.7 所示为动画开始方式及说明。

表 6.7　动画开始方式及说明

动画开始方式	说　明
单击开始	默认方式。单击开始播放动画，单击一次播放一个动画
从上一项开始	与上一个动画同时开始播放，如果动画是本幻灯片中的第一个动画，则在幻灯片被切换后自动播放
从上一项之后开始	上一个动画结束后开始播放，如果动画是本幻灯片中的第一个动画，则在幻灯片被切换后自动播放

设置动画开始方式的操作方法如下。

（1）在幻灯片中选中已设置动画的对象。

（2）在"动画"选项卡的"计时"组的"开始"右侧的下拉列表中选择一种开始方法。

【同步训练 6-28】小王在整理"云计算简介"演示文稿时，需要为第 4 张幻灯片标题下的图表添加"擦除"动画效果，方向为自左侧，要求图表背景无动画，第 1 个数据系列在单击时出现，其他两个数据系列在上一动画之后出现。

步骤 1．选中第 4 张幻灯片标题下的图表，选择"动画"选项卡的"动画"组的"进入"中的"擦除"效果；在"效果选项"下拉列表中选择"自左侧"；在"效果选项"下拉列表中选择"按系列"。

步骤 2．打开"动画窗格"，在"动画窗格"中展开列表框中的全部内容，选择第一项"背景"，单击右侧的下拉按钮，在下拉列表中选择"删除"。

步骤 3．在"动画窗格"中，选中"系列 1"，在上方的"计时"组中将"开始"设置为"单击时"；使用同样的方法，将"系列 2"和"系列 3"的"开始"设置为"上一动画之后"，关闭"动画窗格"。

5. 设置动画播放的持续时间

在"动画"选项卡的"计时"组的"持续时间"中设置动画播放的持续时间。持续时间越长，动画播放得越慢。操作方法如下。

（1）选中已设置的动画对象。

（2）单击"动画"组右下角的"对话框启动器"按钮，弹出"飞入"动画效果对话框。

(3)在该对话框中选择"计时"选项卡,如图 6.58 所示,在"期间"下拉列表中选择一种播放速度。

也可以在"动画窗格"中单击动画下拉列表中的某个动画条目右侧的下拉按钮,在下拉列表中选择"效果选项"命令,如图 6.59 所示。在"飞入"动画效果对话框的"计时"选项卡中,各项设置如表 6.8 所示。

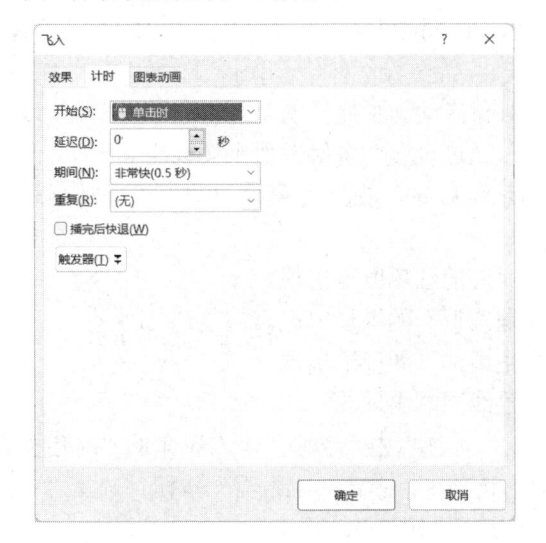

图 6.58 "飞入"动画效果对话框

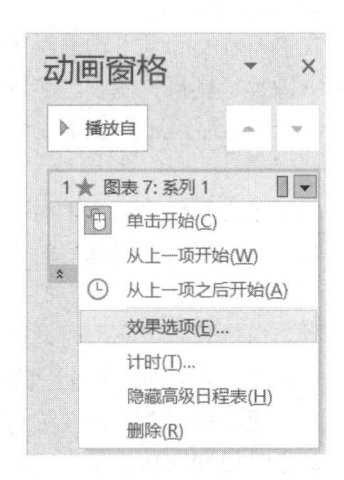

图 6.59 选择"效果选项"命令

表 6.8 "计时"选项卡

计时选项	说　明
开始	设置动画开始的方式。选项有"单击时""与上一动画同时""上一动画之后"
延迟	设置本动画与上一动画播放间隔的延迟时间
期间	设置动画的播放速度
重复	设置动画播放的重复次数(默认为 1 次)
播完后快退	勾选后,播放完动画对象直接退出,不在页面上停留
触发器	相当于一个按钮,它可以是一个图片、文字、段落、文本框等。设置触发器功能后,单击触发器可控制幻灯片页面中已设定动画的执行

设置动画声音可以让动画在播放的同时产生声音效果,方法是在"飞入"动画效果对话框中选择"效果"选项卡,在"声音"下拉列表中选择一种声音效果。

【同步训练6-29】小李在制作数学课用的演示文稿时,需要在第 7 张幻灯片中设置如下动画:

(1)为圆锥上方与顶点对应的红色圆点、包含文本"底面是圆形"的圆形和包含文本"侧面是扇形"的扇形设置"淡化"的进入动画效果,开始时间为单击时。

(2)为圆锥中的高设置"擦除"进入动画效果,方向为自顶部。

(3)为底面直径设置"出现"的进入动画效果,要求和圆锥的高同时出现。

步骤1.选中圆锥上方与顶点对应的红色圆点,单击"动画"选项卡的"高级动画"组中的"添加动画"按钮,在下拉列表中选择"淡化"效果。

步骤 2. 选中包含文本"底面是圆形"的圆形和包含文本"侧面是扇形"的扇形，按照同样的方法设置"淡化"动画效果。

步骤 3. 选中圆锥中的高，在"添加动画"下拉列表中选择"擦除"的动画效果，然后在"动画"选项卡的"效果选项"下拉列表中选择"自顶部"。

步骤 4. 选中底面直径，在"添加动画"下拉列表中选择"出现"的动画效果，打开"动画窗格"，单击底面直径动画条目右侧的下拉按钮，在下拉列表中选择"从上一项开始"命令。

6．动画触发器

在 PowerPoint 中，动画触发器具有设置单击对象启动动画效果的功能，动画触发器可以是文本、图片、图形、图表、艺术字、按钮等对象，通过设置动画触发器来实现交互。

【同步训练 6-30】小李在制作数学课用的演示文稿时，想为设置好的动画设置动画触发效果：

（1）单击形状"顶点"时，圆锥上方与顶点对应的红色圆点出现。

（2）单击形状"底面"时，包含文本"底面是圆形"的圆形出现。

（3）单击形状"侧面"时，包含文本"侧面是扇形"的扇形出现。

（4）单击形状"高"时，圆锥中的横竖两条直线同时出现。

步骤 1. 选中该幻灯片中的圆点，单击"动画"选项卡中"动画"组右下角的"对话框启动器"按钮，弹出"淡化"对话框，选择"计时"选项卡，单击"触发器"按钮，选择"单击下列对象时启动动画效果"，在后面的下拉列表中选择"棱台 4：顶点"。

步骤 2. 按照同样的方法，设置其他图形对象的动画触发器。

（1）选中该幻灯片中的圆点，选择动画对象后，单击"高级动画"组中的"触发"按钮，在下拉列表中选择触发器。单击"动画"选项卡的"高级动画"组中的"触发"按钮，在下拉列表中选择"单击"→"棱台 4"。

（2）选中该幻灯片中包含文本"底面是圆形"的图形对象，单击"高级动画"组中的"触发"按钮，在下拉列表中选择"单击"→"棱台 9"。

（3）选中该幻灯片中包含文本"侧面是扇形"的图形对象，单击"高级动画"组中的"触发"按钮，在下拉列表中选择"单击"→"棱台 10"。

（4）选中该幻灯片中的垂直红色线段，单击"高级动画"组中的"触发"按钮，在下拉列表中选择"单击"→"棱台 11"；选中该幻灯片中的水平红色线段，单击"高级动画"组中的"触发"按钮，在下拉列表中选择"单击"→"棱台 11"。

7．复制动画

可以通过"动画"选项卡的"高级动画"组中的"动画刷"按钮，复制动画的设置。动画刷类似于 Word 中的格式刷，它的功能是将原对象的动画照搬到目标对象上，它可以跨幻灯片、跨演示文稿复制对象的动画信息。动画刷的使用方法如下。

（1）选中已设置动画效果的对象。

（2）单击（只能使用一次）或双击（多次使用）"动画"选项卡的"高级动画"组中的"动画刷"按钮，或按"Alt+Shift+C"组合键，此时，鼠标指针旁边会出现一个刷子样图标。

（3）单击需要设置动画的对象，该对象就会有动画效果展示。

如果先单击"动画刷"按钮，再单击对象，则鼠标指针旁边的刷子样图标会消失。

如果先双击"动画刷"按钮，再单击对象，则可以继续对其他对象进行单击操作，再次单击"动画刷"按钮即可取消动画刷。

8. 更换动画

若对所添加的动画效果不满意，想切换其他动画效果，可选中要更换动画效果的对象，在"动画"选项卡的"动画"组的"动画效果"预览库中选择所需要的动画效果。

9. 调整动画播放次序

若要调整幻灯片页面中对象的动画播放次序，可在"动画窗格"中，选中所要调整的对象，按住鼠标左键进行上下拖动调整，也可以使用"动画窗格"下面的"重新排序"按钮进行调整。

10. 删除动画

在"动画窗格"中选择要删除的动画，右击，在弹出的快捷菜单中选择"删除"命令，或者按 Delete 键，都可将其删除。

6.4.3 超链接和动作

PowerPoint 中提供了功能强大的超链接和动作功能，在放映幻灯片的过程中，通过超链接或动作可以直接跳转到其他幻灯片，或者打开某个文件、运行某个外部程序、跳转到某个网页上等。

1. 超链接到本文档中的幻灯片

在幻灯片中制作超链接的操作方法如下。

（1）选中要制作超链接的对象，单击"插入"选项卡的"链接"组中的"链接"按钮，弹出"插入超链接"对话框，如图 6.60 所示。选中该对象，右击，在弹出的快捷菜单中选择"超链接"命令也可以弹出该对话框。

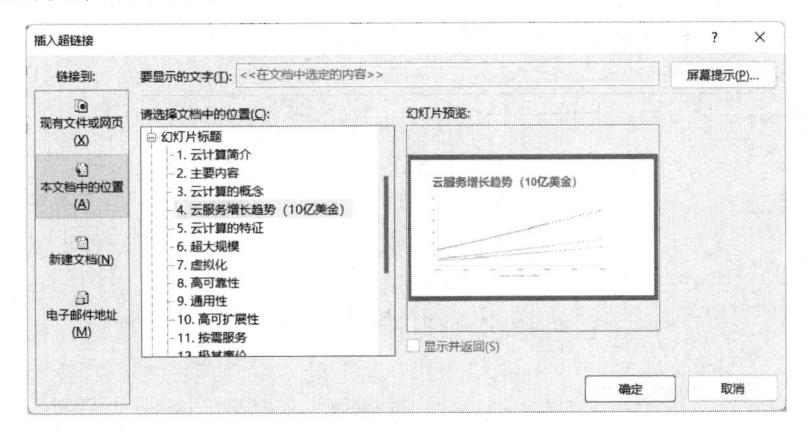

图 6.60 "插入超链接"对话框

（2）在该对话框的"链接到"组中选择要链接的位置为"本文档中的位置"。

（3）在右侧的"请选择文档中的位置"中选择要链接的页面，如果需要如图 6.61 所示的屏幕提示，则单击"屏幕提示"按钮，在弹出的如图 6.62 所示的"设置超链接屏幕提示"对话框中输入提示文本，如"跳转到第六页"。

（4）设置完毕单击"确定"按钮。

若修改已设置的超链接，可单击"插入"选项卡的"链接"组中的"超链接"按钮，或者右击，在弹出的快捷菜单中选择"编辑超链接"命令，也可以选择"复制超链接""打开超链接""删除超链接"等命令。

图 6.61　屏幕提示　　　　　图 6.62　"设置超链接屏幕提示"对话框

2. 链接到现有文件或网页

在"插入超链接"对话框中，除了可以选择链接到本文档中的位置，还可以选择链接到现有文件或网页、新建文档、电子邮件地址。在"插入超链接"对话框中选择链接到"现有文件或网页"，然后再选择相应的文件即可。

3. 插入动作按钮

动作按钮是带有特定功能效果的图形按钮，如图 6.63 所示。在幻灯片中插入动作按钮，放映幻灯片时单击它们可以实现"向前一张""向后一张""第一张""最后一张"等跳转幻灯片的功能，或者播放声音或打开文件的功能等。

图 6.63　动作按钮

在幻灯片中使用动作按钮，要先在幻灯片中添加动作按钮图形。操作方法如下。

（1）单击"插入"选项卡的"插图"组中的"形状"按钮，在下拉列表中选择"动作按钮"组中的某个按钮形状。

（2）在幻灯片中按住鼠标左键不放拖动鼠标绘制一个动作按钮。

松开鼠标左键，弹出"操作设置"对话框，如图 6.64 所示，有"单击鼠标"和"鼠标悬停"两个选项卡。这两个选项卡代表两种交互方式，一种是单击动作按钮时所发生的动作；另一种是将鼠标指针悬停在动作按钮上时所发生的动作，它们的选项设置相同，可以在这两个选项卡中进行设置。

在"单击鼠标"选项卡中选中"超链接到"单选按钮，可以实现与"超链接"命令相同的功能；选中"运行程序"单选按钮，可以在播放幻灯片时打开其他程序；还可以设置单击鼠标时的音效及单击时是否突出显示。设置完成后，单击"确定"按钮即可完成操作。

图 6.64　"操作设置"对话框

学习提示

动作按钮的动作效果必须在"动作设置"对话框中进行设置，如果只在幻灯片上绘制图形是毫无意义的。动作按钮和它的动作效果应尽量统一，虽然可以将◀按钮的动作效果设置为"超链接到"下一张幻灯片，但这种做法是不可取的。

除了在"形状"下拉列表中绘制动作按钮，还可以让任意文字、图片、图形等对象具有动作按钮的功能。操作方法如下。

（1）选中文字或图形等对象。

（2）单击"插入"选项卡的"链接"组中的"动作"按钮，弹出"操作设置"对话框。

（3）在该对话框中为对象设置"单击鼠标"或"鼠标悬停"的效果。

若修改已设置的动作，可单击"插入"选项卡的"链接"组中的"动作"按钮，或者右击，在弹出的快捷菜单中选择"超链接"命令。

【同步训练 6-31】张宇在制作"介绍世界动物日"演示文稿时，需要将第 2 张幻灯片中的项目符号列表转换为 SmartArt 图形，设置布局为"垂直曲形列表"，图形中的字体为"方正姚体"；为 SmartArt 图形中包含文字内容的 5 个形状分别建立超链接，以链接到后面对应内容的幻灯片。

步骤 1．将项目符号列表转换为 SmartArt 图形，布局为"垂直曲形列表"，并将图形中的字体设置为"方正姚体"。

步骤 2．选中 SmartArt 对象中的第 1 个形状，打开"插入超链接"对话框；在"链接到"组中选择"本文档中的位置"后选择相应的链接目标幻灯片，单击"确定"按钮。

步骤 3．按照上述方法，为其余 4 个形状添加相应的超链接。

6.4.4 幻灯片切换

幻灯片切换是指在放映幻灯片时，从一张幻灯片切换到下一张幻灯片的动画效果。在放映演示文稿时采用多种切换方式，可以增强演示效果。

可以对整个演示文稿设置切换效果，也可以对单张幻灯片设置切换效果。操作方法如下。

（1）在"幻灯片浏览窗格"中选中需要设置的幻灯片。

（2）单击"切换"选项卡的"切换到此幻灯片"组中的"切换"按钮，在列表框中选择需要切换的效果，如图 6.65 所示。

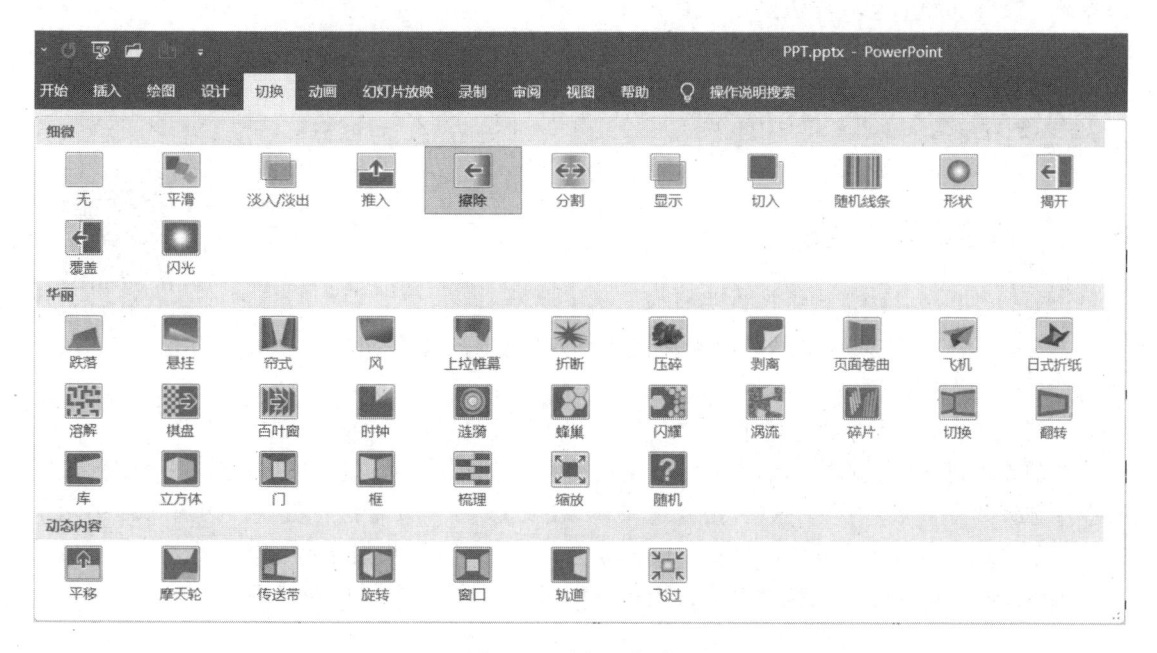

图 6.65　选择切换效果

(3)在"切换"选项卡的"切换到此幻灯片"组中的"效果选项"下拉列表中选择所需要的命令。

在"切换"选项卡的"计时"组中,如图6.66所示,设置切换的"声音""持续时间""换片方式"。如果将此切换效果应用于整个演示文稿的全部幻灯片中,则单击"应用到全部"按钮;如果不单击该按钮,则设置的是选定幻灯片切换到下一张幻灯片的时间。

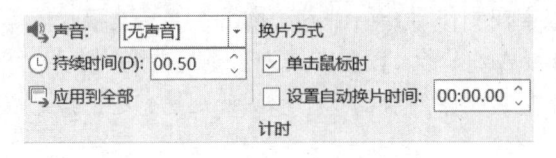

图6.66 "计时"组

(4)幻灯片切换效果设置完成后,单击"切换"选项卡的"预览"组中的"预览"按钮,预览切换效果。

【同步训练6-32】文小雨在制作关于日月潭的演示文稿时,需要为第2~8张幻灯片添加"涟漪"的切换效果,而首张幻灯片无切换效果。

步骤1.选中第2张幻灯片,按住Shift键不放,选中第8张幻灯片。

步骤2.单击"切换"选项卡的"切换到此幻灯片"组中的"涟漪"按钮。

步骤3.选中第1张幻灯片,单击"切换"选项卡的"切换到此幻灯片"组中的"无"按钮。

【同步训练6-33】小王在整理"云计算简介"演示文稿时,需要为每节幻灯片都设置同一种切换方式,且节与节的幻灯片切换方式都不同。

步骤1.分别选中同一节的幻灯片。

步骤2.在"切换"选项卡的"切换到此幻灯片"组中,将每节幻灯片都设置为同一种切换效果,且节与节的幻灯片切换方式都不同。

6.5 幻灯片的放映及输出

6.5.1 启动幻灯片放映

启动幻灯片放映的常用操作方法如下。

方法1.单击"幻灯片放映"选项卡的"开始放映幻灯片"组中的"从头开始"或"从当前幻灯片开始"按钮。

方法2.单击右下角状态栏中的"幻灯片放映"按钮。

在放映幻灯片的过程中,单击可以一张张地依次放映幻灯片;也可以右击,在弹出的快捷菜单中选择"上一张""下一张""指针选项""结束放映"等命令进行放映,如图6.67所示,在子菜单中还可以进行页面上下切换、局部放大、黑白屏的切换及指针切换操作。

放映幻灯片时可以使用快捷键进行控制,如表6.9所示为常用的快捷键及其功能。

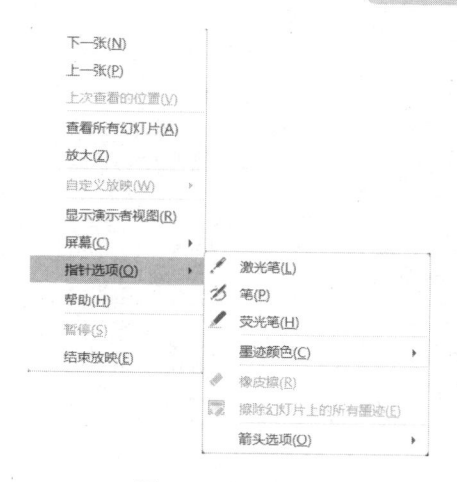

图 6.67　快捷菜单

表 6.9　幻灯片放映时常用的快捷键及其功能

快 捷 键	功　能	快 捷 键	功　能
F5	从头开始播放	Shift+F5	从当前幻灯片开始
N（字母）、→、↓、PgDn、空格	下一张	B	使屏幕变黑/还原
←、↑、PgUp、P	上一张	W	使屏幕变白/还原
序号 N（数字）+Enter	定位于第 n 张	E	清除幻灯片上的所有墨迹
按鼠标左右键两秒以上、Home	返回第 1 张	A、=、Ctrl+H	隐藏指针和按钮
Esc、-（短折线）	终止放映	Ctrl+A	箭头鼠标
Ctrl+P	笔形鼠标	S	停止/重新启动自动放映

6.5.2　设置放映效果

在 PowerPoint 中，用户可以根据演示场合选择不同幻灯片放映类型。PowerPoint 中幻灯片有 3 种放映类型，这 3 种放映类型及其特点如表 6.10 所示。

设置放映效果

表 6.10　幻灯片的放映类型及其特点

放 映 类 型	特　点
演讲者放映（全屏幕）	默认的放映类型，以全屏状态放映演示文稿，一般由演讲者一边讲解一边放映。在演示文稿放映的过程中，演讲者有完全的控制权
观众自行浏览（窗口）	以窗口形式放映演示文稿，由观众自己动手使用计算机观看幻灯片，可以按 PgUp 或 PgDn 键切换幻灯片，不能通过单击切换幻灯片
在展台浏览（全屏幕）	在演示文稿放映的过程中，无须人为控制，系统会自动全屏循环放映演示文稿。不能通过单击切换幻灯片，但可以单击幻灯片中的超链接和动作按钮进行切换，按 Esc 键结束放映

单击"幻灯片放映"选项卡的"设置"组中的"设置幻灯片放映"按钮，弹出"设置放映方式"对话框，如图 6.68 所示，可对放映效果进行设置。

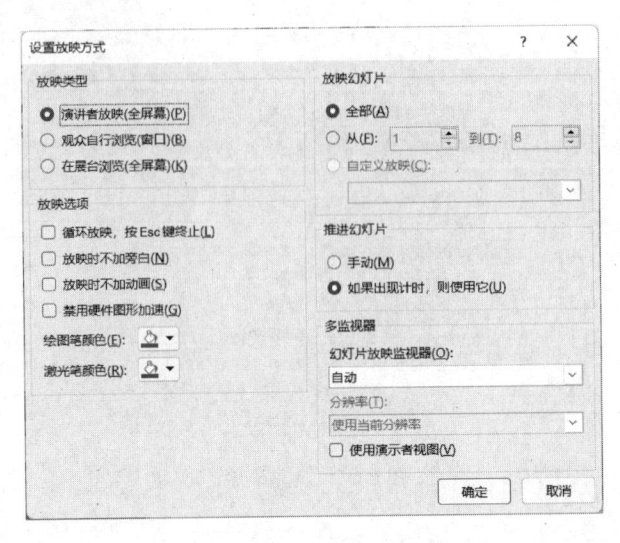

图 6.68 "设置放映方式"对话框

在该对话框中，勾选"循环放映，按 Esc 键终止"复选框，可循环放映演示文稿，当放映完最后一张幻灯片时，可切换到第 1 张幻灯片继续放映，按 Esc 键可退出放映；在选中"在展台浏览(全屏幕)"单选按钮时，自动勾选该复选框。

如果勾选"放映时不加旁白"或"放映时不加动画"复选框，则在放映演示文稿时，将隐藏伴随幻灯片的旁白或幻灯片上的对象的动画效果，但并不删除旁白和动画效果。

在"放映幻灯片"中可以设置幻灯片的放映范围，如果选中"全部"单选按钮，则放映整个演示文稿；如果选中"从"单选按钮，则在"从"数值框中，指定开始放映的幻灯片编号，在"到"数值框中，指定最后放映的幻灯片编号。

如果要进行自定义放映，则选中"自定义放映"单选按钮，然后在下拉列表中选择自定义放映的名称。

在"推进幻灯片"中可以设置幻灯片的换片方式，需要手动放映时，选中"手动"单选按钮；需要自动放映时，在已进行计时排练的基础上，选中"如果出现计时，则使用它"单选按钮。

【同步训练 6-34】文小雨在制作关于日月潭的演示文稿时，为使幻灯片在展台可以自动放映，需要设置每张幻灯片的自动放映时间为 10 秒。

步骤 1. 打开"设置放映方式"对话框，在"放映类型"中选中"在展台浏览(全屏幕)"单选按钮，单击"确定"按钮。

步骤 2. 选择"切换"选项卡，在"计时"组中勾选"设置自动换片时间"复选框，并将自动换片时间设置为"00:10.00"（10 秒），单击"全部应用"按钮。

【同步训练 6-35】文小雨在制作关于日月潭的演示文稿时，需要设置演示文稿的放映方式为"循环放映，按 Esc 键终止"，换片方式为"手动"。

步骤 1. 打开"设置放映方式"对话框。

步骤 2. 在"放映选项"中勾选"循环放映，按 Esc 键终止"复选框，在"推进幻灯片"中选中"手动"单选按钮，单击"确定"按钮。

6.5.3 排练计时

使用排练计时功能可以使幻灯片自动播放。操作方法如下。

(1) 打开需要设置的幻灯片,然后单击"幻灯片放映"选项卡的"设置"组中的"排练计时"按钮,此时,系统自动启动幻灯片的放映程序,在"录制"窗口开始计时,如图 6.69 所示。

图 6.69 "录制"窗口

(2) 通过单击来设置动画的出场时间,在最后一张幻灯片中单击,弹出提示对话框,单击"是"按钮,进入"幻灯片浏览"视图(见图 6.70),且每张幻灯片的右下角出现该张幻灯片的放映时间。

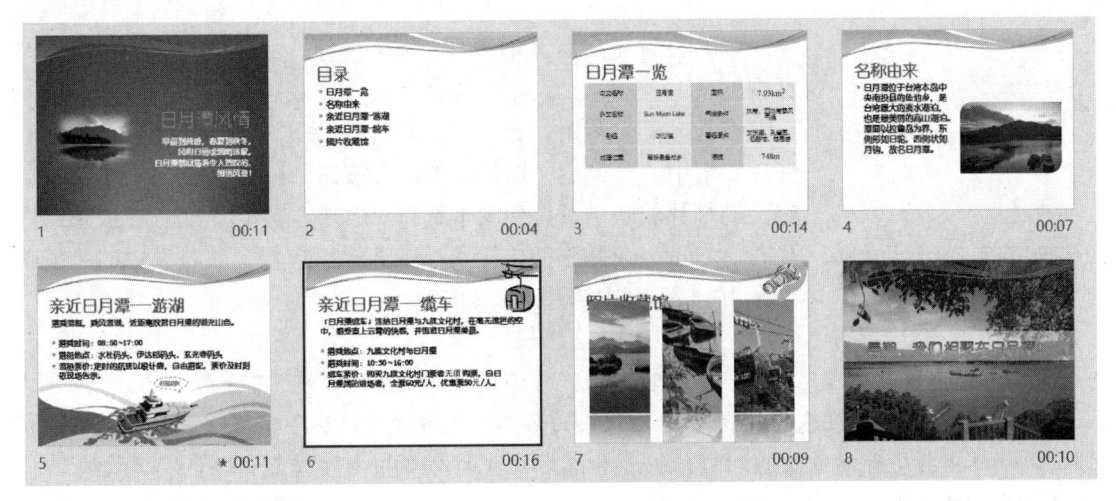

图 6.70 "幻灯片浏览"视图

(3) 单击该视图中的"幻灯片放映"按钮,幻灯片进入"放映"视图,且按照排练计时的时间自动播放。

如果幻灯片没有按照设置的排练计时播放,则在"设置放映方式"对话框的"推进幻灯片"中选中"如果出现计时,则使用它"单选按钮;勾选"幻灯片放映"选项卡的"设置"组中的"使用计时"复选框,也可以实现对计时的应用。

6.5.4 自定义幻灯片放映

使用自定义幻灯片放映功能,可以实现同一个演示文稿针对不同场合和环境进行不同放映设置。操作方法如下。

(1) 单击"幻灯片放映"选项卡的"开始放映幻灯片"组中的"自定义幻灯片放映"按钮,在下拉列表中选择"自定义放映"命令,弹出"自定义放映"对话框,如图 6.71 所示。

（2）单击"新建"按钮，弹出"定义自定义放映"对话框，如图 6.72 所示，在"幻灯片放映名称"文本框中输入名称，如"放映方案 1"，在"在演示文稿中的幻灯片"中选择需要放映的幻灯片，单击"添加"按钮，将其添加到"在自定义放映中的幻灯片"中，设置完成后单击"确定"按钮。

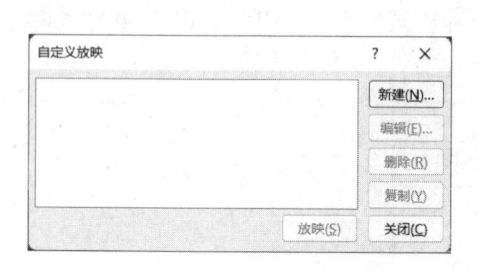

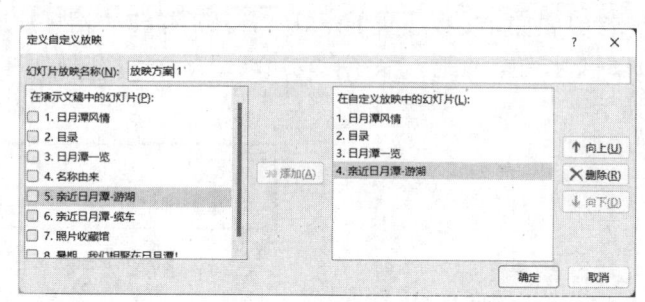

图 6.71 "自定义放映"对话框

图 6.72 "定义自定义放映"对话框

此时，在"自定义放映"对话框中显示新建的演示方案，可单击"编辑"按钮对演示方案进行修改。

（3）设置完成后，单击"关闭"按钮，关闭"自定义放映"对话框。

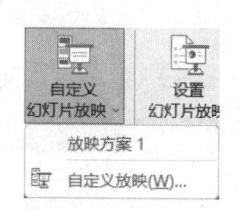

图 6.73 "自定义幻灯片放映"下拉列表

在放映幻灯片时，单击"幻灯片放映"选项卡的"开始放映幻灯片"组中的"自定义幻灯片放映"按钮，在如图 6.73 所示的"自定义幻灯片放映"下拉列表中选择"放映方案 1"；或者在放映幻灯片时，右击，在弹出的快捷菜单中选择"自定义放映"中的"放映方案 1"，都可以实现自定义放映。

操作技巧

除了上述方法，还可以在"设置放映方式"对话框的"放映幻灯片"中选中"自定义放映"单选按钮，然后在下拉列表中选择自定义放映的名称；或者选中"从"单选按钮，在"从"和"到"数值框中指定开始放映的幻灯片编号和最后放映的幻灯片编号，都实现自定义放映。

【同步训练 6-36】在演示文稿中创建一个演示方案，该演示方案包含第 1、3、4、6 页幻灯片，并将该演示方案命名为"放映方案 1"。

步骤 1．打开"自定义放映"对话框。

步骤 2．单击"新建"按钮，弹出"定义自定义放映"对话框，在"幻灯片放映名称"文本框中输入"放映方案 1"，在"在演示文稿中的幻灯片"中依次选中第 1、3、4、6 页幻灯片，单击"添加"按钮，将其添加到"在自定义放映中的幻灯片"中，设置完成后单击"确定"按钮。

步骤 3．此时，在"自定义放映"对话框中显示"放映方案 1"演示方案，单击"关闭"按钮。

6.5.5 录制幻灯片演示

使用录制幻灯片演示功能，可以录制幻灯片、动画、旁白、备注的时间，在录制的过程中，还可以加入旁白声音文件和视频文件。操作方法如下。

录制幻灯片演示

（1）打开 PowerPoint，单击"幻灯片放映"选项卡的"设置"组中的"录制"下拉按钮，在如图 6.74 所示的"录制"下拉列表中选择"从当前幻灯片开始"或"从头开始"命令，进入幻灯片录制界面，如图 6.75 所示。

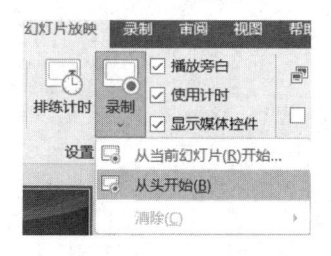

图 6.74 "录制"下拉列表

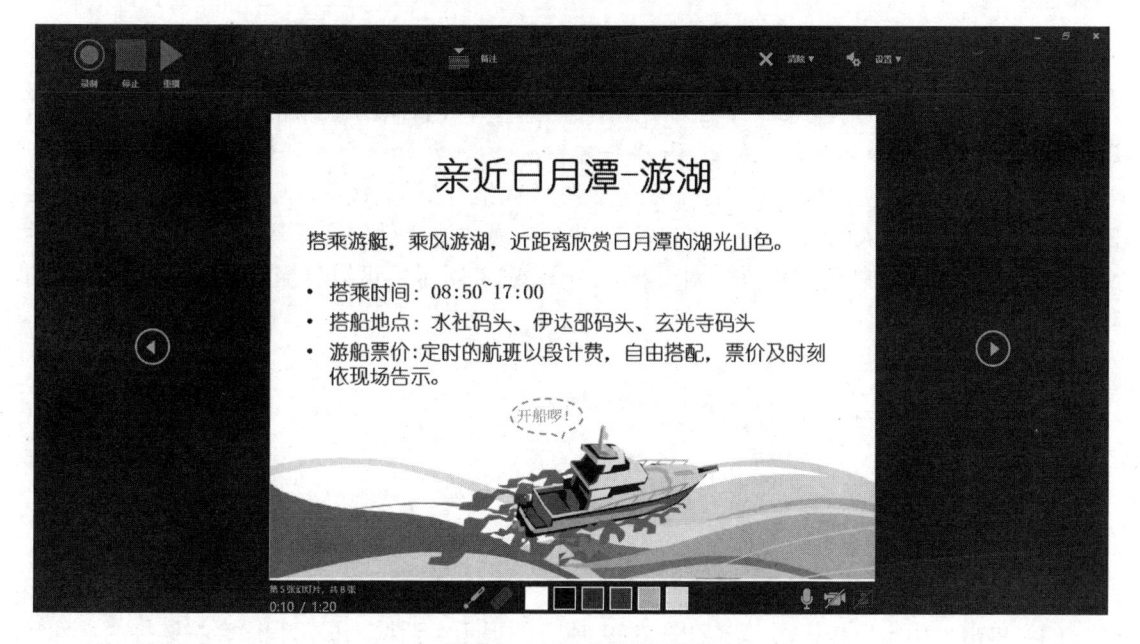

图 6.75 幻灯片录制界面

（2）在幻灯片录制界面，可以添加备注信息、旁白甚至视频等信息，单击该界面左上角的"录制"按钮即可。录制结束后，单击即可退出。

（3）返回演示文稿的普通视图，即可看到每张幻灯片的右下角都添加了一个小喇叭图标，将鼠标光标移到小喇叭图标上时，会显示其音频工具栏，可以单击"播放/暂停"按钮，了解插入的旁白声音效果。

6.5.6 打包演示文稿和输出视频

使演示文稿在没有安装 PowerPoint 的计算机中正常播放有两个方法，其一是将演示文稿打包，其二是将演示文稿输出为视频。

打包演示文稿就是将与演示文稿有关的各种文件都整合到同一个文件夹中，其中包含演示文稿文档和一些必要的数据文件。打包的操作方法如下。

打包演示文稿和输出视频

（1）选择"文件"菜单中的"导出"→"将演示文稿打包成 CD"命令，单击"打包成 CD"按钮，如图 6.76 所示，弹出"打包成 CD"对话框，如图 6.77 所示。

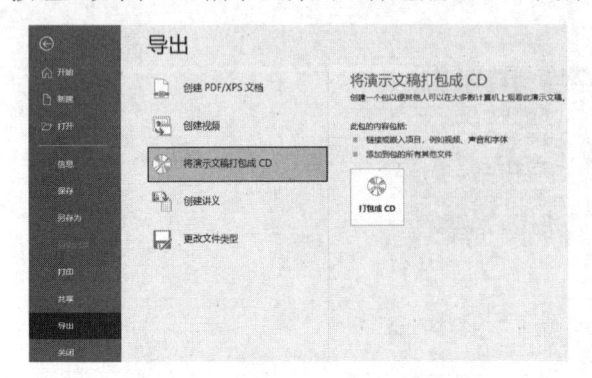

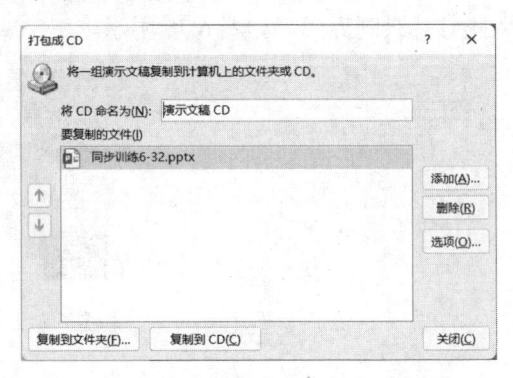

图 6.76　单击"打包成 CD"按钮　　　　　　图 6.77　"打包成 CD"对话框

（2）在该对话框的"将 CD 命名为"文本框中输入打包后演示文稿的名称，如"演示文稿 CD"。

（3）单击"添加"按钮，可以添加多个文件。单击"选项"按钮，可以设置是否包含链接的文件、是否包含嵌入的 TrueType 字体，还可以设置打开文件的密码等。单击"复制到文件夹"按钮，弹出"复制到文件夹"对话框，如图 6.78 所示，可以将当前文件复制到指定的位置。

图 6.78　"复制到文件夹"对话框

（4）单击"确定"按钮，弹出如图 6.79 所示的提示对话框，提示程序会将链接的文件复制到计算机中，单击"是"按钮，弹出复制信息提示对话框。

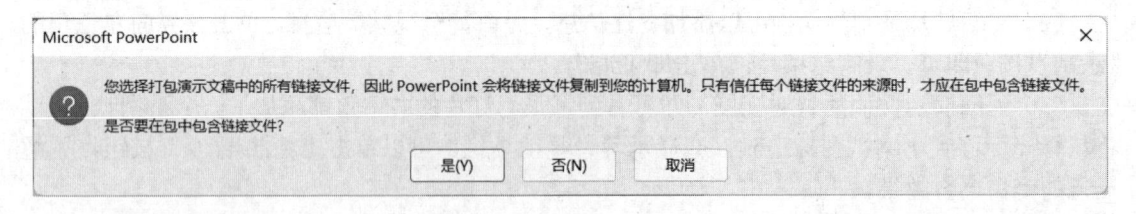

图 6.79　提示对话框

（5）复制完成后，在"打包成 CD"对话框中单击"关闭"按钮，完成打包操作。打开文件夹，可以看到打包的文件夹和文件。

操作技巧

如果演示文稿中使用了不常见的特殊字体，为防止在播放演示文稿的过程中，出现字体丢失或乱码的现象，可将字体嵌入演示文稿中。操作方法如下。

（1）选择"文件"菜单中的"选项"命令，弹出"PowerPoint 选项"对话框。

（2）在该对话框中单击"保存"按钮，在右侧的列表中，勾选"将字体嵌入文件"复选框，根据需要选中"仅嵌入演示文稿中使用的字符（适于减小文件大小）"或"嵌入所有字符（适于其他人编辑）"单选按钮。

（3）设置完成后单击"确定"按钮。

将演示文稿转换为视频就是把演示文稿保存为 MPEG-4 视频（.mp4）文件或者 Windows Media 视颜（.wmv）文件，这样可以使演示文稿中的动画、旁白和多媒体内容顺畅地播放。

在将演示文稿录制为视频时，可以在视频中录制语音旁白和激光笔运动轨迹，也可以控制多媒体文件的大小及视频质量，还可以在视频中包括动画和切换效果。即使演示文稿中包含嵌入的视频，该视频也可以正常播放。将演示文稿转换为视频的操作步骤如下。

（1）打开要转换为视频的演示文稿，选择"文件"菜单中的"导出"命令，单击"创建视频"按钮。

创建视频时有 4 种视频供选择，即超高清（4K）、全高清（1080P）、高清（720P）、标准（480P）。

在"不要使用录制的计时和旁白"下拉列表中可以根据需要选择是否使用录制的计时和旁白。

在"放映每张幻灯片的秒数"中设置每张幻灯片的放映时间，默认为 5 秒，可以根据需要进行调整。

（2）单击"创建视频"按钮，在弹出的"另存为"对话框中设置文件名和保存位置，单击"保存"按钮。创建视频的时间取决于视频长度和演示文稿的复杂程度。

6.5.7 页面设置与演示文稿打印

在演讲时，因为讲义中的内容太多，不可能全部记住，这时就需要将讲义打印出来；有时也需要将制作的演示文稿打印出来提供给到场人员，便于大家沟通和交流。其操作方法如下。

单击"设计"选项卡的"自定义"组中的"幻灯片大小"下拉按钮，在下拉列表中选择"自定义幻灯片大小"命令，弹出"幻灯片大小"对话框，如图 6.80 所示，可以设置幻灯片大小、方向等。选择"文件"菜单中的"打印"命令，在窗口右侧可以预览打印效果，单击"打印"按钮即可打印。

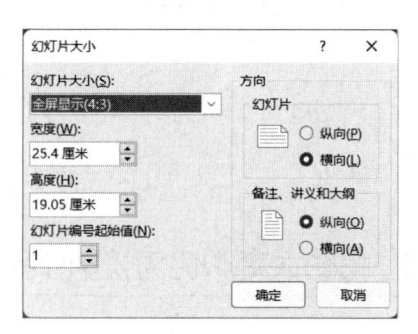

图 6.80 "幻灯片大小"对话框

按讲义的格式打印演示文稿的操作方法如下。

（1）单击"视图"选项卡的"母版视图"组中的"讲义母版"按钮，切换到讲义母版编辑界面。

（2）在"讲义母版"选项卡中（见图 6.81），对幻灯片的"页面设置""讲义方向""幻灯片方向"等进行设置。

图 6.81　"讲义母版"选项卡

（3）设置讲义母版后，选择"文件"菜单中的"打印"命令，在窗口右侧单击"整页幻灯片"下拉按钮，如图 6.82 所示，在列表框中选择"讲义"中所需要的版式，然后设置其他打印参数，设置完成后单击"打印"按钮即可。

图 6.82　单击"整页幻灯片"下拉按钮

若不设置讲义母版，也可以直接在打印时选择讲义的版式，PowerPoint 会按照默认设置的状态进行打印。

6.6　技能拓展

6.6.1　制作"'美丽校园'摄影大赛中优秀摄影作品展示"演示文稿

▶ 展示演示文稿构思

此演示文稿为摄影作品的展示，根据所提供的图片素材，可以将其分成两个主题来展示，一个主题为"四季美景"，另一个主题为"校园风情"，如图 6.83 所示。为增强图片的观赏性，需要对

制作"'美丽校园'摄影大赛中优秀摄影作品展示"演示文稿

图片进行美化处理；为增加演示文稿的趣味性，需要合理设置动画。

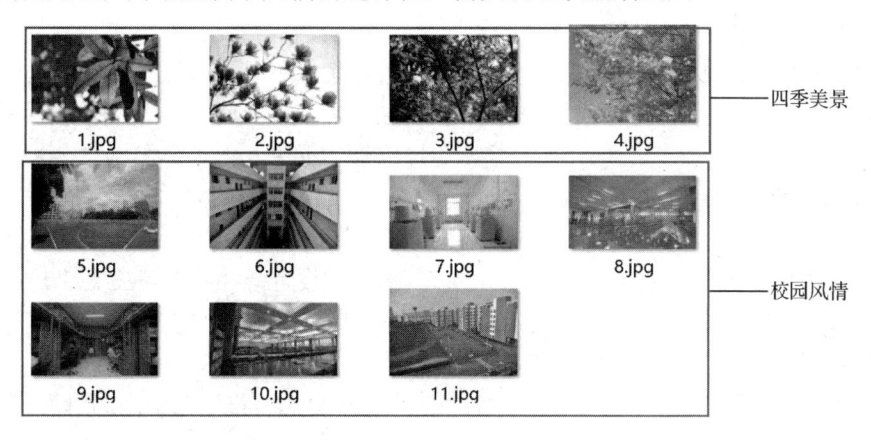

四季美景

校园风情

图 6.83　图片素材

由于所提供的图片数量不多，因此可以将每个主题中的图片，通过设置放在一页幻灯片中进行展示。设置幻灯片页面时，需要设置一个封面页、一个封底页、两个过渡页和两个正文页。其中，封面页和封底页使用"标题页"版式来设计；过渡页使用"过渡页"版式来设计；正文页使用"正文页"版式来设计。

➡️ 设计母版

设计母版的效果图如图 6.84 所示。

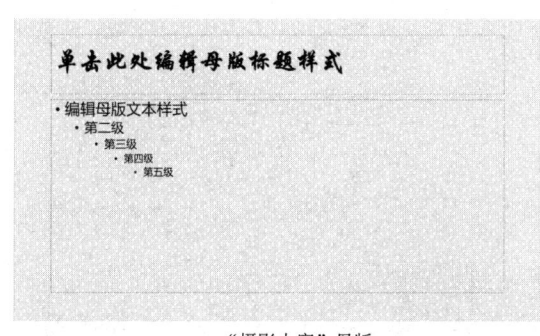

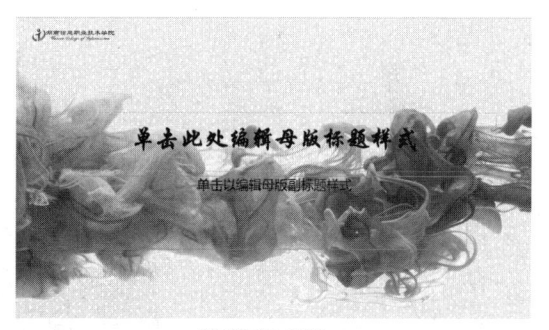

"摄影大赛"母版　　　　　　　　　　"标题页"母版

"正文页"母版　　　　　　　　　　"过渡页"母版

图 6.84　设计母版的效果图

（1）新建一个空白演示文稿，幻灯片大小为"全屏显示（16∶9）"，保存为"美丽校园.ppt"。

（2）打开幻灯片母版视图，在左侧的"幻灯片预览"窗格中，将"Office 主题幻灯片母版"重命名为"摄影大赛"；将"标题幻灯片版式"重命名为"标题页"，将"空白版式"重命名为"过渡页"；将"仅标题版式"重命名为"正文页"。所有页面都取消勾选"页脚"复选框。

（3）选择"摄影大赛"母版，应用"Office 2007-2010"主题颜色；设置背景为"图案填充"，图案为"草皮"，前景色为"白色，背景 1"，背景色为"茶色，背景 2"；设置标题占位符字体为"方正行楷简体"，加粗，字号不变；设置文本占位符的字体为"微软雅黑"，其他保持默认设置。

（4）选择"标题页"母版，插入"logo.png"图片，设置该图片的高度为"1.6 厘米"，将其放到幻灯片页面的左上角；插入"底纹.png"图片，设置该图片的宽度为"33.87 厘米"，将其设置为"置于底层"，并放到页面中间的合适位置。为"底纹.png"图片添加"擦除"进入动画，设置方向为"自左侧"，声音为"风铃"。设置开始为"与上一动画同时"，期间为"快速（1 秒）"。

（5）选择"过渡页"母版，插入"顶纹.jpg"图片，删除该图片背景，添加"画图刷"艺术效果，调整其大小与角度，并放到页面下方的合适位置；添加标题占位符并调整其位置。

（6）选择"正文页"母版，复制其他母版页中的"顶纹.jpg"和"底纹.png"到"正文页"母版，将图片都设置为"置于底层"，按照样图调整它们的位置，裁剪掉"底纹.png"多出页面的部分，最后删除多余的版式页面，关闭幻灯片母版视图，切换到幻灯片的普通视图。

➔ 分页制作幻灯片

幻灯片效果图如图 6.85 所示。

图 6.85　幻灯片效果图

1. 第 1 页幻灯片

（1）在标题占位符中输入"'美丽校园'摄影大赛作品展示"，调整标题占位符的尺寸和位置，使其横跨整个幻灯片页面，删除副标题占位符。

（2）选中标题文本框，设置填充透明度为 30%的白底色，添加"预设 2"形状效果；设置字体颜色为"深红"，字号为"54"，为文字添加阴影。

（3）插入"Always With Me .mp3"声音文件，将其图标拖动到页面的空白处。设置开始为"与上一动画同时"，勾选"跨幻灯片播放""循环播放，直到停止""放映时隐藏"复选框。

（4）选中"'美丽校园'摄影大赛作品展示"文本框，为其添加"擦除"动画效果，设置方向为"自顶部"，开始为"与上一动画同时"，延迟为"2 秒"，期间为"中速（2 秒）"。

2. 第 2 页幻灯片

（1）新建一页版式为"过渡页"的幻灯片，在标题文本框中输入"四季美景"，设置字号为"120"，文本填充颜色为"橙色，个性色 6"，文本轮廓为"白色"，粗细为"1 磅"；设置发光为"发光变体-橙色，8pt 发光，个性色 6"。

（2）选中文本框，为其添加"随机线条"进入动画效果。设置方向为"水平"，开始为"上一动画之后"，延迟为"1 秒"，期间为"非常快（0.5 秒）"。

3. 第 3 页幻灯片

（1）新建一页版式为"正文页"的幻灯片，在标题文本框中输入"四季美景"，设置字号为"60"，文本填充颜色为"白色"，文本轮廓为"橙色，个性色 6"，粗细为"3 磅"；设置发光为"发光变体-橙色，5pt 发光，个性色 6"，文本居中对齐。

（2）绘制一个高度为 12 厘米、宽度为 7.5 厘米的矩形，设置填充颜色为"白色"，轮廓颜色为"深红"，粗细为"2 磅"；绘制一个高度为 5.5 厘米、宽度为 6.5 厘米的矩形，设置形状填充为图片填充，填充图片为"1.jpg"；设置形状轮廓颜色为"黑色，文字 1，淡色 50%"，粗细为"0.5 磅"。设置完成后，将其放到前一个矩形框内部的上半部分。

（3）在大矩形框中插入一个横排文本框，并在该文本框中输入"生机 谁能享受 沐浴阳光的快乐 谁能感受 凌空招展的洒脱"，将所有文字都居中对齐，设置"生机"的字体为"微软雅黑"，字号为"32"；设置段后为"15 磅"。将其他字体都设置为"微软雅黑"，字号为"16"；设置行距为单倍行距。

（4）将两个矩形框和文本框左右居中对齐，并组合在一起，复制 3 个相同的组合对象。将这 4 个相同的对象在页面上等距离排列，并修改组合对象的样式和内容。

① 在第 2 个组合框中设置大矩形框的形状轮廓颜色为"橙色"，小矩形框的形状填充为图片"2.jpg"，文本内容为"繁华"和"皎皎玉兰花 不受缁尘垢 莫漫比辛夷 白贲谁能偶"。

② 在第 3 个组合框中设置大矩形框的形状轮廓颜色为"绿色"，小矩形框的形状填充为图片"3.jpg"，文本内容为"秋意浓"和"秋风瑟瑟 秋叶飘飘 看落叶雨纷飞 一缕忧伤一叶秋"。

③ 在第 4 个组合框中设置大矩形框的形状轮廓颜色为"蓝色"，小矩形框的形状填充为图片"4.jpg"，文本内容为"金色印记"和"一树珍稀 一茎名贵成全一叶风流 银杏舞 娇春剔透 白果吟秋"。

（5）为 4 个组合框对象添加"浮入"进入动画。设置开始为"上一动画之后"。

下面制作组合对象内的图片从小变大显示的动画效果，要先让图片在它自身位置闪烁 2 次，再由原始位置移动到幻灯片页面的中间，然后放大显示，在页面停留一段时间后，最终旋转缩放消失。

要实现这一连串的效果，先在图片的原始位置复制一个小矩形框（不要与之前的组合在一起），将复制的小矩形框放在原始矩形框的上方，重合放置。设置复制的小矩形框的形状轮廓为 2.25 磅的白色实线框。接下来按照如下步骤设计动画。

（6）选中复制的第 1 个小矩形框，为其添加"淡出"进入动画，设置开始为"上一动画之后"，延迟为"1 秒"，期间为"非常快（0.5 秒）"。继续为其添加"脉冲"强调动画，设置开始为"与上一动画同时"，延迟为"1 秒"，期间为"快速（1 秒）"，重复为"2"。为其添加"直线"路径动画，在"飞入"动画效果对话框的"效果"选项卡中，设置动画播放后为"下次单击后隐藏",开始为"上一动画之后",期间为"快速(1秒)"。在页面中将路径上的红色三角拖动到页面中间合适的位置。

(7)在页面中插入"1.jpg"图片,调整该图片的高度为 12 厘米,为其添加"棱台亚光,白色"的图片样式。保持图片选中状态,先为其添加"缩放"进入动画,设置消失点为"对象中心",设置开始为"上一动画之后",延迟为"0.2 秒",期间为"非常快(0.5 秒)";再为其添加"收缩并旋转"退出动画,设置开始为"上一动画之后",延迟为"3 秒",期间为"快速(1 秒)"。此时,图片从小变大显示的动画效果设置完毕。

(8)重复步骤(6)、(7),结合"动画刷"和"选择窗格"面板,完成其余 3 张图片(2.jpg~4.jpg)动画效果的制作。

4. 第 4 页幻灯片

复制第 2 页幻灯片并粘贴到第 3 页幻灯片的后面,将其中的文本替换为"校园风情",为其设置艺术字样式为"填充-水绿色,着色 1,轮廓-背景 1,清晰阴影-着色 1"。

5. 第 5 页幻灯片

(1)新建一页版式为"正文页"的幻灯片,在标题文本框中输入"校园风情",设置字号为"60",艺术字样式为"填充-白色,轮廓-着色 1,阴影",将文本居中对齐。

(2)插入"5.jpg"图片,调整该图片的大小使其占满幻灯片页面。为其添加"形状"进入动画,设置方向为"切入",设置开始为"上一动画之后",延迟为"2 秒",期间为"中速(2秒)"。

(3)插入"6.jpg"图片,调整其大小,尽量将图片压扁,并做适当旋转,为其添加"棱台亚光,白色"的图片样式,并添加"出现"进入动画;设置开始为"上一动画之后",延迟为"1 秒",声音为"照相机",然后添加"放大/缩小"强调动画,设置其尺寸为"较小";设置开始为"上一动画之后",延迟为"2 秒",期间为"快速(1 秒)"。

(4)插入"7.jpg"图片,重复步骤(3)的操作为其设置样式,使用"动画刷"为其添加"出现"及"放大/缩小"动画,为表现图片零散堆放的效果,为"7.jpg"图片添加"直线"路径动画,设置开始为"与上一动画同时",延迟为"2 秒",期间为"快速(1 秒)"。

(5)参照图片"7.jpg"的制作方法,制作图片 8.jpg~11.jpg 的动画效果。注意调整"直线"路径动画的红色控制点的位置,以产生照片自由堆放的效果。

(6)绘制一个与页面等大的矩形,设置形状填充为透明度 35%的黑色填充,形状轮廓为无轮廓,为其设置"劈裂"进入动画,设置方向为"左右向中央收缩",开始为"上一动画之后",延迟为"1 秒",期间为"非常快(0.5 秒)"。

(7)插入一个文本框,内容为"麓山苍苍 湘水泱泱 雷锋故乡聚首 青春梦想启航 爱国爱校爱真理 成人成才成榜样 丹心一片栋梁材 春风万仞桃李香 湖湘巍巍 教泽煌煌 信息蝉联四海 技术未央八荒 尊师尊德尊创造 重道重技重荣光 手脑并用达卓越 家国共担续华章"。设置其字体为"方正行楷简体",字号为"24",为文字添加阴影;设置行距为 1.5 倍行距。设置完成后,将其放在幻灯片页面外的下方。为其添加"直线"路径动画,设置开始为"上一动画之后",延迟为"1 秒",期间为"非常慢(5 秒)",同时将路径的红色标注拖动到幻灯片页面的中间。

6. 第 6 页幻灯片

(1)新建一页版式为"标题页"的幻灯片,在标题文本框中输入"谢谢观看",设置其字号为"96",为文字添加阴影,文本填充为白色,文本居中对齐。

（2）为文本框设置"弹跳"进入动画,设置动画文本为"按字/词",开始为"上一动画之后",期间为"中速(2秒)"。

设置幻灯片切换方式与放映方式

（1）为第 1 页幻灯片添加"涡流"切换效果,设置声音为"风铃",勾选"设置自动换片时间"复选框,设置时间为 10 秒。

（2）为第 2 页幻灯片添加"分割"切换效果,勾选"设置自动换片时间"复选框,设置时间为 5 秒。

（3）为第 3 页幻灯片添加"淡出"切换效果,勾选"设置自动换片时间"复选框,设置时间为 45 秒。

（4）为第 4 页幻灯片添加"分割"切换效果,勾选"设置自动换片时间"复选框,设置时间为 8 秒。

（5）为第 5 页幻灯片添加"淡出"切换效果,勾选"设置自动换片时间"复选框,设置时间为 45 秒。

（6）为第 6 页幻灯片添加"随机线条"切换效果,勾选"设置自动换片时间"复选框,设置时间为 5 秒。

（7）选中"在展台浏览(全屏幕)"单选按钮。

6.6.2　制作"雷锋精神　永放光芒"演示文稿

3 月 5 日是学雷锋纪念日,现邀请你为湖南雷锋纪念馆设计"雷锋精神　永放光芒"演示文稿。

制作"雷锋精神　永放光芒"演示文稿

设计思路

制作该演示文稿从雷锋经历、雷锋事迹、雷锋名言、雷锋精神四个方面来设计,其制作步骤分为设计母版、制作幻灯片页面、添加动画。

设计母版

1. 设计"标题幻灯片"母版

（1）新建一个空白文档,将幻灯片的大小设置为宽屏（16∶9）,打开幻灯片母版视图。

（2）选中最上层的"Office 主题幻灯片母版",设置该母版页中所有文本框的字体为"微软雅黑",并取消"编辑母版文本样式"中的项目符号,设置段间距为 1.5 倍。删除幻灯片底部的日期、页脚和页码文本框。

（3）选择"标题幻灯片"版式页,在"幻灯片母版"选项卡的"母版版式"组中取消勾选"页脚"复选框。将"01 背景.jpg"图片设置为背景图。参照图 6.86 调整标题和副标题的位置,并将副标题的颜色改为"白色"。

2. 设计"标题和内容"母版

选择"标题和内容"版式页,取消勾选"页脚"复选框,将"02 雷锋头像.png"图片插入其中,并调整其位置,设置其高度为"3 厘米",宽度为 3.6 厘米；绘制一个矩形,其高度为"0.13 厘米",宽度为"30 厘米",无边框,填充颜色为"02 雷锋头像.png"图片中的红色（R:

211，G：0，B：14）；调整标题的位置，并加粗显示，将其颜色设置为红色（R：211，G：0，B：14）；调整文本框的样式，使其左侧与标题框对齐。如图 6.87 所示为"标题和内容"母版版式设计。

图 6.86 "标题幻灯片"母版版式设计

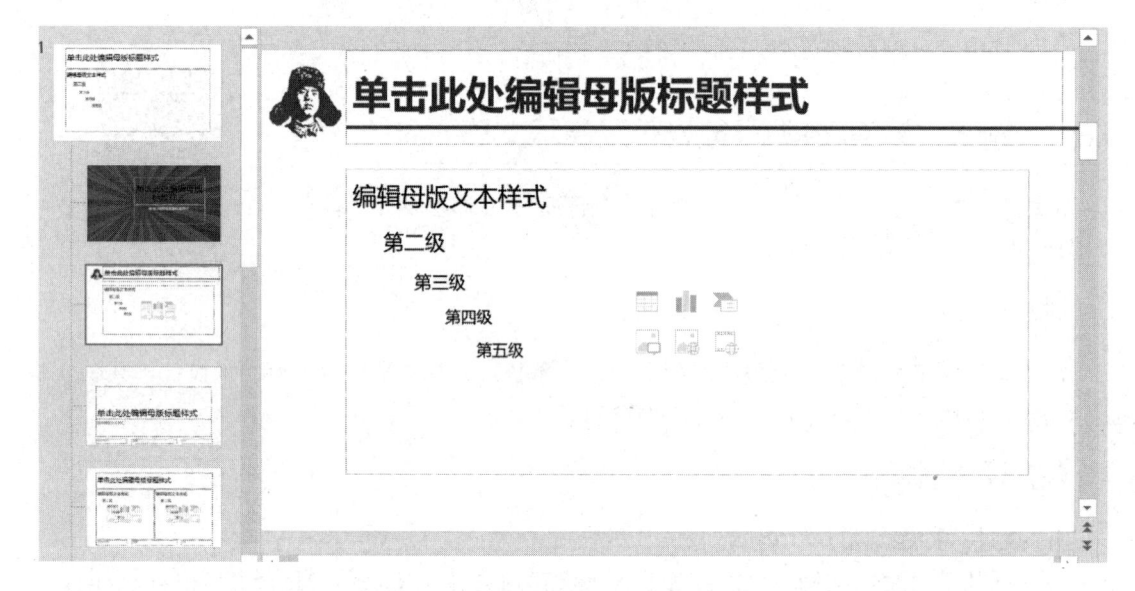

图 6.87 "标题和内容"母版版式设计

3．设计"节标题"母版

选择"节标题"版式页，取消勾选"页脚"复选框，将"01 背景.jpg"图片设置为背景图，绘制一个白色无边框的矩形，其高度为"16.7 厘米"，宽度为"31.5 厘米"，居中并置于页面的底层。如图 6.88 所示为"节标题"母版版式设计。

4．设计"过渡页"母版

（1）复制"节标题"版式，并重命名为"过渡页"，绘制一个无边框的矩形，其高度为"4 厘米"，宽度为"22 厘米"，填充为渐变色，类型为"线性"，角度为"270°"，颜色为（R：118，G：0，B：0）、（R：173，G：0，B：0）、（R：206，G：0，B：0），位置分别为 0%、50%、100%。将素材库中的"03 雷锋与五星.png"放到矩形的左侧，将两者进行组合，并与页面居中对齐。

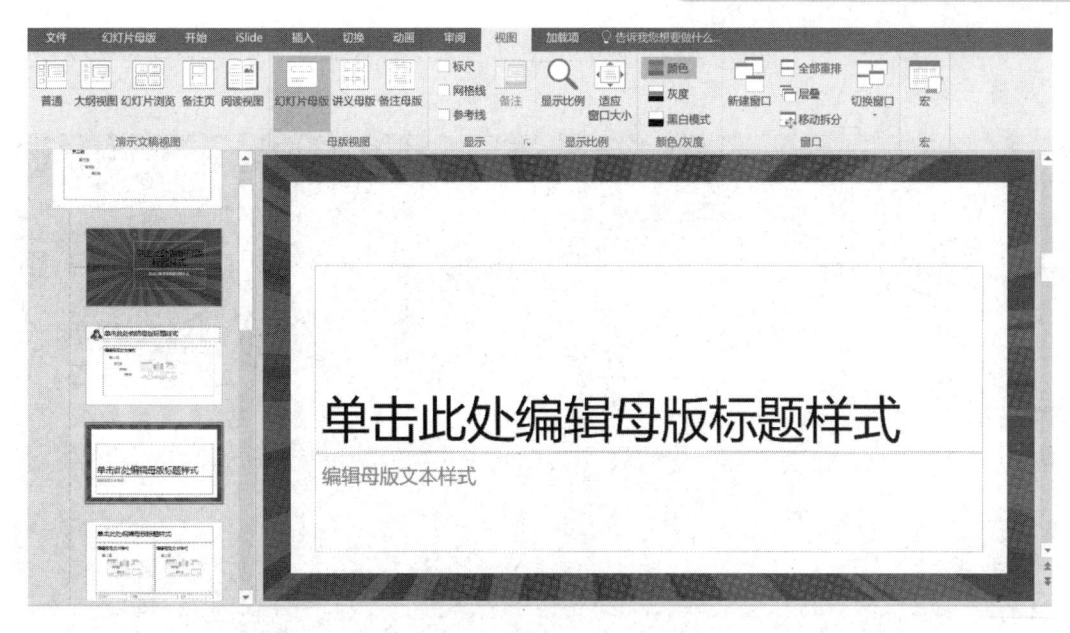

图 6.88 "节标题"母版版式设计

（2）将标题和副标题文本框置于顶层，设置标题字号为"54"，颜色为"白色"，垂直中部对齐；设置副标题字号为"16"，颜色为"主题颜色：白色，背景1，深色35%"，调整两个文本框的大小和位置。如图 6.89 所示为"过渡页"母版版式设计。

图 6.89 "过渡页"母版版式设计

制作幻灯片页面

1. 制作封面页

（1）关闭幻灯片母版视图，添加一页幻灯片，并自动应用"标题幻灯片"母版。

（2）封面页设计参考图 6.90，插入"04 雷锋军装照.png"图片，将其放到页面的左下角。

（3）标题内容为"雷锋精神 永放光芒"，设置艺术字样式为"渐变填充-金色，着色 4，轮廓-着色 4"，字号为"80"。

（4）副标题内容为"一切从人民利益出发，全心全意为人民服务"，将其字号设置为"18"，设置对齐方式为"右对齐"。

图 6.90　封面页效果图

2．制作目录页

（1）新建一页幻灯片并将其版式设置为"节标题"，删除页面中的文本框。参考图 6.91，将"05 雷锋钻研业务.png"图片放到页面的左下角。

图 6.91　目录页参考效果图

(2）将"天远海阔，在于无私；善毁业空，乃源贪婪。雷锋精神之践行，首在无私也。"以竖排文字的形式，放到"05 雷锋钻研业务.png"图片的右上角，设置其字体为"楷体"，字号为"18"，颜色为"主题颜色：灰色-25%，背景2，深色50%"。

（3）在页面的右侧添加"目录"文本框，设置其字体为"微软雅黑"，字号为"60"，并加粗显示，颜色为（R：211，G：0，B：14）。

（4）在"目录"文本框的下方，以2行2列的形式绘制4个无边框的圆角矩形，其高度和宽度均为"2.17厘米"，颜色分别为（R：216，G：50，B：9）、（R：202，G：12，B：8）、（R：179，G：26，B：6）、（R：173，G：7，B：7）。

（5）在4个圆角矩形的右侧添加4个文本框，向其中输入"雷锋经历""雷锋事迹""雷锋名言""雷锋精神"，将字体设置为"微软雅黑"，字号设置为"32"，并加粗显示。

3. 制作过渡页

新建4页幻灯片，均使用"过渡页"版式，将"ppt文字素材.docx"中的第3、5、9页和第12页中的内容分别复制到对应的标题文本框和内容文本框中。

4个过渡页的效果图如图6.92所示。

图6.92　4个过渡页的效果图

4. 制作雷锋经历内容页

（1）在第3页幻灯片的后面插入一页，版式为"标题和内容"，标题为"一、雷锋经历"。

（2）将"ppt文字素材.docx"文档中第4页中的内容复制到该幻灯片中，并转换为SmartArt图形中的"基本日程表"样式，将其中的"燕尾形箭头"替换为"虚尾箭头"，将"圆形"替换为"五角星"。

（3）"虚尾箭头"填充颜色为渐变色填充，类型为"线性"，角度为"45°"，填充颜色依次为（R：216，G：50，B：9）、（R：216，G：49，B：8）、（R：173，G：7，B：7）、（R：202，G：12，B：8）、（R：216，G：50，B：9），色标位置依次为0%、26%、53%、82%、100%。

（4）将五角星填充为"主题颜色：金色，个性色4"，将边框颜色设置为"标准色：黄色"，将边框宽度设置为"1 磅"。

（5）将文本字号设置为"13"，将所有日期都另起一行，并加粗显示。

雷锋经历内容页效果图如图 6.93 所示。

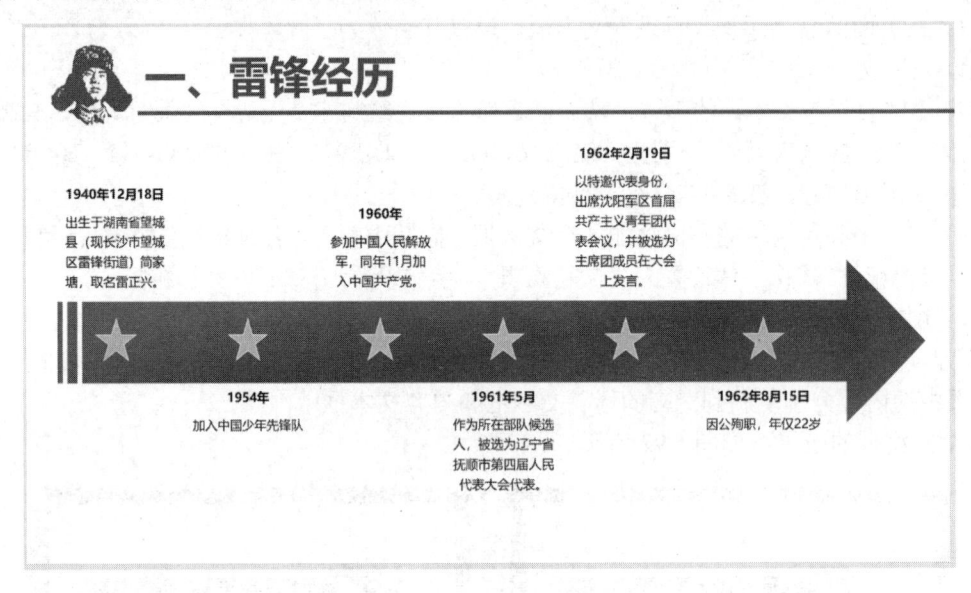

图 6.93 雷锋经历内容页效果图

5. 制作雷锋事迹内容页

（1）在第 5 页幻灯片的后面插入一页，版式为"标题和内容"，标题为"二、雷锋事迹"。

（2）将"06 特殊的星期天.jpeg"图片放到页面的左侧，绘制一个 1.78 厘米×7.1 厘米的五边形，其边框为 2.25 磅、白色，颜色填充为"标准色：深红"。

（3）绘制一个圆角矩形，其高度为 12.54 厘米，宽度为 21 厘米，无填充颜色，边框为"标准色：深红的 1 磅方点虚线"。

（4）将"ppt 文字素材.docx"文档中第 6 页中的内容复制到圆角矩形中，设置其字体为"微软雅黑"，字号为"16"；设置行距为 1.5 倍行距，首行缩进为"1.27 厘米"。

（5）参照第 5 页的设置，完成第 6、7 页的设置。

雷锋事迹内容页效果图如图 6.94 所示。

图 6.94 雷锋事迹内容页效果图

6. 制作雷锋名言内容页

（1）在第 9 页幻灯片的后面插入一页，版式为"标题和内容"，标题为"三、雷锋名言"。将"09 向雷锋同志学习.png"图片放到页面的左侧。

（2）插入一个 6 行 2 列的表格，表格高度为"12 厘米"，宽度为"23 厘米"，设置第一列单元格的宽度为"1.9 厘米"，填充颜色为"标准色：深红"，其中文本的颜色为"白色"，字号为"24"，并加粗显示。设置第二列单元格中文本的字号为"16"，将"ppt 文字素材.docx"文档中第 9 页的内容复制到相应位置。

（3）选中表格中的第一列单元格，为其添加颜色为"白色"、粗细为"6 磅"、直线样式的内部横线框；选中第二列单元格，为其添加颜色为"主题颜色：白色，背景 1，深色 15%"、粗细为"1 磅"、样式为" ---------- "的内部横线框。

（4）参照第 7 页的制作步骤，完成第 10 页的制作，将其中的"10 雷锋和小朋友在一起.jpeg"图片裁剪成饼形，并添加 10 磅的柔化边缘。将圆角矩形中的文本字体设置为"微软雅黑"，字号为"16"；设置行距为 2 倍行距。

雷锋名言内容页效果图如图 6.95 所示。

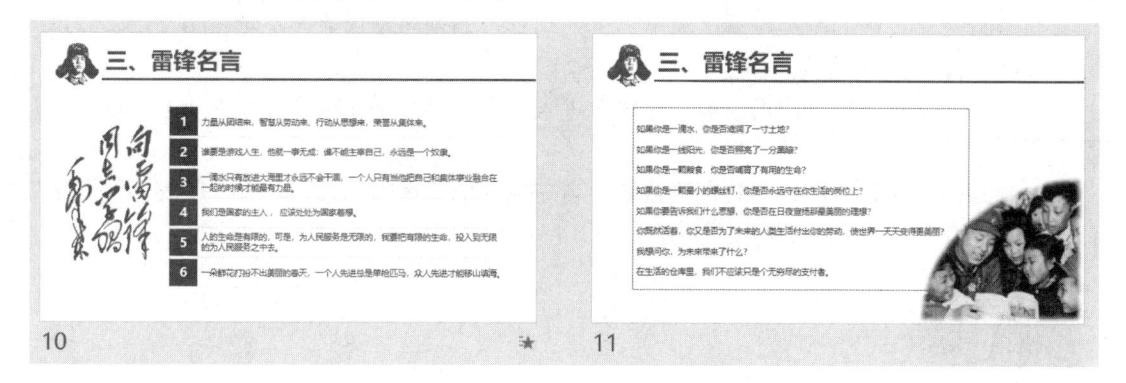

图 6-95　雷锋名言内容页效果图

7. 制作雷锋精神内容页

（1）在第 12 页幻灯片的后面插入一页，版式为"标题和内容"，标题为"四、雷锋精神"。将"09 向雷锋同志学习.png"图片放到页面的左侧。绘制一个填充颜色为深红的圆形，将"11 雷锋擦车.jpeg" 图片裁剪成圆形，添加"内部左上角"的内部阴影。将圆形与图片居中对齐并进行组合。

（2）新建一页版式为"标题和内容"的幻灯片，标题为"四、雷锋精神"，绘制"流程图：手动操作"形状和圆形，对其进行相同设置：填充颜色为"深红"，边框为"白色，4.5 磅"，添加"右下斜偏移"的外部阴影。在"流程图：手动操作"形状中输入"精神内涵"文本，设置其字体为"微软雅黑"，字号为"28"，颜色为"白色"，并加粗显示。在圆形中输入"5 点精神"，设置其字体为"微软雅黑"，字号为"20"，颜色为"白色"，其中文字"5"的字号为"72"，并加粗显示。

（3）将"ppt 文字素材.docx"文档中第 14 页中的内容，使用"垂直框列表"SmartArt 图形来呈现。设置标题填充颜色为"深红"，字号为"14"，正文字号为"12"。

（4）新建一页版式为"标题和内容"的幻灯片，标题为"四、雷锋精神"，将"红色歌曲《学习雷锋好榜样》.mp4"视频放在其中，并为其添加宽度为 12 磅、颜色为"橙色，个性色 2，淡色 80%"、复合类型为"由粗到细"的边框。

8. 制作结尾页

复制封面页，将图片替换为"12 雷锋.png"，并将副标题文本替换为"ppt 文字素材.docx"

文档中第 16 页中的内容，设置其字号为"12"。

➡ 添加动画

（1）为第 1 页设置"闪光"的页面切换效果，为"04 雷锋军装照.png"设置"淡出"进入动画，为标题设置"缩放"进入动画，为副标题设置"淡出"进入动画。将开始计时均设置为"从上一项之后开始"。

（2）为第 4 页中的 SmartArt 图形设置"擦除"进入动画，序列为"逐个"，开始计时均设置为"从上一项之后开始"。动画显示效果为箭头先从左往右出现，然后从页面左侧开始，星星和对应的文本依据文本放置的位置，进行向上擦除或向下擦除。

（3）为第 6、7、8 页中的故事标题设置"伸展"进入动画，将开始计时均设置为"从上一项之后开始"，动画运动方向依据形状具体指向来设置。

（4）为第 10 页中的图片设置"淡出"进入动画，为表格设置"自左侧"的"擦除"进入动画，将开始计时均设置为"从上一项之后开始"。

（5）为第 13 页中的图片组设置"缩放"进入动画，将开始计时设置为"从上一项之后开始"。

（6）为第 14 页中的 SmartArt 图形设置"自左侧"的"擦除"进入动画，序列为"逐个"，将开始计时设置为"从上一项之后开始"。

课后训练

一、选择题

1. 在 PowerPoint 中制作演示文稿时，希望将所有幻灯片中标题的中文字体和英文字体分别统一为微软雅黑、Arial，正文的中文字体和英文字体分别统一为仿宋、Arial，最优的操作方法是（　　）。

    A．在幻灯片母版中通过"字体"对话框分别设置占位符中的标题和正文字体

    B．在一张幻灯片中设置标题、正文字体，然后通过"格式刷"应用到其他幻灯片的相应部分

    C．通过"替换字体"功能快速设置字体

    D．通过自定义主题字体进行设置

2. 小李利用 PowerPoint 制作一个学校简介的演示文稿，他希望将学校外景图片铺满每张幻灯片，最优的操作方法是（　　）。

    A．在幻灯片母版中插入该图片，并调整其大小及排列方式

    B．将该图片文件作为对象插入全部幻灯片中

    C．将该图片作为背景插入并应用到全部幻灯片中

    D．在一张幻灯片中插入该图片，调整其大小及排列方式，然后复制到其他幻灯片中

3. 小周正在为演示文稿增加幻灯片编号，他希望该编号位于所有幻灯片右上角的同一位置，且格式一致，最优的操作方法是（　　）。

    A．在幻灯片浏览视图中选中所有幻灯片，通过"插入"选项卡中的"页眉和页脚"功能插入幻灯片编号并统一选中后调整其位置与格式

B．在普通视图中选中所有幻灯片，通过"插入"选项卡中的"幻灯片编号"功能插入编号并统一选中后调整其位置与格式

C．在普通视图中，先在一张幻灯片中通过"插入"选项卡中的"幻灯片编号"功能插入编号并调整其位置与格式，然后将该编号占位符复制到其他幻灯片中

D．在幻灯片母版视图中，通过"插入"选项卡中的"幻灯片编号"功能插入编号并调整其占位符的位置与格式

4．在 PowerPoint 中，如果一个图形被其他对象完全覆盖，那么仅选择这个图形的最优操作方法是（　　）。

A．按 Tab 键，找到需要选择的图形

B．打开"选择窗格"，从中选择需要的图形

C．用鼠标移动其他对象，当所需要的图形显示出来时选择该图形

D．先拖动鼠标选中所有对象，然后按 Shift 键取消对其他对象的选择

5．在 PowerPoint 中，可以在同一个窗口中显示多张幻灯片，并在幻灯片下方显示编号的视图是（　　）。

A．普通视图　　　B．幻灯片浏览视图　　　C．备注页视图　　　D．阅读视图

二、操作题

华老师正在制作有关计算机基础课程的演示文稿。请按照下列要求协助他完成该演示文稿的整体设计。制作完成的演示文稿共包含 8 张幻灯片且无空白幻灯片。

1．打开素材文件夹下的空白文档"PPT.pptx"，根据文件夹下的 Word 文档"PPT 素材.docx"中提供的内容在"PPT.pptx"中新建 6 张幻灯片，其对应关系如下表所示（".docx"".pptx"均为文件扩展名）。要求新建的幻灯片中不包含原素材中的任何格式。

Word 中的文本颜色	对应演示文稿中的内容
红色	标题
蓝色	第一级文本
黑色	表格内容

2．对演示文稿按下列要求进行整体设计：

① 为整个演示文稿应用自定义设计主题"线条.thmx"。

② 将幻灯片中的所有中文字体更改为"微软雅黑"，西文字体保持不变。

3．为第 1 张幻灯片应用"标题幻灯片"版式。为标题"计算机发展简史"添加动画效果，使其被单击时按照"循环"的动作路径逐字移动并重复两次，副标题"计算机发展的四个阶段"在其之后自动飞入。

4．按下列要求对第 2~5 张幻灯片进行设计：

① 按下表要求应用版式并插入图片，其中第 5 张中的两个图片上下排列。

幻　灯　片	版　　式	插入图片
第 2 张	两栏内容	第 1 代计算机.jpg
第 3 张	图片与标题	第 2 代计算机.jpg
第 4 张	两栏内容	第 3 代计算机.jpg
第 5 张	图片与标题	第 4 代计算机-1.jpg、第 4 代计算机-1.jpg

301

② 分别调整每张图片的大小，为其应用图片样式，并设置动画效果。

③ 每张幻灯片的标题均从冒号":"之后换行，且在文本框中左对齐。为正文文本内容添加项目符号且两端对齐。

5．按下列要求对标题为"计算机发展四阶段对比表"的第 6 张幻灯片进行设计：

① 应用"标题和内容"版式。

② 参照"P 表格样例.jpg"图片，在下方的内容框中插入表格，表格内容来自素材文档"PPT 素材.docx"。

③ 适当改变表格样式、字体、字号及文本对齐方式，要求表头框线与示例中的相同。

6．在最后插入"空白"版式的第 7 张幻灯片，并按照下列要求进行设计：

① 在幻灯片的正中间插入内容为"谢谢！"的艺术字。

② 将该张幻灯片的背景格式设置为"水滴"纹理填充。

③ 在右下角插入"文档"动作按钮，显示文字"更多知识"，使其被单击时链接到"计算机基础知识.docx"文档。

7．在标题幻灯片的后面插入一张版式为"仅标题"的新幻灯片，参照"P 目录样例.jpg"图片制作该张幻灯片。要求如下：

① 标题文字为"计算机发展的四个阶段"。

② 在标题下面的空白处插入"垂直框列表"布局的 SmartArt 图形，要求含有 4 个文本框，在每个文本框中依次输入"第一代计算机""第二代计算机""第三代计算机""第四代计算机"，更改 SmartArt 图形的样式及其颜色，适当调整文字的字体和字号。

③ 将 SmartArt 图形中的 4 个文本框分别链接至后续相关内容的幻灯片中。

④ 为 SmartArt 图形添加动画效果，使其当单击标题"计算机发展的四个阶段"时以"轮子"方式进入。

8．设置标题幻灯片之外的其他幻灯片中显示的幻灯片编号及可自动更新的当前系统日期，要求第 2 张幻灯片的编号从 1 开始。

9．为标题幻灯片之外的所有幻灯片应用切换效果，如果不单击则自动换片时间为 5 秒。